应用随机过程

林元烈 编著

清华大学出版社
北京

内 容 简 介

本书是现代应用随机过程教材，内容从初等入门到现代前沿，包括预备知识、泊松过程、离散时间马尔可夫链、离散鞅、连续时间马尔可夫链、随机微分方程与宽平稳过程等 8 章。本书可供高等院校高年级学生与研究生作为教材使用，也可供教师及工程技术人员参考。

图书在版编目(CIP)数据

应用随机过程/林元烈编著.—北京：清华大学出版社，2002.11 (2024.2重印)
ISBN 978-7-302-05958-5

Ⅰ. 应… Ⅱ. 林… Ⅲ. 随机过程－高等学校－教材 Ⅳ. O211.6

中国版本图书馆 CIP 数据核字(2002)第 078695 号

责任编辑：刘　颖
封面设计：常雪影
版式设计：刘　颖
责任印制：杨　艳

出版发行：清华大学出版社
网　址：https://www.tup.com.cn, https://www.wqxuetang.com
地　址：北京清华大学学研大厦A座　　邮　编：100084
社 总 机：010-83470000　　邮　购：010- 62786544
投稿与读者服务：010-62776969，c-service@tup.tsinghua.edu.cn
质量反馈：010-62772015，zhiliang@tup.tsinghua.edu.cn

印 装 者：三河市君旺印务有限公司
经　销：全国新华书店
开　本：185mm×230mm　　**印　张**：23.25　　**字　数**：402 千字
版　次：2002 年 11 月第 1 版　　**印　次**：2024 年 2 月第 19 次印刷
定　价：66.00 元

产品编号：005958-07/O

序　言

《应用随机过程》一书是作者多年来在清华大学从事该门课程的教学与研究的经验基础上编著而成的研究生教材.

本教材力求突出以下几点:

1. 着眼于引发兴趣，使读者领悟其思想，感受其魅力与威力.

2. 着重于揭示概念的来源及背景，典型随机模型的提炼、特性刻画、应用背景以及发展的踪迹.

3. 主要用概率的观点与方法研究与领略若干最基本的但至今仍有旺气与潜力的随机过程的主要特征与风采.

4. 将条件数学期望作为现代随机过程的最基本的概念之一，并力求用初等的、便于直观确切理解的方法描述它的定义及重要性质. 由于现代随机过程及其应用领域常常更关心的是许多不同时刻随机变量之间的各种关系，而条件数学期望是刻画不同随机变量之间各种关系的最佳工具，因此随着现代科技的迅猛发展，条件数学期望将在其中发挥愈来愈重要的作用. 本教材力求对这种发展趋势予以及时的反映.

5. 对若干发展特别迅速，应用愈来愈广泛的分支，如鞅，布朗 (Brown) 运动与伊藤 (Itö) 随机积分，点过程等予以初步介绍.

6. 突出全概率公式（及其推广与各种变形）中所蕴含的基本思想与技巧，把它作为贯穿本教材的主导线索之一，并加以阐明和应用.

7. 反映若干新成果，可以作为教学与科研相结合的切入点.

本书是应用随机过程的入门教材，仅以初等概率论及高等数学、线性代数作为基础. 可作为高年级本科生及研究生的必修课教材，亦可作为研究生、本科生以及工程管理人员的参考书.

本书的编写与修改得到同仁和学生的鼓励、帮助与支持. 特别是汪荣鑫教授，陆璇副教授等给予了很多的鼓励、关心与支持. 研究生陈梅、刘建华、李敬逸、李必刚、康波大等为本书的打印、整理、修改与校对做了很多工作. 本书的出版，得到了清华大学出版社的大力支持，特别是刘颖同志对稿件做了最后的校阅，花费了不少精力与时间．作者借此对以上人士表示衷心的感谢．限于作者水平，书中错误在所难免．敬请指正．

作 者

2002 年 4 月

目　录

第 1 章　预备知识与随机过程的基本概念

1.1　概　　率

概率论的一个基本概念是随机试验. 一个试验 (或观察), 若它的结果预先无法确定, 则称之为**随机试验**, 简称为**试验**(experiment). 所有试验的可能结果组成的集合, 称为**样本空间**, 记作 Ω. Ω 中的元素则称为**样本点**, 用 ω 表示. 由 Ω 的某些样本点构成的子集合, 常用大写字母 A, B, C 等表示, 由 Ω 中的若干子集构成的集合称为集类, 用花写字母 $\mathcal{A}, \mathcal{B}, \mathcal{F}$ 等表示.

由于并不是在所有的 Ω 的子集上都能方便地定义概率, 一般只限制在满足一定条件的集类上研究概率性质, 为此引入 σ 域的概念:

定义 1.1.1　设 $\mathcal{F}$ 为由 Ω 的某些子集构成的非空集类, 若满足:

(1) 若 $A \in \mathcal{F}$, 则 $A^C \in \mathcal{F}$, A^C 是 A 的补集, 即 $A^C = \bar{A} = \Omega - A$;

(2) 若 $A_n \in \mathcal{F}, n \in \mathbb{N}$, 则 $\bigcup\limits_{n=1}^{\infty} A_n \in \mathcal{F}$.

则称 $\mathcal{F}$ 为σ **域**(σ 代数), 称 $(\Omega, \mathcal{F})$ 为**可测空间**.

容易验证, 若 $\mathcal{F}$ 为 σ 域, 则 $\mathcal{F}$ 对可列次交、并、差等运算封闭, 即 $\mathcal{F}$ 中的任何元素经可列次运算后仍属于 $\mathcal{F}$. 例: 集类 $\mathcal{F}_0 = \{\varnothing, \Omega\}$, $\mathcal{F}_1 = \{\varnothing, A, A^C, \Omega\}$ 及 $\mathcal{F}_2 = \{A: \forall A \subset \Omega\}$ 均是 σ 域, 但集类 $\mathcal{A} = \{\varnothing, A, \Omega\}$ 不是 σ 域.

通常最关心的是包含所要研究对象的最小 σ 域. 设 $\mathcal{A}$ 为由 Ω 的某些子集构成的集类. 一切包含 $\mathcal{A}$ 的 σ 域的交, 记为 $\sigma(\mathcal{A})$, 称 $\sigma(\mathcal{A})$ 为由 $\mathcal{A}$ 生成的 σ 域, 或称为包含 $\mathcal{A}$ 的最小 σ 域. 例: $\mathcal{A} = \{\varnothing, A, \Omega\}$, 则 $\sigma(\mathcal{A}) = \{\varnothing, A, A^C, \Omega\}$. 一维博雷尔(Borel)$\sigma$ 域: 包含 $\mathbb{R}$ 上所有形如集合 $(-\infty, a]$ 的最小 σ 域称为一维博雷尔 σ 域, 记为 $\mathcal{B}$, 即 $\mathcal{B} = \sigma((-\infty, a], \forall a \in \mathbb{R})$.

定义 1.1.2　设 $(\Omega, \mathcal{F})$ 为可测空间, P 是一个定义在 $\mathcal{F}$ 上的集函数, 若满足:

(1) $P(A) \geqslant 0, \forall A \in \mathcal{F}$;　　(非负性)

(2) $P(\Omega) = 1$;　　(规一性)

(3) 若 $A_i \in \mathcal{F}, i=1,2,\cdots$, 且 $A_iA_j=\varnothing, \forall i \neq j$, 有

$$P\Big(\bigcup_{i=1}^{\infty} A_i\Big)=\sum_{i=1}^{\infty} P(A_i). \quad \text{(可列可加性)}$$

则称 P 为可测空间 $(\Omega,\mathcal{F})$ 上的一个**概率测度**(probability measure), 简称**概率**(probability). 称 $(\Omega,\mathcal{F},P)$ 为**概率空间**(probability space), 称 $\mathcal{F}$ 为事件域. 若 $A \in \mathcal{F}$, 则称 A 为**随机事件**(random event), 简称为**事件**, 称 $P(A)$ 为事件 A 的概率.

事件的概率刻画了事件出现可能性的大小. 概率的基本性质如下:

(1) $P(\varnothing)=0, P(A^C)=1-P(A)$.

(2) 若 $A_1,A_2,\cdots,A_n$ 互不相容, 则

$$P\Big(\bigcup_{i=1}^{n} A_i\Big)=\sum_{i=1}^{n} P(A_i). \quad \text{(有限可加性)}$$

(3) 对任意两个事件 A 及 B, 有

$$P(A\bigcup B)=P(A)+P(B)-P(AB),$$
$$P(A-B)=P(A)-P(AB).$$

(4) 若 $A \subset B$, 则 $P(A) \leqslant P(B)$.

(5) (若尔当 (Jordan) 公式) 对任意 $A_1,A_2,\cdots,A_n$ 有

$$P\Big(\bigcup_{i=1}^{n} A_i\Big)=\sum_{i=1}^{n} P(A_i)-\sum_{1\leqslant i<j\leqslant n} P(A_iA_j)+\sum_{1\leqslant i<j<k\leqslant n} P(A_iA_jA_k)-\cdots+(-1)^{n+1}P(A_1A_2\cdots A_n).$$

$$P\Big(\bigcup_{i=1}^{n} A_i\Big)\leqslant\sum_{i=1}^{n} P(A_i).$$

例 1 (1) $[0,1]$ 上的博雷尔概率空间. 设 $\Omega=[0,1]$, $\mathcal{F}=\mathcal{B}[0,1]$, 即 $\mathcal{B}[0,1]$ 是 $\mathcal{B}$ 局限在 $[0,1]$ 上的博雷尔 σ- 域. 称 $(\Omega,\mathcal{F})=([0,1],\mathcal{B}[0,1])$ 为 $[0,1]$ 上的博雷尔可测空间. 设在可测空间 $([0,1],\mathcal{B}[0,1])$ 上定义一概率测度 P, 它满足: 当 $\forall A=[a,b]\in\mathcal{B}[0,1]$ 时, $P(A)=b-a$, 称 $(\Omega,\mathcal{F},P)=([0,1],\mathcal{B}[0,1],P)$ 为 $[0,1]$ 上的博雷尔概率空间, 称 P 为 $[0,1]$ 上的博雷尔概率测度.

(2) 令 $B=[0,1]$ 上有理点全体, $\bar{B}=[0,1]$ 上无理点全体.

① 试证：$B\in\mathcal{F},\bar{B}\in\mathcal{F}$;

② 用概率的定义与性质，求证：$P(B)=0,\quad P(\bar{B})=1$.

证明 $\forall a\in[0,1]$, 单点集 $\{a\}=\bigcap\limits_{n=1}^{\infty}\left[a,a+\dfrac{1}{n}\right]\in\mathcal{B}[0,1]=\mathcal{F}$, 而 $B=0\bigcup\left\{\dfrac{m}{n}: 1\leqslant m\leqslant n, n,m=\{1,2,\cdots\}\right\}$ 是可列单点集的并，故 $B\in\mathcal{F}$. 且 $\bar{B}=[0,1]-B\in\mathcal{F}$. 又 $\forall a\in[0,1], P(\{a\})=0$, 由完全可加性知 $P(B)=0$, 而 $\bar{B}=[0,1]-B$, 故 $P(\bar{B})=1-0=1$. □

概率的一个重要性质是它具有连续性. 为此先引入事件列的极限.

一事件列 $\{A_n,n\geqslant 1\}$ 称为单调**增序列**, 若 $A_n\subset A_{n+1},n\geqslant 1$; 称为单调**减序列**, 若 $A_n\supset A_{n+1},n\geqslant 1$. 如果 $\{A_n,n\geqslant 1\}$ 是单调增序列，定义 $\lim\limits_{n\to\infty}A_n=\bigcup\limits_{i=1}^{\infty}A_i$. 如果 $\{A_n,n\geqslant 1\}$ 是单调减序列，定义 $\lim\limits_{n\to\infty}A_n=\bigcap\limits_{i=1}^{\infty}A_i$.

连续性定理如下.

命题 1.1.1 若 $\{A_n,n\geqslant 1\}$ 是单调增序列 (或减序列), 则

$$\lim_{n\to\infty}P(A_n)=P\big(\lim_{n\to\infty}A_n\big).$$

证明 先设 $\{A_n,n\geqslant 1\}$ 为单调增序列，令

$$B_1=A_1,\quad B_n=A_n\Big(\bigcup_{i=1}^{n-1}A_i\Big)^C=A_nA_{n-1}^C,\quad n>1.$$

容易验证 $\{B_n,n\geqslant 1\}$ 互不相容. 且有 $\bigcup\limits_{i=1}^{n}A_i=\bigcup\limits_{i=1}^{n}B_i,n\geqslant 1$ 及 $\bigcup\limits_{i=1}^{\infty}A_i=\bigcup\limits_{i=1}^{\infty}B_i$, 故

$$\begin{aligned}P\big(\lim_{n\to\infty}A_n\big)&=P\Big(\bigcup_{i=1}^{\infty}A_i\Big)=P\Big(\bigcup_{i=1}^{\infty}B_i\Big)=\sum_{i=1}^{\infty}P(B_i)\qquad\text{(可列可加性)}\\&=\lim_{n\to\infty}\sum_{i=1}^{n}P(B_i)=\lim_{n\to\infty}P\Big(\bigcup_{i=1}^{n}B_i\Big)\\&=\lim_{n\to\infty}P\Big(\bigcup_{i=1}^{n}A_i\Big)=\lim_{n\to\infty}P(A_n).\qquad\Big(A_n=\bigcup_{i=1}^{n}A_i\Big)\end{aligned}$$

若 $\{A_n,n\geqslant 1\}$ 为单调减序列，则 $\{A_n^C,n\geqslant 1\}$ 为单调增序列，于是

$$P\Big(\bigcup_{n=1}^{\infty}A_n^C\Big)=\lim_{n\to\infty}P(A_n^C),$$

由

$$\bigcup_{n=1}^{\infty} A_n^C = \left(\bigcap_{n=1}^{\infty} A_n\right)^C,$$

有

$$1 - P\left(\bigcap_{n=1}^{\infty} A_n\right) = \lim_{n\to\infty}(1 - P(A_n)),$$

即

$$P\left(\bigcap_{n=1}^{\infty} A_n\right) = \lim_{n\to\infty} P(A_n). \qquad \square$$

下面是著名的 Borel-Cantelli 引理.

命题 1.1.2 设 $\{A_n, n \geqslant 1\}$ 是一事件序列, 若 $\sum_{i=1}^{\infty} P(A_i) < \infty$, 则

$$P\left(\limsup_{i\to\infty} A_i\right) = 0,$$

其中 $\limsup\limits_{i\to\infty} A_i \triangleq \bigcap_{n=1}^{\infty}\bigcup_{i=n}^{\infty} A_i$.

证明 易知 $\bigcup_{i=n}^{\infty} A_i$ 是关于 n 的单调减序列, 故由命题 1.1.1 有

$$\begin{aligned} 0 \leqslant P\left(\bigcap_{n=1}^{\infty}\bigcup_{i=n}^{\infty} A_i\right) &= P\left(\lim_{n\to\infty}\bigcup_{i=n}^{\infty} A_i\right) \\ &= \lim_{n\to\infty} P\left(\bigcup_{i=n}^{\infty} A_i\right) \leqslant \lim_{n\to\infty}\sum_{i=n}^{\infty} P(A_i) = 0. \qquad \square \end{aligned}$$

下面讨论事件间的一种重要关系, 即事件的独立性问题.

两个事件 $A, B \in \mathcal{F}$, 若满足 $P(AB) = P(A)P(B)$, 称 A 与 B 相互独立. 容易证明下列命题等价: ① A 与 B 独立; ② A 与 B^C 独立; ③ $P(A|B) = P(A)$; ④ $P(A|B^C) = P(A)$.

三个事件 $A, B, C \in \mathcal{F}$, 若满足

$$P(AB) = P(A)P(B), \quad P(AC) = P(A)P(C), \quad P(BC) = P(B)P(C)$$

及

$$P(ABC) = P(A)P(B)P(C),$$

称 A,B,C 相互独立. 请读者证明: 若 A,B,C 独立, 则 $A\bigcup B$ 与 C, AB 与 C, $A-B$ 与 C 相互独立.

n 个事件 $A_1,A_2,\cdots,A_n\in\mathcal{F}$, 若对其中任意 $k(2\leqslant k\leqslant n)$ 个事件

$$A_{i_1},A_{i_2},\cdots,A_{i_k}(\text{其中}1\leqslant i_1\leqslant i_2\leqslant\cdots\leqslant i_k\leqslant n),$$

有 $P(A_{i_1}A_{i_2}\cdots A_{i_k})=P(A_{i_1})P(A_{i_2})\cdots P(A_{i_k})$, 称 $A_1,A_2,\cdots,A_n$ **相互独立**.

类似可证明: 若 $A_1,A_2,\cdots,A_n$ 相互独立, 取 $1\leqslant m<n$, 记 $\mathcal{F}_1=\sigma(A_k,1\leqslant k\leqslant m)$, $\mathcal{F}_2=\sigma(A_k,m+1\leqslant k\leqslant n)$. 任取 $B_1\in\mathcal{F}_1,B_2\in\mathcal{F}_2$, 则 B_1 与 B_2 独立.

称事件序列 $\{A_n,n\geqslant 1\}$ 相互独立, 若任取其中有限个均相互独立.

命题 1.1.3 若 $\{A_n,n\geqslant 1\}$ 是相互独立的事件序列, 且 $\sum\limits_{n=1}^{\infty}P(A_n)=\infty$, 则有

$$P\Big(\bigcap_{n=1}^{\infty}\bigcup_{i=n}^{\infty}A_i\Big)=1.$$

证明

$$P\Big(\bigcap_{n=1}^{\infty}\bigcup_{i=n}^{\infty}A_i\Big)=P\Big(\lim_{n\to\infty}\bigcup_{i=n}^{\infty}A_i\Big)=\lim_{n\to\infty}P\Big(\bigcup_{i=n}^{\infty}A_i\Big)=\lim_{n\to\infty}\Big[1-P\Big(\bigcap_{i=n}^{\infty}A_i^C\Big)\Big].$$

但

$$\begin{aligned}
P\Big(\bigcap_{i=n}^{\infty}A_i^C\Big)&=\prod_{i=n}^{\infty}P(A_i^C) &&(\text{由独立性})\\
&=\prod_{i=n}^{\infty}(1-P(A_i))\leqslant\prod_{i=n}^{\infty}\mathrm{e}^{-P(A_i)} &&(\text{由}1-x\leqslant\mathrm{e}^{-x},\quad x\geqslant 0)\\
&=\exp\Big(-\sum_{i=n}^{\infty}P(A_i)\Big)=0. &&\Big(\text{因为}\sum_{i=n}^{\infty}P(A_i)=\infty\text{对所有}n\Big)
\end{aligned}$$

因此命题得证. □

1.2 随机变量、分布函数及数字特征

1. 随机变量与分布函数

考虑一样本空间 Ω, 记 $\mathbb{R}$ 为实数全体之集. 随机变量定义为:

定义 1.2.1 设 $(\Omega,\mathcal{F},P)$ 是一概率空间, $X(\omega)$ 是定义在 Ω 上的单值实函数, 如果对 $\forall a\in\mathbb{R}$, 有 $\{\omega\colon X(\omega)\leqslant a\}\in\mathcal{F}$, 则称 $X(\omega)$ 为**随机变量**(random variable).

这里有几点说明:

(1) $\{\omega: X(\omega) \leqslant a\}$ 是指所有满足 $X(\omega) \leqslant a$ 的样本点 ω 的集合, 定义要求 $\{\omega: X(\omega) \leqslant a\}$ 是 $(\Omega, \mathcal{F}, P)$ 的一个事件, 因而可定义它的概率.

(2) 定义中 ω 为自变量, 为了书写方便, 简记 $\{\omega: X(\omega) \leqslant a\} = \{X \leqslant a\} = \{X \in (-\infty, a]\}$. 以下把 $X(\omega)$ 记为 X, 一般随机变量符号用大写字母 X, Y, Z 等表示.

(3) $X(\omega)$ 满足 $\{\omega: X(\omega) \leqslant a\} \in \mathcal{F}$, 则易证: $\forall a, b \in \mathbb{R}, \{X > a\}, \{X < a\}, \{X = a\}, \{a < X \leqslant b\}, \{a \leqslant X < b\}, \{a < X < b\}, \{a \leqslant X \leqslant b\} \in \mathcal{F}$.

例 1 若 $(\Omega, \mathcal{F})$ 中的 $\mathcal{F} = \{\varnothing, A, A^C, \Omega\}$, $A \in \mathcal{F}$ 而 $A_1 \notin \mathcal{F}$, 容易验证 A_1 的示性函数 $I_{A_1}(\omega)$ 使 $\{I_{A_1} \leqslant 1/2\} \notin \mathcal{F}$, 故 $I_{A_1}(\omega)$ 对 $\mathcal{F}$ 而言不满足随机变量的定义.

例 2 给定 $(\Omega, \mathcal{F})$, 设 $\{B_k\}(0 \leqslant k < \infty)$ 是 Ω 的一个划分, 即 $B_k B_l = \varnothing (k \neq l)$; $\bigcup\limits_{k=1}^{\infty} B_k = \Omega$ 且 $B_k \in \mathcal{F}(0 \leqslant k < \infty)$, 定义 $X(\omega) = \sum\limits_{k=1}^{\infty} x_k I_{B_k}(\omega)$, 则容易验证 $X(\omega)$ 是随机变量.

可以证明, $\forall B \in \mathcal{B}, \{\omega, X(\omega) \in B\} \in \mathcal{F}$ 等价于 $\forall a \in \mathbb{R}, \{\Omega, X(\omega) \leqslant a\} \in \mathcal{F}$. 参见 [21,22]. 简记 $X = X(\omega)$, 且记 $X^{-1}(B) = (\omega: X(\omega) \in B)$.

设 X 为 $(\Omega, \mathcal{F}, P)$ 上的随机变量, 对 $\forall x \in \mathbb{R}$, 定义

$$F(x) = P(X \leqslant x) = P(X \in (-\infty, x]),$$

称 $F(x)$ 为 X 的**分布函数**(distribution function).

若随机变量 X 的可能取值的全体是一可数集或有限集, 则称 X 是**离散型随机变量**.

对随机变量 X 的分布函数 $F(x)$, 若存在一非负函数 $f(x)$, 对 $\forall x \in \mathbb{R}$, 有

$$F(x) = \int_{-\infty}^{x} f(u) \, \mathrm{d}u,$$

则称 $f(x)$ 为随机变量 X 的**概率密度函数**(probability density function). 若 $f(x)$ 连续, 则

$$\frac{\mathrm{d}F(x)}{\mathrm{d}x} = f(x),$$

即

$$\lim_{h \to 0} \frac{P(x < X \leqslant x + h)}{h} = f(x),$$

或

$$P(x < X \leqslant x+h) = f(x)h + o(h).$$

以上关系是以后用所谓“微元法”求概率密度函数的依据：为求随机变量 X 的概率密度函数，先求 X 落在一个小区域 $(x, x+h]$ 上的概率 $P(x < X \leqslant x+h)$，然后令 $h \to 0$，求其极限

$$\lim_{h\to 0} \frac{P(x < X \leqslant x+h)}{h},$$

即得 $f(x)$.

二维随机变量 (X,Y) 的**联合分布函数** (joint distribution function)$F(x,y)$ 定义为

$$F(x,y) = P(X \leqslant x,\ Y \leqslant y).$$

X 和 Y 的**边缘分布**定义为

$$F_X(x) = P(X \leqslant x) = \lim_{y\to+\infty} F(x,y) = F(x,+\infty),$$

$$F_Y(y) = P(Y \leqslant y) = \lim_{x\to+\infty} F(x,y) = F(+\infty,y).$$

若存在一非负函数 $f(x,y)$，对 $\forall (x,y) \in \mathbb{R}^2$ 有

$$F(x,y) = \int_{-\infty}^{x}\int_{-\infty}^{y} f(u,v)\,\mathrm{d}u\,\mathrm{d}v,$$

则称 $f(x,y)$ 为 (X,Y) 的**联合概率密度函数**.

称随机变量 X 与 Y **相互独立** (independent)，若对 $\forall (x,y) \in \mathbb{R}^2$，有

$$F(x,y) = F_X(x)F_Y(y).$$

n 维随机向量 $X_1, X_2, \cdots, X_n$ 的**联合分布函数**定义为

$$F(x_1, x_2, \cdots, x_n) = P(X_1 \leqslant x_1, X_2 \leqslant x_2, \cdots, X_n \leqslant x_n).$$

若对 $\forall (x_1, x_2, \cdots, x_n) \in \mathbb{R}^n$ 有 $F(x_1, x_2, \cdots, x_n) = F_1(x_1)F_2(x_2)\cdots F_n(x_n)$，则称 $X_1, X_2, \cdots, X_n$ **相互独立**. 这里 $F_i(x_i) = P(X_i \leqslant x_i)$.

可以证明，若 X, Y, Z 相互独立，则 $X \pm Y$ 与 Z 独立，$X \cdot Y$ 与 Z 独立，$X/Y (Y \neq 0)$ 与 Z 独立，更一般有 $g_1(X,Y)$ 与 $g_2(Z)$ 独立 (其中 $g_1(X,Y), g_2(Z)$ 可以是逐段单调函数或逐段连续函数).

2. 黎曼—斯蒂尔切斯积分

为以后表示简便，这里我们引出黎曼—斯蒂尔切斯 (Riemann-Stieltjes) 积分.

设 $F(x)$ 为 $(-\infty,+\infty)$ 上的单调不减右连续函数，$g(x)$ 为 $(-\infty,+\infty)$ 上的单值实函数，$\forall a<b$.

定义 1.2.2 任取分点 $a=x_0<x_1<x_2<\cdots<x_{i-1}<x_i<\cdots<x_n=b,\forall u_i\in[x_{i-1},x_i]$, 作积分和式

$$\sum_{i=1}^{n} g(u_i)\Delta F(x_i)=\sum_{i=1}^{n} g(u_i)[F(x_i)-F(x_{i-1})].$$

令 $\lambda=\max\limits_{1\leqslant i\leqslant n}\Delta x_i=\max\limits_{1\leqslant i\leqslant n}(x_i-x_{i-1})$, 若极限

$$J(a,b)=\lim_{\lambda\to 0}\sum_{i=1}^{n} g(u_i)\Delta F(x_i)$$

存在，则记

$$J(a,b)=\int_a^b g(x)\,\mathrm{d}F(x)\qquad\Big(\text{或}\int_a^b g(x)F(\mathrm{d}x)\Big),$$

称极限 $J(a,b)$ 为 $g(x)$ 关于 $F(x)$ 在 $[a,b]$ 上的 R-S 积分.

注 (1) $\lambda\to 0$ 意味着 $n\to\infty$, 且最大子区间的长度趋于 0. (2) 当取 $F(x)=x$ 时, R-S 积分化为原来的黎曼 (Riemann) 积分，所以 R-S 积分是黎曼积分的推广.

当 $a\to-\infty,b\to+\infty$ 时，若极限

$$J(-\infty,+\infty)=\lim_{b\to\infty,a\to-\infty}\int_a^b g(x)\,\mathrm{d}F(x)$$

存在，则称

$$J(-\infty,+\infty)=\int_{-\infty}^{+\infty} g(x)\,\mathrm{d}F(x)\qquad\Big(\text{或}\int_{-\infty}^{+\infty} g(x)F(\mathrm{d}x)\Big)$$

为 $g(x)$ 关于 $F(x)$ 在 $(-\infty,+\infty)$ 上的 R-S 积分.

R-S 积分的基本性质：

(1) 当 $a<c_1<\cdots<c_n<b$ 时

$$\int_a^b g(x)\,\mathrm{d}F(x) = \sum_{i=0}^{n} \int_{c_i}^{c_{i+1}} g(x)\,\mathrm{d}F(x) \quad (a = c_0, b = c_{n+1});$$

(2)

$$\int_a^b \sum_{i=1}^{n} g_i(x)\,\mathrm{d}F(x) = \sum_{i=1}^{n} \int_a^b g_i(x)\,\mathrm{d}F(x);$$

(3) 若 $g(x) \geqslant 0$, 且 $a < b$, 则

$$\int_a^b g(x)\,\mathrm{d}F(x) \geqslant 0;$$

(4) 若 $F_1(x), F_2(x)$ 为两个分布函数, c_1, c_2 为常数. $c_1, c_2 > 0$, 则

$$\int_a^b g(x)\,\mathrm{d}[c_1F_1(x) + c_2F_2(x)] = c_1\int_a^b g(x)\,\mathrm{d}F_1(x) + c_2\int_a^b g(x)\,\mathrm{d}F_2(x).$$

几个特例:

设 $F(x)$ 为 X 的分布函数.

(1) 若 $g(x) = 1$, 则

$$\int_a^b \mathrm{d}F(x) = F(b) - F(a) = P(a < X \leqslant b).$$

(2) 若 X 为离散型随机变量, 即 $P(X = c_i) = p_i$, $i \in \{1, 2, \cdots\}$, 则

$$F(x) = \sum_{c_i \leqslant x} p_i$$

是一跳跃型分布函数, 即 $F(x)$ 的变化只在 $c_1, c_2, \cdots$ 这些点且其跃度为 p_i, 则 R-S 积分

$$\int_{-\infty}^{\infty} g(x)\,\mathrm{d}F(x) = \sum_{n=1}^{\infty} g(c_n)[F(c_n + 0) - F(c_n - 0)] = \sum_{n=1}^{\infty} g(c_n)p_n$$

化成了一个级数.

3. 数字特征

(1) 随机变量的数学期望 (expectation or mean)

定义 1.2.3 设 X 为随机变量, $F(x)$ 为 X 的分布函数, 若 $\displaystyle\int_{-\infty}^{+\infty} |x|\,\mathrm{d}F(x)$ 存在, 则称

$$EX = \int_{-\infty}^{\infty} x\,\mathrm{d}F(x)$$

为随机变量 X 的**数学期望**(或称为 X 的均值).

性质 (1) 若 $(c_i, i=1,2,\cdots,n)$ 为常数, $X_i(i=1,2,\cdots,n)$ 为随机变量, 则

$$E\Big(\sum_{i=1}^{n} c_i X_i\Big) = \sum_{i=1}^{n} c_i E X_i.$$

性质 (2) 设 $g(x)$ 为 x 的函数, $F_X(x)$ 为 X 的分布函数, 若 $E[g(X)]$ 存在, 则

$$E[g(X)] = \int_{-\infty}^{\infty} g(x)\,\mathrm{d}F_X(x).$$

当 X 为离散型随机变量, 即 $P(X=x_n)=p_n(n\in\mathbb{N})$ 时, 则

$$EX = \sum_{n=1}^{\infty} x_n p_n,$$

即 EX 是 X 所有可能取值的加权平均.

当 X 为连续随机变量, 且有概率密度函数 $f(x)$ 时, 则

$$EX = \int_{-\infty}^{+\infty} x f(x)\,\mathrm{d}x.$$

(2) 方差 (variance)

定义 1.2.4 令 $DX \triangleq E(X-EX)^2 = EX^2-(EX)^2$, 称 DX 为随机变量 X 的**方差**(有时记 $DX = \mathrm{var}\,X = \sigma_X^2$).

DX 刻画了 X 取值的集中或分散程度.

(3) 协方差 (covariance)

定义 1.2.5 两个随机变量 (X,Y), 称

$$\mathrm{cov}\,(X,Y) \triangleq E[(X-EX)(Y-EY)] = E(XY)-(EX)(EY)$$

为 (X,Y) 的**协方差**.

若 X,Y 独立, 则 $E(XY)=EX\,EY$, 从而得 $\mathrm{cov}\,(X,Y)=0$. 于是, 若 $\mathrm{cov}\,(X,Y)\neq 0$, 则 X,Y 不独立. 因此 $\mathrm{cov}\,(X,Y)\neq 0$ 刻画了 X,Y 取值存在某种统计上的线性相关关系.

(4) 相关系数 (correlation coefficient)

定义 1.2.6 若 $0<DX=\sigma_X^2<\infty, 0<DY=\sigma_Y^2<\infty$, 称

$$\rho(X,Y) = \frac{\mathrm{cov}\,(X,Y)}{\sigma_X \sigma_Y}$$

为 (X,Y) 的**相关系数**.

$\rho(X,Y)$ 刻画了 X,Y 之间线性关系的密切程度, 若 $\rho=0$, 称 X,Y 不相关.

主要性质:

① $$D\Big(\sum_{i=1}^{n}a_iX_i\Big)=\sum_{i=1}^{n}a_i^2DX_i+2\sum_{i<j}a_ia_j\operatorname{cov}(X_i,X_j);$$

② 若 $X_1,X_2,\cdots,X_n$ 相互独立, 则 $\operatorname{cov}(X_i,X_j)=0,\ j\neq i$, 即 X_i,X_j 不相关;

③ 若 $X_1,X_2,\cdots,X_n$ 两两不相关, 则

$$D\Big(\sum_{i=1}^{n}X_i\Big)=\sum_{i=1}^{n}DX_i;$$

④ 施瓦茨 (Schwarz) 不等式, 若随机变量 X,Y 的二阶矩存在, 则

$$|E(XY)|^2\leqslant E(X^2)E(Y^2);$$

特别是

$$|\operatorname{cov}(X,Y)|^2\leqslant\sigma_X^2\sigma_Y^2,$$
$$|\rho(X,Y)|\leqslant 1.$$

⑤ $\rho=\pm1$, 当且仅当

$$P\Big(\frac{Y-EY}{\sqrt{DY}}=\pm\frac{X-EX}{\sqrt{DX}}\Big)=1,$$

即 $\rho=\pm1$, (X,Y) 以概率 1 取值在直线 $Y-EY=\pm\sqrt{DY}(X-EX)/\sqrt{DX}$ 上.

(5) 矩 (moment)

定义 1.2.7 记

$$E(X^k)=\int_{-\infty}^{+\infty}x^k\,\mathrm{d}F_X(x),\quad(k\geqslant1),$$

称 $E(X^k)$ 为随机变量 X 的 k **阶矩**$(k\in\mathbb{N})$.

4. 常用随机变量的分布

(1) 离散型随机变量

① 二项分布

设 $0 \leqslant p < 1, n \geqslant 1$, 若 X 的分布律为

$$P(X=k)=\mathrm{C}_n^k p^k(1-p)^{n-k}, \quad 0 \leqslant k \leqslant n,$$

称 X 是参数为 (n,p) 的**二项分布**(binomial with parameters (n,p)), 简记为 $X \sim B(n,p)$.

② 泊松 (Poisson) 分布

设 $\lambda > 0$, 若 X 的分布律为

$$P(X=k)=\frac{\lambda^k}{k!}\mathrm{e}^{-\lambda}, \quad k=0,1,2,\cdots,$$

称 X 是参数为 λ 的**泊松分布**(Poisson with parameter λ), 简记为 $X \sim P(\lambda)$.

③ 几何分布

设 $0 < p < 1$, 若 X 的分布律为

$$P(X=k)=(1-p)^{k-1}p, \quad k=1,2,\cdots,$$

称 X 是参数为 p 的**几何分布**(geometric distribution), 简记为 $X \sim G(p)$.

(2) 具有概率密度的随机变量

① 均匀分布

设 $a < b$, 若 X 的概率密度函数为

$$f(x)=\begin{cases} \dfrac{1}{b-a}, & a<x<b, \\ 0, & \text{其他}, \end{cases}$$

称 X 是 (a,b) 上的**均匀分布**(uniform over (a,b)), 简记为 $X \sim U(a,b)$.

② 正态分布

设 $\mu \in \mathbb{R}, \sigma > 0$, 若 X 的概率密度函数为

$$f(x)=\frac{1}{\sqrt{2\pi}\sigma}\exp\{-(x-\mu)^2/2\sigma^2\},$$

称 X 是参数为 (μ,σ^2) 的**正态分布**(normal with parameters (μ,σ^2)), 简记为 $X \sim N(\mu,\sigma^2)$.

③ 指数分布

设 $\lambda > 0$, 若 X 的概率密度函数为

$$f(x)=\begin{cases} \lambda\mathrm{e}^{-\lambda x}, & x \geqslant 0, \\ 0, & x<0. \end{cases}$$

称 X 是参数为 λ 的**指数分布**(exponential with parameter λ), 简记为 $X \sim E(\lambda)$.

5. 连续型随机变量的事件示性函数的线性组合表示

(1) 设 $X(\omega)$ 为非负随机变量, $P(X < \infty) = 1$, 令

$$X_n(\omega) = \sum_{k=0}^{n2^n-1} \frac{k}{2^n} I_{\left\{\frac{k}{2^n} \leqslant X < \frac{k+1}{2^n}\right\}}(\omega) + nI_{\{X \geqslant n\}}(\omega),$$

则 $X_n(\omega)$ 是随机变量, 满足: $\forall \omega \in \Omega, n \in \mathbb{N}, X_n(\omega) \leqslant X_{n+1}(\omega)$(记为 $X_n(\omega) \uparrow$), 且当 $0 \leqslant X(\omega) < n$ 时, $|X_n(\omega) - X(\omega)| < 1/2^n$; 当 $X(\omega) = n$ 时, $X_n(\omega) = n$. 故 $\forall \omega \in \Omega$, $\lim\limits_{n\to\infty} X_n(\omega) = X(\omega)$.

(2) 设 $X(\omega)$ 为一般的随机变量, 令 $X^+ = X \vee 0 = \max(X, 0), X^- = -(X \wedge 0) = -\min(X, 0)$, 显然 $X^+, X^- \geqslant 0$ 由上面的结论, 对 X^+, X^- 存在 $X_n^+ \uparrow X^+, X_n^- \uparrow X^-$. 令 $X_n = X_n^+ - X_n^-$, 则 $X_n \uparrow X$.

1.3 矩母函数、特征函数和拉普拉斯变换

1. 矩母函数 (moment generating function)

定义 1.3.1 随机变量 X 的**矩母函数**定义为

$$\psi(t) \triangleq E(e^{tX}) = \int_{-\infty}^{+\infty} e^{tx} \, dF_X(x),$$

如果上式右边积分存在.

显然, 如 X 的 k 阶矩存在, 则

$$E(X^k) = \psi^{(k)}(0).$$

矩母 (生成) 函数由此得名. 可以证明矩母函数与分布函数是一一对应的.

对于取值非负整数的随机变量 X, 即 $P(X = k) = p_k \geqslant 0 (k \geqslant 0), \sum\limits_{k=0}^{\infty} p_k = 1$, 则 X 的矩母函数记为

$$g(s) = E(s^X) = \sum_{k=0}^{\infty} p_k s^k, \quad 0 \leqslant s \leqslant 1.$$

显然, $p_k = g^{(k)}(0)/k!$, 且有 $E[X(X-1)(X-2)\cdots(X-k-1)] = g^{(k)}(1)$. 若 X_1, X_2 相互独立, 其矩母函数分别记为 $g_1(s), g_2(s)$, 则不难证明 $X_1 + X_2$ 的矩母函数为

$$g_{X_1+X_2}(s) = g_1(s) g_2(s).$$

对于数列 $\{a_n, n \geqslant 0\}$, 如

$$A(s) = \sum_{n=0}^{\infty} a_n s^n, \quad |s| \leqslant 1,$$

则称 $A(s)$ 为 $\{a_n, n \geqslant 0\}$ 的**母函数**.

母函数的几个重要性质:

(1) $E(x) = g'(1)$.

(2) $D(x) = g''(1) + g'(x) - [g'(1)]^2$.

(3) $g'(1) = \sum\limits_{k=1}^{\infty} kp_k$.

2. 特征函数 (characteristic function)

定义 1.3.2 记

$$\phi(t) \triangleq E\{\exp(\mathrm{i}tX)\} = \int_{-\infty}^{+\infty} \exp(\mathrm{i}tx)\,\mathrm{d}F_X(x),$$

其中 $\mathrm{i} = \sqrt{-1}$, $-\infty < t < +\infty$. 称 $\phi(t)$ 是随机变量 X 的**特征函数**.

$\phi(t)$ 的几个重要性质:

(1) $\phi(0) = 1$, $|\phi(t)| \leqslant \phi(0)$, $\phi(-t) = \overline{\phi(t)}$, 且 $\phi(t)$ 在 $(-\infty, +\infty)$ 上一致连续.

(2) $\phi(t)$ 具有非负定性, 即对任给 n 个实数 t_i 及复数 $\lambda_i (1 \leqslant i \leqslant n)$ 有

$$\sum_{j=1}^{n} \sum_{i=1}^{n} \phi(t_i - t_j) \lambda_i \overline{\lambda_j} \geqslant 0.$$

(3) 若 X 与 Y 相互独立, 则

$$\phi_{X+Y}(t) = \phi_X(t)\phi_Y(t).$$

(4) 随机变量 X, 若 EX^n 存在, 则当 $k \leqslant n$ 时

$$\phi^{(k)}(0) = i^k E(X^k).$$

(5) 随机变量的分布函数与特征函数有一一对应的关系, 即给定 $F(x)$ 可唯一决定 $\phi(t)$; 反之, 给定 $\phi(t)$ 可唯一决定 $F(x)$ (唯一性定理).

上述性质的证明详见参考文献 [20].

3. 拉普拉斯—斯蒂尔切斯变换

定义 1.3.3 设非负随机变量 X, 分布函数 $F_X(x), s = a + b\mathrm{i}$, 这里 $a > 0, b$ 是实数，称

$$\widehat{F}_X(s) = \int_0^{+\infty} \exp(-sx)\,\mathrm{d}F_X(x)$$

为 $F_X(x)$ 的拉普拉斯—斯蒂尔切斯变换 (Laplace-Stieltjes transform, 简记 L-S 变换), 或称随机变量 X 的 L-S 变换.

注 $\widehat{F}_X(s)$ 与 $F_X(x)$ 也有一一对应关系，且对 $X_1, X_2 \geqslant 0$ 相互独立，有

$$\widehat{F}_{X_1+X_2}(s) = \widehat{F}_{X_1}(s)\widehat{F}_{X_2}(s).$$

1.4 条件数学期望

条件数学期望是随机过程中最基本最重要的概念之一. 为了直观地对此概念有正确的理解. 我们先从离散型随机变量入手, 再讨论连续型随机变量情形, 然后推广到多元随机变量的情形.

1. 离散型随机变量的情形

设两随机事件 A, B, 若 $P(B) > 0$, 称 $P(A|B) = P(AB)/P(B)$ 为事件 B 发生时，事件 A 的**条件概率**(若 $P(B) = 0$, 则 $P(A|B)$ 没定义或规定为 0). 设 (X, Y) 为两个离散型随机变量，其联合分布律为 $P(X = x_i, Y = y_j) = p_{ij} \geqslant 0$, $\sum\limits_i \sum\limits_j p_{ij} = 1$, 若 $P(Y = y_j) = \sum\limits_i p_{ij} \triangleq p_{\cdot j} > 0$, 称

$$P(X = x_i|Y = y_j) = P(X = x_i, Y = y_j)/P(Y = y_j) = p_{ij}/p_{\cdot j}$$

为给定 $Y = y_j$ 时, X 的**条件分布律**. 称

$$E(X|Y = y_j) \triangleq \sum_i x_i P(X = x_i|Y = y_j)$$

为给定 $Y = y_j$ 时, X 的**条件数学期望**.

比较 (无条件) 数学期望 $EX = \sum\limits_i x_i P(X = x_i)$ 与条件数学期望 $E(X|Y = y_j)$ 的异同: EX 是对所有 $\omega \in \Omega, X(\omega)$ 取值全体的加权平均；而 $E(X|Y = y_j)$ 是局限在 $\omega \in \{\omega\colon Y(\omega) = y_j\} \triangleq B_j$ 时，$X(\omega)$ 取值局部（$\omega \in B_j$）的加权平均. 这是因为：记 $B_j = \{\omega\colon Y = y_j\}, A_i = \{\omega\colon X = x_i\}$, 于是整个样本空间 Ω

按 Y 的不同取值分为 $B_1,\cdots,B_j,\cdots$ 等互不相容的事件 $\left(\Omega=\sum\limits_j B_j\right)$. 而 Ω 又按 X 不同取值分为 $A_1,\cdots,A_i,\cdots$ 等互不相容的事件 $\left(\Omega=\sum\limits_i A_i\right)$.

当 $A_iB_j=\varnothing$ 时, $P(X=x_i,Y=y_j)=0$, $P(X=x_i|Y=y_j)=0$, 于是

$$E(X|Y=y_j)=\sum_i x_iP(X=x_i|Y=y_j)=\sum_{i:\ A_iB_j\neq\varnothing} x_iP(X=x_i|Y=y_j).$$

因此 $E(X|Y=y_j)$ 是 $\omega\in B_j$ 时 $X(\omega)$ 的局部加权平均，如图 1.1 所示.

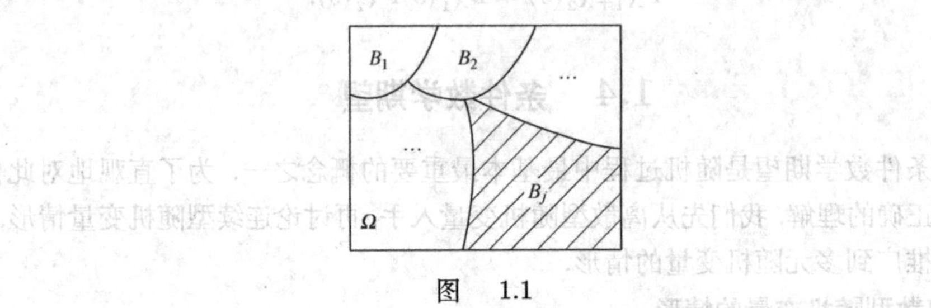

图 1.1

显然，$E(X|Y=y_1),\cdots,E(X|Y=y_j),\cdots$, 依赖于 $Y=y_j$, 即依赖于 $\omega\in B_j=\{\omega: Y=y_j\}$, 这样，从全局样本空间 Ω 及对 $\omega\in\Omega$ 可以变化的观点看, 有必要引进一个新的随机变量, 记为 $E(X|Y)$. 对于这个随机变量 $E(X|Y)$, 当 $\omega\in B_j$ 时 (即 $Y=y_j$ 时) 它的取值为 $E(X|Y=y_j)$, 称随机变量 $E(X|Y)$ 为随机变量 X 关于随机变量 Y 的条件数学期望.

为给出 $E(X|Y)$ 的确切定义及表示式，引进事件的示性函数如下：记

$$I_{B_j}(\omega)=\begin{cases}1, & \omega\in B_j=\{\omega: Y(\omega)=y_j\},\\ 0, & \omega\notin B_j=\{\omega: Y(\omega)=y_j\}.\end{cases}$$

显然 $I_{B_j}(\omega)=1\leftrightarrow Y(\omega)=y_j$ 发生，亦记 $I_{B_j}(\omega)=I_{(Y=y_j)}(\omega)$.

定义 1.4.1 记

$$E(X|Y)\triangleq\sum_j I_{(Y=y_j)}(\omega)E(X|Y=y_j), \tag{1.4.1}$$

称 $E(X|Y)$ 为 X 关于 Y 的条件数学期望.

$E(X|Y)$ 的定义包含如下的直观意义:

(1) 随机变量 $E(X|Y)$ 是随机变量 Y 的函数，当 $\omega \in \{\omega: Y = y_j\}$ 时，$E(X|Y)$ 的取值为 $E(X|Y = y_j)$. 事实上，它是局部平均 $\{E(X|Y = y_j), j \in \mathbb{N}\}$ 的统一表达式.

(2) 当 $E(X|Y = y_j) \neq E(X|Y = y_k)(j \neq k)$ 时，$P[E(X|Y) = E(X|Y = y_j)] = P(Y = y_j)$; 否则，令 $D_j = \{k: E(X|Y = y_k) = E(X|Y = y_j)\}$, 则

$$P\{E(X|Y) = E(X|Y = y_j)\} = \sum_{k \in D_j} P(Y = y_k).$$

(3) 由于随机变量 $E(X|Y)$ 是随机变量 Y 的函数，故它的数学期望应为

$$E(E(X|Y)) = \sum_j E(X|Y = y_j)P(Y = y_j).$$

例 1 随机变量 (X, Y) 的联合分布律如表 1.1.

表 1.1

$Y \backslash X$	1	2	3	$p_{\cdot j}$
1	2/27	4/27	1/27	7/27
2	5/27	7/27	3/27	15/27
3	1/27	2/27	2/27	5/27
$p_{i\cdot}$	8/27	13/27	6/27	

试求 $E(X|Y)$ 的分布律，EX 及 $E(E(X|Y))$.

解 为求 $E(X|Y = j)$, 先求 $P(X = i, Y = j), i, j = 1, 2, 3$. 当 $Y = 1$ 时，有

$$P(X = 1|Y = 1) = P(X = 1, Y = 1)/P(Y = 1) = \frac{2/27}{7/27} = \frac{2}{7},$$

同理 $P(X = 2|Y = 1) = 4/7, P(X = 3|Y = 1) = 1/7$. 故

$$E(X|Y = 1) = \sum_{i=1}^{3} iP(X = i|Y = 1) = 1 \times \frac{2}{7} + 2 \times \frac{4}{7} + 3 \times \frac{1}{7} = \frac{13}{7}.$$

类似地有

$$E(X|Y = 2) = \sum_{i=1}^{3} iP(X = i|Y = 2) = 1 \times \frac{5}{15} + 2 \times \frac{7}{15} + 3 \times \frac{3}{15} = \frac{28}{15},$$

$$E(X|Y=3)=\sum_{i=1}^{3} iP(X=i|Y=3)=1\times\frac{1}{5}+2\times\frac{2}{5}+3\times\frac{2}{5}=\frac{11}{5}.$$

又 $P\{E(X|Y)=E(X|Y=j)\}=P(Y=j), j=1,2,3.$ 故 $E(X|Y)$ 的分布律列表如下：于是

$E(X\|Y=j)$	13/7	28/15	11/5
$P\{E(X\|Y)=E(X\|Y=j)\}=P(Y=j)$	7/27	15/27	5/27

$$E(E(X|Y))=\frac{13}{7}\times\frac{7}{27}+\frac{28}{15}\times\frac{15}{27}+\frac{11}{5}\times\frac{5}{27}=\frac{52}{27},$$

而

$$EX=\sum_{i=1}^{3} iP(X=i)=1\times\frac{8}{27}+2\times\frac{13}{27}+3\times\frac{6}{27}=\frac{52}{27},$$

得

$$EX=E(E(X|Y))=\frac{52}{27}.$$ □

自然要问，一般情形下，是否 $EX=E(E(X|Y))$？它的直观意义又是什么？试证明：

(1) 在 (X,Y) 为离散随机变量且 $E|X|<\infty$ 时，$EX=E(E(X|Y))$；

(2) $E(X|X)=X$.

2. 连续随机变量 (X,Y) 的情形

设 (X,Y) 的联合概率密度函数 (jointly probability density function) 为 $f(x,y)$, Y 的概率密度函数为 $f_Y(y)=\int_{-\infty}^{+\infty} f(x,y)\,\mathrm{d}x$, 设 $f_Y(y)>0, E|X|<\infty$, 给定 $Y=y, X$ 的条件概率密度函数为

$$f_{X|Y=y}(x|y)=\frac{f(x,y)}{f_Y(y)},$$

条件分布函数为

$$F_{X|Y=y}(x|y)=P(X\leqslant x|Y=y)=\int_{-\infty}^{x}\frac{f(u,y)}{f_Y(y)}\,\mathrm{d}u,$$

条件数学期望为

$$E(X|Y=y)=\int_{-\infty}^{+\infty} xf_{X|Y=y}(x|y)\,\mathrm{d}x=\int_{-\infty}^{+\infty} x\frac{f(x,y)}{f_Y(y)}\,\mathrm{d}x. \tag{1.4.2}$$

令 $D\in\mathcal{B}$, 考虑 $Y\in D$ 下，若 $P(Y\in D)>0, X$ 的条件分布函数为

$$F(x|D)=P\{X\leqslant x|Y\in D\}=\frac{P(X\leqslant x,Y\in D)}{P(Y\in D)}=\frac{\displaystyle\int_{-\infty}^{x}\left(\int_{y\in D}f(x,y)\,\mathrm{d}y\right)\mathrm{d}x}{\displaystyle\int_{y\in D}f_Y(y)\,\mathrm{d}y}.$$

在 $Y\in D$ 下，X 的条件概率密度函数为

$$f_{X|D}(x|D)=\frac{\displaystyle\int_{y\in D}f(x,y)\,\mathrm{d}y}{P(Y\in D)}. \tag{1.4.3}$$

于是在 $Y\in D$ 下，X 的条件数学期望定义为

$$E(X|Y\in D)\triangleq\int_{-\infty}^{+\infty}xf_{X|D}(x|D)\,\mathrm{d}x=\int_{y\in D}\left(\int_{-\infty}^{+\infty}xf(x,y)\,\mathrm{d}x\right)\mathrm{d}y/P(Y\in D).$$

由上式定义，有

$$\begin{aligned}E(X|Y\in D)&=\int_{y\in D}\left(\int_{-\infty}^{+\infty}x\frac{f(x,y)}{f_Y(y)}\,\mathrm{d}x\right)f_Y(y)\,\mathrm{d}y/P(Y\in D)\\&=\frac{1}{P(Y\in D)}\int_{y\in D}E(X|Y=y)f_Y(y)\,\mathrm{d}y.\end{aligned}$$

显然，条件数学期望 $E(X|Y=y)$ 是 y 的函数. 这样，从整个样本空间 Ω 及从 $\omega\in\Omega$ 可以变化的宏观上看，可以且有必要定义一个随机变量 $E(X|Y)$, 使其在 $Y=y$ 时，$E(X|Y)$ 的取值为 $E(X|Y=y)$.

定义 1.4.2 设 (X,Y) 具有联合概率密度函数 $f(x,y), Y$ 的概率密度函数为 $f_Y(y)>0, E|X|<\infty$, 若随机变量 $E(X|Y)$ 满足:

(1) $E(X|Y)$ 是随机变量 Y 的函数，当 $Y=y$ 时，它的取值为 $E(X|Y=y)$;

(2) 对任意 $D\in\mathcal{B}$, 有

$$E[E(X|Y)|Y\in D]=E(X|Y\in D). \tag{1.4.4}$$

称随机变量 $E(X|Y)$ 为 X 关于 Y 的条件数学期望.

从 (1), 由于 $E(X|Y)$ 是随机变量 Y 的函数，故它的数学期望应为

$$E[E(X|Y)]=\int_{-\infty}^{+\infty}E(X|Y=y)f_Y(y)\,\mathrm{d}y.$$

而从 (2), 当取 $D=\mathbb{R}=(-\infty,+\infty)$ 时

$$EX=E\{X\big|Y\in(-\infty,+\infty)\}=E\{E(X\big|Y)\big|Y\in(-\infty,\infty)\}=E[E(X\big|Y)]$$
$$=\int_{-\infty}^{+\infty}E(X\big|Y=y)f_Y(y)\,\mathrm{d}y.$$

例 2 (X,Y) 是二维正态分布, 即 $(X,Y)\sim N(\mu_1,\mu_2,\rho,\sigma_1^2,\sigma_2^2)$, 则联合概率密度函数为

$$f(x,y)=\frac{1}{2\pi\sigma_1\sigma_2(1-\rho^2)^{\frac{1}{2}}}\exp\Big\{-\frac{1}{2(1-\rho^2)}\Big[\frac{(x-\mu_1)^2}{\sigma_1^2}-2\rho\frac{(x-\mu_1)(y-\mu_2)}{\sigma_1\sigma_2}+\frac{(y-\mu_2)^2}{\sigma_2^2}\Big]\Big\},$$

则

$$f_{Y|X=x}(y\big|x)=\frac{f(x,y)}{f_X(x)}$$
$$=\frac{1}{\sqrt{2\pi}\sigma_2(1-\rho^2)^{\frac{1}{2}}}\exp\Big\{-\frac{1}{2\sigma_2^2(1-\rho^2)}\Big[y-\mu_2-\rho\frac{\sigma_2}{\sigma_1}(x-\mu_1)\Big]^2\Big\}$$
$$\sim N\Big(\mu_2+\rho\frac{\sigma_2}{\sigma_1}(x-\mu_1),\sigma_2^2(1-\rho^2)\Big).$$

故

$$E(Y\big|X=x)=\mu_2+\rho\frac{\sigma_2}{\sigma_1}(x-\mu_1);$$
$$E(Y\big|X)=\mu_2+\rho\frac{\sigma_2}{\sigma_1}(X-\mu_1). \tag{1.4.5}$$

此时 $E(Y\big|X)$ 是 X 的线性函数, 这是正态分布的重要性质. □

3. 一般随机变量的情形

设 (X,Y) 为一般随机变量, 其联合分布函数为 $P(X\leqslant x,Y\leqslant y)$. 以下假设 $E|X|<\infty$, 分两种情况讨论.

定义 1.4.3 设 $D\in\mathcal{B},P(Y\in D)>0$. $\forall x\in\mathbb{R}$, 称 $P(X\leqslant x\big|Y\in D)=P(X\leqslant x,Y\in D)/P(Y\in D)$ 为 X 关于事件 $\{Y\in D\}$ 的条件分布函数. 容易证明, 若 X 与 Y 独立, 则对 $\forall x\in\mathbb{R}$, $\forall D\in\mathcal{B},P(X\leqslant x\big|Y\in D)=P(X\leqslant x)$. 称 $E(X\big|Y\in D)=\int_{\mathbb{R}}x\,\mathrm{d}P(X\leqslant x\big|Y\in D)$ 为 X 关于 $\{Y\in D\}$ 的条件数学期望.

在许多问题中常常需要考虑 D 为单点集 $\{y\}$ 的情形. 若 $P(Y=y)>0$, 这时定义条件分布同上. 问题是当 $P(Y=y)=0$ 时, 如何定义 $P(X\leqslant x\big|Y=y)$.

定义 1.4.4 设 $(x,y)\in\mathbb{R}^2$, 对充分小的 $h>0$, 有 $P(y<Y\leqslant y+h)>0$. 若 $P(X\leqslant x\big|Y=y)\triangleq\lim\limits_{h\to0}P(X\leqslant x\big|y<Y\leqslant y+h)$ 存在，则称 $P(X\leqslant x\big|Y=y)$ 为 X 关于 $\{Y=y\}$ 的条件分布函数，称 $E(X\big|Y=y)=\displaystyle\int_{\mathbb{R}}x\,\mathrm{d}P(X\leqslant x\big|Y=y)$ 为 X 关于 $\{Y=y\}$ 的条件数学期望.

若随机变量 $E(X\big|Y)$ 满足：

(1) $E(X\big|Y)$ 是随机变量 Y 的函数，当 $Y=y$ 时，它的取值为 $E(X\big|Y=y)$.

(2) 对于 $\forall D\in\mathcal{B}, E\{E(X\big|Y)\big|Y\in D\}=E(X\big|Y\in D)$.

称随机变量 $E(X\big|Y)$ 为 X 关于 Y 的条件数学期望.

从该定义中的 (1) 知，$E(X\big|Y)$ 是随机变量 Y 的函数，则它的数学期望为

$$E[E(X\big|Y)]=\int_{\mathbb{R}}E(X\big|Y=y)\,\mathrm{d}P(Y\leqslant y).$$

但是从 (2) 知，当取 $D=\mathbb{R}=(-\infty,+\infty)$ 时，有

$$EX=E(X\big|Y\in(-\infty,+\infty))=E\{E(X\big|Y)\big|Y\in(-\infty,+\infty)\}=E\{E(X\big|Y)\},$$

故有 $EX=E\{E(X\big|Y)\}$, 即

$$EX=\int_{\mathbb{R}}E(X\big|Y=y)\,\mathrm{d}P(Y\leqslant y). \tag{1.4.6}$$

上式可看作是数学期望形式的全概率公式.

4. 条件概率与条件分布函数

设随机变量 (X,Y) 及任一随机事件 $B\in\mathcal{F}$, 记

$$I_B(\omega)=\begin{cases}1, & \omega\in B,\\ 0, & \omega\notin B,\end{cases}$$

即 I_B 是 B 的示性函数. 显然

$$P(B)=E(I_B(\omega)).$$

称

$$E(I_B(\omega)\big|Y)\triangleq P(B\big|Y)$$

为事件 B 关于随机变量 Y 的条件概率. 此时 $P(B\big|Y)$ 是随机变量且是 Y 的函数，对于 $\forall x\in\mathbb{R}$, 取 $B=(\omega\colon X\leqslant x)$, 称

$$F(x\big|Y)\triangleq P(X\leqslant x\big|Y)=E(I_{(X\leqslant x)}\big|Y) \tag{1.4.7}$$

为 X 关于 Y 的条件分布函数.

于是有关条件概率，条件分布函数均可用条件数学期望的概念及性质来处理.

5. 条件数学期望的基本性质

两个随机变量 Z_1, Z_2, 如果 $P(Z_1 = Z_2) = 1$, 称 Z_1, Z_2 几乎处处 (或称几乎必然) 相等，记作 $Z_1 = Z_2$ a.s..

设 $X, Y, X_i (1 \leqslant i \leqslant n)$ 为随机变量, $g(x), h(y)$ 为一般函数, 且 $E|X|, E|X_i| < \infty (1 \leqslant i \leqslant n), E|g(X)h(Y)| < \infty, E|g(X)| < \infty$. 则有

(1)

$$E(E(X|Y)) = EX. \tag{1.4.8}$$

(2)

$$E\Big(\sum_{i=1}^{n} \alpha_i X_i | Y\Big) = \sum_{i=1}^{n} \alpha_i E(X_i|Y) \quad \text{a.s.,} \tag{1.4.9}$$

其中 $\alpha_i (1 \leqslant i \leqslant n)$ 为常数.

(3)

$$E[(g(X)h(Y)|Y] = h(Y)E(g(X)|Y) \quad \text{a.s.,} \tag{1.4.10}$$

特别地

$$E(X|X) = X \quad \text{a.s.,}$$

$$E[g(X)h(Y)] = E[h(Y)E(g(X)|Y)]. \tag{1.4.11}$$

(4) 如 X, Y 相互独立，则

$$E(X|Y) = EX.$$

下面仅证 (1.4.11) 式，其他留作练习.

设 $(X, Y) \sim f(x, y)$, 则

$$\begin{aligned} E(g(X)h(Y)) &= \int_{-\infty}^{+\infty}\int_{-\infty}^{+\infty} g(x)h(y)f(x,y)\,\mathrm{d}x\,\mathrm{d}y \\ &= \int_{-\infty}^{+\infty}\Big[\int_{-\infty}^{+\infty} g(x)\frac{f(x,y)}{f_Y(y)}\,\mathrm{d}x\Big]h(y)f_Y(y)\,\mathrm{d}y \\ &= \int_{-\infty}^{+\infty} E(g(X)|Y=y)h(y)f_Y(y)\,\mathrm{d}y \\ &= E[h(Y)E(g(X)|Y)]. \end{aligned}$$

由上面倒数第二式，有

$$E(g(X)h(Y)) = \int_{-\infty}^{+\infty} E(g(X)\big|Y=y)h(y)f_Y(y)\,\mathrm{d}y. \tag{1.4.12}$$

特别地，取 $g(X)=I_A(\omega), h(y)\equiv 1$ 时，得

$$P(A) = \int_{-\infty}^{+\infty} P(A\big|Y=y)f_Y(y)\,\mathrm{d}y.$$

(1.4.12) 式是全概率公式的推广.

6. 对多元随机变量的条件数学期望

(1) 离散型随机变量

设三个随机变量 (X,Y,Z)，其中 (Y,Z) 为离散随机变量，称随机变量 $E(X\big|Y,Z)$ 是 X 关于 Y,Z 的条件数学期望，若它满足：

① $E(X\big|Y,Z)$ 是 (Y,Z) 的二元函数，当 $Y=y_j;\ Z=z_k$ 时，$E(X\big|Y,Z)$ 的取值为 $E(X\big|Y=y_j;\ Z=z_k)$;

② 对任意 $D_j\in\mathbb{R}^1$, $D_k\in\mathbb{R}^1$, 有

$$E[E(X\big|Y,Z)\big|Y\in D_j, Z\in D_k] = E(X\big|Y\in D_j,\ Z\in D_k),$$

用示性函数表示，即

$$E(X\big|Y,Z) \triangleq \sum_j\sum_k I_{(Y=y_j,Z=z_k)}(\omega)E(X\big|Y=y_j,\ Z=z_k).$$

当 $E|X|<\infty$ 时，请读者证明

$$E[E(X\big|Y,Z)\big|Y] = E(X\big|Y) = E[E(X\big|Y)\big|Y,Z]. \tag{1.4.13}$$

(2) 连续型随机变量

如 (X,Y,Z) 为连续型随机变量，联合概率密度函数为 $f(x,y,z)$; (Y,Z) 的联合概率密度函数为 $f_{Y,Z}(y,z)$; X 关于 $Y=y, Z=z$ 的条件概率密度函数为

$$f_{X\big|(Y,Z)=(y,z)}(x|y,z) = f(x,y,z)/f_{Y,Z}(y,z),$$

设 $E|X|<\infty, f_{Y,Z}(y,z)>0$, 若随机变量 $E(X\big|Y,Z)$ 满足：

① $E(X\big|Y,Z)$ 是 Y, Z 的函数，当 $Y=y$, $Z=z$ 时，它们取值为

$$E(X\big|Y=y,\ Z=z).$$

② 对任意, $D_1 \in \mathbb{R}^1, D_2 \in \mathbb{R}^1$, 有

$$E\{(E(X|Y,Z)|Y \in D_1, Z \in D_2)\} = E(X|Y \in D_1, Z \in D_2).$$

称 $E(X|Y,Z)$ 为 X 关于 (Y,Z) 的条件数学期望.

(3) n 元随机变量

对离散随机变量 $\{X, Y_k, 1 \leqslant k \leqslant n\}$ 的情况, 称

$$\begin{aligned} E(X|Y_1,\cdots,Y_n) \triangleq \sum_{j_1}\cdots\sum_{j_n} I_{(Y_k=j_k,1\leqslant k\leqslant n)}(\omega)\times \\ E(X|Y_1=j_1,Y_2=j_2,\cdots,Y_n=j_n) \end{aligned}$$

为 X 关于 $(Y_1,\cdots,Y_n)$ 的条件数学期望. 类似可定义一般多元随机变量作为条件的条件数学期望.

若 $E|X|, E|X_i| < \infty, 1 \leqslant i \leqslant 2, E|g(Y_1,\cdots,Y_n)| < \infty$, 则类似有:

① $E(\alpha_1 X_1 + \alpha_2 X_2|Y_1,\cdots,Y_n) = \sum_{i=1}^{2} \alpha_i E(X_i|Y_1,\cdots,Y_n)$　　a.s.;

② $E[g(Y_1,\cdots,Y_n)X|Y_1,\cdots,Y_n] = g(Y_1,\cdots,Y_n)E(X|Y_1,\cdots,Y_n)$　　a.s.;

③ 如 X 与 $Y_1,\cdots,Y_n$ 独立, 则 $E(X|Y_1,\cdots,Y_n) = EX$　　a.s..

④ $EX = E[E(X|Y_1,\cdots,Y_n)]$　　a.s..

⑤ $\forall 1 \leqslant m < n$

$$\begin{aligned} E(X|Y_1,\cdots,Y_m) &= E[E(X|Y_1,\cdots,Y_n)|Y_1,\cdots,Y_m] \\ &= E[E(X|Y_1,\cdots,Y_m)|Y_1,\cdots,Y_n] \quad \text{a.s..} \end{aligned}$$

证明从略.

7. 条件乘法公式与条件独立性

(1) 条件概率的乘法公式

设 A, B 为两个随机事件, 由条件概率的定义可知 $P(AB) = P(A)P(B|A)$. 与上面的概率乘法公式类似, 条件概率的乘法公式如下:

命题 1.4.1　设 A, B, C 为 3 个随机事件, 则

$$P(BC|A) = P(B|A)P(C|AB). \tag{1.4.14}$$

证明　按条件概率的定义, 当 $P(AB) > 0$ 时

$$P(BC|A) = \frac{P(ABC)}{P(A)} = \frac{P(AB)}{P(A)}\frac{P(ABC)}{P(AB)} = P(B|A)P(C|AB).$$

因此按对条件概率的等式的有关约定，(1.4.14) 式成立. □

(2) 条件独立性

当两个随机事件 A,B 独立时，有 $P(AB)=P(A)P(B)$，即 $P(A|B)=P(A)$. 同样，与上面的独立性概念类似，条件独立性的定义如下：

定义 1.4.5 设 A,B,C 为 3 个随机事件，称事件 A,C 关于事件 B **条件独立**，若满足

$$P(C|AB)=P(C|B). \tag{1.4.15}$$

对于条件独立性有如下结论：

命题 1.4.2 设 A,B,C 为 3 个随机事件，则事件 A,C 关于事件 B 条件独立的充要条件为

$$P(AC|B)=P(A|B)P(C|B). \tag{1.4.16}$$

证明 必要性. 由命题 1.4.1，则

$$P(AC|B)=P(A|B)P(C|AB).$$

当 $P(AB)=0$ 时，$P(A|B)=0$，因此 (1.4.16) 式两边均为 0，而当 $P(AB)>0$ 时，将 (1.4.15) 式代入上式即得 (1.4.16) 式.

充分性. 只需考虑 $P(AB)>0$ 的情形，由命题 1.4.1 及 (1.4.16) 式可得

$$P(C|AB)=\frac{P(AC|B)}{P(A|B)}=P(C|B).$$ □

本书有关初等概率论的内容，读者可参考文献 [22].

1.5 随机过程的概念

在概率论中，研究了随机变量，n 维随机向量. 在极限定理中，涉及到了无穷多个随机变量，但局限在它们之间是相互独立的情形. 将上述情形加以推广，即研究一族无穷多个、相互有关的随机变量，这就是随机过程.

1. 概念

设对每一个参数 $t\in T$, $X(t,\omega)$ 是一随机变量，称随机变量族 $X_T=\{X(t,\omega), t\in T\}$ 为一**随机过程**(stochastic process) 或称随机函数. 其中 $T\subset\mathbb{R}$ 是一实数集，称为指标集.

用映射来表示 X_T，

$$X(t,\omega): T\times\Omega\to\mathbb{R},$$

即 $X(\cdot,\cdot)$ 是定义在 $T\times\Omega$ 上的二元单值函数, 固定 $t\in T$, $X(t,\cdot)$ 是定义在样本空间 Ω 上的函数, 即为一随机变量. 对于 $\omega\in\Omega$, $X(\cdot,\omega)$ (t 在 T 中顺序变化) 是参数 $t\in T$ 的一般函数, 通常称 $X(\cdot,\omega)$ 为样本函数, 或称随机过程的一个实现, 或说是一条轨道. 记号 $X(t,\omega)$ 有时也写为 $X_t(\omega)$ 或简记为 $X(t)$ 或 X_t.

参数 $t\in T$ 一般表示时间或空间. 参数集 T 常用的有 3 种: (1) $T_1=\mathbb{N}_0=\{0,1,2,\cdots\}$, (2) $T_2=\mathbb{Z}=\{\cdots,-2,-1,0,1,2,\cdots\}$, (3) $T_3=[a,b]$, 其中 a 可以取 $-\infty$ 或 0, b 可以取 $+\infty$. 当 T 取可列集 (T_1 或 T_2) 时, 通常称 X_T 为随机序列.

X_T 的取值也可以是复数, $\mathbb{R}^n$ 或更一般的抽象空间. $X_t(t\in T)$ 可能取值的全体所构成的集合称为**状态空间**, 记作 S. S 中的元素称为状态.

2. 例子

(1) 质点在直线上的随机游动. 设一质点在时刻 $t=0$ 时处于位置 a (整数), 以后每隔单位时间, 分别以概率 p 及 $q=1-p$ 向正的或负的方向随机移动一个单位, 记 X_n 为质点在时刻 $t=n$ 的位置. 固定 n, X_n 是随机变量. 考虑不同的 n 时, $\{X_n, n\geqslant 0\}$ 是一随机序列.

(2) 考虑某 "服务站" 在 $[0,t]$ 内来的 "顾客" 数, 记为 $N(t)$, 固定 $t, N(t)$ 就是一随机变量. 因此 $\{N(t), t\geqslant 0\}$ 是一随机过程. 这里的 "顾客" 可以是电话的 "呼唤", 通信设备中的 "信号", 一个系统的 "更换设备", 放散性物质衰变的 "粒子" 等.

(3) 在外界是随机载荷条件下, 某零件 t 时的应力 $X(t)$ 是随机的, 故 $\{X(t), t\in T\}$ 是一随机过程. $X(t)$ 亦可表示某电路中的电压、设备的温度、河流的流量 (或水位), 以及气体的压力等等.

(4) 考虑某输入输出系统, 例如最简单的 R-C 电路, 设输入端有一个干扰信号电压, 记为 $\xi(t)$, 记 $Q(t)$ 为 t 时电路的电量, 则它满足

$$R\frac{\mathrm{d}Q(t)}{\mathrm{d}t}+\frac{1}{C}Q(t)=\xi(t).$$

由于 $\{\xi(t), t\in T\}$ 是一随机过程, 容易理解 $\{Q(t), t\in T\}$ 也是一随机过程, 上式是一个最简单的随机微分方程.

3. 随机过程的数字特征及有限维分布函数族

设 $\{X(t), t\in T\}$ 是一随机过程. 为了刻画它的概率特征, 通常用到随机过程的均值函数、方差函数、协方差函数 (相关函数) 以及有限维分布函数族及特征函数族等概念.

(1) 均值函数. 随机过程 $\{X(t), t \in T\}$ 的**均值函数**定义为 (以下均假定右端存在)

$$m(t) \triangleq E(X(t)).$$

(2) 方差函数. 随机过程 $\{X(t), t \in T\}$ 的**方差函数**定义为

$$D(t) \triangleq E\{(X(t)-m(t))^2\}.$$

(3) 协方差函数. 随机过程 $\{X(t), t \in T\}$ 的**协方差函数**定义为

$$R(s,t) \triangleq \operatorname{cov}(X(s), X(t)).$$

(4) 相关函数. 随机过程 $\{X(t), t \in T\}$ 的**相关函数**定义为

$$\rho(s,t) \triangleq \frac{\operatorname{cov}(X(s), X(t))}{\sqrt{D(t)D(s)}}.$$

(5) 有限维分布族. 设 $t_i \in T, 1 \leqslant i \leqslant n$ (n 为任意正整数), 记

$$\begin{aligned} &F(t_1, t_2, \cdots, t_n; x_1, x_2, \cdots, x_n) \\ &= P(X(t_1) \leqslant x_1, X(t_2) \leqslant x_2, \cdots, X(t_n) \leqslant x_n), \end{aligned}$$

其全体

$$\{F(t_1, t_2, \cdots, t_n, x_1, x_2, \cdots, x_n), t_1, t_2, \cdots, t_n \in T, n \geqslant 1\}$$

称为随机过程的**有限维分布族**. 它具有以下两个性质:

① 对称性　对 $(1, 2, \cdots, n)$ 的任一排列 $(j_1, j_2, \cdots, j_n)$, 有

$$F(t_{j_1}, t_{j_2}, \cdots, t_{j_n}; x_{j_1}, x_{j_2}, \cdots, x_{j_n}) = F(t_1, t_2, \cdots, t_n; x_1, x_2, \cdots, x_n).$$

② 相容性　对 $m < n$, 有

$$\begin{aligned} &F(t_1, \cdots, t_m, t_{m+1}, \cdots, t_n; x_1, \cdots, x_m, \infty, \cdots, \infty) \\ &= F(t_1, \cdots, t_m; x_1, \cdots, x_m). \end{aligned}$$

一个随机过程的概率特性完全由其有限维分布族决定.

(6) 特征函数. 记

$$\begin{aligned} \phi(t_1, t_2, \cdots, t_n; \theta_1, \cdots, \theta_n) &= E\{\exp\{\mathrm{i}[\theta_1 X(t_1) + \cdots + \theta_n X(t_n)]\}\} \\ &= \int_{-\infty}^{+\infty} \cdots \int_{-\infty}^{+\infty} \exp\{\mathrm{i}[\theta_1 x_1 + \cdots + \theta_n x_n]\} \times \\ &\quad F(t_1, \cdots, t_n; \mathrm{d}x_1, \cdots, \mathrm{d}x_n), \end{aligned}$$

称 $\{\phi(t_1,\cdots,t_n;\theta_1,\cdots,\theta_n),n\geqslant 1,t_1,\cdots,t_n\in T\}$ 为随机过程 $\{X(t),t\in T\}$ 的有限维特征函数族.

1.6 随机过程的分类

设 $X_T=\{X(t),t\in T\}$ 为随机过程，按其概率特征，分类如下.

1. 独立增量过程

对 $t_1<t_2<\cdots<t_n$, $t_i\in T$, $1\leqslant i\leqslant n$, 若增量

$$X(t_1),X(t_2)-X(t_1),X(t_3)-X(t_2),\cdots,X(t_n)-X(t_{n-1})$$

相互独立，则称 $\{X(t),t\in T\}$ 为**独立增量过程**(process with independent increments). 若对一切 $0\leqslant s<t$, 增量 $X(t)-X(s)$ 的分布只依赖于 $t-s$, 则称 X_T 有平稳增量. 有平稳增量的独立增量过程简称为独立平稳增量过程.

常见的泊松 (Poisson) 过程和维纳 (Wiener) 过程 (或称布朗运动 (Brownian motion)) 就是两个最简单也是最重要的独立平稳增量过程.

2. 马尔可夫过程

粗略地说, 一随机过程, 若已知现在的 t 状态 X_t, 那么将来状态 $X_u(u>t)$ 取值 (或取某些状态) 的概率与过去状态 $X_s(s<t)$ 取值无关，或更简单地说，已知现在, 将来与过去无关 (条件独立), 则称此性质为马尔可夫性 (无后效性或简称为马氏性). 具有这种马尔可夫性的过程称为马尔可夫过程. 精确定义为:

随机过程 $\{X_t,t\in T\}$, 若对任意 $t_1<t_2\cdots<t_n<t,x_i,1\leqslant i\leqslant n$, 及 $A\subset\mathbb{R}$, 总有

$$P(X_t\in A\big|X_{t_1}=x_1,X_{t_2}=x_2,\cdots,X_{t_n}=x_n)=P(X_t\in A\big|X_{t_n}=x_n),$$

则称此过程为**马尔可夫过程**(Markov process), 简称马氏过程.

称 $P(s,x;t,A)=P(X_t\in A\big|X_s=x)(s<t)$ 为转移概率函数 (transition probability function).

X_t 的取值全体构成的集合记为 S, 称为状态空间. 对于马尔可夫过程 $X_T=\{X_t,t\in T\}$, 当 $S=\{1,2,3,\cdots\}$ 为可列无限集或有限集时，通常称为**马尔可夫链**(Markov chain), 简称马氏链.

样本函数是连续的马尔可夫过程 $\{X_t,t\in[0,\infty]\}$ 称为扩散 (diffusion) 过程. 泊松过程是一个最简单连续时间马尔可夫链，而布朗运动则是一个最简单的扩散过程.

3. 平稳过程及二阶矩过程

(1) 宽平稳过程 (或协方差平稳过程)

一随机过程 X_T, 若对 $\forall\tau, t \in T, D(X(t))$ 存在且

$$E(X(t)) = m,\ \mathrm{cov}\,(X_t, X_{t+\tau}) = R(\tau)$$

仅依赖 τ, 则称 X_T 为**宽平稳过程**(wide sense stationary process), 即它的协方差不随时间推移而改变.

(2) 二阶矩过程

一随机过程 X_T, 若对 $\forall t \in T, DX_t$ 存在, 则称为**二阶矩过程**(finite second moments process).

(3) 严平稳过程

一随机过程 X_T, 若对 $\forall t_1, t_2, \cdots, t_n \in T$, 及 $h > 0$, $(X_{t_1}, X_{t_2}, \cdots, X_{t_n})$ 与 $(X_{t_1+h}, X_{t_2+h}, \cdots, X_{t_n+h})$ 有相同的联合分布, 则称该过程为**严平稳过程**(strictly stationary process). 严平稳过程的一切有限维分布对时间的推移保持不变. 特别地, $X(t), X(s)$ 的二维分布只依赖于 $t-s$.

尽管从实际应用的角度来看, 要求追溯到无穷的过去似乎有点不现实, 但为数学讨论方便, 平稳过程 (包括宽、严两种情况) 的指标集应取为 $(-\infty, +\infty)$ 或全体整数 (离散时间情形).

4. 鞅

若对 $\forall t \in T, E|X(t)| < \infty$, 且对 $\forall t_1 < t_2 < \cdots < t_n < t_{n+1}$, 有

$$E(X(t_{n+1})|X(t_1), X(t_2), \cdots, X(t_n)) = X(t_n) \quad \text{a.s.},$$

则称 $\{X(t), t \in T\}$ 为**鞅**(martingales).

近十多年, 鞅在现代科技中有越来越广泛的应用.

5. 更新过程

设 $(X_k, k \geqslant 1)$ 为独立同分布的正的随机变量序列, 对 $\forall t > 0$, 令 $S_0 = 0, S_n = \sum\limits_{k=1}^{n} X_k$, 并定义

$$N(t) = \max\{n \colon n \geqslant 0, S_n \leqslant t\},$$

称 $\{N(t), t \geqslant 0\}$ 为**更新过程**(renewal process).

$N(t)$ 可以解释为 $[0, t]$ 内更换零件的个数或系统来的信号 (粒子) 数, 或 “服务站” 来的 “顾客数” 等.

6. 点过程 (或称计数过程)

一个随机过程 $\{N(A), A \subset T\}$ 是一**点过程**(point process), 若 $N(A)$ 表示在集合 A 中 "事件" 发生的总数, 即它满足:

(1) 对 $\forall A \subset T, N(A)$ 是一取值非负整数的随机变量 $(N(\varnothing) = 0)$;

(2) 对 $\forall A_1, A_2 \subset T$, 若 $A_1 A_2 = \varnothing$, 则对每一个样本有 $N(A_1 \bigcup A_2) = N(A_1) + N(A_2)$.

注　参数集 T 可以是 $\mathbb{R}^n$, 也可以是任意一抽象非空集.

泊松过程是简单的点过程.

练　习　题

1.1　试用概率的公理化定义证明概率的以下性质:

(1) $P(\varnothing) = 0$; $\forall A \in \mathcal{F}$, $P(A^C) = 1 - P(A)$;

(2) $\forall A, B \in \mathcal{F}$, 若 $A_k \in \mathcal{F}, 1 \leqslant k \leqslant n$, 且 $A_i A_j = \varnothing$, $j \neq i$, 则 $P\left(\bigcup\limits_{i=1}^{n} A_i\right) = \sum\limits_{i=1}^{n} P(A_i)$;

(3) $\forall A, B \in \mathcal{F}$, $P(A \bigcup B) = P(A) + P(B) - P(AB)$, $P(A - B) = P(A) - P(AB)$;

(4) 若 $B \subset A$, 则 $P(A - B) = P(A) - P(B)$, $P(B) \leqslant P(A)$;

(5) (若尔当公式) 设 $A_k \in \mathcal{F}$, $1 \leqslant k \leqslant n$, 有

$$P\left(\bigcup_{i=1}^{n} A_i\right) = \sum_{i=1}^{n} P(A_i) - \sum_{1 \leqslant i < j \leqslant n} P(A_i A_j) + \sum_{1 \leqslant i < j < k \leqslant n} P(A_i A_j A_k) - \cdots + (-1)^{n+1} P(A_1 A_2 \cdots A_n),$$

$$P\left(\bigcup_{i=1}^{n} A_i\right) \leqslant \sum_{i=1}^{n} P(A_i).$$

1.2　设 $A, B, C \in \mathcal{F}$, 且 $P(A) = P(B) = 1, AB \subset C$.

(1) 试用概率的公理化定义及性质, 求 $P(A\bar{B}), P(AB), P(C)$;

(2) 证明: 对任意 $D \in \mathcal{F}$, $A, \bar{B}, D$ 相互独立; $AB, \bar{C}, D$ 相互独立.

1.3　设 Ω 为样本空间, $A, B \in \Omega$, 集类 $\mathcal{A} = \{A, B\}$. 试写出由 $\mathcal{A}$ 生成的 σ 域中的所有元素, 即写出 $\sigma(\mathcal{A})$ 中的全部元素.

1.4　设集类 $\mathcal{A}_1 = \{(-\infty, a]: a \in \mathbb{R}\}, \mathcal{A}_2 = \{(a, b]: a, b \in \mathbb{R}\}, \mathcal{A}_3 = \{(a, b]: a, b \in \mathbb{R}\}, \mathcal{A}_4 = \{[a, b): a, b \in \mathbb{R}\}, \mathcal{A}_5 = \{[a, b]: a, b \in \mathbb{R}\}$.

(1) 记 $A=\{x: x\leqslant a\}, A_n=\left\{x: x<a+\dfrac{1}{n}\right\}, B=\{x: x<a\}, B_n=\left\{x: x\leqslant a-\dfrac{1}{n}\right\}, n\geqslant 1$. 证明: $A=\bigcap\limits_{n=1}^{\infty}A_n, B=\bigcup\limits_{n=1}^{\infty}B_n$.

(2) 证明 $\mathcal{A}_1\subset\sigma(\mathcal{A}_2), \mathcal{A}_2\subset\sigma(\mathcal{A}_1)$, 从而 $\sigma(\mathcal{A}_1)=\sigma(\mathcal{A}_2)$.

(3) 证明 $\mathcal{B}\equiv\sigma(\mathcal{A}_1)=\sigma(\mathcal{A}_i), 2\leqslant i\leqslant 5$.

1.5 设事件 A,B,C 相互独立, 证明 $A\bigcup B, A-B$ 和 AB 均与 C 独立.

1.6 设随机变量 X 的分布函数 $P(X\leqslant x)=F(x)(\forall x\in\mathbb{R})$ 已知, 试用 $F(x)$ 来表示下列事件的概率:

(1) $P(a<X\leqslant b)(b>a), P(X>a), P(X=a), P(X\geqslant a)$;

(2) $P(X<a), P(a\leqslant X<b), P(a<X<b), P(a\leqslant X\leqslant b)$;

(3) 记 $A_{2n}=\left(\dfrac{1}{4},\dfrac{1}{2}+\dfrac{1}{2n}\right], A_{2n+1}=\left(\dfrac{1}{3},\dfrac{1}{3}+\dfrac{1}{2n+1}\right](n\geqslant 1)$, 求

$$P\Big(\bigcap_{n=1}^{\infty}\bigcup_{k=n}^{\infty}A_k\Big),\quad P\Big(\bigcup_{n=1}^{\infty}\bigcap_{k=n}^{\infty}A_k\Big).$$

1.7 设 X,Y 是 $(\Omega,\mathcal{F})$ 上的随机变量, 且 X 为离散型随机变量. 试证明, $X+Y, X-Y, XY, X/Y(Y\neq 0), X\wedge Y, X\vee Y$ 均为随机变量.

(注: 当 X 为一般随机变量时, 结论亦成立)

1.8 设 X,Y,Z 相互独立, 且 X 为离散型随机变量. 试证明, $X+Y, X-Y, XY, X/Y(Y\neq 0)$ 均与 Z 独立.

1.9 设 $\{X_n, n\geqslant 1\}$ 是 $(\Omega,\mathcal{F},P)$ 上的随机变量序列. 试证明

$$\varlimsup_{n\to\infty}X_n\triangleq\bigwedge_{n\geqslant 1}\Big(\bigvee_{k\geqslant n}X_k\Big), \varliminf_{n\to\infty}X_n\triangleq\bigvee_{n\geqslant 1}\Big(\bigwedge_{k\geqslant n}X_k\Big)$$

均为随机变量.

1.10 设 X 及 $\{X_n, n\geqslant 1\}$ 是 $(\Omega,\mathcal{F},P)$ 上的随机变量序列. 试证明:

(1) $\{\omega: \lim\limits_{n\to\infty}X_n=X\}=\bigcap\limits_{m\geqslant 1}\bigcup\limits_{n\geqslant 1}\bigcap\limits_{k\geqslant n}\left\{\omega: |X_k-X|<\dfrac{1}{m}\right\}$;

(2) $P\{\omega: \lim\limits_{n\to\infty}X_n=X\}=1\iff\forall m\geqslant 1, \lim\limits_{n\to\infty}P\left\{\bigcup\limits_{k\geqslant n}\left(|X_k-X|\geqslant\dfrac{1}{m}\right)\right\}=0$.

1.11 设事件序列 $\{B_n, n\geqslant 1\}$ 是 Ω 的一个分解. $A,C\in\mathcal{F}$, 且 $P(B_nC)>0$. 试证明: $P(A|C)=\sum\limits_{n=1}^{\infty}P(B_n|C)P(A|B_nC)$.

1.12 (1) 若 X 是一连续随机变量，其分布函数为 $F(x)$. 证明 $Y=F(X)$ 是 $[0,1]$ 上均匀分布的随机变量.

(2) 如果 U 是 $[0,1]$ 上均匀分布的随机变量，$F(x)$ 是一给定的分布函数. 则 $Z=F^{-1}(U)$ 的分布函数为 $F(x)$, 其中 F^{-1} 为 F 的反函数.

1.13 设 $X_1,X_2,\cdots,X_n$ 独立同 0-1 分布，即 $P(X_n=1)=p\geqslant 0, P(X_n=0)=q\geqslant 0, p+q=1$, 令 $A=\{X_1+X_2=0\}, B=\{X_2+X_3=2\}, C=\{X_2+X_3=1\}$. 试问 A 与 B 是否相容？是否独立？A 与 C 是否相容？说明理由，并求

$$P\Big(\sum_{i=1}^{n}X_i=k\Big),\qquad 0\leqslant k\leqslant n.$$

1.14 设 N 为取值非负整数的随机变量，证明

$$EN=\sum_{n=1}^{\infty}P(N\geqslant n)=\sum_{n=0}^{\infty}P(N>n).$$

设 X 是非负随机变量，具有分布函数 $F(x)$, 证明

$$EX=\int_0^{\infty}(1-F(x))\,\mathrm{d}x,\qquad E(X^n)=\int_0^{\infty}nx^{n-1}(1-F(x))\,\mathrm{d}x\ \ (n\geqslant 1).$$

1.15 设 $X\sim N(\mu,\sigma^2)$, 求 X 在 $X\geqslant 0$ 下的条件概率密度函数，及当 $\mu=2,\sigma=1$ 时的 $E(X\big|X\geqslant 0)$.

1.16 设 $X_1,X_2,\cdots$ 独立同分布，且 X_i 是 $(0,t)$ 上的均匀分布，求其顺序统计量 $X_{(1)}\leqslant X_{(2)}\leqslant\cdots\leqslant X_{(n)}$ 的联合概率密度.

1.17 设 $X_1,X_2,\cdots,X_n$ 独立，$X_i(1\leqslant i\leqslant n)$ 是参数为 λ_i 的指数分布，$X_{(1)}\leqslant\cdots\leqslant X_{(n)}$ 为相应的顺序统计量，求：

(1) $\lambda_i=\lambda$ 时，$(X_{(n)},X_{(1)})$ 的联合概率密度函数；

(2) $\lambda_i=\lambda$ 时，$X_{(i)}$ 的概率密度函数 $(1\leqslant i\leqslant n)$;

(3) X_1+X_2 的分布函数；

(4) $(X_{(2)},X_{(3)})$ 的联合概率密度函数 $(n\geqslant 3)$;

(5) $\forall t>0$, 证明： $P(X_1<X_2\big|\min(X_1,X_2)=t)=\lambda_1/(\lambda_1+\lambda_2)$.

1.18 设 $X_1,X_2,\cdots,X_n,\cdots$ 独立同 0-1 分布，且有 $P(X_n=1)=p=1-P(X_n=0), 0<p<1, N$ 是参数为 λ 的泊松分布，且与 $\{X_n\}$ 独立. $\xi=X_1+X_2+\cdots+X_N=\sum_{i=1}^{N}X_i$, 求 ξ 的分布、$E\xi$ 及 $D\xi$.

1.19 设 N_1, N_2, N_3 独立，N_i 是参数为 λ_i 的泊松分布，$i=1,2,3$.

(1) 求 $P(N_1+N_2=n)$, $n\in N$;

(2) 求 $P(N_1=k|N_1+N_2=n)$, $0\leqslant k\leqslant n$;

(3) 证明 N_1+N_2 与 N_3 独立;

(4) 求 $E(N_1|N_1+N_2)$ 及 $E(N_1+N_2|N_1)$.

1.20 设事件 A,B,C, 证明：(1) $EI_A=E(E(I_A|I_B))$; (2) $E(I_A|I_B)=E\{E(I_A|I_B,I_C)|I_B\}$; (3) $E(I_A|I_B)=E\{E(I_A|I_B)|I_B,I_C\}$.

1.21 设 X 与 Y 是离散型随机变量，定义条件方差 $D(X|Y)=E[(X-E(X|Y))^2|Y]$, 证明：$DX=E(D(X|Y))+D(E(X|Y))$.

1.22 设 $X_1,X_2,\cdots,X_n,\cdots$ 是独立同分布且取值非负的随机变量序列，记 $X_0=0$, 若 $X_n>\max(X_0,X_1,\cdots,X_{n-1})$ 称在 n 时刻一个新记录发生.

(1) 记 N_n 为 n 时刻 (包括 n 时刻) 创新记录的次数，求 EN_n 及 DN_n;

(2) 记 $T_Y=\min\{n: X_n>y\}$ 为创纪录超过 y 的时刻，求 $P(T_y=n)$ $(n=2,3)$.

1.23 设 (X,Y) 独立同分布，$X\sim N(0,1^2)$. 令 $X=\rho\cos\theta, Y=\rho\sin\theta$, 其中，$\rho\geqslant 0,\theta\in[0,2\pi]$. 试求 (ρ,θ) 的联合概率密度，并证明 ρ 与 θ 相互独立.

1.24 设 X,Y 独立同分布，均是参数为 $\lambda=1$ 的指数分布，令 $U=X+Y, V=X/Y$. 试求 (U,V) 的联合概率密度及其边缘概率密度.

1.25 设 X,Y 独立，$X\sim B(n,p)$(即二项分布), $Y\sim N(\mu,\sigma^2)$. 试求 $Z=X+Y$ 的概率密度函数.

1.26 设 X 与 Y 独立且 $P(X=i)=f(i), P(Y=j)=g(j), f(i),g(i)>0, i,j\in N, \sum\limits_{i=0}^{\infty}f(i)=\sum\limits_{i=0}^{\infty}g(i)=1$. 设

$$P(X=k|X+Y=l)=\begin{cases}\mathrm{C}_l^k p_k(1-p)^{l-k}, & 0\leqslant k\leqslant l,\\ 0, & k>l.\end{cases}$$

(1) 证明

$$f(i)=\frac{(\theta\alpha)^i}{i!}\exp(-\theta\alpha),\quad g(i)=\frac{\theta^i}{i!}\exp(-\theta)\quad (i\in\mathbb{N}),$$

其中 $\alpha=p/(1-p)$, 且 $\theta>0$ 为任意实数.

(2) 令 $F(s)=\sum\limits_{i=0}^{\infty}f(i)s^i, G(s)=\sum\limits_{i=0}^{\infty}g(i)s^i$, 证明

$$F(u)F(v)=F(vp+(1-p)u)G(vp+(1-p)u),$$

且 p 满足条件 $G\Big(\dfrac{1}{1-p}\Big)=\dfrac{1}{f(0)}$.

1.27　设 (X,Y) 是取值非负整数的二维随机变量，其联合母函数为

$$\phi_{X,Y}(s,t)=\sum_{i,j=0}^{\infty}s^i t^i P(X=i,Y=j),\quad |s|,|t|<1,$$

各自的母函数为

$$\phi_X(s)=\sum_{i=0}^{\infty}s^i P(X=i),\qquad \phi_Y(t)=\sum_{j=0}^{\infty}t^j P(Y=j).$$

证明 X,Y 独立的充要条件是

$$\phi_{X,Y}(s,t)=\phi_X(s)\phi_Y(t),\ \forall |s|<1,|t|<1.$$

1.28　设 X,Y,Z 为三维离散型随机变量，$E|X|<\infty$, 证明

$$E[E(X\big|Y,Z)\big|Y]=E(X\big|Y)=E[E(X\big|Y)\big|Y,Z],$$

并说明其直观意义.

1.29　设 $\{X_t,t\geqslant 0\}$ 是取值整数的独立增量过程，证明它是一马尔可夫过程.

1.30　设 $\{X_n,n\geqslant 1\}$ 是独立同分布的，而且 $EX_n=0,E|X_n|<\infty$. 令 $S_n=\sum\limits_{k=1}^{n}X_k$, 证明 $\{S_n,n\geqslant 1\}$ 是鞅.

1.31　设 $\{\varepsilon_n,n\geqslant 1\}$ 独立同分布，$\varepsilon_n\sim N(0,\sigma^2),X_0=0,X_n=aX_{n-1}+\varepsilon_n\ \ (n\geqslant 1,|a|<1)$. 试求：

(1) DX_n , $\rho_{nm}=\dfrac{\operatorname{cov}(X_n,X_m)}{\sqrt{DX_nDX_m}}$ $(m\geqslant n)$ 及 $\lim\limits_{n\to\infty}DX_n$.

(2) $E(X_n\big|X_1,X_2,\cdots,X_{n-1})$ 及 $E(X_4\big|X_1,X_2)$.

1.32　设随机过程 $\{X_i(t),t\geqslant 0\}$ 为

(1) $X_1(t)=Y_1+Y_2t$, 其中 Y_1,Y_2 独立同分布，$Y_1\sim N(0,1^2)$;

(2) $X_2(t)=\xi\cos(\omega t+\phi)$, 其中 $\omega>0$ 为常数，ξ,ϕ 为独立随机变量，$\xi\sim N(0,\sigma^2),\phi\sim U[0,2\pi]$;

(3) $X_3(t)=\sum\limits_{k=-\infty}^{+\infty}\xi_k\mathrm{e}^{\mathrm{i}\lambda_k t}$, 其中 $\mathrm{i}=\sqrt{-1}$, $\lambda_k>0$ 为常数，ξ_k 为随机变量，且 $E\xi_k=0$, $E\xi_k\xi_l=0\ (l\neq k)$, $E\xi_k^2=\sigma_k^2>0$. 求：

① $m_i(t) = EX_i(t)$, $D_i(t) = \operatorname{var} X_i(t)$, $R_i(t_1,t_2) = \operatorname{cov}(X_i(t_1), X_i(t_2))$, $(i=1,2,3)$;

② $X_1(t)$ 的一维与二维分布.

1.33 设随机过程 $\{B(t), t \geqslant 0\}$ 是独立增量过程，且 $\forall s,t \geqslant 0, B(s+t)-B(s) \sim N(0,t)$.

(1) 令 $X_1(t) = tB\left(\frac{1}{t}\right)I_{\{t>0\}}$. 求证 $\{X_1(t), t>0\}$ 为独立增量过程，并求它的一维与二维分布;

(2) 令 $X_2(t) = I_{\{B(t)\geqslant x\}}(x \in \mathbb{R}^1$ 为给定常数), 求 $EX_2(t)$ 与 $R(t_1,t_2)$.

1.34 设 N_1, N_2, N_3 相互独立，且 $N_i \sim P(\lambda_i)$ 是参数为 λ_i $(i=1,2,3)$ 的泊松分布. 记 $X = N_1+N_3, Y = N_2+N_3$. 试求 (X,Y) 的联合分布律.

第 2 章　泊松过程及其推广

2.1　定义及其背景

泊松过程 (Poisson process) 最早是由法国人 Poisson 于 1837 年引入的，故得名.

定义 2.1.1　一随机过程 $\{N(t), t \geqslant 0\}$ 称为**时齐泊松过程**，若满足:

(1) 是一计数过程，且 $N(0) = 0$;

(2) 是独立增量过程，即任取 $0 < t_1 < t_2 < \cdots < t_n$,

$$N(t_1), N(t_2) - N(t_1), \cdots, N(t_n) - N(t_{n-1})$$

相互独立;

(3) 增量平稳性，即 $\forall\, s, t \geqslant 0, n \geqslant 0, P[N(s+t) - N(s) = n] = P[N(t) = n]$;

(4) 对任意 $t > 0$ 和充分小的 $\Delta t > 0$, 有

$$\begin{cases} P[N(t+\Delta t) - N(t) = 1] = \lambda \Delta t + o(\Delta t), \\ P[N(t+\Delta t) - N(t) \geqslant 2] = o(\Delta t). \end{cases} \tag{2.1.1}$$

其中 $\lambda > 0$(称为强度常数), $o(\Delta t)$ 为高阶无穷小，即 $\lim\limits_{\Delta t \to 0} \dfrac{o(\Delta t)}{\Delta t} = 0$.

时齐泊松过程 (有时简称为泊松流), 是一种既典型又简单的，应用极其广泛的随机过程. $N(t)$ 可表示在 $[0, t]$ 时间随机事件发生的个数，它可用于刻画 “顾客流”,“粒子流”, “信号流” 等的概率特性.

背景　考虑某电话交换台在 $[0, t]$ 内来的呼唤数, 记为 $N(t)$. 显然它是一计数过程. 若它是一平稳独立增量过程, 且在一很短时间间隔 Δt 内来一次呼唤的概率与 Δt 成正比, 来一次以上呼唤的概率是 Δt 的高阶无穷小, 则 $\{N(t), t \geqslant 0\}$ 就是泊松过程. $N(t)$ 表示在 $[0, t]$ 内事件发生的个数. 有下面的重要定理.

定理 2.1.1　若 $\{N(t), t \geqslant 0\}$ 为泊松过程，则 $\forall\, s, t \geqslant 0$, 有

$$P[N(s+t) - N(s) = k] = \frac{(\lambda t)^k}{k!} \mathrm{e}^{-\lambda t}, \quad k \in \mathbb{N}_0, \tag{2.1.2}$$

即 $N(t+s) - N(s)$ 是参数为 λt 的泊松分布.

证明 由增量平稳性，记

$$P_n(t) = P(N(t) = n) = P(N(s+t) - N(s) = n).$$

先看 $n = 0$ 的情形. 因

$$(N(t+h) = 0) = (N(t) = 0, N(t+h) - N(t) = 0), \quad h > 0,$$

故

$$\begin{aligned} P_0(t+h) =& P(N(t+h) = 0) = P(N(t) = 0, N(t+h) - N(t) = 0) \\ =& P(N(t) = 0)P(N(t+h) - N(t) = 0) \qquad \text{(增量独立)} \\ =& P_0(t)P_0(h). \end{aligned}$$

另一方面

$$P_0(h) = P(N(t+h) - N(t) = 0) = 1 - (\lambda h + o(h)),$$

代入上式，有

$$\frac{P_0(t+h) - P_0(t)}{h} = -\Big(\lambda P_0(t) + \frac{o(h)}{h}\Big).$$

令 $h \to 0$, 两边取极限，得

$$P_0'(t) = -\lambda P_0(t).$$

这是一阶线性常系数微分方程. 由初始条件 $P_0(0) = P(N(0) = 0) = 1$, 可得

$$P_0(t) = \mathrm{e}^{-\lambda t}.$$

再看 $n > 0$ 的情形，因

$$\begin{aligned} \{N(t+h) = n\} = \{N(t) = n, N(t+h) - N(t) = 0\} \bigcup \{N(t) = n- \\ 1, N(t+h) - N(t) = 1\} \bigcup \Big\{ \bigcup_{l=2}^{n} (N(t) = n - l, N(t+h) - N(t) = l \Big\}, \end{aligned}$$

故

$$P_n(t+h) = P_n(t)(1 - \lambda h - o(h)) + P_{n-1}(t)(\lambda h + o(h)) + o(h).$$

化简可得

$$\frac{P_n(t+h) - P_n(t)}{h} = -\lambda P_n(t) + \lambda P_{n-1}(t) + \frac{o(h)}{h}.$$

令 $h \to 0$, 两边取极限，有

$$P_n'(t) = -\lambda P_n(t) + \lambda P_{n-1}(t).$$

将上式两边乘以 $e^{\lambda t}$, 移项后可得

$$\frac{d}{dt}[e^{\lambda t}P_n(t)] = \lambda e^{\lambda t}P_{n-1}(t),$$

且满足初始条件

$$P_n(0) = P(N(0) = n) = 0.$$

当 $n = 1$ 时

$$\frac{d}{dt}[e^{\lambda t}P_1(t)] = \lambda.$$

注意到初始条件 $P_1(0) = 0$, 可得

$$P_1(t) = (\lambda t)e^{-\lambda t}.$$

再用归纳法即有

$$P_n(t) = \frac{(\lambda t)^n}{n!}e^{-\lambda t}. \qquad \square$$

本定理的证明方法有典型意义.

为了应用方便，给出以下等价定义.

定义 2.1.2 一计数过程 $\{N(t), t \geqslant 0\}$ 称为参数是 λ 的时齐泊松过程，若满足:

(1) $N(0) = 0$;

(2) 是独立增量过程;

(3) $\forall s, t \geqslant 0, N(s+t) - N(s) \sim P(\lambda t)$, 即其增量是参数为 λt 的泊松分布.

证明留作读者练习.

2.2 相邻事件的时间间隔，泊松过程与指数分布的关系

本节用过程的样本函数的特性来刻画泊松过程，从而揭示它与指数分布之间的内在联系.

设 $\{N(t), t \geqslant 0\}$ 是一**计数过程**,$N(t)$ 表示在 $[0, t]$ 内事件发生 (或“顾客”到达) 的个数. 令 $S_0 = 0, S_n$ 表示第 n 个事件发生的时刻 $(n \geqslant 1), X_n = S_n -$

S_{n-1} $(n \geqslant 1)$ 表示第 $n-1$ 个事件与第 n 个事件发生的时间间隔. 用式子表示为

$$S_0 = 0,$$
$$S_n = \inf\{t: t > S_{n-1}, N(t) = n\},\ n \geqslant 1.$$

注意，此时对 $t \geqslant 0$，下列事件等价：

$$(N(t) \geqslant n) = (S_n \leqslant t),$$

$$(N(t) = n) = (S_n \leqslant t < S_{n+1}) = (S_n \leqslant t) - (S_{n+1} \leqslant t).$$

这里 $\inf\{t\}$ 表示集合 $\{t\}$ 的下确界，即集合的最大下界，例如 $\inf\left\{\dfrac{1}{n}: n = 1, 2, \cdots\right\} = 0$. 于是 $\forall t \geqslant 0, n \geqslant 0$, 有 $\{S_n \leqslant t\} = \{N(t) \geqslant n\}, \{N(t) = n\} = \{S_n \leqslant t < S_{n+1}\}$.

因此，S_n 的分布函数为：当 $t < 0$ 时，$P(S_n \leqslant t) = 0$；当 $t \geqslant 0$ 时，有

$$P(S_n \leqslant t) = P(N(t) \geqslant n) = 1 - \mathrm{e}^{-\lambda t} \sum_{k=0}^{n-1} \frac{(\lambda t)^k}{k!}. \tag{2.2.1}$$

S_n 的概率密度函数为

$$f_{S_n}(t) = \frac{\lambda(\lambda t)^{n-1}}{(n-1)!} \mathrm{e}^{-\lambda t} I_{(t \geqslant 0)}.$$

特别是当 $n = 1$ 时，有

$$P(X_1 \leqslant t) = P(S_1 \leqslant t) = (1 - \mathrm{e}^{-\lambda t}) I_{(t \geqslant 0)},$$

即 $X_1 \sim E(\lambda)$ 是参数为 λ 的指数分布. 那么，$X_2, \cdots, X_n, \cdots$ 又如何呢？它们之间的关系又会怎样呢？有如下漂亮的结果.

定理 2.2.1 计数过程 $\{N(t), t \geqslant 0\}$ 是泊松过程的充分必要条件是 $\{X_n, n \geqslant 1\}$ 是独立且参数同为 λ 的指数分布.

证明 先证必要性. 步骤如下：

第一步，求 $(S_1, S_2, \cdots, S_n)$ 的联合概率密度. 令 $t_1 < t_2 < \cdots < t_n$, 取充分小的 $h > 0$, 使

$$t_1 - \frac{h}{2} < t_1 < t_1 + \frac{h}{2} < t_2 - \frac{h}{2} < t_2 < t_2 + \frac{h}{2} < \cdots < t_{n-1} + \frac{h}{2} < t_n - \frac{h}{2} < t_n < t_n + \frac{h}{2},$$

由

$$\left\{t_1-\frac{h}{2}<S_1\leqslant t_1+\frac{h}{2}<t_2-\frac{h}{2}<S_2\leqslant t_2+\frac{h}{2}<\cdots<t_n-\frac{h}{2}<S_n\leqslant t_n+\frac{h}{2}\right\}$$

$$=\left\{N\left(t_1-\frac{h}{2}\right)=0,N\left(t_1+\frac{h}{2}\right)-N\left(t_1-\frac{h}{2}\right)=1,N\left(t_2-\frac{h}{2}\right)-\right.$$

$$\left.N\left(t_1+\frac{h}{2}\right)=0,\cdots,N\left(t_n+\frac{h}{2}\right)-N\left(t_n-\frac{h}{2}\right)=1\right\}\bigcup H_n,$$

其中

$$H_n=\left\{N\left(t_1-\frac{h}{2}\right)=0,N\left(t_1+\frac{h}{2}\right)-N\left(t_1-\frac{h}{2}\right)=\right.$$

$$\left.1,\cdots,N\left(t_n+\frac{h}{2}\right)-N\left(t_n-\frac{h}{2}\right)\geqslant 2\right\},$$

得

$$P\left\{t_1-\frac{h}{2}\leqslant S_1\leqslant t_1+\frac{h}{2}<t_2-\frac{h}{2}\leqslant S_2\leqslant t_2+\frac{h}{2}<\cdots<t_n-\frac{h}{2}\leqslant S_n\leqslant t_n+\frac{h}{2}\right\}$$

$$=(\lambda h)^n\mathrm{e}^{-\lambda(t_n+\frac{h}{2})}+o(h^n)=\lambda^n\mathrm{e}^{-\lambda t_n}h^n+o(h^n).$$

所以 $(S_1,S_2,\cdots,S_n)$ 的联合概率密度函数为

$$g(t_1,t_2,\cdots,t_n)=\begin{cases}\lambda^n\mathrm{e}^{-\lambda t_n}, & 0<t_1<t_2<\cdots<t_n,\\ 0, & \text{其他}.\end{cases}\tag{2.2.2}$$

第二步, 求 $(X_1,X_2,\cdots,X_n)$ 的联合概率密度. 注意到 $X_n=S_n-S_{n-1}$ $(n\geqslant 1)$, 令 $x_n=t_n-t_{n-1}$, 则变换的雅可比 (Jacobian) 行列式为

$$J=\frac{\partial(t_1,t_2,\cdots,t_n)}{\partial(x_1,x_2,\cdots,x_n)}=\begin{vmatrix}1&0&0&\cdots&0\\1&1&0&\cdots&0\\1&1&1&\cdots&0\\\vdots&\vdots&\vdots&\ddots&\vdots\\1&1&1&\cdots&1\end{vmatrix}=1,$$

于是 $(X_1,X_2,\cdots,X_n)$ 的联合概率密度为

$$f(x_1,x_2,\cdots,x_n)=\begin{cases}\lambda^n\mathrm{e}^{-\lambda(x_1+x_2+\cdots+x_n)}, & x_i\geqslant 0,1\leqslant i\leqslant n,\\ 0, & \text{其他}.\end{cases}$$

由上可得 X_k 的概率密度为 $f_k(x_k)=\lambda\mathrm{e}^{-\lambda x_k},x_k\geqslant 0,1\leqslant k\leqslant n$. 于是

$$f(x_1,x_2,\cdots,x_n)=\prod_{k=1}^{n}f_k(x_k),$$

即证明了 $(X_k,1\leqslant k\leqslant n)$ $(n\in\mathbb{N})$ 独立同指数分布. 必要性证毕.

下面证明充分性. 设 $\{X_k,k\geqslant 1\}$ 独立同指数分布. 令 $S_0=0,S_1=X_1,\cdots,S_n=\sum_{k=1}^{n}X_k$, 对 $\forall t>0$, 定义 $N(t)=\sum_{n=1}^{+\infty}I_{(S_n\leqslant t)}$. 由上定义可验证 $\{N(t),t\geqslant 0\}$ 是计数过程. 下面仍分三步证明它是泊松过程.

第一步求 $(S_1,S_2,\cdots,S_n)$ 的联合概率密度及 $N(t)$ 的分布. 注意到证必要性第二步的逆过程仍成立, 即由 $X_1,X_2,\cdots,X_n$ 的联合概率密度

$$f(x_1,x_2,\cdots,x_n)=\prod_{k=1}^{n}\lambda\mathrm{e}^{-\lambda x_k},\quad x_k\geqslant 0,1\leqslant k\leqslant n,$$

经 $S_1=X_1,\cdots,S_n=\sum_{k=1}^{n}X_n$, 可得 $S_1,S_2,\cdots,S_n$ 的联合概率密度为

$$g(t_1,t_2,\cdots,t_n)=\begin{cases}\lambda^n\mathrm{e}^{-\lambda t_n}, & 0\leqslant t_1\leqslant t_2\leqslant\cdots\leqslant t_n,\\ 0, & \text{其他}.\end{cases}$$

由上可得 S_n 的分布为

$$P(S_n\leqslant t)=1-\mathrm{e}^{-\lambda t}\Big(1+\lambda t+\cdots+\frac{(\lambda t)^{n-1}}{(n-1)!}\Big),$$

故

$$P(N(t)=n)=P(S_n\leqslant t<S_{n+1})=P(S_n\leqslant t)-P(S_{n+1}\leqslant t)=\frac{(\lambda t)^n}{n!}\mathrm{e}^{-\lambda t}.$$

第二步证平稳性. 这里只写出对 $n\geqslant 1$ 的证明. 利用全概率公式, 有

$$\begin{aligned}P(N(s+t)-N(s)=n)&=\sum_{k=0}^{\infty}P(N(s)=k,N(s+t)=k+n)\\&=\sum_{k=0}^{\infty}P(S_k\leqslant s<S_{k+1}<S_{k+n}\leqslant s+t<S_{k+n+1})\\&=P(s<S_1\leqslant S_n\leqslant s+t<S_{n+1})+\sum_{k=1}^{\infty}\int_0^s P\Big(S_k\leqslant s<S_k+X_{k+1}\leqslant\\&\quad S_k+\sum_{i=1}^{n}X_{k+i}\leqslant s+t<S_k+\sum_{i=1}^{n+1}X_{k+i}\Big|S_k=u\Big)\,\mathrm{d}P(S_k\leqslant u)\end{aligned}$$

$$=P(s<S_1\leqslant S_n\leqslant s+t<S_{n+1})+\sum_{k=1}^{\infty}\int_0^s P(s-u<S_1\leqslant S_n\leqslant s+t-u<S_{n+1})\,\mathrm{d}P(S_k\leqslant u).$$

又由 $X_1,\cdots,X_n$ 独立同分布，可得

$$\begin{aligned}P(s<S_1\leqslant S_n\leqslant s+t<S_{n+1})&=\int_s^{s+t}P\Big(\sum_{i=2}^{n}X_i\leqslant s+t-v<\sum_{i=2}^{n+1}X_i\Big|X_1=v\Big)\lambda\mathrm{e}^{-\lambda v}\,\mathrm{d}v\\&=\int_s^{s+t}P(S_{n-1}\leqslant s+t-v<S_n)\lambda\mathrm{e}^{-\lambda v}\,\mathrm{d}v\\&=\int_s^{s+t}\frac{[\lambda(s+t-v)]^{n-1}}{(n-1)!}\mathrm{e}^{-\lambda(s+t-v)}\lambda\mathrm{e}^{-\lambda v}\,\mathrm{d}v\\&=\frac{(\lambda t)^n}{n!}\mathrm{e}^{-\lambda(s+t)}.\end{aligned}$$

类似地，有 $P(s-u<S_1\leqslant S_n\leqslant s+t-u<S_{n+1})=\dfrac{(\lambda t)^n}{n!}\mathrm{e}^{-\lambda(s+t-u)}$, 故

$$\begin{aligned}P(N(s+t)-N(s)=n)&=\frac{(\lambda t)^n}{n!}\mathrm{e}^{-\lambda(s+t)}+\int_0^s\frac{(\lambda t)^n}{n!}\mathrm{e}^{-\lambda(s+t-u)}\lambda\,\mathrm{d}u\\&=\frac{(\lambda t)^n}{n!}\mathrm{e}^{-\lambda(s+t)}+\frac{(\lambda t)^n}{n!}\mathrm{e}^{-\lambda(s+t)}(\mathrm{e}^{\lambda s}-1)\\&=\frac{(\lambda t)^n}{n!}\mathrm{e}^{-\lambda t}\\&=P(N(t)=n).\end{aligned}$$

(注：对 $n=0$ 情形类似证明，留作读者练习)

第三步证增量独立性. 为突出方法，这里仅证 $\forall s,t>0,N(s)$ 与 $N(s+t)-N(s)$ 相互独立，即证 $\forall n,m\geqslant 0$，有

$$P(N(s)=m,N(s+t)-N(s)=n)=P(N(s)=m)P(N(s+t)-N(s)=n).$$

只写出 $m\geqslant 1$ 与 $n\geqslant 1$ 的情形，其他可类似证之.

$$\begin{aligned}&P(N(S)=m,N(s+t)-N(s)=n)\\&\quad=P(S_m\leqslant s<S_{m+1}\leqslant S_{m+n}\leqslant s+t<S_{m+n+1})\end{aligned}$$

$$
\begin{aligned}
&= \int_0^s P\Big(s-u < X_{m+1} \leqslant \sum_1^n X_{m+i} \leqslant s+t-u \leqslant \\
&\qquad \sum_1^{n+1} X_{m+i} \Big| S_m = u\Big) \mathrm{d}P(S_m \leqslant u) \\
&= \int_0^s P(s-u \leqslant S_1 \leqslant S_n \leqslant s-u+t < S_{n+1}) \,\mathrm{d}P(S_m \leqslant u) \\
&= \int_0^s \frac{(\lambda t)^n}{n!} \mathrm{e}^{-\lambda(s-u+t)} \lambda \frac{(\lambda u)^{m-1}}{(m-1)!} \mathrm{e}^{-\lambda u} \,\mathrm{d}u \\
&= \frac{(\lambda s)^m}{m!} \mathrm{e}^{-\lambda s} \frac{(\lambda t)^n}{n!} \mathrm{e}^{-\lambda t} \\
&= P(N(s) = m) P(N(s+t) - N(s) = n).
\end{aligned}
$$

由泊松过程的定义知, $\forall t_2 > t_1 \geqslant 0, N(t_2) - N(t_1) \geqslant 0$, 即 $N(t_2) \geqslant N(t_1)$, 说明泊松过程的样本函数 $N(t)$ 是 t 的单调不减函数. 由 $(N(t) = n) = (S_n \leqslant t < S_{n+1})$ 知 $N(t)$ 是跳跃函数, 即当 $S_n \leqslant t < S_{n+1}$ 时 $N(t) = n$ 是一常数, 而仅在 $t = S_n(n = 1, 2, \cdots)$ 处跳跃, 且相邻的两次跳跃时间间隔 $\{X_n, n \geqslant 1\}$ 相互独立同指数分布 (参数为 $\lambda > 0$). 这就为泊松过程的计算机模拟及其统计检验提供了理论基础与方法. 泊松过程的样本函数如图 2.1 所示.

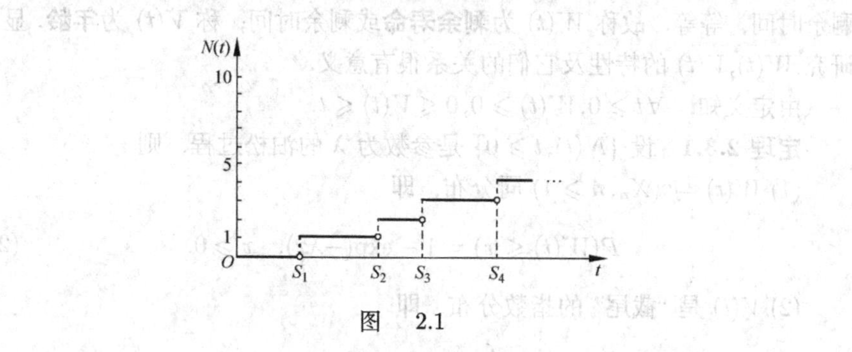

图 2.1

2.3 剩余寿命与年龄

本节再从不同的角度刻画泊松过程的若干重要特性.

设 $N(t)$ 表示在 $[0,t]$ 上事件发生的个数, S_n 表示第 n 个事件发生的时刻, 那么, $S_{N(t)}$ 表示在 t 时刻前最后一个事件发生的时刻, $S_{N(t)+1}$ 表示 t 时刻后首次事件发生的时刻. 注意这里 $S_{N(t)}$ 与 $S_{N(t)+1}$ 的下标 $N(t), N(t)+1$ 是随机

变量. 令

$$W(t) = S_{N(t)+1} - t,$$
$$V(t) = t - S_{N(t)},$$

则 $W(t)$ 与 $V(t)$ 如图 2.2 所示.

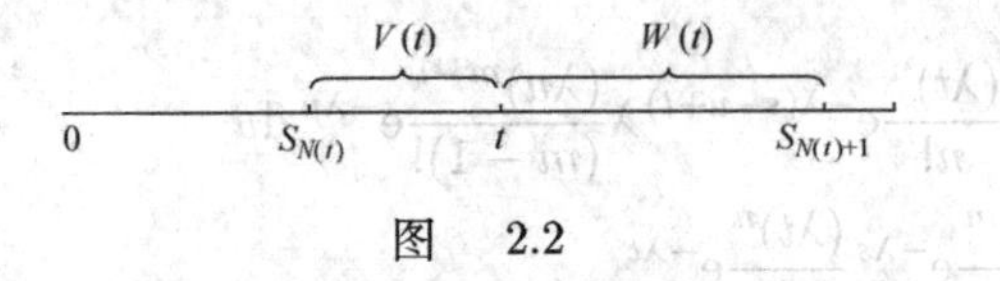

图 2.2

为了解释 $W(t)$ 与 $V(t)$ 的具体意义，设一零件在 $t=0$ 时开始工作，若它失效，立即更换 (设更换所需的时间为零). 一个新零件重新开始工作，如此重复下去，记 S_n 为第 n 次更换时刻，则 $X_n = S_n - S_{n-1}$ 表示第 n 个零件的工作寿命. 于是 $W(t)$ 表示观察者在时刻 t 所观察的正在工作的零件的剩余寿命; $V(t)$ 表示正在工作的零件的工作时间，称为年龄. 还可以有别的解释：若 S_n 表示第 n 辆汽车到站的时刻，某一乘客到达该站的时刻为 t, 则 $W(t)$ 表示该乘客等待上车的等待时间. 若 S_n 表示某地第 n 次发生地震的时刻，则 $S_{N(t)+1}$ 表示 t 时刻以后直到首次地震的时刻, $W(t)$ 表示 t 时刻后直到首次地震之间的剩余时间，等等. 故称 $W(t)$ 为**剩余寿命**或剩余时间；称 $V(t)$ 为**年龄**. 显然，研究 $W(t), V(t)$ 的特性及它们的关系很有意义.

由定义知， $\forall t \geqslant 0, W(t) \geqslant 0, 0 \leqslant V(t) \leqslant t$.

定理 2.3.1 设 $\{N(t), t \geqslant 0\}$ 是参数为 λ 的泊松过程，则

(1) $W(t)$ 与 $(X_n, n \geqslant 1)$ 同分布，即

$$P(W(t) \leqslant x) = 1 - \exp(-\lambda x), \quad x \geqslant 0. \tag{2.3.1}$$

(2) $V(t)$ 是 “截尾” 的指数分布，即

$$P(V(t) \leqslant x) = \begin{cases} 1 - \exp(-\lambda x), & 0 \leqslant x < t, \\ 1, & t \leqslant x. \end{cases} \tag{2.3.2}$$

证明 由 $\{W(t) > x\} = \{N(t+x) - N(t) = 0\}$, 及

$$\{V(t) > x\} = \begin{cases} \{N(t) - N(t-x) = 0\}, & t > x, \\ \varnothing, & t \leqslant x. \end{cases}$$

即得所要结论. □

定理 2.3.2 若非负随机变量 $X_n(n \geqslant 1)$ 独立同分布，分布函数为 $F(x)$，则对 $\forall x \geqslant 0, t \geqslant 0$，有

$$P(W(t) > x) = 1 - F(x+t) + \int_0^t P(W(t-u) > x)\,\mathrm{d}F(u). \tag{2.3.3}$$

证明 由条件数学期望

$$P(W(t) > x) = \int_0^{+\infty} P(W(t) > x \big| X_1 = s)\,\mathrm{d}F(s). \tag{*}$$

下面讨论 $P(W(t) > x \big| X_1 = s)$，由 $W(t)$ 的定义得

(1) 当 $s > t + x$ 时，$P(W(t) > x \big| X_1 = s) = 1$；

(2) 当 $t < s < x + t$ 时，$P(W(t) > x \big| X_1 = s) = 0$；

(3) 当 $s < t$ 时，由 $X_n(n \geqslant 1)$ 独立同分布，得

$$\begin{aligned}
P(W(t) > x \big| X_1 = s) =& P(S_{N(t)+1} - t > x \big| X_1 = s) \\
=& P\Big(\sum_{j=2}^{N(t)+1} X_j - (t-s) > x \big| X_1 = s\Big) \\
=& \sum_{m=1}^{\infty} P\Big(\sum_{j=2}^{m+1} X_j - (t-s) > x, N(t) = m \big| X_1 = s\Big) \\
=& \sum_{m=1}^{\infty} P\Big(\sum_{j=2}^{m+1} X_j - (t-s) > x, S_m \leqslant t < S_{m+1} \big| X_1 = s\Big) \\
=& \sum_{m=1}^{\infty} P\Big(\sum_{j=2}^{m+1} X_j - (t-s) > x, \sum_{j=2}^{m} X_j \leqslant t - s < \\
& \sum_{j=2}^{m+1} X_j \big| X_1 = s\Big) \\
=& \sum_{m=1}^{\infty} P\Big(\sum_{j=2}^{m+1} X_j - (t-s) > x, \sum_{j=2}^{m} X_j \leqslant t - s < \sum_{j=2}^{m+1} X_j\Big) \\
=& \sum_{m=1}^{\infty} P(S_m - (t-s) > x, S_{m-1} \leqslant t - s < S_m)
\end{aligned}$$

$$\Big(\text{注意到 } \sum_{j=2}^{m+1} X_j \text{ 与 } S_m, \sum_{j=2}^{m} X_j \text{ 与 } S_{m-1} \text{ 同分布}\Big)$$

$$
\begin{aligned}
&=\sum_{m=1}^{\infty} P(S_m-(t-s)>x, N(t-s)=m-1)\\
&=P(S_{N(t-s)+1}-(t-s)>x)\\
&=P(W(t-s)>x).
\end{aligned}
$$

将 (1),(2),(3) 代入 (*) 即得 (2.3.3) 式. □

可以用 $W(t)$ 与 X_n 的关系来刻画泊松过程.

定理 2.3.3　若 $\{X_n, n\geqslant 1\}$ 独立同分布，又对 $\forall t\geqslant 0, W(t)$ 与 $X_n (n\geqslant 1)$ 同分布，分布函数为 $F(x)$，且 $F(0)=0$，则 $\{N(t), t\geqslant 0\}$ 为泊松过程.

证明　令 $G(x)=1-F(x)=P(W(t)>x)$，由 (2.3.3) 式及 $F(0)=0$ 得，对 $\forall x\geqslant 0, t\geqslant 0$，有

$$
G(x+t)=G(x)G(t). \tag{2.3.4}
$$

因为 $F(x)$ 是单调不减且右连续的函数，所以 $G(x)$ 是单调不增，右连续函数. 对 (2.3.4) 式两端对 x 求导，得

$$
G'_x(x+t)=G'_x(x)G(t).
$$

又 $G'_x(x+t)=G'_t(x+t)$，所以

$$
G'_t(x+t)=G'_x(x)G(t).
$$

令 $x=0$，则 $G'_t(t)=G'_x(0)G(t)$.

令 $\lambda=-G'_x(0)$. 由于 $G(x)$ 单调不增，所以 $\lambda\geqslant 0$；又因 $F(x)$ 为分布函数，不可能为常数，从而 $\lambda\neq 0$；再由 $G(0)=1-F(0)=1$，得

$$
G(t)=\mathrm{e}^{-\lambda t},
$$

即

$$
F(x)=P(X_n\leqslant x)=1-\mathrm{e}^{\lambda x}\quad (x\geqslant 0).
$$

再由定理 2.2.1 知 $\{N(t), t\geqslant 0\}$ 是泊松过程. □

该定理早在 1972 年由钟开莱 (K.L.Chung) 得到，说明 $W(t)$ 与 $X_n (n\geqslant 1)$ 同指数分布是泊松过程特有的性质. 本定理可应用于检验 $\{N(t), t\geqslant 0\}$ 是否为泊松过程.

类似地，可以用 $E[W(t)]$ 与 t 无关或 $(W(t), V(t))$ 的联合分布等来刻画泊松过程.

2.4 到达时间的条件分布

本节讨论在给定 $N(t)=n$ 的条件下，$S_1,S_2,\cdots,S_n$ 的条件分布、有关性质及其应用.

先看下面定理.

定理 2.4.1 设 $\{N(t),t\geqslant 0\}$ 是泊松过程，则对 $\forall 0<s<t$, 有

$$P(X_1\leqslant s\big|N(t)=1)=\frac{s}{t}. \tag{2.4.1}$$

证明

$$\begin{aligned}P(X_1\leqslant s\big|N(t)=1)=&\frac{P(X_1\leqslant s,N(t)=1)}{P(N(t)=1)}\\=&\frac{P(N(s)=1,N(t)-N(s)=0)}{P(N(t)=1)}\\=&\frac{(\lambda s)\mathrm{e}^{-\lambda s}\mathrm{e}^{-\lambda(t-s)}}{(\lambda t)\mathrm{e}^{-\lambda t}}=\frac{s}{t}.\end{aligned}$$ □

这个定理说明，由于泊松过程具有平稳独立增量性，从而在已知 $[0,t]$ 上有一事件发生的条件下，事件发生的时间 X_1 在 $[0,t]$ 上是"等可能性的"，即它的条件分布是 $[0,t]$ 上的均匀分布. 自然，我们要问：(1) 这个性质是否可推广到 $N(t)=n,n\geqslant 1$ 的情形？(2) 这个性质是否是泊松过程特有的？换句话说：本定理的逆命题是否成立？为回答 (1), 先讨论顺序统计量的性质.

设 $Y_1,Y_2,\cdots,Y_n$ 是独立同分布，非负的随机变量，密度函数为 $f(y)$, 记 $Y_{(1)}\leqslant Y_{(2)}\leqslant\cdots\leqslant Y_{(n)}$ 为相应的顺序统计量，容易看到，对 $\forall 0<y_1<y_2<\cdots<y_n$, 取充分小的 $h>0$, 使

$$0<y_1<y_1+h<y_2<y_2+h<y_3<\cdots<y_{n-1}+h<y_n<y_n+h,$$

则

$$\begin{aligned}&\{y_1<Y_{(1)}\leqslant y_1+h,y_2<Y_{(2)}\leqslant y_2+h,\cdots,y_n<Y_{(n)}\leqslant y_n+h\}\\&=\bigcup_{(i_1,i_2,\cdots,i_n)}\{y_1<Y_{i_1}\leqslant y_1+h,y_2<Y_{i_2}\leqslant y_2+h,\cdots,y_n<Y_{i_n}\leqslant y_n+h\}.\end{aligned}$$

等式右边各事件互不相容，得

$$\begin{aligned}&\lim_{h\to 0}P(y_1<Y_{(1)}\leqslant y_1+h,y_2<Y_{(2)}\leqslant y_2+h,\cdots,y_n<Y_{(n)}\leqslant y_n+h)/h^n\\&=\lim_{h\to 0}n!P(y_1<Y_{i_1}\leqslant y_1+h,y_2<Y_{i_2}\leqslant y_2+h,\cdots,y_n<Y_{i_n}\leqslant y_n+h)/h^n.\end{aligned}$$

由此可知顺序统计量 $Y_{(1)},Y_{(2)},\cdots,Y_{(n)}$ 的联合概率密度为

$$f(y_1,y_2,\cdots,y_n)=\begin{cases}n!\prod_{i=1}^{n}f(y_i), & 0<y_1<y_2<\cdots<y_n,\\ 0, & \text{其他}.\end{cases}$$

若 $\{Y_i,1\leqslant i\leqslant n\}$ 在 $[0,t]$ 上独立同均匀分布，则其顺序统计量 $Y_{(1)},\cdots,Y_{(n)}$ 的联合概率密度函数为

$$f(y_1,y_2,\cdots,y_n)=\begin{cases}\dfrac{n!}{t^n}, & 0<y_1<y_2<\cdots<y_n\leqslant t,\\ 0, & \text{其他}.\end{cases}$$

对问题 (1), 有如下有用的定理:

定理 2.4.2 设 $\{N(t),t\geqslant 0\}$ 为泊松过程，则在已给 $N(t)=n$ 时事件相继发生的时间 $S_1,S_2,\cdots,S_n$ 的条件概率密度为

$$f(t_1,t_2,\cdots,t_n)=\begin{cases}\dfrac{n!}{t^n}, & 0<t_1<t_2<\cdots<t_n\leqslant t,\\ 0, & \text{其他}.\end{cases} \tag{2.4.2}$$

证明 对 $\forall 0=t_0<t_1<t_2<\cdots<t_n<t_{n+1}=t$, 取 $h_0=h_{n+1}=0$ 及充分小的 h_i, 使 $t_i+h_i<t_{i+1},1\leqslant i\leqslant n$, 则

$$\begin{aligned}&P(t_i<S_i\leqslant t_i+h_i,1\leqslant i\leqslant n\,|\,N(t)=n)\\ =&\frac{P(N(t_i+h_i)-N(t_i)=1,1\leqslant i\leqslant n,N(t_{j+1})-N(t_j+h_j)=0,1\leqslant j\leqslant n)}{P(N(t)=n)}\\ =&\frac{(\lambda h_1)\mathrm{e}^{-\lambda h_1}\cdots(\lambda h_n)\mathrm{e}^{-\lambda h_n}\cdot\mathrm{e}^{-\lambda(t-h_1-h_2-\cdots-h_n)}}{\dfrac{(\lambda t)^n}{n!}\mathrm{e}^{-\lambda t}}=\frac{n!}{t^n}h_1h_2\cdots h_n,\end{aligned}$$

因此

$$\frac{P(t_i<S_i\leqslant t_i+h_i,1\leqslant i\leqslant n\,|\,N(t)=n)}{h_1h_2\cdots h_n}=\frac{n!}{t^n},$$

所以

$$f(t_1,t_2,\cdots,t_n)=\begin{cases}\dfrac{n!}{t^n}, & 0<t_1<t_2<\cdots<t_n\leqslant t,\\ 0, & \text{其他}.\end{cases}$$ □

本定理说明在 $N(t)=n$ 的条件下, $S_1,S_2,\cdots,S_n$ 的条件分布函数与 n 个在 $[0,t]$ 上相互独立同均匀分布的顺序统计量的分布函数相同.

对问题 (2), 即逆命题, 有以下定理.

定理 2.4.3 设 $\{N(t),t\geqslant 0\}$ 为计数过程, X_n 为第 n 个事件与第 $n-1$ 个事件的时间间隔, $\{X_n,n\geqslant 1\}$ 独立同分布且 $F(x)=P(X_n\leqslant x)$, 若 $F(0)=0$, 且对 $\forall 0\leqslant s\leqslant t$, 有

$$P(X_1\leqslant s\big|N(t)=1)=\frac{s}{t}\ \ (0<t),$$

则 $\{N(t),t\geqslant 0\}$ 为泊松过程.

证明 由题意有

$$P(X_1\leqslant s\big|N(s+x)=1)=\frac{s}{s+x},\quad P(X_1\leqslant x\big|N(s+x)=1)=\frac{x}{s+x},$$

所以

$$P(X_1\leqslant s\big|N(s+x)=1)+P(X_1\leqslant x\big|N(s+x)=1)=1. \tag{2.4.3}$$

又

$$P(X_1\leqslant s\big|N(s+x)=1)=\frac{P(X_1\leqslant s,X_1\leqslant s+x<X_1+X_2)}{P(X_1\leqslant s+x<X_1+X_2)},$$

利用全概率公式, 得

$$P(X_1\leqslant s,X_1\leqslant s+x<X_1+X_2)=\int_0^s(1-F(s+x-u))\,\mathrm{d}F(u),$$

$$P(X_1\leqslant s+x<X_1+X_2)=\int_0^{s+x}(1-F(s+x-u))\,\mathrm{d}F(u).$$

由 (2.4.3) 式得

$$\int_0^x(1-F(s+x-u))\,\mathrm{d}F(u)+\int_0^s(1-F(s+x-u))\,\mathrm{d}F(u)=\int_0^{s+x}(1-F(s+x-u))\,\mathrm{d}F(u),$$

所以

$$\int_0^s(1-F(s+x-u))\,\mathrm{d}F(u)=\int_x^{x+s}(1-F(s+x-u))\,\mathrm{d}F(u).$$

化简上式，得 $F(s)+F(x)-F(s)F(x)=F(x+s)$, 所以

$$1-F(x+s)=(1-F(s))(1-F(x)),$$

令 $G(x)=1-F(x)$, 则

$$G(x+s)=G(x)G(s).$$

类似于定理 2.3.3 证明中 (2.3.4) 式以后的证明部分，即得结论. □

定理 2.4.4　设 $\{N(t),t\geqslant 0\}$ 为计数过程，$\{X_n,n\geqslant 1\}$ 为相继事件发生的时间间隔，独立同分布且 $F(x)=P(X_n\leqslant x)$, 若 $EX_n<\infty, F(0)=0$, 且对 $\forall n\geqslant 1, 0\leqslant s\leqslant t$, 有

$$P(S_n\leqslant s\big|N(t)=n)=\left(\frac{s}{t}\right)^n \quad (0<t),$$

则 $\{N(t),t\geqslant 0\}$ 为泊松过程.

证明从略.

注　利用以上结果，检验泊松过程时不需要知道参数 λ.

以下为两个例子.

例 1　设到达火车站的顾客流遵照参数为 λ 的泊松流 $\{N(t),t\geqslant 0\}$, 火车 t 时刻离开车站，求在 $[0,t]$ 到达车站的顾客等待时间总和的期望值.

解　设第 i 个顾客到达火车站的时刻为 S_i, 则 $[0,t]$ 到达车站的顾客等待时间总和为

$$S(t)=\sum_{i=1}^{N(t)}(t-S_i).$$

因

$$\begin{aligned}E(S(t)\big|N(t)=n)=&E\Big\{\sum_{i=1}^{N(t)}(t-S_i)\big|N(t)=n\Big\}\\=&E\Big\{\sum_{i=1}^{n}(t-S_i)\big|N(t)=n\Big\}=nt-E\Big\{\sum_{i=1}^{n}S_i\big|N(t)=n\Big\},\end{aligned}$$

仍记 $\{Y_i,1\leqslant i\leqslant n\}$ 为 $[0,t]$ 上独立同均匀分布的随机变量，则

$$\begin{aligned}E\Big\{\sum_{i=1}^{n}S_i\big|N(t)=n\Big\}=&E\Big(\sum_{i=1}^{n}Y_{(i)}\Big)\qquad(\text{由定理 2.4.2})\\=&E\Big(\sum_{i=1}^{n}Y_i\Big)=\frac{nt}{2},\end{aligned}$$

故

$$E\Big\{\sum_{i=1}^{n}(t-S_i)\big|N(t)=n\Big\}=\frac{nt}{2},$$

所以

$$\begin{aligned}E[S(t)]&=\sum_{n=0}^{\infty}\Big(P\{N(t)=n\}E\Big\{\sum_{i=1}^{N(t)}(t-S_i)\big|N(t)=n\Big\}\Big)\\&=\sum_{n=0}^{\infty}P(N(t)=n)\frac{nt}{2}=\frac{t}{2}E(N(t))=\frac{\lambda}{2}t^2.\end{aligned}$$

例 2 设一系统在 $[0,t]$ 内承受的冲击数 $\{N(t),t\geqslant 0\}$ 是参数为 λ 的泊松流，第 i 次受冲击的损失为 D_i. 设 $\{D_i,i\geqslant 1\}$ 独立同分布，而与 $\{N(t),t\geqslant 0\}$ 独立，且损失随时间按负指数衰减，即 $t=0$ 时损失为 D, 在 t 时损失为 $D\mathrm{e}^{-\alpha t},\alpha>0$. 设损失是可加的，那么在 t 时刻的损失之和为

$$\xi(t)=\sum_{i=1}^{N(t)}D_i\mathrm{e}^{-\alpha(t-S_i)},$$

其中 S_i 为第 i 次冲击到达的时刻. 试求 $E\xi(t)$.

解 先求条件期望

$$\begin{aligned}E\{\xi(t)\big|N(t)=n\}=&E\Big\{\sum_{i=1}^{N(t)}D_i\mathrm{e}^{-\alpha(t-S_i)}\big|N(t)=n\Big\}\\=&E\Big\{\sum_{i=1}^{n}D_i\mathrm{e}^{-\alpha(t-S_i)}\big|N(t)=n\Big\}\\=&\sum_{i=1}^{n}E\{D_i\big|N(t)=n\}E\{\mathrm{e}^{-\alpha(t-S_i)}\big|N(t)=n\}\\=&ED\mathrm{e}^{-\alpha t}\sum_{i=1}^{n}E\{\mathrm{e}^{\alpha S_i}\big|N(t)=n\}.\end{aligned}$$

记 $Y_1,Y_2,\cdots,Y_n$ 为 $[0,t]$ 上独立同均匀分布的随机变量，则由定理 2.4.2, 有

$$\begin{aligned}E\Big\{\sum_{i=1}^{n}\mathrm{e}^{\alpha S_i}\big|N(t)=n\Big\}=&E\Big\{\sum_{i=1}^{n}\mathrm{e}^{\alpha Y_{(i)}}\Big\}=E\Big\{\sum_{i=1}^{n}\mathrm{e}^{\alpha Y_i}\Big\}\\=&n\int_0^t\mathrm{e}^{\alpha x}\frac{\mathrm{d}x}{t}=\frac{n}{\alpha t}\Big(\mathrm{e}^{\alpha t}-1\Big),\end{aligned}$$

所以

$$E\{\xi(t)\big|N(t)=n\}=\frac{n}{\alpha t}\Big(1-\mathrm{e}^{-\alpha t}\Big)ED,$$

即

$$E\{\xi(t)\big|N(t)\}=\frac{N(t)}{\alpha t}\Big(1-\mathrm{e}^{-\alpha t}\Big)ED,$$

故

$$E\{\xi(t)\}=E\{E(\xi(t)\big|N(t))\}=\frac{\lambda ED}{\alpha}\Big(1-\mathrm{e}^{-\alpha t}\Big).$$ □

关于到达时刻，有下面有用的定理.

定理 2.4.5 设 $\{N(t),t\geqslant 0\}$ 是参数为 λ 的泊松过程，$S_k,k\geqslant 1$ 为其到达时刻，则对任意的 $[0,\infty)$ 上的可积函数 f, 有

$$E\Big\{\sum_{n=1}^{\infty}f(S_n)\Big\}=\lambda\int_0^{\infty}f(t)\,\mathrm{d}t. \tag{2.4.4}$$

证明 由 (2.2.1) 式，当 $t\geqslant 0$ 时，$S_n=\inf\{t\colon N(t)=n\}$, $\{S_n\leqslant t\}=\{N(t)\geqslant n\}$. 由此可得

$$P(S_n\leqslant t)=P(N(t)\geqslant n)=\sum_{j=n}^{\infty}\frac{(\lambda t)^j}{j!}\mathrm{e}^{-\lambda t},$$

因此 S_n 的概率密度为

$$f_{S_n}(t)=\sum_{j=n}^{\infty}\Big[\lambda\frac{(\lambda t)^{(j-1)}}{(j-1)!}\mathrm{e}^{-\lambda t}-\lambda\frac{(\lambda t)^j}{j!}\mathrm{e}^{-\lambda t}\Big]=\lambda\frac{(\lambda t)^{(n-1)}}{(n-1)!}\mathrm{e}^{-\lambda t}I_{(t\geqslant 0)}.$$

先设 f 非负，由上式得

$$E\{f(S_n)\}=\lambda\int_0^{\infty}f(t)\frac{(\lambda t)^{(n-1)}}{(n-1)!}\mathrm{e}^{-\lambda t}\,\mathrm{d}t,$$

$$E\Big\{\sum_{n=1}^{\infty}f(S_n)\Big\}=\lambda\int_0^{\infty}f(t)\sum_{n=1}^{\infty}\frac{(\lambda t)^{(n-1)}}{(n-1)!}\mathrm{e}^{-\lambda t}\,\mathrm{d}t=\lambda\int_0^{\infty}f(t)\,\mathrm{d}t.$$

对一般的 f, 将已证结果用于 $f^+=\max(f,0)$ 及 $f^-=\max(-f,0)$, 即可知 (2.4.4) 式对 $f=f^+-f^-$ 成立. □

下面利用定理 2.4.5 提供上面例 2 结果的另一种求解方法.

若取

$$f(s)=I_{[0,t]}(s)\mathrm{e}^{-\alpha(t-s)},$$

则

$$\xi(t)=\sum_{i=1}^{N(t)}D_i\mathrm{e}^{-\alpha(t-S_i)}=\sum_{i=1}^{\infty}I_{\{S_i\leqslant t\}}D_i\mathrm{e}^{-\alpha(t-S_i)}=\sum_{i=1}^{\infty}D_if(S_i),$$

于是

$$\begin{aligned}E\{\xi(t)\}=&\sum_{i=1}^{\infty}E\{D_if(S_i)\}=E\{D\}E\Big\{\sum_{i=1}^{\infty}f(S_i)\Big\}\\=&E\{D\}\lambda\int_0^{\infty}f(s)\,\mathrm{d}s=E\{D\}\lambda\int_0^{t}\mathrm{e}^{-\alpha(t-s)}\,\mathrm{d}s=\frac{\lambda E[D]}{\alpha}\Big(1-\mathrm{e}^{-\alpha t}\Big).\end{aligned}$$

2.5 泊松过程的模拟、检验及参数估计

1. 模拟

由前面讨论知，泊松过程的样本轨道是单调不减的跳跃函数，相邻两次的跳跃间隔 $X_n(n\geqslant 1)$ 独立同指数分布 (参数 $\lambda>0$). 因此，泊松过程的样本函数可用下述步骤模拟：

(1) 产生 $[0,1]$ 上均匀分布且相互独立的一串随机数，记为 $\{U_n,n\geqslant 1\}$. 这在计算机上是能够实现的.

(2) 令 $X_k=-\lambda^{-1}\ln U_k$ (λ 为已给参数), 易证 $\{X_n,n\geqslant 1\}$ 是独立同指数分布随机变量. 并设 $S_0=0,S_n=\sum\limits_{k=1}^{n}X_k$.

(3) 定义 $N(t)$ 如下：如果 $0\leqslant t<S_1$, 则 $N(t)=0$; 如果 $S_n\leqslant t<S_{n+1}$, 则 $N(t)=n;\cdots$ 如此继续下去，即 $N(t)=\sum\limits_{n=1}^{\infty}I_{(S_n\leqslant t)}$, 这样就得到 $\{N(t),t\geqslant 0\}$ 的一条轨道.

2. 检验

按照泊松过程性质，要检验 $\{N(t),t\geqslant 0\}$ 是否是泊松过程，可转化为下面检验问题之一：

(1) 检验 $\{X_n,n\geqslant 1\}$ 是否独立同指数分布；

(2) $\forall t>0$, 检验 $W(t)$ 与 $X_n(n\geqslant 1)$ 是否同分布；

(3) $\forall t>0$, 检验在 $N(t)=1$ 下 $S_1=X_1$ 是否是 $[0,t]$ 上的均匀分布；

(4) 给定 $T>0$, 检验在 $N(T)=n$ 下，$S_1,S_2,\cdots,S_n$ 的条件分布是否与 $[0,T]$ 上 n 个独立均匀分布的顺序统计量的分布相同.

这里仅讨论最后一种的具体检验方法.

提出统计假设 H_0: $\{N(t),t\geqslant 0\}$ 是泊松过程. 令 $\sigma_n=\sum\limits_{k=1}^{n}S_k$ 当 H_0 成立, 由定理 2.4.2 得

$$E\{\sigma_n|N(T)=n\}=E\Big\{\sum_{i=1}^{n}Y_{(i)}\Big\}=E\Big\{\sum_{i=1}^{n}Y_i\Big\}=\frac{nT}{2},$$

$$D\{\sigma_n|N(T)=n\}=D\Big\{\sum_{i=1}^{n}Y_{(i)}\Big\}=D\Big\{\sum_{i=1}^{n}Y_i\Big\}=\frac{nT^2}{12},$$

其中 $\{Y_i,1\leqslant i\leqslant n\}$ 独立同分布, $Y_i\sim U[0,t]$. $Y_{(1)},Y_{(2)},\cdots,Y_{(i)},\cdots,Y_{(n)}$ 为其顺序统计量. 利用独立同分布的中心极限定理，有

$$\lim_{n\to\infty}P\left\{\frac{\sigma_n-\dfrac{n}{2}T}{T\sqrt{\dfrac{n}{12}}}\leqslant x\Big|N(T)=n\right\}=\lim_{n\to\infty}P\left(\frac{\sum\limits_{i=1}^{n}Y_i-\dfrac{n}{2}T}{\sqrt{\dfrac{nT^2}{12}}}\leqslant x\right)$$

$$=\varPhi(x)=\frac{1}{\sqrt{2\pi}}\int_{-\infty}^{x}\mathrm{e}^{-\frac{u^2}{2}}\,\mathrm{d}u$$

即对充分大的 n, 有

$$P\Big(\frac{\sigma_n}{T}\leqslant\frac{1}{2}\Big[n+x\Big(\frac{n}{3}\Big)^{\frac{1}{2}}\Big]\Big|N(T)=n\Big)\approx\varPhi(x).$$

若给定置信水平 $\alpha=0.05$, 则当

$$\frac{\sigma_n}{T}\in\frac{1}{2}\Big[n\pm 1.96\Big(\frac{n}{3}\Big)^{\frac{1}{2}}\Big]$$

时，接受 H_0, 否则，拒绝 H_0. 此法优点在于不要求已知 λ.

3. 参数 λ 的估计

经上述检验后，如接受 H_0, 则认为 $\{N(t),t\geqslant 0\}$ 是泊松过程，进而求由已有数据如何估计参数 λ 的问题.

(1) 极大似然估计

设 $\{N(t),t\geqslant 0\}$ 为泊松过程，给定 T, 若在 $[0,T]$ 上观察到 $S_1,S_2,\cdots,S_n$ 的取值 $t_1,t_2,\cdots,t_n\leqslant T$, 则似然函数为

$$L(t_1,t_2,\cdots,t_n,\lambda)=\lambda^n\mathrm{e}^{-\lambda T}.$$

令 $\dfrac{\mathrm{d}L}{\mathrm{d}\lambda}=0$, 即得 λ 的极大似然估计为

$$\hat{\lambda}_L=\frac{n}{T}.$$

注 给定 T 后，则落在 $[0,T]$ 上的个数 n 是随观察结果而定的.

(2) 区间估计

仅讨论固定 n 的情形. 若 $\{N(t),t\geqslant 0\}$ 是泊松过程，则由定理 2.2.1, $S_n=\sum\limits_{k=1}^{n}X_k$ 的概率密度函数为

$$f_n(t)=\frac{\lambda(\lambda t)^{n-1}}{(n-1)!}\mathrm{e}^{-\lambda t}=\frac{\lambda^n}{\Gamma(n)}t^{n-1}\mathrm{e}^{-\lambda t},\qquad (t\geqslant 0),$$

其中 $\Gamma(\alpha)=\displaystyle\int_0^{\infty}x^{\alpha-1}\mathrm{e}^{-x}\,\mathrm{d}x$ 为 Γ 函数, $\Gamma(n)=(n-1)!$. 因此, $2\lambda S_n$ 的概率密度函数为

$$g_n(t)=\frac{1}{2^{\frac{2n}{2}}\Gamma\left(\dfrac{2n}{2}\right)}t^{\frac{2n}{2}-1}\mathrm{e}^{-\frac{t}{2}}\ (t\geqslant 0),$$

这与 $\chi^2(2n)$ 的密度相同，故 $2\lambda S_n=\chi^2(2n)$. 取置信度 $1-\alpha$, 则

$$P\left(\chi^2_{\frac{\alpha}{2}}(2n)\leqslant 2\lambda S_n\leqslant \chi^2_{1-\frac{\alpha}{2}}(2n)\right)=1-\alpha,$$

故置信度为 $1-\alpha$ 的 λ 的区间估计为

$$\left[\frac{\chi^2_{\frac{\alpha}{2}}(2n)}{2S_n},\frac{\chi^2_{1-\frac{\alpha}{2}}(2n)}{2S_n}\right].$$

S_n 由数据得到, $\chi^2_{\frac{\alpha}{2}}(2n)$ 及 $\chi^2_{1-\frac{\alpha}{2}}(2n)$ 可查表得到.

泊松过程的几种推广.

在前几节讨论中，我们看到泊松过程有许多独特的性质，这与它的定义中加了许多严格限制有关. 许多实际问题中并不都满足这些条件，因此，有必要讨论定义中某些条件放宽后的情形，这就是它的若干推广情形.

2.6　非时齐泊松过程

先看放宽 2.1 节定义中的平稳性限制，即 λ 是常数的限制.

定义 2.6.1　一计数过程 $\{N(t), t \geqslant 0\}$, 称它为具有强度函数 $\{\lambda(t) > 0, t \geqslant 0\}$ 的**非时齐泊松过程**, 若满足:

(1) $N(0) = 0$;

(2) $\{N(t), t \geqslant 0\}$ 是一独立增量过程;

(3) 对充分小的 $h > 0$, 有

$$P(N(t+h) - N(t) = 1) = \lambda(t)h + o(h), \quad P(N(t+h) - N(t) \geqslant 2) = o(h).$$

如令 $m(t) = \int_0^t \lambda(s)\,\mathrm{d}s$, 其中 $\lambda(t) > 0$, 称 $\{\lambda(t), t \geqslant 0\}$ 为强度函数，则有以下定理.

定理 2.6.1　若 $\{N(t), t \geqslant 0\}$ 是非时齐具有强度函数 $\{\lambda(t), t \geqslant 0\}$ 的泊松过程，则 $\forall s, t \geqslant 0$, 有

$$P(N(s+t) - N(s) = n) = \frac{[m(s+t) - m(s)]^n}{n!} \exp\{-[m(s+t) - m(s)]\} \quad (n \geqslant 0). \tag{2.6.1}$$

该定理的证明与定理 2.1.1 的证明类似，留给读者作为练习.

2.1 节定义的过程称为时齐 (homogeneous) 泊松过程. 显然，在定理 2.6.1 中，如令 $\lambda(s) = \lambda$ 即为定理 2.1.1. 事实上，非时齐泊松过程与时齐泊松过程也可通过变换进行互相转化.

定理 2.6.2

(1) 设 $\{N(t), t \geqslant 0\}$ 是具有强度函数 $\{\lambda(s) > 0, s \geqslant 0\}$ 的非时齐泊松过程. 令 $m(t) = \int_0^t \lambda(s)\,\mathrm{d}s$, $m^{-1}(t)$ 是 $m(t)$ 的反函数，即

$$m^{-1}(u) = \inf\{t\colon t > 0, m(t) \geqslant u, u \geqslant 0\},$$

记 $M(u) = N(m^{-1}(u))$, 则 $\{M(u), u \geqslant 0\}$ 是时齐泊松过程.

(2) 设 $\{M(u), u \geqslant 0\}$ 是时齐泊松过程，参数 $\lambda = 1$. 若给定强度函数 $\{\lambda(s) > 0, s \geqslant 0\}$, 令 $m(t) = \int_0^t \lambda(s)\,\mathrm{d}s$, $N(t) = M(m(t))$, 则 $\{N(t), t \geqslant 0\}$ 是非时齐的具有强度函数 $\{\lambda(s), s \geqslant 0\}$ 的泊松过程.

证明留给读者作为练习.

2.7 复合泊松过程

定义 2.7.1 设 $\{Y_i, i \geqslant 1\}$ 是独立与 Y 同分布的随机变量序列,$\{N(t), t \geqslant 0\}$ 为泊松过程, 且 $\{N(t), t \geqslant 0\}$ 与 $\{Y_i, i \geqslant 1\}$ 独立, 记

$$X(t) = \sum_{i=1}^{N(t)} Y_i,$$

称 $\{X(t), t \geqslant 0\}$ 为**复合泊松过程**(compound Poisson process).

如 $\{N(t), t \geqslant 0\}$ 表示粒子流, $N(t)$ 表示 $[0, t]$ 到达的粒子数, Y_i 表示第 i 个到达粒子的能量, 则 $X(t)$ 表示 $[0, t]$ 内到达粒子的总能量. 若 $\{N(t), t \geqslant 0\}$ 表示一顾客流, Y_i 表示第 i 个顾客的行李重量, 则 $\{X(t), t \geqslant 0\}$ 表示 $[0, t]$ 内到达的顾客行李总重量. 又如某保险公司买了人寿保险的人在时刻 $S_1, S_2, \cdots$ 死亡, 在时刻 S_n 死亡的人的保险金额是 Y_n, 在 $(0, t]$ 内死亡的人数记为 $N(t)$, 则 $X(t) = \sum\limits_{i=1}^{N(t)} Y_i$ 表示该公司在 $(0, t]$ 内需要支付的赔偿金总额.

为求 $X(t)$ 的矩, 先求它的矩母函数

$$\begin{aligned}
\phi_t(u) = & E[\exp\{uX(t)\}] = \sum_{n=0}^{\infty} P\{N(t) = n\} E[\exp\{uX(t)\} \big| N(t) = n] \\
= & \sum_{n=0}^{\infty} \frac{(\lambda t)^n}{n!} \exp(-\lambda t) E[\exp\{u(Y_1 + Y_2 + \cdots + Y_n)\} \big| N(t) = n] \\
= & \sum_{n=0}^{\infty} \frac{(\lambda t)^n}{n!} \exp(-\lambda t) E[\exp\{u(Y_1 + Y_2 + \cdots + Y_n)\}] \\
= & \sum_{n=0}^{\infty} \frac{(\lambda t)^n}{n!} \exp(-\lambda t) \Big(E[\exp\{uY_1\}] \Big)^n.
\end{aligned}$$

令 $\phi_Y(u) = E\{\exp(uY)\}$ 为 Y 的矩母函数, 则

$$\phi_t(u) = \sum_{n=0}^{\infty} \frac{(\lambda t \phi_Y(u))^n}{n!} \exp(-\lambda t) = \exp\{\lambda t(\phi_Y(u) - 1)\}. \tag{2.7.1}$$

对上式在 $u = 0$ 处求导, 得

$$E\{X(t)\} = \phi_t'(0) = \lambda t \cdot EY, \tag{2.7.2}$$

及

$$D\{X(t)\} = \lambda t E(Y^2). \tag{2.7.3}$$

特殊情况：若 $\{\rho_i, i \geqslant 1\}$ 为独立同分布，取值为正整数的随机变量序列，且与泊松过程 $\{N(t), t \geqslant 0\}$ 独立，记

$$X(t) = \sum_{i=1}^{N(t)} \rho_i,$$

则称 $\{X(t), t \geqslant 0\}$ 为平稳无后效流.

容易理解，$X(t)$ 可描述成批到达的“顾客流”，即每次同时到达的顾客数是随机的. 它在排队系统中大有用场.

由复合泊松过程的定义启发我们如何由一个简单的随机过程产生一个较为复杂的随机过程. 对简单的泊松过程 $\{N(t), t \geqslant 0\}$ 的每一点 S_n，对应于一个辅助的随机变量 $Y_n, n \geqslant 1$，通常称 Y_n 为对应于点 S_n 的标值. 当把对应于时间区间 $(0, t]$ 中所有点的辅助随机变量 Y_n(标值) 叠加就得到一个新的随机过程 $\{X(t), t \geqslant 0\}$. 如 $\{N(t), t \geqslant 0\}$ 为一般点过程，而 $\{Y_n, n \geqslant 1\}$ 为一般的随机序列，则称 $\{X(t), t \geqslant 0\}$ 为标准叠加过程.

2.8 条件泊松过程

把参数 λ 推广为一正的随机变量的情形，即为下面所述的条件泊松过程.

定义 2.8.1 设 Λ 是一正的随机变量，分布函数为 $G(x), x \geqslant 0$，设 $\{N(t), t \geqslant 0\}$ 是一计数过程，且当给定 $\Lambda = \lambda$ 的条件下，$\{N(t), t \geqslant 0\}$ 是一个泊松过程，即 $\forall s, t \geqslant 0, n \in \mathbb{N}_0, \lambda \geqslant 0$，有

$$P\{N(s+t) - N(s) = n \big| \Lambda = \lambda\} = \frac{(\lambda t)^n}{n!} \mathrm{e}^{-\lambda t}, \tag{2.8.1}$$

称 $\{N(t), t \geqslant 0\}$ 是**条件泊松过程**.

注 这里 $\{N(t), t \geqslant 0\}$ 不是增量独立的过程. 由全概率公式，可得

$$P\{N(s+t) - N(s) = n\} = \int_0^\infty \mathrm{e}^{-\lambda t} \frac{(\lambda t)^n}{n!} \mathrm{d}G(\lambda). \tag{2.8.2}$$

2.9 更 新 过 程

由定理 2.4.3 知，一个计数过程，若它们相邻事件到达的时间间隔 X_n 是指数分布，则此过程为泊松流. 现在考虑 X_n 是一般分布时的情形，这便是更新过程.

定义 2.9.1 设 $\{X_k, k \geqslant 1\}$ 是独立同分布，取值非负的随机变量，分布函数为 $F(x)$, 且 $F(0) < 1$. 令 $S_0 = 0, S_n = \sum_{k=1}^{n} X_k$, 对 $\forall t \geqslant 0$, 记

$$N(t) = \sup\{n\colon S_n \leqslant t\},$$

或者

$$N(t) = \sum_{n=1}^{\infty} I_{(S_n \leqslant t)},$$

称 $\{N(t), t \geqslant 0\}$ 为**更新过程**.

显然，更新过程是一计数过程，并有

$$\{N(t) \geqslant n\} = \{S_n \leqslant t\}, \tag{2.9.1}$$

$$\{N(t) = n\} = \{S_n \leqslant t < S_{n+1}\} = \{S_n \leqslant t\} - \{S_{n+1} \leqslant t\}. \tag{2.9.2}$$

记 $F_n(x)$ 为 S_n 的分布函数，由 $S_n = \sum_{k=1}^{n} X_k$, 易知

$$\begin{aligned} F_1(x) =& F(x), \\ F_n(x) =& \int_0^x F_{n-1}(x-u)\,\mathrm{d}F(u) \quad (n \geqslant 2), \end{aligned}$$

即 $F_n(x)$ 是 $F(x)$ 的 n 重卷积 (简记 $F_n = F_{n-1} * F$). 记 $m(t) = E\{N(t)\}$, 称 $m(t)$ 为**更新函数**.

定理 2.9.1 对 $\forall t \geqslant 0$, 有

$$m(t) = \sum_{n=1}^{\infty} F_n(t). \tag{2.9.3}$$

证明

$$m(t) = \sum_{n=0}^{\infty} nP\{N(t) = n\} = \sum_{n=1}^{\infty} P\{N(t) \geqslant n\} = \sum_{n=1}^{\infty} P(S_n \leqslant t),$$

即

$$m(t) = \sum_{n=1}^{\infty} F_n(t).$$

□

推论 若对 $\forall t \geqslant 0, F(t) < 1$, 则

$$m(t) \leqslant F(t)(1-F(t))^{-1}. \tag{2.9.4}$$

证明 由归纳可得 $F_n(t) \leqslant (F(t))^n$, 再利用 (2.9.3) 式即得. □

定理 2.9.2 $\forall t \geqslant 0, m(t)$ 满足下列更新方程

$$m(t) = F(t) + \int_0^t m(t-u)\,\mathrm{d}F(u). \tag{2.9.5}$$

证明 由 (2.9.3) 式得

$$m(t) = F(t) + \sum_{n=2}^{\infty} F_n(t).$$

将下式

$$F_n(t) = \int_0^t F_{n-1}(t-u)\,\mathrm{d}F(u)$$

代入即得 (2.9.5) 式. □

若令

$$\tilde{m}(s) = \int_0^{\infty} \mathrm{e}^{-st}\,\mathrm{d}m(t),$$

$$\tilde{F}(s) = \int_0^{\infty} \mathrm{e}^{-st}\,\mathrm{d}F(t).$$

从 (2.9.5) 式易得

$$\tilde{m}(s) = \frac{\tilde{F}(s)}{1-\tilde{F}(s)}, \tag{2.9.6}$$

$$\tilde{F}(s) = \frac{\tilde{m}(s)}{1+\tilde{m}(s)}. \tag{2.9.7}$$

由于拉普拉斯变换与其逆变换是一一对应的, 从而可知 $F(t)$ 与 $m(t)$ 亦是一一对应的.

更新过程的最初物理原型是零件的连续更换, 一个零件在零时刻开始工作, 在 X_1 时失效, 然后马上被第二个更换, 一般地, 第 n 个零件在 $\sum_{i=1}^{n} X_i$ 时失效, 随之马上换一新零件. 通常假定各零件寿命是独立同分布的, 即 $P(X_n \leqslant x) = F(x)$, 显然这一更换过程中 $N(t)$ 表示在 $[0,t]$ 的更新数目. 现在, 更新过

程在生物遗传、排水系统、可靠性工程、人口增长，以及经济管理等领域有着广泛应用.

2.10 若干极限定理与基本更新定理

本节讨论更新过程中的若干极限性态, 记号同上节. 令 $\mu = EX_n$, 由 $F(0) < 1$ 易证 $\mu > 0$, 从而有下面的命题.

命题 2.10.1

$$P\Big(\lim_{n\to\infty}\frac{S_n}{n}=\mu\Big)=1, \tag{2.10.1}$$

或记为

$$\lim_{n\to\infty}\frac{S_n}{n}=\mu \ \text{(a.s.)}.$$

证明 由强大数定律即得. □

推论 1

$$P\Big(\lim_{n\to\infty}S_n=\infty\Big)=1. \tag{2.10.1a}$$

证明 由 $X_n \geqslant 0$ 有 $n\uparrow$ 时 $S_n\uparrow$, 故 $\lim\limits_{n\to\infty}S_n$ 存在. 下面证 $P\Big(\lim\limits_{n\to\infty}S_n=\infty\Big)=1$. 用反证法，若不然，存在 $M>0$, 有 $P\Big(\lim\limits_{n\to\infty}S_n\leqslant M\Big)=\alpha>0$, 于是得 $P\Big(\lim\limits_{n\to\infty}\dfrac{S_n}{n}=0\Big)\geqslant\alpha>0$, 从而 $P\Big(\lim\limits_{n\to\infty}\dfrac{S_n}{n}\neq\mu\Big)\geqslant\alpha>0$, 这与 $P\Big(\lim\limits_{n\to\infty}\dfrac{S_n}{n}=\mu>0\Big)=1$ 相矛盾，因此 (2.10.1a) 式得证. □

推论 2 $\forall t\geqslant 0$,

$$m(t)=\sum_{n=1}^{\infty}F_n(t)<\infty.$$

证明 当 $t=0$ 时，有

$$m(0)\leqslant\frac{F(0)}{1-F(0)}<\infty.$$

下面考虑 $t>0$, 由 $F_k(t)$ 的单调性，易知 $F_{n+m}(t)\leqslant F_n(t)F_m(t)$, 从而有

$$F_{nr+m}(t)\leqslant(F_r(t))^nF_m(t),\quad 1\leqslant m\leqslant r-1.$$

又由 $P\Big(\lim\limits_{n\to\infty}S_n=\infty\Big)=1$ 知，对 $\forall t>0$, 存在充分大的 $r\geqslant 1$, 使 $P(S_r>t)=\beta>0$, 即 $F_r(t)=P(S_r\leqslant t)=1-\beta<1$. 于是

$$m(t)=\sum_{K=1}^{\infty}F_k(t)=\sum_{n=0}^{\infty}\sum_{m=1}^{r}F_{nr+m}(t)\leqslant\sum_{n=0}^{\infty}r(F_r(t))^nF(t)=\frac{rF(t)}{1-F_r(t)}<\infty. \ \square$$

记 $N(\infty)=\lim\limits_{t\to\infty}N(t)$, 则有下面的结果.

命题 2.10.2

$$P(N(\infty)=\infty)=1. \tag{2.10.2}$$

证明 因

$$\{N(\infty)<\infty\}=\bigcup_{n=1}^{\infty}\{S_n=\infty\}=\bigcup_{n=1}^{\infty}\{X_n=\infty\},$$

故

$$0\leqslant P(N(\infty)<\infty)=P\Big(\bigcup_{n=1}^{\infty}(X_n=\infty)\Big)\leqslant\sum_{n=1}^{\infty}P(X_n=\infty)=0,$$

命题得证. □

命题 2.10.3

$$P\Big(\lim_{t\to\infty}\frac{N(t)}{t}=\frac{1}{\mu}\Big)=1. \tag{2.10.3}$$

证明 记

$$A=\{\omega\colon N(\infty)=\infty\},$$

$$B=\Big\{\omega\colon \lim_{n\to\infty}\frac{S_n}{n}=\mu\Big\},$$

$$C=\Big\{\omega\colon \lim_{t\to\infty}\frac{S_{N(t)}}{N(t)}=\mu\Big\},$$

则由 $P(A)=P(B)=1$ (命题 2.10.1 及 2.10.2) 易得 $P(AB)=1$, 又 $AB\subset C$, 得 $P(C)=1$. 再由

$$S_{N(t)}\leqslant t<S_{N(t)+1},$$

得

$$\frac{S_{N(t)}}{N(t)}\leqslant\frac{t}{N(t)}<\frac{S_{N(t)+1}}{N(t)+1}\cdot\frac{N(t)+1}{N(t)}.$$

令 $D=\{\omega\colon \lim\limits_{t\to\infty}\dfrac{N(t)}{t}=\dfrac{1}{\mu}\}$, 则对 $\forall\,\omega\in C$, 有

$$\lim_{t\to\infty}\frac{S_{N(t)}}{N(t)}=\lim_{t\to\infty}\frac{t}{N(t)}=\lim_{t\to\infty}\frac{S_{N(t)+1}}{N(t)+1}\cdot\frac{N(t)+1}{N(t)}=\mu,$$

得 $\omega\in D$, 即 $C\subset D$, 于是得 $1=P(C)\leqslant P(D)\leqslant 1$. 故 $P(D)=1$, 命题得证. □

为了讨论瓦尔德 (Wald) 等式，先引出停时的概念.

定义 2.10.1 设 $\{X_n, n \geqslant 1\}$ 为随机序列，T 为取非负整数的随机变量，若对任一 $n \in \{0,1,2,\cdots\}$，事件 $\{T = n\}$ 仅依赖于 $X_1, X_2, \cdots, X_n$ 而与 $X_{n+1}, X_{n+2}, \cdots$ 独立，则称 T 关于 $\{X_n, n \geqslant 1\}$ 是**停时**(stopping time)，或称马尔可夫时 (Markov time).

直观意义是：当我们依次观察诸 X_n，以 N 表示在停止观察之前所观察的次数，如果 $N = n$，那么我们是在已经观察 $X_1, X_2, \cdots, X_n$ 后，还未观察 $X_{n+1}, X_{n+2}, \cdots$ 前停止观察的.

定理 2.10.1(瓦尔德等式) 设 $\{X_n, n \geqslant 1\}$ 独立同分布，$\mu = EX_n < \infty, X_n$ 与 X 同分布，T 关于 $\{X_n, n \geqslant 1\}$ 是停时，且 $ET < \infty$，则

$$E\Big\{\sum_{n=1}^{T} X_n\Big\} = (EX)(ET). \tag{2.10.4}$$

证明 令

$$I_n = \begin{cases} 1, & T \geqslant n, \\ 0, & T < n, \end{cases}$$

则

$$\sum_{n=1}^{T} X_n = \sum_{n=1}^{\infty} X_n I_n.$$

由于 $\{I_n = 0\} = \{T < n\} = \bigcup_{k=1}^{n-1} \{T = k\}$ 仅依赖于 $X_1, X_2, \cdots, X_{n-1}$ 而与 $X_n, X_{n+1}, \cdots$ 独立，且 $\{I_n = 1\} = \Big\{\bigcup_{k=1}^{n-1} (T = k)\Big\}^C$ 也与 $X_n, X_{n+1}, \cdots$ 独立，因此 I_n 与 X_n 独立，于是

$$E\{I_n X_n\} = (EX_n)\{EI_n\},$$

故

$$\begin{aligned} E\Big\{\sum_{n=1}^{T} X_n\Big\} &= E\Big\{\sum_{n=1}^{\infty} X_n I_n\Big\} = \sum_{n=1}^{\infty} (EX_n)(EI_n) \\ &= EX \sum_{n=1}^{\infty} (EI_n) = EX \sum_{n=1}^{\infty} P(T \geqslant n) = (EX)(ET). \end{aligned}$$

□

例 1 $\{X_n, n \geqslant 1\}$ 独立同分布，且 $P(X_n=1)=P(X_n=0)=1/2$，记

$$T=\min\left\{n\colon \sum_{i=1}^{n} X_i=10\right\},$$

可验证 T 关于 $\{X_n, n\geqslant 1\}$ 是停时，若 $X_n=1$ 表示第 n 次试验成功，则 T 可看作是取得 10 次成功的试验停止时间，由 (2.10.4) 式得 $E\left\{\sum_{n=1}^{T} X_n\right\}=\dfrac{1}{2}ET$. 但由 T 的定义知 $X_1+X_2+\cdots+X_n=10$，故 $ET=20$. □

例 2 $\{X_n, n\geqslant 1\}$ 独立同分布，且 $P(X_n=1)=p, P(X_n=-1)=1-p=q\geqslant 0$，记

$$T=\min\left\{n\colon \sum_{i=1}^{n} X_i=1\right\}.$$

易验证 T 关于 $\{X_n, n\geqslant 1\}$ 是停时．它可看作是一个赌徒的停时，他在每局赌博中赢一元或输掉一元的概率分别为 p 与 $q(p+q=1)$，且决定一旦赢一元就罢手.

当 $p>q$ 时，由第 3 章可以证明 $ET<\infty$. 此时应用 Wald 等式得

$$(p-q)ET=E(X_1+\cdots+X_T)=1,$$

从而 $ET=(p-q)^{-1}$.

当 $p=q=1/2$ 时，若应用 Wald 等式，有 $E(X_1+\cdots+X_T)=(EX)(ET)$，然而，$EX=0, X_1+\cdots+X_T\equiv 1$. 从而得出矛盾，所以当 $p=q=1/2$ 时，Wald 等式不再成立．这就得出结论：$ET=\infty$. □

现在转到更新过程 $\{X_n, n\geqslant 1\}$ 及 $N(t)=\sup\left\{n\colon \sum_{i=1}^{n} X_i\leqslant t\right\}$. 可以证明：$N(t)+1$ 关于 $\{X_n, n\geqslant 1\}$ 是停时．事实上，$\{N(t)+1=n\}=\{N(t)=n-1\}=\{S_{n-1}\leqslant t<S_n\}$ 仅依赖于 $X_1,\cdots,X_n$ 且独立于 $X_{n+1},\cdots$ 故由 Wald 等式可推得以下推论.

推论 当 $EX_n=\mu<\infty$ 时

$$E[S_{N(t)+1}]=\mu[m(t)+1]. \tag{2.10.5}$$

现在可以证明以下定理.

定理 2.10.2(基本更新定理) (The elementary renewal theory)

$$\lim_{t\to\infty}\frac{m(t)}{t}=\frac{1}{\mu}\quad\left(\text{其中}\frac{1}{\infty}=0\right). \tag{2.10.6}$$

证明 先设 $\mu<\infty$, 由 $S_{N(t)+1}>t$, 知 $\mu[m(t)+1]>t$, 得

$$\varliminf_{t\to\infty}\frac{m(t)}{t}\geqslant\frac{1}{\mu}. \tag{2.10.6a}$$

另一方面, 任意给定一常数 M, 令

$$\overline{X}_n=\begin{cases}X_n, & X_n\leqslant M,\\ M, & X_n>M,\end{cases}\quad n\in\mathbb{N}_0,$$

$$\begin{aligned}\overline{S}_0&=0,\\ \overline{S}_n&=\sum_{i=1}^{n}\overline{X}_i,\\ \overline{N}(t)&=\sup\{n\colon n\geqslant 0,\overline{S}_n\leqslant t\},\\ \overline{m}(t)&=E\{\overline{N}(t)\}.\end{aligned}$$

显然 $\mu_M=E\overline{X}_n\leqslant\mu,\overline{S}_n\leqslant S_n,\overline{N}(t)\geqslant N(t),\overline{m}(t)\geqslant m(t),\overline{S}_{N(t)+1}\leqslant t+M$, 从而得

$$\mu_M(1+m(t))\leqslant t+M,$$

即

$$\frac{m(t)}{t}\leqslant\frac{1}{\mu_M}+\frac{1}{t}\Big(\frac{M}{\mu_M}-1\Big),$$

故

$$\varlimsup_{t\to\infty}\frac{m(t)}{t}\leqslant\frac{1}{\mu_M}\qquad(\forall\, M>0).$$

又

$$\mu_M=\int_0^M[1-F(x)]\,\mathrm{d}x.$$

令 $M\to\infty$, 有

$$\lim_{M\to\infty}\mu_M=\lim_{M\to\infty}\int_0^M[1-F(x)]\,\mathrm{d}x=\int_0^\infty[1-F(x)]\,\mathrm{d}x=\mu,$$

故当 $M\to\infty$ 时

$$\varlimsup_{t\to\infty}\frac{m(t)}{t}\leqslant\frac{1}{\mu}. \tag{2.10.6b}$$

综合 (2.10.6a) 式及 (2.10.6b) 式知 $\mu<\infty$ 时 (2.10.6) 式成立. 如 $\mu=\infty$, 那么由 $\mu_M<\infty$, 对截尾过程应用上述结论有

$$\overline{\lim_{t\to\infty}}\frac{m(t)}{t}\leqslant\overline{\lim_{t\to\infty}}\frac{\overline{m}(t)}{t}=\frac{1}{\mu_M}\geqslant 0\qquad(\forall M>0),$$

令 $M\to\infty$, 得

$$\overline{\lim_{t\to\infty}}\frac{m(t)}{t}\leqslant\lim_{M\to\infty}\frac{1}{\mu_M}=0.$$

从而结论成立. □

2.11 更新方程与关键更新定理

在定理 2.9.2 中, 已证明了更新函数 $m(t)$ 满足更新方程 (2.9.5) , 本节讨论更为一般的更新方程及其解.

设已知函数 $a(t)$ 及分布函数 $F(t)$, 若未知函数 $A(t)$ 满足积分方程

$$A(t)=a(t)+\int_0^t A(t-x)\,\mathrm{d}F(x),\tag{2.11.1}$$

则称 (2.11.1) 式为**更新方程**.

更新方程在什么条件下, 解存在且唯一? 有何性质?

定理 2.11.1 设 $a(t)$ 为一有界函数, $F(t)$ 为分布函数, 则满足更新方程 (2.11.1) 的解存在且唯一, 其解在有限区间上有界, 且其解 $A(t)$ 可表为

$$A(t)=a(t)+\int_0^t a(t-x)\,\mathrm{d}m(x),\tag{2.11.2}$$

其中 $m(t)=\sum\limits_{n=1}^{\infty}F_n(t), F_1(t)=F(t), F_n(t)=\int_0^t F_{n-1}(t-x)\,\mathrm{d}F(x)$.

证明 先证 $A(t)$ 在任一有限区间上有界. 对 $\forall s>0$, 由 $a(t)$ 有界及命题 2.10.1 的推论 2 知 $m(t)$ 有界, 故若 $A(t)$ 用 (2.11.2) 式表示, 则

$$\begin{aligned}\sup_{0\leqslant t\leqslant s}|A(t)|&\leqslant\sup_{0\leqslant t\leqslant s}|a(t)|+\int_0^s\sup_{0\leqslant t\leqslant s}|a(t)|\,\mathrm{d}m(x)\\&\leqslant\sup_{0\leqslant t\leqslant s}|a(t)|[1+m(s)]<\infty.\end{aligned}$$

其次证明由 (2.11.2) 式表示的 $A(t)$ 满足方程 (2.11.1).

$$
\begin{aligned}
A(t) =& a(t) + m * a(t) = a(t) + \left(\sum_{n=1}^{\infty} F_n\right) * a(t) \\
=& a(t) + F * a(t) + \left(\sum_{n=2}^{\infty} F_n\right) * a(t) \\
=& a(t) + F * \left[a(t) + \sum_{n=1}^{\infty} F_n * a(t)\right] \\
=& a(t) + F * A(t).
\end{aligned}
$$

最后证解的唯一性，即证明任何满足 (2.11.1) 式且在有限区间上有界的解 $A(t)$ 总可以用 (2.11.2) 式表示．注意到用 (2.11.1) 式 $A(t)$ 的表达式重复代入 (2.11.1) 式右边作为 $A(t)$ 的逐步逼近，即用 $A = a + F * A$ 代入它的右边，得

$$
\begin{aligned}
A =& a + F * (a + F * A) = a + F * a + F * (F * A) && (\text{记} F_2 = F * F) \\
=& a + F * a + F_2 * A = a + F * a + F_2 * (a + F * A) && (\text{记} F_3 = F_2 * F) \\
=& a + F * a + F_2 * a + F_3 * A \\
=& \cdots && (\text{记} F_n = F_{n-1} * F) \\
=& a + \sum_{k=1}^{n-1} (F_k * a + F_n * A).
\end{aligned}
$$

由命题 2.10.1 的推论 2 知，$\forall t > 0$, $\lim_{n\to\infty} F_n(t) = 0$, 故

$$
|F_n * A(t)| \leqslant \sup_{0 \leqslant x \leqslant t} \{|A(t-x)| F_n(t)\} \to 0 \quad (A(t)\text{有界，对}\forall t \geqslant 0).
$$

类似地由 $a(t)$ 有界，$m(t) = \sum_{n=1}^{\infty} F_n(t) < \infty$, 得

$$
\lim_{n\to\infty} \left(\sum_{k=1}^{n-1} F_k\right) * a(t) = \left(\sum_{k=1}^{\infty} F_k\right) * a(t) = m * a(t),
$$

于是

$$
A(t) = \lim_{n\to\infty} \left[a(t) + \left(\sum_{k=1}^{n-1} F_k\right) * a(t) + F_n * A(t)\right] = a(t) + m * a(t).
$$

因而方程 (2.11.1) 的一般解 $A(t)$ 就是 (2.11.2) 式，唯一性得证． □

为叙述关键更新定理，引入若干名词概念.

非负随机变量 X 称为**格点的**(lattice), 若存在 $d \geqslant 0$, 满足 $\sum_{n=0}^{\infty} P(X = nd) = 1$. 即 X 是格点的，意指 X 只取某个非负数 d 的整数倍. 具有这种性质的最大的 d, 称为 X 的周期. 若 F 是 X 的分布函数且 X 是格点的，则称 F 是格点的.

定理 2.11.2 (Blackwell 定理) 设 $F(x)$ 为非负随机变量的分布函数, $F_n = F_{n-1} * F, F_1 = F, m(t) = \sum_{n=1}^{\infty} F_n(t)$.

(1) 如 F 是非格点的，则对 $\forall a \geqslant 0$, 有

$$\lim_{t\to\infty}[m(t+a) - m(t)] = \frac{a}{\mu}. \tag{2.11.3}$$

(2) 如 F 是格点的，周期为 d, 则

$$\lim_{n\to\infty}[m((n+1)d) - m(nd)] = \frac{d}{\mu}. \tag{2.11.4}$$

证明略 (可参见 [23]).

本定理说明：如 F 是非格点的，随着时间远离原点，原先的影响逐渐消失，那么在远离原点，长为 a 的区间内更新的期望次数趋于 a/μ. 这与直觉相吻合. 如 F 是周期为 d 的格点的，此时更新只发生在形如 nd 的时刻上，因而 (2.11.4) 式成立.

设 $h(t)$ 是定义在 $[0,\infty)$ 上的函数，对任意 $\delta > 0$, 记 $\underline{m}_n(\delta), \overline{m}_n(\delta)$ 分别表示 $h(t)$ 在区间 $(n-1)\delta \leqslant t \leqslant n\delta$ 上的下、上确界，若它满足：对 $\forall \delta > 0, \sum_{n=1}^{\infty} \underline{m}_n(\delta), \sum_{n=1}^{\infty} \overline{m}_n(\delta)$ 有限，且

$$\lim_{\delta\to 0} \delta \sum_{n=1}^{\infty} \overline{m}_n(\delta) = \lim_{\delta\to 0} \delta \sum_{n=1}^{\infty} \underline{m}_n(\delta),$$

就称 $h(t)$ 是直接黎曼 (Riemann) 可积的.

易证每一个单调且绝对可积函数 $g(t)\left(\text{即} \int_0^{\infty} |g(t)|\,\mathrm{d}t < \infty\right)$ 必是直接黎曼可积的.

定理 2.11.3 (关键更新定理) 设 F 是均值为 μ 的非负随机变量的分布函

数，$F(0)<1$, $a(t)$ 是直接黎曼可积的，则

$$A(t)=a(t)+\int_0^t A(t-x)\,\mathrm{d}F(x)$$

是更新方程的解.

(1) 若 F 是非格点的，则

$$\lim_{t\to\infty} A(t)=\begin{cases}\dfrac{1}{\mu}\displaystyle\int_0^\infty a(t)\,\mathrm{d}t, & \mu<\infty,\\ 0, & \mu=\infty.\end{cases} \tag{2.11.5}$$

(2) 若 F 是周期为 d 的格点的，$\forall c>0$, 有

$$\lim_{n\to\infty} A(c+nd)=\begin{cases}\dfrac{d}{\mu}\displaystyle\sum_{n=0}^{\infty} a(c+nd), & \mu<\infty,\\ 0, & \mu=\infty.\end{cases} \tag{2.11.6}$$

证明从略，可参见 [23].

关键更新定理是一个非常重要且十分有用的结果. 如在计算 t 时刻的概率，期望的极限性态时，常要用到它，下面举例说明.

例 1 剩余寿命的极限分布

记 $r_t=S_{N(t)+1}-t$, 表示 t 时刻的剩余寿命，对任意固定 $z>0$, 令 $A_z(t)=P(r_t>z)$. 为求 $\lim\limits_{t\to\infty} A_z(t)$, 先证 $A_z(t)$ 满足更新方程

$$A_z(t)=1-F(t+z)+\int_0^t A_z(t-x)\,\mathrm{d}F(x). \tag{2.11.7}$$

易知

$$P(r_t>z\big|X_1=x)=\begin{cases}1, & x>t+z,\\ 0, & t+z\geqslant x>t,\\ A_z(t-x), & t\geqslant x>0.\end{cases}$$

由全概率公式

$$\begin{aligned}A_z(t)&=\int_0^\infty P(r_t>z\big|X_1=x)\,\mathrm{d}F(x)\\&=\int_0^t A_z(t-x)\,\mathrm{d}F(x)+\int_t^{t+z} 0\times \mathrm{d}F(x)+\int_{t+z}^\infty \mathrm{d}F(x)\\&=\int_0^t A_z(t-x)\,\mathrm{d}F(x)+[1-F(t+z)].\end{aligned}$$

因此 (2.11.7) 式得证. 设

$$\mu = EX_1 = \int_0^\infty [1 - F(x)]\,\mathrm{d}x < \infty,$$
$$a(t) = 1 - F(t+z).$$

由

$$\int_0^\infty [1 - F(t+z)]\,\mathrm{d}t = \int_z^\infty [1 - F(y)]\,\mathrm{d}y < \mu < \infty.$$

且 $a(t) = 1 - F(t+z)$ 单调, 故 $a(t)$ 直接黎曼可积, 应用 (2.11.5) 式, 得

$$\lim_{t\to\infty} P(r_t > z) = \lim_{t\to\infty} A_z(t) = \mu^{-1}\int_x^\infty [1 - F(y)]\,\mathrm{d}y \quad (\forall\, z > 0).$$

这就是 r_t 的极限分布.

例 2 交错更新过程的极限分布

考虑只有两个状态的系统: 开 (用 "1" 表示) 或关 (用 "0" 表示), 系统在 $t=0$ 时是开的且持续开的时间为 Z_1; 接着关闭且持续时间为 Y_1; 之后又开着持续时间为 Z_2, 又关闭时间为 Y_2, 如此开关交替重复下去. 设 $\{(Z_n, Y_n), n \geqslant 1\}$ 为独立同分布随机向量序列 (则 $\{Z_n, n \geqslant 1\}$ 独立同分布, $\{Y_n, n \geqslant 1\}$ 独立同分布, 但允许 Z_n 与 Y_n 相依). 记 $X_n = Z_n + Y_n, S_0 = 0, S_n = \sum\limits_{i=1}^n X_i, N(t) = \sup\{n\colon n \geqslant 0, S_n \leqslant t\}$, 则 $\{N(t), t \geqslant 0\}$ 为更新过程. 记

$$\zeta_t = \begin{cases} 1, & S_n \leqslant t < S_n + Z_{n+1}, \\ 0, & S_n + Z_{n+1} \leqslant t < S_{n+1}, \end{cases} \quad n \in \mathbb{N},$$

称 $\{\zeta_t, t \geqslant 0\}$ 为**交错更新过程**.

设 $H(t) = P(Z_n \leqslant t), G(t) = P(Y_n \leqslant t), F(t) = P(X_n \leqslant t)$, 并记 $P(t) = P(\zeta_t = 1), Q(t) = P(\zeta_t = 0)$, 则有以下定理.

定理 2.11.4 若 $EX_n < \infty$, 且 F 为非格点的, 则

$$\lim_{t\to\infty} P(t) = \frac{EZ_1}{EZ_1 + EY_1},$$
$$\lim_{t\to\infty} Q(t) = \frac{EY_1}{EZ_1 + EY_1}.$$

证明 注意

$$\{\zeta_t = 1\} = \{S_{N(t)} \leqslant t < S_{N(t)} + Z_{N(t)+1}\} = \bigcup_{n=0}^\infty \{S_n \leqslant t < S_n + Z_{n+1}\}.$$

由全概率公式得

$$
\begin{aligned}
P(t) =& P\{S_{N(t)} \leqslant t < S_{N(t)} + Z_{N(t)+1}\} = \sum_{n=0}^{\infty} P(S_n \leqslant t < S_n + Z_{n+1}) \\
=& P(Z_1 > t) + \sum_{n=1}^{\infty} \int_0^t P\Big[\sum_{i=2}^{n} X_i \leqslant t - x < \sum_{i=2}^{n} X_i + Z_{n+1}\Big] \,\mathrm{d}F(x) \\
=& 1 - H(t) + \int_0^t \sum_{n=1}^{\infty} P[S'_{n-1} \leqslant t - x < S'_{n-1} + Z'_n] \,\mathrm{d}F(x) \\
& \Big(\text{其中} S'_0 = 0, S'_{n-1} = \sum_{i=2}^{n} X_i \ \ (n \geqslant 2), Z'_n = Z_{n+1}\Big) \\
=& 1 - H(t) + \int_0^t P(t-x) \,\mathrm{d}F(x),
\end{aligned}
$$

即 $P(t)$ 满足更新方程 (2.11.1), 此时 $a(t) = 1 - H(t)$. 由 $EX_n < \infty, Z_n \geqslant 0, Y_n \geqslant 0$, 故

$$
EZ_1 = \int_0^{\infty} (1 - H(t)) \,\mathrm{d}t \leqslant EX_1 < \infty.
$$

又 $1 - H(t)$ 单调，得 $1 - H(t)$ 直接黎曼可积，这样应用定理 2.11.3 得

$$
\lim_{t\to\infty} P(t) = \frac{1}{EX_1} \int_0^{\infty} (1 - H(t)) \,\mathrm{d}t = \frac{EZ_1}{EZ_1 + EY_1}.
$$

类似可证 $\lim\limits_{t\to\infty} Q(t)$ 的结果. □

例 3　更新报酬过程

有许多概率模型是下列更新报酬模型的特殊情形. 考虑更新过程 $\{N(t), t \geqslant 0\}$ 有着时间间隔 $X_n (n \geqslant 1)$, 其分布为 F, 设每当一个更新发生时我们得到一个报酬，用 R_n 表示第 n 次更新收到的报酬. 设 $\{R_n, n \geqslant 1\}$ 独立同分布，并设随机向量 $\{(X_n, R_n) n \geqslant 1\}$ 独立同分布，然而允许 R_n 依赖于 X_n. 令 $R(t) = \sum\limits_{n=1}^{N(t)} R_n$, $R(t)$ 表示到 t 时为止的总报酬. 称 $\{R(t), t \geqslant 0\}$ 为更新报酬过程. 令 $ER_n = ER, EX = EX_n = \mu$, 则有下面的定理.

定理 2.11.5　若 $ER < \infty, EX = \mu < \infty$, 那么

(1)
$$
P\Big(\lim_{t\to\infty} \frac{R(t)}{t} = \frac{ER}{EX}\Big) = 1,
$$

或记

$$
\lim_{t\to\infty} \frac{R(t)}{t} = \frac{ER}{EX} \quad \text{a.s.}.
$$

(2) $$\lim_{t\to\infty}\frac{E(R(t))}{t}=\frac{ER}{EX}.$$

证明 由于

$$\frac{R(t)}{t}=\frac{\sum\limits_{n=1}^{N(t)}R_n}{t}=\frac{\sum\limits_{n=1}^{N(t)}R_n}{N(t)}\frac{N(t)}{t},$$

故由强大数定律及更新过程强大数定律，有

$$\lim_{t\to\infty}\frac{\sum\limits_{n=1}^{N(t)}R_n}{N(t)}=ER \quad \text{a.s.},$$

及

$$\lim_{t\to\infty}\frac{N(t)}{t}=\frac{1}{EX} \quad \text{a.s.},$$

故知 (1) 成立.

为证 (2), 首先注意 $(N(t)+1)$ 关于 $\{X_n, n\geqslant 1\}$ 是停时，因而也是 $\{R_n, n\geqslant 1\}$ 的停时. 由 Wald 等式

$$E\Big[\sum_{n=1}^{N(t)}R_n\Big]=E\Big[\sum_{n=1}^{N(t)+1}R_n\Big]-E[R_{N(t)+1}]=[m(t)+1]ER-E[R_{N(t)+1}],$$

故

$$\frac{ER(t)}{t}=\frac{m(t)+1}{t}ER-\frac{E[R_{N(t)+1}]}{t}.$$

如果能证明：当 $t\to\infty$ 时，$\dfrac{E[R_{N(t)+1}]}{t}\to 0$, 那么，由基本更新定理即可证 (2) 成立. 为此，令 $g(t)=E[R_{N(t)+1}]$, 用“更新技巧”:

$$E(R_{N(t)+1}|X_1=x)=\begin{cases}E(R_1|X_1=x), & x>t;\\ g(t-x), & x\leqslant t.\end{cases}$$

因为 $X_1=x>t$ 时, $N(t)=0$; 而 $x\leqslant t$ 时，将时间原点移至 x, 过程重新开始. 所以

$$g(t)=\int_0^\infty E(R_{N(t)+1}|X_1=x)\,\mathrm{d}F(x)=h(t)+\int_0^t g(t-x)\,\mathrm{d}F(x),$$

其中 $h(t)=\int_t^{\infty} E(R_1|X_1=x)\,\mathrm{d}F(x)$. 事实上，对一切 t, 有

$$
\begin{aligned}
|h(t)| &\leqslant \int_t^{\infty} |E(R_1|X_1=x)|\,\mathrm{d}F(x) \leqslant \int_t^{\infty} E(|R_1||X_1=x)\,\mathrm{d}F(x) \\
&\leqslant \int_0^{\infty} E(R_1|X_1=x)\,\mathrm{d}F(x)=E|R_1|<\infty,
\end{aligned}
$$

从而得 $t\to\infty, h(t)\to 0$, 且对所有 $t\geqslant 0, h(t)\leqslant E|R_1|$. 因此, $\forall\varepsilon>0$ 存在 T, 当 $t>T$ 时 $|h(t)|<\varepsilon$. 由定理 2.11.1 有

$$
g(t)=h(t)+\int_0^t h(t-x)\,\mathrm{d}m(x).
$$

利用基本更新定理有

$$
\begin{aligned}
\frac{g(t)}{t} &\leqslant \frac{|h(t)|}{t}+\int_0^{t-T}\frac{|h(t-x)|\,\mathrm{d}m(x)}{t}+\int_{t-T}^{t}\frac{|h(t-x)|\,\mathrm{d}m(x)}{t} \\
&\leqslant \frac{\varepsilon}{t}+\frac{\varepsilon m(t-T)}{t}+ER_1\frac{m(t)-m(t-T)}{t}\quad (t>T) \\
&\to \frac{\varepsilon}{EX}\quad (t\to\infty).
\end{aligned}
$$

由 ε 的任意性，得 $\lim\limits_{t\to\infty}\dfrac{g(t)}{t}=0$. 于是 (2) 成立. □

注 定理说明，对于长时间运行后求得的期望平均报酬，等于一个周期内得到的期望报酬除以一个周期的期望时间.

例 4 计数模型

这里指的计数器是一种用于检测与记录瞬时脉冲信号的装置. 例如，常见的 Geiger-Muller 计数器及电子放大器等. 所有具体的物理计数器都有缺点：它不能检测到所有进入检测区域的信号. 在记录一个粒子或一个信号后，计数器必须恢复或更新自己后才能接收下一个信号，在调整期 (或称为锁住期、不接收期) 内到达信号会丢失，我们必须区分到达粒子 (信号) 和记录粒子 (信号). 实验者通过该计数器只能观察到记录粒子信号，希望由此发现到达过程的性质. 假定信号按时间间隔 $\{X_n,n\geqslant 1\}$ 的更新过程到达, $F(x)=P(X_n\leqslant x)$. 计数模型按其锁住期加以区分，这里只讨论一类常见的 I 型计数器. 设 $t=0$ 时一个信号到达计数器，在 Y_1 锁住期内不接收到达的信号，记录的第一个信号是 Y_1 后到达的信号，由于这个信号的记录，计数器又有一个锁住期 Y_2, 下一个记录的信号是计数器恢复工作后第一个到达的信号，如此重复进行，其中锁住期依次

记为 $Y_1, Y_2, \cdots$, 设其独立同分布, 分布函数为 $G(y)=P(Y_n \leqslant y)$ 且 $\{Y_n, n \geqslant 1\}$ 与 $\{X_n, n \geqslant 1\}$ 独立. 设 Z_1 表示第一个信号记录的时间间隔 (不包括原点), 因为这个过程在每次记录之后开始恢复, $Z_n(n=2,3,\cdots)$ 为 $n-1$ 次和 n 次记录的时间间隔, 知 $\{Z_n, n \geqslant 1\}$ 构成一更新过程, 如图 2.3 所示. 设 $S_0=0, S_n=\sum\limits_{i=1}^{n} X_i, N(t)=\sup\{n: n \geqslant 0, S_n \leqslant t\}, \gamma_t=S_{N(t)+1}-t, A_x(t)=P(\gamma_t>x)$. 由 $\{X_n, n \geqslant 1\}$ 与 $\{Y_n, n \geqslant 1\}$ 独立并注意到 $Z_1=Y_1+\gamma_{y_1}=S_{N(y_1)+1}$, 故 Z_1 的分布为

$$P(Z_1 \leqslant z)=\int_0^z P(y+\gamma_y \leqslant z \mid Y_1=y) \, \mathrm{d}G(y)=\int_0^z \{1-A_{z-y}(y)\} \, \mathrm{d}G(y).$$

$A_z(t)$ 由 (2.11.7) 式求得, 这样 I 型计数器计数信号间的时间间隔分布就完全确定了. 进一步应用更新定理, 不难求得长期检测时, 每单位时间平均记录信号数是 $1/EZ_1$. 应用关键更新定理可以证明, 当 $t \to \infty$ 时, 记录的信号与到达信号数的比例是 EX_1/EZ_1.

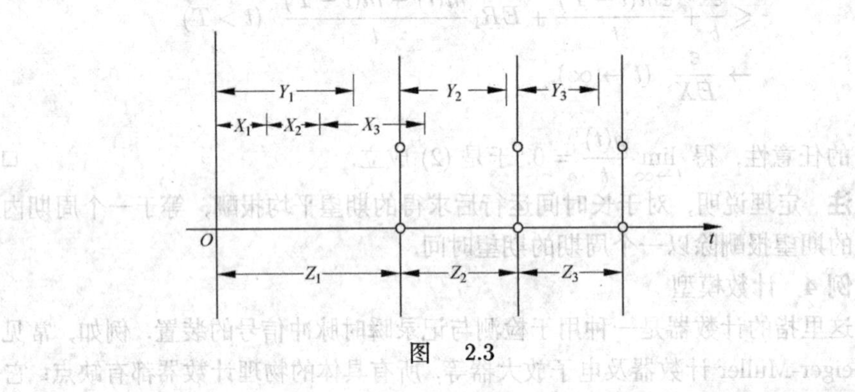

图 2.3

当到达信号是参数为 λ 的泊松流, 即 $F(x)=1-\mathrm{e}^{-\lambda x}(x \geqslant 0)$ 时, γ_t 服从参数为 λ 的指数分布, Z_1 的分布变为

$$P(Z_1 \leqslant z)=\int_0^z G(z-y) \lambda \mathrm{e}^{-\lambda y} \, \mathrm{d}y.$$

练 习 题

2.1 设 $\{N(t), t \geqslant 0\}$ 为点过程, S_n 为第 n 个事件发生的时刻, 下列事件有什么关系? 试指出并说明理由:

(1) $(N(t)<n)$ 与 $(S_n>t)$;　　(2) $(N(t)\leqslant n)$ 与 $(S_n\geqslant t)$;

(3) $(N(t)>n)$ 与 $(S_n<t)$;　　(4) $(W(t)>x)$ 与 $(N(t+x)-N(t)=0)$.

2.2 设 $\{N(t),t\geqslant 0\}$ 为泊松过程，任给 $0\leqslant s<t$, 证明：

$$P(N(s)=k\big|N(t)=n)=\mathrm{C}_n^k\left(\frac{s}{t}\right)^k\left(1-\frac{s}{t}\right)^{n-k}\quad(0\leqslant k\leqslant n).$$

2.3 设 $\{N(t),t\geqslant 0\}$ 为泊松过程，参数为 λ, 求或证明：

(1) $E\{N(t)N(s+t)\}$;

(2) $E(N(s+t)\big|N(s))$ 的分布律；

(3) 任给 $0\leqslant s\leqslant t$, 有 $P\{N(s)\leqslant N(t)\}=1$;

(4) 任给 $0\leqslant s\leqslant t,\varepsilon>0$, 有 $\lim\limits_{t\to s}P\{N(t)-N(s)>\varepsilon\}=0$.

2.4 设 U_k 是独立的且同在 $(0,1)$ 上均匀分布，$X_k=-\lambda^{-1}\ln U_k$ ($\lambda>0$, 常数), 求：

(1) X_k 的分布；

(2) $S_n=X_1+X_2+\cdots+X_n$ 的分布；

(3) $Z_n=2\lambda S_n$ 的概率密度函数，并与 $\chi^2(2n)$ 的密度函数比较.

2.5 设 $\{N(t),t\geqslant 0\}$ 是参数为 λ 的泊松过程，求: $E(S_k\big|N(t)=n)$ $(k\leqslant n)$.

2.6 求 $W(t)$ 与 $V(t)$ 的分布及它们的联合分布.

2.7 证明定理 2.6.2.

2.8 证明定理 2.6.1.

2.9 求在 $N(t)=n$ 的条件下，$S_k(k<n)$ 的条件概率密度.

2.10 设在某公路上，汽车运输流构成一泊松流，其强度等于每分钟 30 辆 (强度即参数 λ), 试求 n 辆汽车通过观察站的时间需要多于 x 秒的概率.

$\left(\text{答案为 } \dfrac{1}{2^n(n-1)!}\displaystyle\int_x^{\infty}u^{n-1}\mathrm{e}^{-\frac{u}{2}}\,\mathrm{d}u.\right)$

2.11 设复合泊松过程 $\{X(t),t\geqslant 0\}$, 求 $EX(t)$ 及 $D(X(t))$.

2.12 设 $\{N(t),t\geqslant 0\}$ 为条件泊松过程.

(1) $N(t)=n$ 给定条件下，求 t 时刻后首次事件发生的时间的条件分布；

(2) 计算 $\lim\limits_{h\to 0}\dfrac{P(N(h)\geqslant 1)}{h}$;

(3) 求 $\lim\limits_{h\to 0}\dfrac{P\{N(t+h)-N(t)=1\big|N(t)=n\}}{h}$.

2.13 考虑一个单服务员银行，顾客到达按照速率为 λ 的泊松过程，服务员为每一位顾客的服务时间是随机变量，分布函数为 G, 来客到达门口只是在

当时服务员空闲时才准进来. 求:

(1) 顾客进银行的速率是多少? (2) 顾客进银行占多大比例?

(3) 服务员工作的时间占多大比例?

2.14 考虑一更新过程, 如果 $P(X_n=1)=1/3, P(X_n=2)=2/3$, 计算 $P(N(1)=k), P(N(2)=k), P(N(3)=k)$.

2.15 汽车到达大门, 每辆汽车随机长度 X, 其分布为 F, 第一辆汽车到达, 靠着大门停放. 每一辆后来的汽车停在前一辆车后面. 其间距离 Y 是一个 $[0,1]$ 上均匀分布的随机变量, N_x 表示在离大门距离 x 内停在一条线的车数, 求: $\lim\limits_{x\to\infty}\dfrac{EN_x}{x}$ (其中 $F(y)=1-\mathrm{e}^{-y}, y\geqslant 0$).

2.16 设 $\{X_n, n\geqslant 1\}$ 独立同分布, X_n 的概率密度函数为

$$f(x)=\begin{cases}\rho\,\mathrm{e}^{-\rho(x-\delta)}, & x>\delta,\\ 0, & x\leqslant\delta,\end{cases}$$

其中 $\delta>0$ 给定. 求更新过程中的概率 $P(N(t)\geqslant k)$.

2.17 设 X_n 的概率密度 $f(x)=\lambda^2 x\mathrm{e}^{-\lambda x}, x\geqslant 0$, 求相应的更新函数 $m(t)$.

2.18 求泊松过程中, 全寿命 $\beta_t=S_{N(t)+1}-S_{N(t)}$ 的分布.

2.19 设 $\delta_t=t-S_{N(t)}$ 为更新过程的年龄, 证明 $\{\delta_t, t\geqslant 0\}$ 是一个马尔可夫过程, 并求其转移分布函数 $F(y;t,x)=P(\delta_{s+t}\leqslant y|\delta_s=x)$, 及 $\lim\limits_{t\to\infty}P(\delta_t>z)$.

2.20 设 $A(t)$ 是更新方程 $A(t)=a(t)+\displaystyle\int_0^t A(t-x)\,\mathrm{d}F(x)$ 的解, 其中 $a(t)$ 是一个有界非减函数, $a(0)=0$. 求证 $\lim\limits_{t\to\infty}\dfrac{A(t)}{t}=\dfrac{a^*}{\mu}$, 其中 $a^*=\lim\limits_{t\to\infty}a(t), \mu<\infty$ 是相应于 F 的均值.

2.21 考虑一个分布函数为 F 的更新过程, 假设每一事件以概率 $1-q$ 被抹掉, 以比例因子 $\dfrac{1}{q}$ 扩大时间尺度. 证明事件流构成一更新过程, 其中事件之间的时间间隔分布函数是

$$F(x;q)=\sum_{n=1}^{\infty}(1-q)^{n-1}qF_n(x/q),$$

其中 F_n 为 F 的 n 重卷积.

2.22 (续问题 2.21) 设 $\phi(s)$ 为 $F(x)$ 的拉普拉斯变换, 求 $F(x;q)$ 的拉普拉斯变换.

$$\left(\phi(s,q)=\frac{q\phi(sq)}{1-(1-q)\phi(sq)}\right)$$

2.23 设 n 个零件的寿命 $X_1, X_2, \cdots, X_n$ 是独立同指数分布，参数为 λ. 该 n 个零件从 $t=0$ 开始工作，记 $X_{(1)} \leqslant X_{(2)} \leqslant \cdots \leqslant X_{(r)} \leqslant \cdots \leqslant X_{(n)}$ 为相继失效的时刻，试求 $X_{(1)}, X_{(2)}, \cdots, X_{(r)}$ 的联合概率密度函数 $(1 \leqslant r \leqslant n)$.

2.24 在上题中，如果令 $Y_1 = X_{(1)}, Y_i = X_{(i)} - X_{(i-1)}, 2 \leqslant i \leqslant n$. 试问 $Y_1, Y_2, \cdots, Y_n$ 是否独立？是否同分布？并证明你的猜想.

2.25 设 $\{N(t), t \geqslant 0\}$ 为时齐泊松过程，$S_1, S_2, \cdots, S_n, \cdots$ 为事件相继发生的时刻.

(1) 给定 $N(t)=n$, 试问 $S_1, S_2-S_1, \cdots, S_n-S_{n-1}$ 是否条件独立？是否同分布？试证明你的猜想？

(2) 求 $E[S_1 | N(t)]$ 的分布律;

(3) 利用 (1) 及 (2), 求 $E[S_k | N(t)]$ 的分布律;

(4) 求在 $N(t)=n$ 下 S_i 与 $S_k (1 \leqslant i < k \leqslant n)$ 的条件联合概率密度.

2.26 设 $\{N(t), t \geqslant 0\}$ 是参数为 λ 的时齐泊松过程，$S_0 = 0$, S_n 为第 n 个事件发生的时刻. 求:

(1) (S_2, S_5) 的联合概率密度函数;

(2) $E(S_1 | N(t) \geqslant 1)$;

(3) (S_1, S_2) 在 $N(t)=1$ 下的条件概率密度函数.

2.27 设 $\{N_i(t), t \geqslant 0\}$ 是参数分别为 λ_i 的时齐泊松过程，且相互独立 $(i=1,2)$, $S_0^{(i)} = 0$, $S_n^{(i)}$ 为第 i 个过程第 n 个事件发生的时刻.

(1) 令 $N(t) = N_1(t) + N_2(t)$, 证明 $\{N(t), t \geqslant 0\}$ 是参数为 $\lambda_1 + \lambda_2$ 的时齐泊松过程;

(2) 求 $N_1(S_1^{(2)})$ 及 $N_1(S_2^{(2)})$ 的分布律;

(3) 求 $S_{N_2(t)}^{(1)}$ 的概率密度函数.

2.28 若 $\rho_n \sim G(p)$, 即 $P(\rho_n = k) = (1-p)^{k-1}p, k \in \mathbb{N}$(见 2.7 节), 求平稳无后效流 $X(t)$ 的母函数与 $EX(t)$.

2.29 设 $\{N(t), t \geqslant 0\}$ 是参数为 λ 的泊松过程，$\forall x \in \mathbb{R}$, $n \in \mathbb{N}_0, t > 0$, 求: (1) $P(S_1 \leqslant x, N(t)=n)$. (2) $P(S_2 \leqslant x, N(t)=n)$.

2.30 设 $\{N(t), t \geqslant 0\}$ 是参数为 λ 的泊松过程，$\forall x \in \mathbb{R}, n \in \mathbb{N}_0, t > 0$.

(1) 证明 $P\left\{\bigcup_{i=0}^{1}\left[\lim_{n\to\infty}\left(N(1) - N\left(1-\frac{1}{n}\right)\right) = i\right]\right\} = 1$;

(2) 求 $P\left\{\bigcup_{i=0}^{1}\left[\lim_{n\to\infty}\left(N(t) - N\left(t-\frac{1}{n}\right)\right) = i\right], \forall t > 0\right\}$.

第 3 章 马尔可夫链

3.1 定义与例子

本章讨论离散参数 $T=\{0,1,2,\cdots\}=\mathbb{N}_0$, 状态空间 $S=\{1,2,\cdots,\}$ 可列的马尔可夫过程，通常称为马尔可夫链 (Markov chains), 简称马氏链.

马尔可夫链最初由 Markov 于 1906 年研究而得名. 至今它的理论已发展得较为系统和深入. 它在自然科学、工程技术及经济管理各领域中都有广泛的应用.

定义 3.1.1 如果随机序列 $\{X_n, n\geqslant 0\}$ 对任意 $i_0,i_1,\cdots,i_n,i_{n+1}\in S, n\in\mathbb{N}_0$ 及 $P\{X_0=i_0,X_1=i_1,\cdots,X_n=i_n\}>0$, 有

$$P\{X_{n+1}=i_{n+1}\big|X_0=i_0,X_1=i_1,\cdots,X_n=i_n\}=P\{X_{n+1}=i_{n+1}\big|X_n=i_n\}. \tag{3.1.1}$$

则称其为**马尔可夫链**.

(3.1.1) 式刻画了马尔可夫链的特性, 称为马尔可夫性 (或无后效性), 简称马氏性.

定义 3.1.2 $\forall i,j\in S$, 称 $P\{X_{n+1}=j\big|X_n=i\}\triangleq p_{ij}(n)$ 为 n 时刻的一步转移概率. 若对 $\forall i,j\in S, p_{ij}(n)\equiv p_{ij}$, 即 p_{ij} 与 n 无关, 则称 $\{X_n,n\geqslant 0\}$ 为齐次马尔可夫链. 记 $\boldsymbol{P}=(p_{ij})$, 称 $\boldsymbol{P}$ 为 $\{X_n,n\geqslant 0\}$ 的一步**转移概率矩阵**, 简称为转移矩阵 (transition matrix).

本章仅限于讨论齐次马尔可夫链.

为直观理解马尔可夫性的意义，设想一质点在一直线上的整数点上作随机运动. 以 X_n 表示该质点在时刻 n 的位置, $(X_n=i)$ 表示质点在时刻 n 处在 i 状态 (位置) 这一随机事件. 如果把时刻 n 看作 "现在", 时刻 $0,1,\cdots,n-1$ 表示 "过去", 时刻 $n+1$ 表示 "将来", 那么 (3.1.1) 式表明在已知过去 $X_0=i_0,\cdots X_{n-1}=i_{n-1}$ 及现在 $X_n=i_n$ 的条件下，质点在将来时刻 $n+1$ 处于状态 i_{n+1} (移动到 i_{n+1} 位置) 的条件概率，只依赖于现在发生的事件 $(X_n=i_n)$, 而与过去历史曾发生过什么事件无关. 简言之，在已知 "现在" 的条件下，"将来" 与 "过去" 是独立的. $p_{ij}(n)$ 表示质点在时刻 n 由状态 i 出发，于时刻 $n+1$

转移到状态 j 的条件概率. 而齐次性 $p_{ij}(n) = p_{ij}$ 表示此转移概率与时刻 n 无关.

下面介绍若干例子.

例 1 独立随机变量和的序列

设 $\{\rho_n, n \geqslant 0\}$ 为独立同分布随机变量序列, 且 ρ_n 取值为非负整数, $P\{\rho_n = i\} = a_i, a_i \geqslant 0$, 且 $\sum\limits_{i=0}^{\infty} a_i = 1$. 令 $X_0 = 0, X_n = \sum\limits_{k=1}^{n} \rho_k$, 则易证 $\{X_n, n \geqslant 0\}$ 是一马尔可夫链, 且

$$p_{ij} = \begin{cases} a_{j-i}, & j \geqslant i, \\ 0, & j < i. \end{cases}$$

显然 $\{\rho_n, n \geqslant 0\}$ 本身也是一马尔可夫链.

例 2 直线上的随机游动

(1) 无限制的随机游动 设有一质点在数轴上随机游动, 每隔一单位时间 Δt (设 $\Delta t = 1$) 移动一次, 每次只能向左或向右移动 Δx 单位 (设 $\Delta x = 1$), 或原地不动. 设质点在 0 时刻的位置为 a, 它向右移动的概率为 $p \geqslant 0$, 向左移动的概率为 $q \geqslant 0$, 原地不动的概率为 $r \geqslant 0 (p+q+r=1)$, 且各次移动相互独立, 以 X_n 表示质点经 n 次移动后所处的位置, 则 $\{X_n, n \geqslant 0\}$ 是一马尔可夫链, 且 $p_{i,i+1} = p, p_{i,i-1} = q, p_{ii} = r$, 其余 $p_{ij} = 0$.

(2) 带吸收壁的随机游动 设 (1) 中的随机游动限制在 $S = \{0, 1, 2, \cdots, b\}$ 内, 当质点移动到状态 0 或 b 后就永远停留在该位置, 即 $p_{00} = 1, p_{bb} = 1$, 其余 $p_{ij} (1 \leqslant i, j \leqslant b-1)$ 同 (1). 这时序列 $\{X_n, n \geqslant 0\}$ 称为带两个吸收壁 0 和 b 的随机游动, 是一有限状态马尔可夫链.

(3) 带反射壁的随机游动 如 (2) 中的质点到达 0 或 b 后, 下一次移动必返回到 1 或 $b-1$, 即 $p_{01} = 1, p_{b,b-1} = 1, p_{0j} = 0\ (j \neq 1), p_{bj} = 0\ (j \neq b-1)$, 其余同 (1). 称此 $\{X_n, n \geqslant 0\}$ 为带反射壁 0 和 b 的随机游动, 则 $\{X_n, n \geqslant 0\}$ 是一马尔可夫链.

(4) 艾伦费斯特 (Ehrenfest) 模型 这是一个著名的粒子通过薄膜进行扩散过程的数学模型, 即一质点在状态空间 $S = \{-a, -a+1, \cdots, -1, 0, 1, 2, \cdots, a\}$ 中作随机游动, 且带有两个反射壁 a 和 $-a$, 其一步转移概率是

$$\begin{cases} p_{i,i-1} = \dfrac{1}{2}\left(1 + \dfrac{i}{a}\right), \ p_{i,i+1} = \dfrac{1}{2}\left(1 - \dfrac{i}{a}\right), & -a+1 \leqslant i \leqslant a-1, \\ p_{a,a-1} = 1, \ p_{-a,-a+1} = 1, & \\ p_{ij} = 0, & \text{其他}. \end{cases}$$

由上可看出，当质点位置 $i<0$, 即在原点左边时，$p_{i,i-1}<1/2, p_{i,i+1}>1/2$, 此时质点下一步向右移动比向左移动的概率大，且与离原点的距离成正比. 反之亦然. 当质点在原点时，向左向右的概率相等. 这样的随机游动可作如下两种物理解释.

(1) 考虑一容器内有 $2a$ 个粒子作随机游动. 设想一个薄膜 (界面) 将容器分为相等的左，右两部分 A 和 B. 如用 X_n 表示 n 时刻 B 内的粒子数与 A 内粒子数之差，并假定每次移动只有两种可能，一粒子从左到右或一粒子从右到左 (即同一时刻有两个或两个以上粒子移动的概率为 0, 当 $\Delta t\to 0$ 时作这种假设是合理的), 则 $\{X_n, n\geqslant 0\}$ 可用上述模型来描述.

(2) 设一粒子受一 "弹簧力" 作用，在直线上作随机游动，当粒子偏离原点时，受到一附加的与偏离距离成正比且指向原点的力的作用，从而使向原点移动的概率增大. 用 X_n 表示粒子在时刻 n 的位置，则同样可用上述模型来描述.

例 3 排队模型

(1) 离散排队系统 考虑顾客到达一服务台排队等待服务的情况. 若服务台前至少有一顾客等待，则在一单位时间周期内，服务员完成一个顾客的服务后，该顾客立即离去；若服务台前没有顾客，则服务员空闲. 在一个服务周期内，顾客可以到达，设第 n 个周期到达的顾客数 ξ_n 是一个取值为非负整数的随机变量，且 $\{\xi_n, n\geqslant 1\}$ 相互独立同分布. 在每个周期开始时系统的状态定义为服务台前等待服务的顾客数. 若现在状态为 i, 则下周期的状态 j 应为

$$j=\begin{cases}(i-1)+\xi, & i\geqslant 1,\\ \xi, & i=0,\end{cases}$$

其中 ξ 为该周期内到达的顾客数. 记第 n 周期开始的顾客数为 X_n, 则 $X_{n+1}=(X_n-1)^+ +\xi_n$, 这里 $a^+=\max(a,0)$. 根据马尔可夫链的定义, 容易证明 $\{X_n, n\geqslant 0\}$ 是一个马尔可夫链. 若设 $P\{\xi_n=k\}=a_k, a_k\geqslant 0, \sum\limits_{k=0}^{\infty}a_k=1$, 则 $\{X_n, n\geqslant 0\}$ 的转移概率为

$$\begin{cases}p_{0j}=a_j, & j\geqslant 0,\\ p_{1j}=a_j, & j\geqslant 0,\\ p_{ij}=a_{j+1-i}, & i>1, j\geqslant i-1,\\ p_{ij}=0, & i>1, j<i-1.\end{cases}$$

直观上显而易见：若 $E\xi_n = \sum_{k=0}^{\infty} ka_k > 1$, 则当 n 充分大后，等待顾客的队伍长度将无限增大；若 $E\xi_n < 1$, 则等待服务的顾客队伍长度趋近某种平衡.

(2) $G/M/1$ 排队系统　在 $G/M/1$ 排队系统中, G 表示顾客到达服务台的时间间隔，假设为独立同分布，分布函数为 $G(x)$; M 表示服务时间，假设为独立同指数分布 (设参数为 μ), 且与顾客到达过程相互独立；1 表示单个服务员.

记 X_n 表示第 n 个顾客到达服务台时系统内的顾客数 (包括该顾客), T_n 表示第 n 个顾客到达时刻. 易证 $\{X_n, n \geqslant 1\}$ 为一马尔可夫链. 下面计算它的转移概率. 令

$$
\begin{aligned}
A &\triangleq \{X_n = i, X_{n+1} = i+1-j\} \qquad (i \geqslant 0, 0 \leqslant j \leqslant i) \\
&= \{X_n = i, \text{在}(T_n, T_{n+1}]\text{时间服务完} j \text{个顾客}\}.
\end{aligned}
$$

由于各顾客的服务时间相互独立，且服从参数为 μ 的指数分布，所以 $(0,t]$ 时间内服务完的顾客数服从参数为 μ 的泊松分布，即

$$
P\{\text{在}(0,t]\text{内服务完}j\text{个顾客}\} = \frac{\mathrm{e}^{-\mu t}(\mu t)^j}{j!}.
$$

由此可得

$$
P\{A|X_n = i\} = \int_0^{+\infty} P\{A|X_n = i, T_{n+1} - T_n = t\}\,\mathrm{d}G(t) = \int_0^{+\infty} \mathrm{e}^{-\mu t}\frac{(\mu t)^j}{j!}\,\mathrm{d}G(t).
$$

即

$$
p_{i,i+1-j} = \int_0^{+\infty} \mathrm{e}^{-\mu t}\frac{(\mu t)^j}{j!}\,\mathrm{d}G(t), \qquad 1 \leqslant j \leqslant i, \quad i \geqslant 0.
$$

p_{i0} 是服务台由有 i 个顾客转为空闲的概率，显然

$$
p_{i0} = \sum_{k=i+1}^{\infty} \int_0^{+\infty} \mathrm{e}^{-\mu t}\frac{(\mu t)^k}{k!}\,\mathrm{d}G(t) = \int_0^{+\infty} \sum_{k=i+1}^{\infty} \mathrm{e}^{-\mu t}\frac{(\mu t)^k}{k!}\,\mathrm{d}G(t), \qquad i \geqslant 0.
$$

例 4　离散分支过程

考虑某一群体，假定某一代的每一个个体可以产生 ξ 个下一代个体，其中 ξ 是取值为非负整数的离散随机变量, $P\{\xi = k\} = a_k \geqslant 0, k \geqslant 0, \sum_{k=0}^{\infty} a_k = 1$. 设某一代各个体产生下一代的个数相互独立同分布且与上代相互独立. 记 X_n 表示第 n 代个体的数目，则当 $X_n = 0$ 时，有 $X_{n+1} = 0$; 当 $X_n > 0$ 时，有

$$
X_{n+1} = \xi_1 + \xi_2 + \cdots + \xi_{X_n},
$$

其中 ξ_i 是第 n 代中第 i 个个体产生的下一代的个数. 由此可知，只要给定 X_n，那么 X_{n+1} 的分布就完全决定了，且与以前的 $X_{n-1}, X_{n-2}, \cdots$ 无关，故 $\{X_n, n \geqslant 1\}$ 是一马尔可夫链. 易知

$$
\begin{aligned}
p_{ij} &= P\{X_{n+1}=j \big| X_n=i\} = P\{\xi_1+\xi_2+\cdots+\xi_{X_n}=j \big| X_n=i\} \\
&= P\{\xi_1+\xi_2+\cdots+\xi_i=j\} \\
&= \left.\frac{\partial^j\left(\sum\limits_{k=0}^{\infty} a_k x^k\right)^i}{j!\partial x^j}\right|_{x=0}.
\end{aligned}
$$

最后一个等号的证明留给读者 (提示：用母函数).

下面的定理提供了一个非常有用的获得马尔可夫链的方法，并可用于检验一随机过程是否为马尔可夫链，读者可以用前面的有关例子验证.

定理 3.1.1 设随机过程 $\{X_n, n \geqslant 0\}$ 满足：

(1) $X_n = f(X_{n-1}, \xi_n)$ $(n \geqslant 1)$，其中 $f\colon S \times S \to S$，且 ξ_n 取值在 S 上，

(2) $\{\xi_n, n \geqslant 1\}$ 为独立同分布随机变量，且 X_0 与 $\{\xi_n, n \geqslant 1\}$ 也相互独立，

则 $\{X_n, n \geqslant 0\}$ 是马尔可夫链，而且其一步转移概率为

$$
p_{ij} = P(f(i, \xi_1) = j). \tag{3.1.2}
$$

证明 设 $n \geqslant 1$, 注意到 ξ_{n+1} 与 $X_0, X_1, \cdots, X_n$ 相互独立，有

$$
\begin{aligned}
&P(X_{n+1}=i_{n+1} \big| X_0=i_0, \cdots, X_n=i_n) \\
&\qquad = P(f(X_n, \xi_{n+1}) = i_{n+1} \big| X_0=i_0, \cdots, X_n=i_n) \\
&\qquad = P(f(i_n, \xi_{n+1}) = i_{n+1} \big| X_0=i_0, \cdots, X_n=i_n) \\
&\qquad = P(f(i_n, \xi_{n+1}) = i_{n+1}),
\end{aligned}
$$

同样地

$$
P(X_{n+1}=i_{n+1} \big| X_n=i_n) = P(f(i_n, \xi_{n+1}) = i_{n+1}). \tag{3.1.3}
$$

因此

$$
P(X_{n+1}=i_{n+1} \big| X_0=i_0, \cdots, X_n=i_n) = P(X_{n+1}=i_{n+1} \big| X_n=i_n),
$$

即 $\{X_n, n \geqslant 0\}$ 是马尔可夫链. 由 (3.1.3) 式知，一步转移概率为 (3.1.2) 式. □

3.2 转移概率矩阵

设 $\{X_n, n \geqslant 0\}$ 为马尔可夫链, $\boldsymbol{P}=(p_{ij})$, 其中 $p_{ij}=P\{X_{n+1}=j \big| X_n=i\}$ 是一步转移概率. 显然

$$p_{ij} \geqslant 0,\ i,j \in S;\ \sum_{j \in S} p_{ij}=1,\ i \in S.$$

定义 3.2.1 称矩阵 $\boldsymbol{A}=(a_{ij})_{S \times S}$ 为**随机矩阵**, 若 $a_{ij} \geqslant 0(i,j \in S)$, 且对 $\forall i \in S$, 有 $\sum\limits_{j \in S} a_{ij}=1$.

显然, $\boldsymbol{P}=(p_{ij})$ 是一随机矩阵.

记

$$\pi_i(n)=P(X_n=i),\ \boldsymbol{\pi}(n)=(\pi_1(n), \pi_2(n), \cdots, \pi_i(n), \cdots),$$

$\boldsymbol{\pi}(n)$ 表示 n 时刻 X_n 的概率分布向量. 称 $\{\pi_i(0), i \in S\}$ 为马尔可夫链的初始分布. 下面将看到, 一个马尔可夫链的特性完全由它的一步转移概率矩阵 $\boldsymbol{P}$ 及初始分布向量 $\boldsymbol{\pi}(0)$ 决定.

首先, 对任意 $i_0, i_1, \cdots, i_n \in S$, 计算有限维联合分布 $P(X_0=i_0, X_1=i_1, \cdots, X_n=i_n)$. 由概率的乘法公式及马尔可夫性可知

$$\begin{aligned}
P(X_0=&i_0, X_1=i_1, \cdots, X_n=i_n) \\
&=P(X_0=i_0)P(X_1=i_1 \big| X_0=i_0)P(X_2=i_2 \big| X_0=i_0, X_1=i_1)\cdots \times \\
&\qquad P(X_n=i_n \big| X_0=i_0, \cdots, X_{n-1}=i_{n-1}) \\
&=P(X_0=i_0)P(X_1=i_1 \big| X_0=i_0)P(X_2=i_2 \big| X_1=i_1)\cdots \times \\
&\qquad P(X_n=i_n \big| X_{n-1}=i_{n-1}) \\
&=\pi_{i_0}(0)p_{i_0 i_1}p_{i_1 i_2}\cdots p_{i_{n-1},i_n},
\end{aligned}$$

故

$$P(X_0=i_0, X_1=i_1, \cdots X_n=i_n)=\pi_{i_0}(0)p_{i_0 i_1}p_{i_1 i_2}\cdots p_{i_{n-1},i_n}, \tag{3.2.1}$$

即 $P(X_0=i_0, X_1=i_1, \cdots, X_n=i_n)$ 完全由 $\boldsymbol{\pi}(0)$ 及 $\boldsymbol{P}$ 决定.

类似可以证明任意 n 个时刻的联合分布也完全由 $\boldsymbol{\pi}(0)$ 及 $\boldsymbol{P}$ 决定.

其次, 有如下定理.

定理 3.2.1

$$\boldsymbol{\pi}(n+1)=\boldsymbol{\pi}(n)\boldsymbol{P}, \tag{3.2.2}$$

$$\boldsymbol{\pi}(n)=\boldsymbol{\pi}(0)\ \boldsymbol{P}^n, \tag{3.2.3}$$

其中 $\boldsymbol{P}^n$ 是 $\boldsymbol{P}$ 的 n 次幂.

证明 先对事件进行分解

$$(X_{n+1}=j)=\bigcup_{i\in S}(X_n=i,X_{n+1}=j).$$

因为当 $i\neq k$ 时, $(X_n=i)\bigcap(X_n=k)=\varnothing$, 故

$$\begin{aligned}P(X_{n+1}=j)&=\sum_{i\in S}P(X_n=i,X_{n+1}=j)\\&=\sum_{i\in S}P(X_n=i)P(X_{n+1}=j\big|X_n=i)=\sum_{i\in S}\pi_i(n)p_{ij}.\end{aligned}$$

写成向量形式即得

$$\boldsymbol{\pi}(n+1)=\boldsymbol{\pi}(n)\boldsymbol{P}.$$

重复利用 (3.2.2) 式即得 (3.2.3) 式. □

这些事实表明, 马尔可夫链 $\{X_n,n>0\}$ 的概率性质完全由 $\boldsymbol{\pi}(0)$ 与 $\boldsymbol{P}$ 的代数性质决定.

为了下述定理的书写方便, 记 $p_{ij}^{(m)}=P(X_{n+m}=j\big|X_n=i)$ 为 m 步转移概率; $\boldsymbol{P}^{(m)}=(p_{ij}^{(m)})$ 为 m 步转移概率矩阵.

定理 3.2.2 (切普曼—柯尔莫哥洛夫 (Chapman-Kolmogorov) 方程)

$$p_{ij}^{(m+n)}=\sum_{k\in S}p_{ik}^{(m)}p_{kj}^{(n)}, \tag{3.2.4}$$

或

$$\boldsymbol{P}^{(m+n)}=\boldsymbol{P}^{m+n}=\boldsymbol{P}^m\ \boldsymbol{P}^n=\boldsymbol{P}^{(m)}\ \boldsymbol{P}^{(n)}. \tag{3.2.5}$$

证明 因

$$(X_0=i,X_{m+n}=j)=\bigcup_{k\in S}(X_0=i,X_m=k,X_{n+m}=j),$$

故

$$
\begin{aligned}
P(X_{m+n}=j\big|X_0=i) &= \sum_{k\in S} P(X_0=i, X_m=k, X_{m+n}=j)/P(X_0=i) \\
&= \sum_{k\in S} P(X_m=k\big|X_0=i)\ P(X_{m+n}=j\big|X_0=i, X_m=k) \\
&= \sum_{k\in S} p_{ik}^{(m)} P(X_{m+n}=j\big|X_m=k) \qquad \text{(由马氏性)} \\
&= \sum_{k\in S} p_{ik}^{(m)}\ p_{kj}^{(n)},
\end{aligned}
$$

即

$$
p_{ij}^{(m+n)} = \sum_{k\in S} p_{ik}^{(m)} p_{kj}^{(n)}.
$$

写成向量形式即

$$
\boldsymbol{P}^{(m+n)} = \boldsymbol{P}^{(m)}\ \boldsymbol{P}^{(n)}.
$$

再注意到 $\boldsymbol{P}^{(1)} = \boldsymbol{P}$, 将 $m = n = 1$ 代入上式得 $\boldsymbol{P}^{(2)} = \boldsymbol{P}\ \boldsymbol{P} = \boldsymbol{P}^2$, 从而得到 (3.2.4) 式及 (3.2.5) 式. □

由上可知，一个马尔可夫链运动规律的概率特性取决于它的转移概率矩阵特性. 这样，研究前者就可以转化为研究后者.

(3.2.4) 式简称 C-K 方程. 显然 $\boldsymbol{P}^{(m)} = \big(p_{ij}^{(m)}\big)$ 是一随机矩阵.

3.3 状态的分类

这一节我们将对马尔可夫链的状态按其概率特性进行分类，并讨论这些分类的判断准则.

先举例说明.

例 1 设系统有三种可能状态 $S = \{1, 2, 3\}$. “1” 表示系统运行良好，“2” 表示运行正常，“3” 表示系统失效. 以 X_n 表示系统在时刻 n 的状态，并设 $\{X_n, n \geqslant 0\}$ 是一马尔可夫链. 在没有维修及更换条件下，其自然转移概率矩阵为

$$
\boldsymbol{P} = \begin{pmatrix} 17/20 & 2/20 & 1/20 \\ 0 & 9/10 & 1/10 \\ 0 & 0 & 1 \end{pmatrix}.
$$

由 $\boldsymbol{P}$ 可以看出，从 “1” 或 “2” 状态出发经有限次转移后总要到达 “3” 状态，而一旦到达 “3” 则永远停在 “3”. 显然状态 “1”, “2” 与状态 “3” 概率性质不同. 由此引入如下定义：

定义 3.3.1 称状态 $i \in S$ 为**吸收态**, 若 $p_{ii} = 1$.

定义 3.3.2 对 $i, j \in S$, 若存在 $n \in \mathbb{N}$, 使 $p_{ij}^{(n)} > 0$, 则称自状态 i 出发可达状态 j, 记为 $i \to j$. 如果 $i \to j$ 且 $j \to i$, 则称 i, j **相通**, 记为 $i \leftrightarrow j$. 若一马尔可夫链的任意两个状态都相通，则称为不可约链.

定义 3.3.3 **首达时间**为

$$T_{ij} = \min\{n\colon n \geqslant 1, X_n = j, X_0 = i\}.$$

若右边为空集，则令 $T_{ij} = \infty$.

T_{ij} 表示从 i 出发首次到达 j 的时间; T_{ii} 表示从 i 出发首次回到 i 的时间.

定义 3.3.4 **首达概率**为

$$f_{ij}^{(n)} = P\{T_{ij} = n \big| X_0 = i\} = P\{X_n = j, X_k \neq j, 1 \leqslant k \leqslant n-1 \big| X_0 = i\}.$$

$f_{ij}^{(n)}$ 表示从 i 出发经 n 步首次到达 j 的概率. 而 $f_{ij} = \sum\limits_{n=1}^{\infty} f_{ij}^{(n)}$ 表示由 i 出发，经有限步首次到达 j 的概率.

定义 3.3.5 若 $f_{ii} = 1$, 称 i 为**常返状态**; 若 $f_{ii} < 1$, 称 i 为**非常返状态**(或称为瞬时状态).

本节例 1 中， T_{13} 表示系统的工作寿命，因此

$$f_{13}^{(1)} = P\{T_{13} = 1 \big| X_0 = 1\} = p_{13} = \frac{1}{20}.$$

因

$$(T_{13} = 2) = (1 \xrightarrow{(1)} 1 \xrightarrow{(1)} 3) \bigcup (1 \xrightarrow{(1)} 2 \xrightarrow{(1)} 3),$$

这里 $(1 \xrightarrow{(1)} 1 \xrightarrow{(1)} 3)$ 表示从 “1” 出发经 1 步到 “1”, 再经 1 步到 “3”. 故

$$f_{13}^{(2)} = p_{11}\, p_{13} + p_{12}\, p_{23} = \frac{21}{400},$$

$$\cdots$$

$P(T_{13} \geqslant n)$ 表示系统在 $[0, n]$ 内运行的可靠性. 故研究 $f_{ij}^{(n)}$ 及 T_{ij} 的特性是颇有意义的.

显然，该系统至多经有限步总会被吸收态吸收，因此由概率背景可直观地得到

$$\lim_{n\to+\infty} \boldsymbol{P}^{(n)} = \begin{pmatrix} 0 & 0 & 1 \\ 0 & 0 & 1 \\ 0 & 0 & 1 \end{pmatrix}.$$

由此人们想到了利用概率背景来解决数学分析与代数问题等，这就是现代随机分析所研究的内容.

当 $f_{ii}=1$ 时，$\{f_{ii}^{(n)}, n\geqslant 1\}$ 是一概率分布，有以下定义：

定义 3.3.6 如果 $f_{ii}=1$, 记 $\mu_i=\sum\limits_{n=1}^{\infty} n\, f_{ii}^{(n)}$, 则 μ_i 表示从 i 出发再回到 i 的平均回转时间. 若 $\mu_i<\infty$, 称 i 为**正常返态**; 若 $\mu_i=\infty$, 称 i 为**零常返状态**.

定义 3.3.7 如果集合 $\{n\colon n\geqslant 1, p_{ii}^{(n)}>0\}\neq\varnothing$, 称该数集的最大公约数 $d(i)$ 为状态 i 的**周期**. 若 $d(i)>1$, 称 i 为周期的，若 $d(i)=1$, 称 i 为**非周期的**.

例如在 3.1 节的例 2 (1) 无限制随机游动中，当 $r=0, 0<p<1$ 时，$S=\{\cdots,-1,0,1,2,\cdots\}$, $\{n\colon n\geqslant 1, p_{00}^{(n)}>0\}=\{2,4,6,\cdots\}$. 即状态 0 的 $d(0)=2$, 即从 0 状态出发需经 2 的整数倍次游动才能回到 0 状态，故它是周期的，且周期为 2. 当 $p,q,r>0$ 且 $p+q+r=1$ 时，$\{n\colon n\geqslant 1, p_{00}^{(n)}>0\}=\{1,2,3,\cdots\}$, $d(0)=1$, 故此时 0 状态是非周期的.

定义 3.3.8 若状态 i 为正常返态的且非周期的，则称 i 为**遍历状态**.

例 2 设马尔可夫链的 $S=\{1,2,3,4\}$, 转移概率矩阵为

$$\boldsymbol{P} = \begin{pmatrix} 1/2 & 1/2 & 0 & 0 \\ 1 & 0 & 0 & 0 \\ 0 & 1/3 & 2/3 & 0 \\ 1/2 & 0 & 1/2 & 0 \end{pmatrix}.$$

该链各状态的转移如图 3.1 所示.

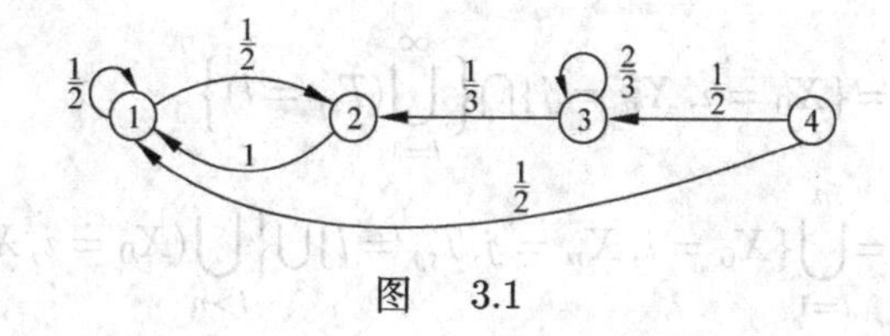

图 3.1

因为

$$f_{44}^{(n)}=0, n\geqslant 1,\ f_{44}=0<1,$$
$$f_{33}^{(1)}=\frac{2}{3},\ f_{33}^{(n)}=0, n\geqslant 2,\ f_{33}=\frac{2}{3}<1,$$

故状态 4 和 3 非常返；由

$$f_{11}=f_{11}^{(1)}+f_{11}^{(2)}=1,$$
$$f_{22}=\sum_{n=1}^{\infty}f_{22}^{(n)}=0+\frac{1}{2}+\frac{1}{4}+\frac{1}{8}+\cdots=1,$$
$$\mu_1=\sum_{n=1}^{\infty}n\ f_{11}^{(n)}=1\times\frac{1}{2}+2\times\frac{1}{2}=\frac{3}{2}<\infty,$$
$$\mu_2=\sum_{n=1}^{\infty}n\ f_{22}^{(n)}=1\times 0+2\times\frac{1}{2}+\cdots+n\times\frac{1}{2^{n-1}}+\cdots=3<\infty,$$

故状态 1 和 2 都是正常返状态，且易知它们是非周期的，从而是遍历状态.

下面讨论各状态的若干性质以及如何利用转移概率矩阵 $\boldsymbol{P}$ 来判断是否为常返状态.

$p_{ij}^{(n)}$ 与 $f_{ij}^{(n)}$ 有以下关系.

定理 3.3.1 对 $\forall i,j\in S, n\geqslant 1$, 有:

(1)
$$p_{ij}^{(n)}=\sum_{l=1}^{n}f_{ij}^{(l)}p_{jj}^{(n-l)};\tag{3.3.1}$$

(2)
$$f_{ij}^{(n)}=\sum_{k\neq j}p_{ik}f_{kj}^{(n-1)}I_{(n>1)}+p_{ij}I_{(n=1)};\tag{3.3.2}$$

(3)
$$i\to j\Leftrightarrow f_{ij}>0,\tag{3.3.3}$$
$$i\leftrightarrow j\Leftrightarrow f_{ij}>0\text{ 且 }f_{ji}>0.\tag{3.3.4}$$

证明 (1) 因为 $\{X_0=i,X_n=j\}\subset\bigcup_{l=1}^{\infty}(T_{ij}=l)$, 故

$$\{X_0=i,X_n=j\}=\{X_0=i,X_n=j\}\bigcap\left\{\bigcup_{l=1}^{\infty}(T_{ij}=l)\right\}$$
$$=\bigcup_{l=1}^{n}\{X_0=i,X_n=j,T_{ij}=l\}\bigcup\left\{\bigcup_{l>n}(X_0=i,X_n=j,T_{ij}=l)\right\},$$

而

$$\bigcup_{l>n}\{X_0=i,X_n=j,T_{ij}=l\}=\varnothing,$$

所以

$$\{X_0=i,X_n=j\}=\bigcup_{l=1}^{n}\{X_0=i,X_n=j,T_{ij}=l\}.$$

于是

$$\begin{aligned}&P(X_0=i)P(X_n=j|X_0=i)\\&\quad=\sum_{l=1}^{n}P(X_0=i)\ P(T_{ij}=l|X_0=i)\ P(X_n=j|X_0=i,T_{ij}=l),\end{aligned}$$

因此

$$\begin{aligned}&P(X_n=j|X_0=i)\\&\quad=\sum_{l=1}^{n}P(T_{ij}=l|X_0=i)\ P(X_n=j|X_0=i,X_k\neq j,1\leqslant k\leqslant l-1,X_l=j)\\&\quad=\sum_{l=1}^{n}f_{ij}^{(l)}\ P(X_n=j|X_l=j)\qquad(\text{由马氏性})\\&\quad=\sum_{l=1}^{n}f_{ij}^{(l)}\ p_{jj}^{(n-l)},\end{aligned}$$

即

$$p_{ij}^{(n)}=\sum_{l=1}^{n}f_{ij}^{(l)}p_{jj}^{(n-l)}.$$

(2) 当 $n=1$ 时，显然有 $f_{ij}^{(1)}=p_{ij}$. 下面考虑 $n>1$ 的情况.

由于

$$\{T_{ij}=n,X_0=i\}=\bigcup_{k\neq j}\{X_0=i,X_1=k,X_l\neq j,2\leqslant l\leqslant n-1,X_n=j\},$$

因此有

$$\begin{aligned}P(T_{ij}=n|X_0=i)=&\sum_{k\neq j}P(X_1=k|X_0=i)\times\\&P(X_n=j|X_1=k,X_0=i,X_l\neq j,2\leqslant l\leqslant n-1).\end{aligned}$$

由马尔可夫性得

$$f_{ij}^{(n)} = \sum_{k \neq j} p_{ik} f_{kj}^{(n-1)}.$$

综上, (3.3.2) 式成立.

(3) 当 $i \to j$ 时, $\exists n > 0$, 使 $p_{ij}^{(n)} > 0$. 取 $n' = \min\{n: p_{ij}^{(n)} > 0\}$, 则

$$f_{ij}^{(n')} = P\{T_{ij} = n' \big| X_0 = i\} = p_{ij}^{(n')} > 0.$$

因此

$$f_{ij} = \sum_{n=1}^{\infty} f_{ij}^{(n)} \geqslant f_{ij}^{(n')} > 0,$$

即 $i \to j$ 时, $f_{ij} > 0$.

反之, 当 $f_{ij} > 0$ 时, $\exists n'$, 使 $f_{ij}^{(n')} > 0$, 从而 $p_{ij}^{(n')} > 0$, 得 $i \to j$. 综上所述

$$i \to j \ \Leftrightarrow \ f_{ij} > 0.$$

同理 $j \to i$ 时, 有 $j \to i \Leftrightarrow f_{ji} > 0$, 故

$$i \leftrightarrow j \ \Leftrightarrow \ f_{ij} > 0, \text{且} \, f_{ji} > 0.$$

□

定理 3.3.2 状态 i 为常返状态, 当且仅当

$$\sum_{n=0}^{\infty} p_{ii}^{(n)} = \infty; \tag{3.3.5}$$

状态 i 为非常返状态, 当且仅当

$$\sum_{n=0}^{\infty} p_{ii}^{(n)} = \frac{1}{1 - f_{ii}} < \infty. \tag{3.3.6}$$

证明 约定 $p_{ii}^{(0)} = 1, f_{ii}^{(0)} = 0$. 由 (3.3.1) 式有

$$p_{ii}^{(n)} = \sum_{l=0}^{n} f_{ii}^{(l)} p_{ii}^{(n-l)}.$$

令 $\{p_{ii}^{(n)}\}, \{f_{ii}^{(n)}\} (i \geqslant 0)$ 的母函数分别为 $P(\rho), F(\rho)$, 即

$$P(\rho) = \sum_{n=0}^{\infty} p_{ii}^{(n)} \rho^n, \quad F(\rho) = \sum_{n=0}^{\infty} f_{ii}^{(n)} \rho^n.$$

又

$$\sum_{n=1}^{\infty} p_{ii}^{(n)} \rho^n = \sum_{n=1}^{\infty}\left(\sum_{l=1}^{n} f_{ii}^{(l)} p_{ii}^{(n-l)}\right)\rho^n = \left(\sum_{l=1}^{\infty} f_{ii}^{(l)} \rho^l\right)\left(\sum_{n=l}^{\infty} p_{ii}^{(n-l)} \rho^{n-l}\right)$$

$$=\left(F(\rho) - f_{ii}^{(0)}\right) \sum_{n'=0}^{\infty} p_{ii}^{(n')} \rho^{n'} = F(\rho)\, P(\rho) \qquad (\text{因为} f_{ii}^{(0)} = 0).$$

而

$$\sum_{n=1}^{\infty} p_{ii}^{(n)} \rho^n = \sum_{n=0}^{\infty} p_{ii}^{(n)} \rho^n - p_{ii}^{(0)} \rho^0 = P(\rho) - 1,$$

因此

$$P(\rho) - 1 = P(\rho)\, F(\rho).$$

注意到，当 $0 \leqslant \rho < 1$ 时，$F(\rho) < f_{ii} \leqslant 1$, 故

$$P(\rho) = \frac{1}{1 - F(\rho)},\ 0 \leqslant \rho < 1. \tag{3.3.7}$$

又因对一切 $0 \leqslant \rho < 1$ 及正整数 N, 有

$$\sum_{n=0}^{N} p_{ii}^{(n)} \rho^n \leqslant P(\rho) \leqslant \sum_{n=0}^{\infty} p_{ii}^{(n)}, \tag{3.3.8}$$

且当 $\rho \uparrow 1$ 时 $P(\rho)$ 不减，故在 (3.3.8) 式中先令 $\rho \uparrow 1$, 后令 $N \to \infty$ 可得

$$\lim_{\rho \to 1^-} P(\rho) = \sum_{n=0}^{\infty} p_{ii}^{(n)}. \tag{3.3.9}$$

同理可得

$$\lim_{\rho \to 1^-} F(\rho) = \sum_{n=0}^{\infty} f_{ii}^{(n)} = f_{ii}. \tag{3.3.10}$$

于是在 (3.3.7) 式中两边令 $\rho \uparrow 1$, 由 (3.3.9) 式和 (3.3.10) 式便可得定理的结论.

□

为解释定理 3.3.2 的直观意义，令

$$I_n(i) = \begin{cases} 1, & X_n = i, \\ 0, & X_n \neq i, \end{cases}$$

及 $S(i)=\sum_{n=0}^{\infty}I_n(i)$. 则 $S(i)$ 表示马尔可夫链 $\{X_n,n\geqslant 0\}$ 到达 i 的次数. 于是

$$E\{S(i)\big|X_0=i\}=\sum_{n=0}^{\infty}E(I_n(i)\big|X_0=i)=\sum_{n=0}^{\infty}P\{X_n=i\big|X_0=i\}=\sum_{n=0}^{\infty}p_{ii}^{(n)}. \tag{3.3.11}$$

可见 $\sum_{n=0}^{\infty}p_{ii}^{(n)}$ 表示由 i 出发返回到 i 的平均次数. 当 i 为常返状态时, 返回 i 的平均次数为无限多次, 反之亦然. 当 i 为非常返状态时, 再回到 i 的平均次数至多有限次.

推论 1 若 j 为非常返状态, 则对任意 $i\in S$, 有

$$\sum_{n=1}^{\infty}p_{ij}^{(n)}<\infty, \tag{3.3.12}$$

$$\lim_{n\to\infty}p_{ij}^{(n)}=0. \tag{3.3.13}$$

证明 由 (3.3.1) 式两边对 n 求和得

$$\begin{aligned}\sum_{n=1}^{N}p_{ij}^{(n)}&=\sum_{n=1}^{N}\sum_{l=1}^{n}f_{ij}^{(l)}p_{jj}^{(n-l)}=\sum_{l=1}^{N}\sum_{n=l}^{N}f_{ij}^{(l)}p_{jj}^{(n-l)}\\&=\sum_{l=1}^{N}f_{ij}^{(l)}\sum_{m=0}^{N-l}p_{jj}^{(m)}\leqslant\sum_{l=1}^{N}f_{ij}^{(l)}\sum_{n=0}^{N}p_{jj}^{(n)}.\end{aligned}$$

令 $N\to\infty$, 则

$$\sum_{n=1}^{\infty}p_{ij}^{(n)}\leqslant\sum_{l=1}^{\infty}f_{ij}^{(l)}\left(1+\sum_{n=1}^{\infty}p_{jj}^{(n)}\right)\leqslant 1+\sum_{n=1}^{\infty}p_{jj}^{(n)}<\infty,$$

由此即得 (3.3.12) 式. 又因为 $p_{ij}^{(n)}\geqslant 0$, 所以 (3.3.13) 式也成立. □

推论 2 若 j 为常返状态, 则

(1) 当 $i\to j$ 时, 有

$$\sum_{n=1}^{\infty}p_{ij}^{(n)}=\infty. \tag{3.3.14}$$

(2) 当 $i\not\to j$ 时 (不可达), 有

$$\sum_{n=1}^{\infty}p_{ij}^{(n)}=0. \tag{3.3.15}$$

证明 (3.3.15) 式显然成立，下面证 (3.3.14) 式. 因 $i \to j$, 故 $\exists m > 0$, 使 $p_{ij}^{(m)} > 0$. 而

$$p_{ij}^{(m+n)} = \sum_{k \in S} p_{ik}^{(m)} p_{kj}^{(n)} \geqslant p_{ij}^{(m)} \ p_{jj}^{(n)},$$

故

$$\sum_{n=1}^{\infty} p_{ij}^{(m+n)} \geqslant p_{ij}^{(m)} \sum_{n=1}^{\infty} p_{jj}^{(n)} = \infty,$$

此即 (3.3.14) 式. □

下面再从概率意义考察常返状态的性质. 记

$$S_m(j) = \sum_{n=m}^{\infty} I_n(j),$$

$$g_{ij} = P\{S_1(j) = +\infty \big| X_0 = i\} = P\{S_{m+1}(j) = +\infty \big| X_m = i\}.$$

事件 $\{S_m(j) = +\infty\}$ 表示从时刻 m 起系统无穷多次到达状态 j. 有下面的定理.

定理 3.3.3 对任意 $i \in S$, 有

$$g_{ij} = \begin{cases} f_{ij}, & \text{如 } j \text{ 为常返状态}, \\ 0, & \text{如 } j \text{ 为非常返状态}. \end{cases} \tag{3.3.16}$$

证明 因 $\{S_m(j) \geqslant k+1\} \subset \{S_m(j) \geqslant k\}$, 故

$$(S_1(j) = +\infty) = \bigcap_{k=1}^{\infty} \{S_1(j) \geqslant k\} = \lim_{k \to \infty} \{S_1(j) \geqslant k\}.$$

由概率的连续性可得

$$\begin{aligned} g_{ij} &= P\{S_1(j) = +\infty \big| X_0 = i\} \\ &= P\Big\{\bigcap_{k=1}^{\infty} (S_1(j) \geqslant k) \big| X_0 = i\Big\} \\ &= \lim_{k \to \infty} P\{S_1(j) \geqslant k \big| X_0 = i\}. \end{aligned} \tag{3.3.17}$$

又

$$\{S_1(j) \geqslant k+1, X_0 = i\} = \bigcup_{l=1}^{\infty} \{T_{ij} = l, S_1(j) \geqslant k+1\} = \bigcup_{l=1}^{\infty} \{T_{ij} = l, S_{l+1}(j) \geqslant k\},$$

故

$$
\begin{aligned}
&P\{S_1(j)\geqslant k+1\big|X_0=i\}\\
&\quad=\sum_{l=1}^{\infty}P\{T_{ij}=l\big|X_0=i\}P\{S_{l+1}(j)\geqslant k\big|X_0=i,T_{ij}=l\}\\
&\quad=\sum_{l=1}^{\infty}f_{ij}^{(l)}P\{S_{l+1}(j)\geqslant k\big|X_0=i,X_m\neq j,1\leqslant m\leqslant l-1,X_l=j)\\
&\quad=\sum_{l=1}^{\infty}f_{ij}^{(l)}P\{S_{l+1}(j)\geqslant k\big|X_l=j\}\qquad(\text{由马氏性})\\
&\quad=\sum_{l=1}^{\infty}f_{ij}^{(l)}P\{S_1(j)\geqslant k\big|X_0=j\},\qquad(\text{由时齐性})
\end{aligned}
$$

即

$$
P\{S_1(j)\geqslant k+1\big|X_0=i\}=f_{ij}P\{S_1(j)\geqslant k\big|X_0=j\}. \tag{3.3.18}
$$

反复利用上式可得

$$
P\{S_1(j)\geqslant k+1\big|X_0=i\}=f_{ij}(f_{jj})^k. \tag{3.3.19}
$$

令 $k\to\infty$, 若 j 为常返状态, 即 $f_{jj}=1$, 则由 (3.3.17) 式及 (3.3.19) 式得

$$
g_{ij}=f_{ij},
$$

若 j 为非常返状态, 即 $f_{jj}<1$, 则 $g_{ij}=0$. □

定理 3.3.4 状态 i 为常返状态, 当且仅当 $g_{ii}=1$; 若状态 i 为非常返状态, 则 $g_{ii}=0$.

证明 将 (3.3.16) 式中 j 换成 i 即可得. □

定理 3.3.4 的说明: 若 i 为常返状态, 则系统从 i 出发以概率 1 无穷多次返回 i, 即从 i 出发的几乎所有样本轨道无穷多次回到 i. 若 i 为非常返状态, 则从 i 出发几乎所有样本轨道至多有限次回到 i.

进一步地, 若 i 为常返状态, 如何判别它是零常返状态或遍历状态? 有以下的重要定理.

定理 3.3.5 设 j 为常返状态, 则对于任意的 $i\in S$, 有

$$
\lim_{n\to\infty}\frac{1}{n+1}\sum_{k=0}^{n}p_{ij}^{(k)}=\frac{f_{ij}}{\mu_j}. \tag{3.3.20}
$$

下面利用实分析的一个结果, 来证明该定理.

引理 3.3.1 设幂级数 $\sum_{n=0}^{\infty} a_n z^n$ 在 $0 \leqslant z < 1$ 上收敛, a_n 非负, 记

$$A(z) = \sum_{n=0}^{\infty} a_n z^n, \qquad 0 \leqslant z < 1,$$

则

$$\lim_{n\to\infty} \frac{1}{n+1} \sum_{k=0}^{n} a_k = \lim_{z\to 1-0} (1-z)A(z). \tag{3.3.21}$$

这个引理由 Hardy 与 Littlewood 给出, 有兴趣的读者可参见 [13,19].

定理 3.3.5 的证明 记 $F_{ij}(z) = \sum_{n=1}^{\infty} f_{ij}^{(n)} z^n$, 把 $P_{ij}(z) = \sum_{n=0}^{\infty} p_{ij}^{(n)} z^n$ 作为引理 3.3.1 中的 $A(z)$, 于是由 (3.3.21) 式有

$$\lim_{n\to\infty} \frac{1}{n+1} \sum_{k=0}^{n} p_{ij}^{(k)} = \lim_{z\to 1-0} (1-z)P_{ij}(z).$$

由 (3.3.1) 式及 (3.3.7) 式, 对 $i \neq j$ 有

$$P_{ij}(z) = F_{ij}(z)P_{jj}(z) = \frac{F_{ij}(z)}{1 - F_{jj}(z)}.$$

因此, 对 $i \neq j$ 有

$$\lim_{z\to 1-0} (1-z)P_{ij}(z) = \lim_{z\to 1-0} \frac{1-z}{1-F_{jj}(z)} F_{ij}(z).$$

因为 $\lim_{z\to 1-0} F_{ij}(z) = F_{ij}(1) = f_{ij}$, 而由洛必达法则有

$$\lim_{z\to 1-0} \frac{1-z}{1-F_{jj}(z)} = \lim_{z\to 1-0} \frac{-1}{-F_{jj}'(z)} = \frac{1}{F_{jj}'(1)},$$

又由于

$$F_{jj}'(1) = \sum_{k=1}^{\infty} k f_{jj}^{(k)} = \mu_j.$$

所以

$$\lim_{z\to 1-0} (1-z)P_{ij}(z) = \frac{f_{ij}}{\mu_j}.$$

当 $i = j$ 时, 利用 (3.3.7) 式, 类似可证, 此时, $f_{jj} = 1$. □

由 Secero 可和定理可知，若极限 $\lim\limits_{n\to\infty} p_{ii}^{(n)}$ 存在，则有

$$\lim_{n\to\infty} p_{ii}^{(n)} = \lim_{n\to\infty} \frac{1}{n+1}\sum_{k=0}^{n} p_{ii}^{(k)}.$$

由此及定理 3.3.5 不难得到 (注：若 $\lim\limits_{n\to\infty} a_n = a$, 则有 $\lim\limits_{n\to\infty} \frac{1}{n}\sum\limits_{i=1}^{n} a_i = a$. 可参考文献 [25] 中的第 1 章)：

定理 3.3.6 设 i 为常返状态且周期为 d, 则

$$\lim_{n\to\infty} p_{ii}^{(nd)} = \frac{d}{\mu_i}, \tag{3.3.22}$$

其中 μ_i 为 i 的平均回转时间. 当 $\mu_i = +\infty$ 时，理解为 $\frac{d}{\mu_i} = 0$.

证明 由文献 [4] 知，极限 $\lim\limits_{n\to\infty} p_{ii}^{(nd)}$ 存在 (此处从略), 然后类似定理 3.3.5 的证明，只须令 $z = x^d$, 对 $P_{ij}(z)$ 用引理 3.3.1 便可证得. □

定理 3.3.7 设 i 为常返状态，则

(1) i 为零常返状态，当且仅当

$$\lim_{n\to\infty} p_{ii}^{(n)} = 0;$$

(2) i 为遍历状态，当且仅当

$$\lim_{n\to\infty} p_{ii}^{(n)} = \frac{1}{\mu_i} > 0. \tag{3.3.23}$$

证明 (1) 若 i 为零常返状态，则由 (3.3.22) 式知 $\lim\limits_{n\to\infty} p_{ii}^{(nd)} = 0$, 由周期的定义知，当 n 不能被 d 整除 (即 $n \neq 0 \bmod d$) 时，$p_{ii}^{(n)} = 0$, 故有

$$\lim_{n\to\infty} p_{ii}^{(n)} = 0.$$

反之，若 $\lim\limits_{n\to\infty} p_{ii}^{(n)} = 0$, 假设 i 是正常返状态，由 (3.3.22) 式得矛盾的结果 $\lim\limits_{n\to\infty} p_{ii}^{(nd)} > 0$, 故 i 是零常返状态.

(2) 设 $\lim\limits_{n\to\infty} p_{ii}^{(n)} = \frac{1}{\mu_i} > 0$, 由 (1) 知 i 为正常返状态，且 $\lim\limits_{n\to\infty} p_{ii}^{(nd)} = \frac{1}{\mu_i}$, 与 (3.3.22) 式比较得 $d = 1$, 故 i 为遍历状态. 反之，由定理 3.3.6 即得. □

状态相通关系为等价关系，因为具有

(1) 自反性：$i \leftrightarrow i$. 这由下面定义可得

$$p_{ij}^{(0)} = \delta_{ij} = \begin{cases} 1, & j = i, \\ 0, & j \neq i. \end{cases}$$

(2) 对称性：若 $i \leftrightarrow j$, 则 $j \leftrightarrow i$.

(3) 传递性：若 $i \leftrightarrow j$ 且 $j \leftrightarrow k$, 则 $i \leftrightarrow k$.

传递性的证明如下：由于 $i \leftrightarrow j, j \leftrightarrow k$, 则 $\exists m, n$, 使 $p_{ij}^{(m)} > 0, p_{jk}^{(n)} > 0$, 则

$$p_{ik}^{(m+n)} = \sum_{l \in S} p_{il}^{(m)} p_{lk}^{(n)} \geqslant p_{ij}^{(m)} \ p_{jk}^{(n)} > 0.$$

故 $i \to k$. 同理可证 $k \to i$. 故 $i \leftrightarrow k$. □

利用等价关系，可以把马尔可夫链的状态空间分为若干等价类. 在同一等价类内的状态彼此相通；在不同的等价类中的状态不可能彼此相通. 然而，从某一类出发以正的概率到达另一类的情形是可能的. 由上知对于不可约链，又有以下的定义：

定义 3.3.9 如一马尔可夫链的所有状态属于同一等价类，则称它是**不可约链**.

为说明这些概念，考虑下面几个例子.

例 3

(1)

$$S = \{1, 2, 3\}, \quad \boldsymbol{P} = \begin{pmatrix} 1/2 & 1/4 & 1/4 \\ 1/4 & 0 & 3/4 \\ 0 & 2/3 & 1/3 \end{pmatrix};$$

(2)

$$S = \{1, 2, 3, 4, 5\}, \quad \boldsymbol{P} = \begin{pmatrix} 1/2 & 1/2 & 0 & 0 & 0 \\ 1/4 & 3/4 & 0 & 0 & 0 \\ 0 & 0 & 0 & 1 & 0 \\ 0 & 0 & 1/2 & 0 & 1/2 \\ 0 & 0 & 0 & 1 & 0 \end{pmatrix};$$

(3)

$$
S=\{1,2,3,4,5\},\quad \boldsymbol{P}=\begin{pmatrix} 0.6 & 0.1 & 0 & 0.3 & 0 \\ 0.2 & 0.5 & 0.1 & 0.2 & 0 \\ 0.2 & 0.2 & 0.4 & 0.1 & 0.1 \\ 0 & 0 & 0 & 1 & 0 \\ 0 & 0 & 0 & 0 & 1 \end{pmatrix}.
$$

利用各种情况下的状态转移图进行判断.

(1) 由于所有状态相通 (见图 3.2), 组成一等价类. 故该链是不可约链.

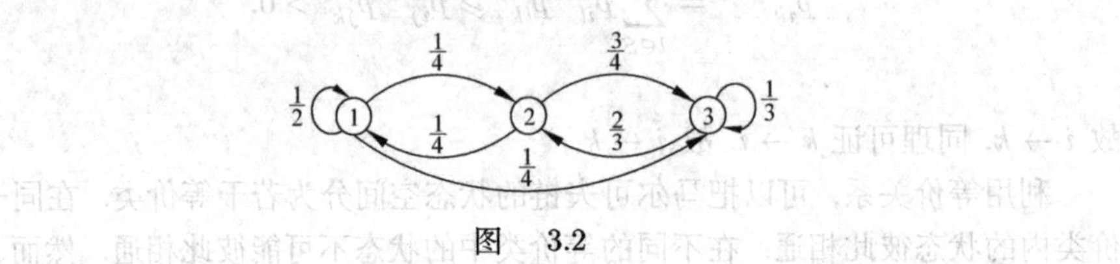

图 3.2

(2) 此链可分为两个等价类 $\{1,2\}$ 及 $\{3,4,5\}$(见图 3.3).

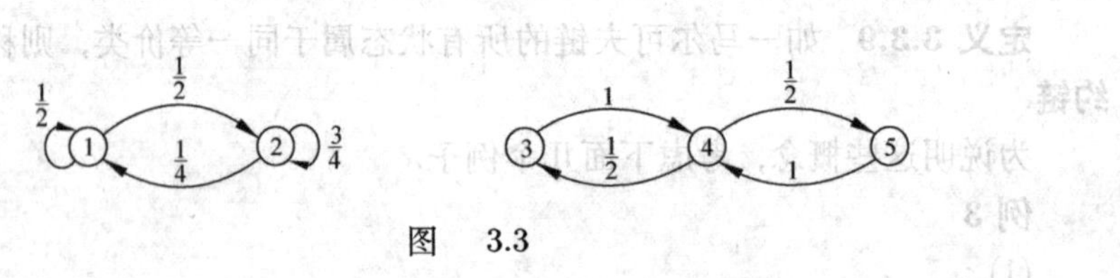

图 3.3

(3) 此链可分为 3 个等价类 $\{1,2,3\},\{4\}$ 及 $\{5\}$(见图 3.4). 由 $\{1,2,3\}$ 可进入 $\{4\}$ 或 $\{5\}$, 反之则不行.

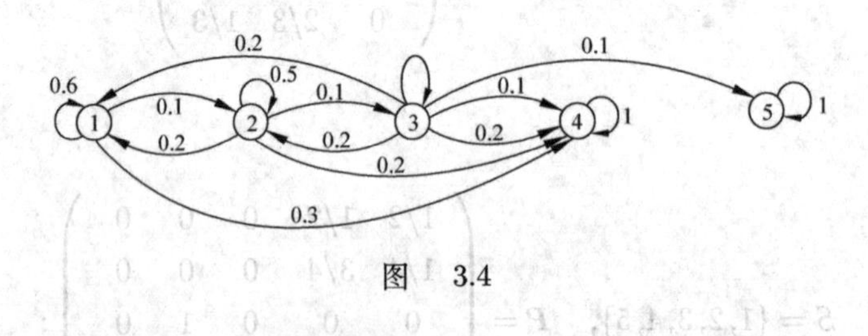

图 3.4

定理 3.3.8 如果 i 为常返状态, 且 $i\to j$, 则 j 必为常返状态, 且 $f_{ji}=1$.

证明 先证对 $\forall i,j\in S$, 有 $0\leqslant g_{ij}\leqslant f_{ij}$. 这是因为 $(X_0=i,S_1(j)\geqslant 1)=$

$(X_0=i, T_{ij}<\infty)$, 且 $\forall k \geqslant 1$, $(S_1(j) \geqslant k) \subset (S_1(j) \geqslant 1)$, 故

$$\bigcap_{k=1}^{\infty}(X_0=i, S_1(j) \geqslant k) \subset (X_0=i, T_{ij}<\infty),$$

因而

$$\{X_0=i, S_1(j)=+\infty\}=\bigcap_{k=1}^{\infty}(X_0=i, S_1(j) \geqslant k) \subset (X_0=i, T_{ij}<\infty),$$

故

$$0 \leqslant g_{ij}=P(S_1(j)=+\infty \big| X_0=i) \leqslant P(T_{ij}<+\infty \big| X_0=i)=f_{ij}.$$

因 $i \to j$, 存在 $m>0$, 使 $p_{ij}^{(m)}>0$, 又对 $\forall h \in S$,

$$\{X_0=i, S_1(h)=+\infty\}=\bigcup_{k \in S}\{X_0=i, X_m=k, S_{m+1}(h)=+\infty\},$$

有

$$g_{ih}=\sum_{k \in S} p_{ik}^{(m)} P(S_{m+1}(h)=+\infty \big| X_0=i, X_m=k)=\sum_{k \in S} p_{ik}^{(m)} g_{kh}.$$

又因 i 为常返状态, $f_{ii}=1$, 故

$$0=1-f_{ii}=\sum_{k \in S} p_{ik}^{(m)}-\sum_{k \in S} p_{ik}^{(m)} g_{ki}=\sum_{k \in S} p_{ik}^{(m)}(1-g_{ki}) \geqslant p_{ij}^{(m)}(1-g_{ji}) \geqslant 0.$$

从而 $1=g_{ji} \leqslant f_{ji} \leqslant 1$, 得 $f_{ji}=1$, 故 $j \to i$.

设 $p_{ji}^{(r)}=\alpha>0, p_{ij}^{(s)}=\beta>0$. 由 C-K 方程知, 对任意 $n \geqslant 0$, 有

$$p_{jj}^{(r+n+s)} \geqslant p_{ji}^{(r)}\ p_{ii}^{(n)}\ p_{ij}^{(s)}=\alpha\ \beta\ p_{ii}^{(n)}. \tag{3.3.24}$$

由 i 为常返状态及定理 3.3.2, 有 $\sum_{n=1}^{\infty} p_{ii}^{(n)}=\infty$. 从而

$$\sum_{n=1}^{\infty} p_{jj}^{(n)}=+\infty,$$

故 j 为常返状态. □

对于相通的状态, 有:

定理 3.3.9 若 $i \leftrightarrow j$, 则

(1) i 与 j 同为常返状态或非常返状态. 若为常返状态, 则它们同为正常返状态或同为零常返状态;

(2) i 与 j 或有相同的周期, 或同为非周期.

证明 (1) 的前一部分是定理 3.3.8 的直接推论. 现设 j 为零常返状态, 由定理 3.3.7 有 $\lim\limits_{n\to\infty} p_{jj}^{(n)} = 0$. 由 (3.3.24) 式得 $\lim\limits_{n\to\infty} p_{ii}^{(n)} = 0$, 故 i 也是零常返状态.

同理可证, 若 i 为零常返状态, 由

$$p_{ii}^{(r+n+s)} \geqslant p_{ij}^{(s)}\ p_{jj}^{(n)}\ p_{ji}^{(r)} = \beta\ \alpha\ p_{jj}^{(n)}, \tag{3.3.25}$$

可知 j 也是零常返状态.

(2) 仍令 $p_{ji}^{(r)} = \alpha > 0$, $p_{ij}^{(s)} = \beta > 0$, 设 i 的周期为 d, j 的周期为 t. 因此对 $\forall\, m \in \mathbb{N}, \exists n = mt$, 使得 $p_{jj}^{(n)} > 0$. 由 (3.3.25) 式知, $p_{ii}^{(n+r+s)} > 0$, 从而 $n+r+s$ 能被 d 整除. 但 $p_{ii}^{(r+s)} \geqslant p_{ij}^{(s)}\ p_{ji}^{(r)} = \alpha\ \beta > 0$, 所以 $r+s$ 也能被 d 整除. 可见, n 能被 d 整除, 故 t 能被 d 整除. 反之, 利用 (3.3.24) 式类似可推得 d 能被 t 整除, 从而 $t = d$. □

该定理说明, 对相通的状态, 因是同类型, 故只需选出其中之一较容易判别的状态即可.

例 4 设马尔可夫链 $S = \{1, 2, 3, \cdots\}$, 转移概率为 $p_{11} = \dfrac{1}{2}, p_{ii+1} = \dfrac{1}{2}, p_{i1} = \dfrac{1}{2}, i \in S$. 分析状态 1. 由如下状态转移图 3.5 易知:

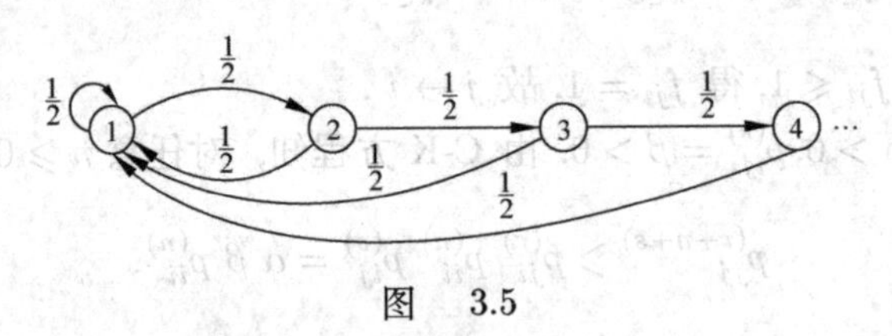

图 3.5

$$f_{11}^{(1)} = \frac{1}{2},\quad f_{11}^{(2)} = \left(\frac{1}{2}\right)^2,\quad f_{11}^{(3)} = \left(\frac{1}{2}\right)^3,\quad \cdots,\quad f_{11}^{(n)} = \left(\frac{1}{2}\right)^n.$$

故 $f_{11} = \sum\limits_{n=1}^{\infty} \left(\dfrac{1}{2}\right)^n = 1$, 所以 "1" 是常返状态. 又 $\mu_1 = \sum\limits_{n=1}^{\infty} n\ \left(\dfrac{1}{2}\right)^n < \infty$, 所以 "1" 是正常返状态. 再由 $p_{11}^{(1)} = \dfrac{1}{2} > 0$, 知 "1" 是非周期的. 从而 "1" 是遍历状态. 对其他 $i \neq 1$, 因 $i \leftrightarrow 1$, 故 i 也是遍历状态 (若求 $f_{ii}^{(n)}$ 则较麻烦).

关于常返状态的判断，可以总结为以下重要定理：

定理 3.3.10 下列命题等价：

(1) i 为常返状态；

(2) $P\Big\{\bigcup\limits_{n=1}^{\infty}(X_n=i)\big|X_0=i\Big\}=1$;

(3) $P(S_1(i)=+\infty\big|X_0=i)=1$;

(4) $\sum\limits_{n=0}^{\infty}p_{ii}^{(n)}=+\infty$;

(5) $E\{S_1(i)\big|X_0=i\}=+\infty$.

证明 (1) $\Longleftrightarrow$ (2): 由于 $f_{ii}=P(T_{ii}<\infty\big|X_0=i)=1$, 及

$$
\begin{aligned}
\{T_{ii}<\infty\}&=\bigcup_{n=1}^{\infty}\{T_{ii}=n\}\\
&=\bigcup_{n=1}^{\infty}\{X_0=i,X_l\neq i,0<l<n,X_n=i\}=\bigcup_{n=1}^{\infty}\{X_0=1,X_n=i\},
\end{aligned}
$$

因此

$$
P\Big\{\bigcup_{n=1}^{\infty}(X_n=i)\big|X_0=i\Big\}=P(T_{ii}<\infty\big|X_0=i)=f_{ii}=1,
$$

即 (1) 与 (2) 等价.

(1) $\Longleftrightarrow$ (3): 见定理 3.3.4 .

(1) $\Longleftrightarrow$ (4): 见定理 3.3.2 .

(4) $\Longleftrightarrow$ (5): 由 (3.3.11) 式即得. □

读者可自己对以上结论给出直观解释.

例 5 直线上无限制随机游动

设 $\{Y_n,n\geqslant 1\}$ 独立同分布，$Y_0=0$, $P(Y_1=1)=p,P(Y_1=-1)=q$, 令 $X_0=0$, $X_n=\sum\limits_{i=1}^{n}Y_i$, 则 $\{X_n,n\geqslant 1\}$ 称为直线上无限制随机游动. 易知该马尔可夫链的全体状态 $\{\cdots,-2,-1,0,1,2,\cdots\}$ 构成一个类. 问题是：它是常返类还是非常返类？为此，只需选一个代表 i 即可.

下面来计算 $\sum\limits_{n}p_{ii}^{(n)}$, 据此来判别 i 是否为常返状态. 易知

$$
p_{ii}^{(2n-1)}=0,
$$

而

$$p_{ii}^{(2n)} = \mathrm{C}_{2n}^{n} p^n q^n. \tag{3.3.26}$$

考虑母函数

$$\begin{aligned}
P_{ii}(z) &= \sum_{n=0}^{\infty} \mathrm{C}_{2n}^{n} p^n q^n z^{2n} \\
&= \sum_{n=0}^{\infty} \frac{(2n)!}{n!n!} (pqz^2)^n \\
&= \sum_{n=0}^{\infty} \frac{2^{2n}(-1)^n}{n!} \left(-\frac{1}{2}\right)\left(-\frac{3}{2}\right)\cdots\left(-\frac{2n-1}{2}\right)(pqz^2)^n \\
&= \sum_{n=0}^{\infty} \frac{1}{n!} \left(-\frac{1}{2}\right)\left(-\frac{3}{2}\right)\cdots\left(-\frac{2n-1}{2}\right)(-4pqz^2)^n \\
&= (1-4pqz^2)^{-\frac{1}{2}},
\end{aligned}$$

从而有

$$\sum_{n=0}^{\infty} p_{ii}^{(n)} = P_{ii}(1) = \lim_{z\to 1-0} P_{ii}(z) = \lim_{z\to 1-0} (1-4pqz^2)^{-\frac{1}{2}} = \begin{cases} \infty, & p = 1/2, \\ \text{有限}, & p \neq 1/2. \end{cases}$$

由此知，当 $p = 1/2$ 时 i 是常返状态，从而全体状态构成单一的类是常返的；当 $p \neq 1/2$ 时，链是非常返的.

例 6 现在我们讨论平面上的对称随机游动. 质点的位置是平面上的整数格点 (坐标为整数的点). 每个位置有 4 个相邻的位置，质点各以 $\dfrac{1}{4}$ 的概率转移到这 4 个相邻位置中的每一个. 易见平面上的对称游动是周期为 2 的不可约链.

计算质点经过 $2n$ 步仍回原位置的概率 u_n. 这时质点必须与横坐标平行地向右移动 k 步，向左也移动 k 步，与纵坐标轴平行的向上移动 l 步，向下也移动 l 步，且 $k+l=n$. 因此

$$u_n = \frac{1}{4^{2n}} \sum_{k=0}^{n} \frac{(2n)!}{[k!(n-k)!]^2} = \frac{1}{4^{2n}} \mathrm{C}_{2n}^{n} \sum_{k=0}^{n} (\mathrm{C}_n^k)^2 = \frac{1}{4^{2n}} (\mathrm{C}_{2n}^{n})^2 \simeq \frac{1}{\pi n},$$

由于 $\displaystyle\sum_{n=1}^{\infty} \frac{1}{n} = \infty$, 平面上的对称的随机游动也是常返的.

再讨论空间中的对称随机游动. 这时质点的位置是空间中的整数格点，每个位置有 6 个相邻的位置. 质点各以 $\dfrac{1}{6}$ 的概率转移到 6 个相邻位置中的每一

个. 同样地，空间中的对称随机游动也是周期为 2 的不可约链.

质点经过 $2n$ 步返回原位置的概率 u_n, 可类似地计算:

$$\begin{aligned} u_n =&\frac{1}{6^{2n}}\sum_{j,k\geqslant 0,j+k\leqslant n}\frac{(2n)!}{[j!k!(n-j-k)!]^2} \\ =&\frac{1}{2^{2n}}\mathrm{C}_{2n}^{n}\sum_{j,k\geqslant 0,j+k\leqslant n}\left[\frac{1}{3^n}\frac{(n)!}{j!k!(n-j-k)!}\right]^2 \\ \leqslant&\frac{1}{2^{2n}}\max_{j,k\geqslant 0,j+k\leqslant n}\left[\frac{1}{3^n}\frac{(n)!}{j!k!(n-j-k)!}\right]^2. \end{aligned}$$

这里利用了三项式定理

$$\sum_{j,k\geqslant 0,j+k\leqslant n}\left[\frac{1}{3^n}\frac{(n)!}{j!k!(n-j-k)!}\right]=1,$$

三项分布的最大项在 j 与 k 最接近 $\frac{n}{3}$ 时达到. 仍由斯特林公式可知，这最大项与 $\frac{1}{n}$ 同阶，从而 u_n 的阶数不超过 $\frac{1}{n^{3/2}}$. 但是 $\sum_{n=1}^{\infty}\frac{1}{n^{3/2}}<\infty$, 因此与直线和平面上的对称随机游动不同，空间中的对称随机游动是非常返的.

更一般地，$d\geqslant 3$ 维空间中的对称随机游动也是一个周期为 2 的不可约链. 此时，质点经过 $2n$ 步返回原位置的概率 u_n 的阶数不超过 $\frac{1}{n^{d/2}}$. 但是 $\sum_{n}\frac{1}{n^{d/2}}<\infty$, 因此 $d\geqslant 3$ 维空间中的对称随机游动是非常返的. 然而在直观上很难找可以接受的理由，解释为什么 $d\geqslant 3$ 维空间与一二维空间中的对称随机游动在常返性上会截然不同. 这个结果通常被称为波利亚 (Polya) 定理. □

3.4 状态空间的分解

前面已提到，马尔可夫链的状态空间可以分为若干不同的等价类. 本节将进一步讨论状态空间的分解问题.

定义 3.4.1 设 $C\subset S$, 如对任意 $i\in C$ 及 $j\notin C$, 都有 $p_{ij}=0$, 称 C 为(随机)**闭集**. 若 C 的状态相通，闭集 C 称为不可约的.

引理 3.4.1 C 是闭集的充要条件为：对任意 $i\in C$ 及 $j\notin C, n\geqslant 1$, 都有 $p_{ij}^{(n)}=0$.

证明 只需证必要性. 用归纳法证之. 设 C 为闭集，则由定义，当 $n=1$

时，结论成立. 现设 $n=l$ 时对任意 $i\in C, j\notin C$ 有 $p_{ij}^{(l)}=0$, 则

$$p_{ij}^{(l+1)}=\sum_{k\in C}p_{ik}^{(l)}p_{kj}+\sum_{k\notin C}p_{ik}^{(l)}p_{kj}=\sum_{k\in C}0\cdot p_{ik}^{(l)}+\sum_{k\notin C}0\cdot p_{kj}=0.$$

于是引理 3.4.1 得证. □

易知, i 为吸收态则等价于单点集 $\{i\}$ 是闭集. 显然整个状态空间 S 构成一闭集. 3.3 节中例 3(2) 的 $\{1,2\}$ 及 $\{3,4,5\}$ 分别为闭集.

闭集 C 的直观意义是自 C 内部不能到达 C 的外部, 这意味着系统一旦进入闭集 C 内, 它就永远在 C 中运动.

定理 3.4.1 所有常返状态构成一闭集.

证明 设 i 为常返状态, 且 $i\to j$, 则由定理 3.3.8 知 $i\leftrightarrow j$, j 亦为常返状态. 说明从常返状态出发, 只能到达常返状态, 不可能到达非常返状态. 从而定理得证. □

今后用 C 表示所有常返状态构成的闭集. T 表所有非常返状态组成的集合.

推论 不可约马尔可夫链或者没有非常返状态或者没有常返状态.

定理 3.4.2 设 $C\neq\varnothing$, 则它可分为若干个相互不相交的闭集 $\{C_n\}$, 使 $C=C_1\bigcup C_2\bigcup\cdots$, 且有

(1) C_n 中任两状态相通;

(2) $C_h\bigcap C_l=\varnothing(h\neq l)$, 即 C_h 中任一状态与 C_l 中的任一状态互不相通, 即 $\{C_n\}$ 均为互不相通闭集.

证明 因 $C\neq\varnothing$, 任取 $i_1\in C$, 令 $C_1=\{i\colon i\leftrightarrow i_1\in C\}$. 若 $C-C_1\neq\varnothing$, 再任取 $i_2\in C-C_1$, 令 $C_2=\{i\colon i\leftrightarrow i_2\in C-C_1\},\cdots$; 若 $C-\bigcup\limits_{i=1}^{h}C_i\neq\varnothing$, 取

$$i_{h+1}\in C-\bigcup_{i=1}^{h}C_i, 令 C_{h+1}=\{i\colon i\leftrightarrow i_{h+1}\in C-\bigcup_{i=1}^{h}C_i\},\ \cdots.$$

显然, 由 $\{C_h\}$ 的构成即得定理的结论. □

推论 状态空间 S 可分解为

$$S=T\bigcup C=T\bigcup C_1\bigcup C_2\bigcup\cdots,\tag{3.4.1}$$

其中 $\{C_h\}$ 为基本常返闭集, T 不一定是闭集.

因此, 当系统从某非常返状态出发, 系统可能一直在非常返集 T 中 (当 T 为闭集时), 也可能在某时刻离开 T 进入到某一基本常返闭集 C_h 中运动.

若 S 为有限集，则有以下结论：

定理 3.4.3 若 S 为有限集，则 T 一定是非闭集，亦即不管系统自什么状态出发，迟早要进入常返闭集.

证明 因 $T \subset S$ 有限，又根据定理 3.3.4，系统至多有限次返回非常返状态. 从而只有有限次返回 T. 换言之，系统迟早将进入常返闭集. □

推论 有限不可约马尔可夫链的状态都是常返状态，即 $T = \varnothing, S = C$.

引理 3.4.2 设 $C_h \subset S$ 为闭集，只考虑 C_h 上所得的 m 步转移子矩阵 $\boldsymbol{P}_h^{(m)} = (p_{ij}^{(m)}), i, j \in C_h$，则它们为随机矩阵.

证明 任取 $i \in C_h$，由引理 3.4.1，有

$$1 = \sum_{j \in S} p_{ij}^{(m)} = \sum_{j \in C_h} p_{ij}^{(m)} + \sum_{j \notin C_h} p_{ij}^{(m)} = \sum_{j \in C_h} p_{ij}^{(m)}.$$

显然，$p_{ij}^{(m)} \geqslant 0, i, j \in C_h$. 故局限在 C_h 上的 $\boldsymbol{P}_h^{(m)} = (p_{ij}^{(m)})(i, j \in C_h)$ 为随机矩阵. □

为了计算与分析的方便，有时把状态空间中的状态顺序按如下规则重新排列：

(1) 属于同一等价类的状态接连不断地依次编号.

(2) 安排不同等价类的先后次序，使得系统从一给定状态可以达到同一类的另一状态或到达前面的等价类，但不能到达后面的等价类. 由定理 3.4.1 知，由常返状态组成的等价类是一闭集，而由非常返状态组成的等价类不一定是闭集，于是按上述规则，常返状态的类放在非常返状态的类之前.

设 $S = C \bigcup T, C = C_1 \bigcup C_2 \bigcup \cdots \bigcup C_h$ 及 $T = T_{h+1} \bigcup \cdots \bigcup T_n$，这是按上面规则编排的等价类次序，其中 $C_1, C_2, \cdots, C_h$ 是常返等价类 (闭集)，$T_{h+1}, \cdots, T_n$ 是非常返等价类. 于是，转移概率矩阵可分解成如下形式：

$$\boldsymbol{P} = \begin{pmatrix} \boldsymbol{P}_1 & \boldsymbol{0} & \cdots & \boldsymbol{0} & \boldsymbol{0} & \cdots & \boldsymbol{0} \\ \boldsymbol{0} & \boldsymbol{P}_2 & \cdots & \boldsymbol{0} & \boldsymbol{0} & \cdots & \boldsymbol{0} \\ \vdots & \vdots & & \vdots & \vdots & & \vdots \\ \boldsymbol{0} & \boldsymbol{0} & \cdots & \boldsymbol{P}_h & \boldsymbol{0} & \cdots & \boldsymbol{0} \\ \boldsymbol{R}_{h+1,1} & \boldsymbol{R}_{h+1,2} & \cdots & \boldsymbol{R}_{h+1,h} & \boldsymbol{Q}_{h+1} & \cdots & \boldsymbol{0} \\ \vdots & \vdots & & \vdots & \vdots & \ddots & \vdots \\ \boldsymbol{R}_{n,1} & \boldsymbol{R}_{n,2} & \cdots & \boldsymbol{R}_{n,h} & \boldsymbol{R}_{n,h+1} & \cdots & \boldsymbol{Q}_n \end{pmatrix} = \begin{pmatrix} \boldsymbol{P}_C & \boldsymbol{0} \\ \boldsymbol{R} & \boldsymbol{Q}_T \end{pmatrix}, \tag{3.4.2}$$

其中 **0** 表示零矩阵，而

$$\boldsymbol{P}_C=\begin{pmatrix}\boldsymbol{P}_1 & \boldsymbol{0} & \cdots & \boldsymbol{0}\\ \boldsymbol{0} & \boldsymbol{P}_2 & \cdots & \boldsymbol{0}\\ \vdots & \vdots & \ddots & \vdots\\ \boldsymbol{0} & \boldsymbol{0} & \cdots & \boldsymbol{P}_h\end{pmatrix},\quad \boldsymbol{Q}_T=\begin{pmatrix}\boldsymbol{Q}_{h+1} & \boldsymbol{0} & \cdots & \boldsymbol{0}\\ \boldsymbol{R}_{h+2,h+1} & \boldsymbol{Q}_{h+2} & \cdots & \boldsymbol{0}\\ \vdots & \vdots & \ddots & \vdots\\ \boldsymbol{R}_{n,h+1} & \boldsymbol{R}_{n,h+2} & \cdots & \boldsymbol{Q}_n\end{pmatrix},$$

$$\boldsymbol{R}=\begin{pmatrix}\boldsymbol{R}_{h+1,1} & \boldsymbol{R}_{h+1,2} & \cdots & \boldsymbol{R}_{h+1,h}\\ \boldsymbol{R}_{h+2,1} & \boldsymbol{R}_{h+2,2} & \cdots & \boldsymbol{R}_{h+2,h}\\ \vdots & \vdots & & \vdots\\ \boldsymbol{R}_{n,1} & \boldsymbol{R}_{n,2} & \cdots & \boldsymbol{R}_{n,h}\end{pmatrix}.$$

其中 $\boldsymbol{P}_l(1\leqslant l\leqslant h)$ 是局限在 C_l 上的转移概率矩阵；$\boldsymbol{Q}_l(h+1\leqslant l\leqslant n)$ 是局限在 T_l 上的转移概率矩阵.

以 3.3 节例 3(3) 的转移概率矩阵为例，它可重新排列分解如下：

$$\boldsymbol{P}=\begin{pmatrix}1 & 0 & 0 & 0 & 0\\ 0 & 1 & 0 & 0 & 0\\ 0.3 & 0 & 0.6 & 0.1 & 0\\ 0.2 & 0 & 0.2 & 0.5 & 0.1\\ 0.1 & 0.1 & 0.2 & 0.2 & 0.4\end{pmatrix},$$

则对应的 $\boldsymbol{P}_C,\boldsymbol{Q}_T,\boldsymbol{R}$ 为

$$\boldsymbol{P}_C=\begin{pmatrix}1 & 0\\ 0 & 1\end{pmatrix},\quad \boldsymbol{Q}_T=\begin{pmatrix}0.6 & 0.1 & 0\\ 0.2 & 0.5 & 0.1\\ 0.2 & 0.2 & 0.4\end{pmatrix},\quad \boldsymbol{R}=\begin{pmatrix}0.3 & 0\\ 0.2 & 0\\ 0.1 & 0.1\end{pmatrix}.$$

还有以下简单而有效的定理.

定理 3.4.4　若转移概率矩阵按 (3.4.2) 式的形式分解，则

(1) $\boldsymbol{P}_l(1\leqslant l\leqslant h)$ 是局限在 C_l 上的随机矩阵；

(2)

$$\boldsymbol{P}^n=\begin{pmatrix}\boldsymbol{P}_C^n & \boldsymbol{0}\\ \boldsymbol{R}_n & \boldsymbol{Q}_T^n\end{pmatrix}. \tag{3.4.3}$$

其中 $\boldsymbol{R}_1=\boldsymbol{R},\boldsymbol{R}_n=\boldsymbol{R}_{n-1}\boldsymbol{P}_C+\boldsymbol{Q}_T^{n-1}\boldsymbol{R}$.

(3) $\lim\limits_{n\to\infty} \boldsymbol{Q}_T^n = \boldsymbol{0}$.

证明 (1) 由定理 3.4.2 及引理 3.4.2 即得;

(2) 由归纳可证之;

(3) 由定理 3.3.2 推论 1 的 (3.3.13) 式即得. □

3.5 $\boldsymbol{P}^n$ 的极限性态与平稳分布

在实际应用中，人们常常关心的问题有两个：(a) 当 $n\to\infty$ 时，$P(X_n=i)=\pi_i(n)$ 的极限是否存在？(b) 在什么条件下，一个马尔可夫链是一个平稳序列？对于前者，由于 $\pi_j(n)=\sum\limits_{i\in S}\pi_i(0)p_{ij}^{(n)}$，故可转化为研究 $p_{ij}^{(n)}$ 的渐近性质，即 $\lim\limits_{n\to\infty}p_{ij}^{(n)}$ 是否存在？若存在，其极限是否与 i 有关？对于后者，实际上是一个平稳分布是否存在的问题. 这两个问题有密切联系.

1. $\boldsymbol{P}^n$ 的极限性态

$p_{ij}^{(n)}$ 的渐近性态，在 3.3 节中已有所涉及，这里分两种情形再加以进一步的讨论.

(1) j 为非常返状态或零常返状态

定理 3.5.1 若 j 为非常返状态或零常返状态，则对任意 $i\in S$, 有

$$\lim_{n\to\infty}p_{ij}^{(n)}=0. \tag{3.5.1}$$

证明 当 j 为非常返状态时，上述结论已在定理 3.3.2 的推论 1 中证过，故只需证 j 为零常返状态的情形. 取 $m<n$, 有

$$p_{ij}^{(n)}=\sum_{l=1}^{n}f_{ij}^{(l)}p_{jj}^{(n-l)}\leqslant\sum_{l=1}^{m}f_{ij}^{(l)}p_{jj}^{(n-l)}+\sum_{l=m+1}^{n}f_{ij}^{(l)}. \tag{3.5.2}$$

固定 m 先令 $n\to\infty$, 由定理 3.3.7 知，上式右方第一项趋于 0 (因为 $p_{jj}^{(n)}\to 0$, 且是有限项的和)；再令 $m\to\infty$, 第二项因 $\sum\limits_{l=1}^{\infty}f_{ij}^{(l)}\leqslant 1$ 而趋于 0. 故 $p_{ij}^{(n)}\to 0\,(n\to\infty)$. □

推论 1 有限马尔可夫链没有零常返状态.

证明 设有某状态 i 是零常返状态，令 $C_i=\{j\colon i\leftrightarrow j\}$, 由定理 3.4.2 知 C_i 是相通的常返闭集，且 $C_i\in S$ 为有限集. 由定理 3.4.4 有 $\sum\limits_{j\in C_i}p_{ij}^{(n)}=1\,(n\geqslant 1)$.

但由定理 3.5.1 知 $\lim\limits_{n\to\infty}\sum\limits_{j\in C_i} p_{ij}^{(n)}=0$, 二者矛盾. 故 S 有限时无零常返状态. □

推论 2 不可约的有限马尔可夫链的状态都是正常返状态.

证明 由推论 1 及定理 3.4.3 的推论即得. □

推论 3 若马尔可夫链有一零常返状态, 则必有无限多个零常返状态.

证明 由推论 1 即得. □

(2) j 为正常返状态

这时情况较复杂, $\lim\limits_{n\to\infty} p_{ij}^{(n)}$ 不一定存在, 即使存在也可能与 i 有关. 但有以下结论:

定理 3.5.2 若 j 为正常返状态, 周期为 d, 则对任意 $i\in S$ 及 $0\leqslant r\leqslant d-1$, 有

$$\lim_{n\to\infty} p_{ij}^{(nd+r)}=f_{ij}(r)\,\frac{d}{\mu_j}, \tag{3.5.3}$$

其中 $f_{ij}(r)=\sum\limits_{m=0}^{\infty} f_{ij}^{(md+r)}$, $0\leqslant r\leqslant d-1$.

此定理的证明可见文献 [4].

推论 1 若 j 是遍历状态, 则对任意的 $i\in S$, 有

$$\lim_{n\to\infty} p_{ij}^{(n)}=\frac{f_{ij}}{\mu_j}. \tag{3.5.4}$$

推论 2 对于不可约的遍历链 (即所有状态遍历), 对任意 $i,j\in S$, 有

$$\lim_{n\to\infty} p_{ij}^{(n)}=\frac{1}{\mu_j}. \tag{3.5.5}$$

定理 3.5.3 若 j 为常返状态, 则对任意 $i\in S$, 有

$$\lim_{n\to\infty}\frac{1}{n}\sum_{l=1}^{n} p_{ij}^{(l)}=\frac{f_{ij}}{\mu_j}. \tag{3.5.6}$$

证明参见定理 3.3.5.

推论 如不可约马尔可夫链的状态是常返状态, 则对任意 $i,j\in S$, 有

$$\lim_{n\to\infty}\frac{1}{n}\sum_{l=1}^{n} p_{ij}^{(l)}=\frac{1}{\mu_j}. \tag{3.5.7}$$

该推论直观解释如下：$\sum_{l=1}^{n} p_{ij}^{(l)}$ 表示自 i 出发在前 n 个单位时间内到达 j 的总次数，故 $\frac{1}{n}\sum_{l=1}^{n} p_{ij}^{(l)}$ 表示每单位时间到达 j 的平均次数，而 $\frac{1}{\mu_j}$ 亦表示每单位时间到达 j 的平均次数. 故对不可约常返链，有 $\frac{1}{n}\sum_{l=1}^{n} p_{ij}^{(l)} \to \frac{1}{\mu_j}$.

定理 3.5.4 若马尔可夫链是不可约的遍历链，则 $\left\{\pi_i = \frac{1}{\mu_i}\right\}$ 是方程组

$$x_j = \sum_{i \in S} x_i p_{ij} \tag{3.5.8}$$

满足条件 $x_j \geqslant 0, j \in S, \sum_{j \in S} x_j = 1$ 的唯一解.

证明 记 $\pi_i = \frac{1}{\mu_i}$, 由定理 3.5.2 推论 2 有

$$\lim_{n \to \infty} p_{ij}^{(n)} = \frac{1}{\mu_j} = \pi_j.$$

对任意 n, M 有

$$1 = \sum_{j \in S} p_{ij}^{(n)} \geqslant \sum_{j=1}^{M} p_{ij}^{(n)},$$

固定 M, 令 $n \to \infty$, 可得 $\sum_{j=1}^{M} \pi_j \leqslant 1$; 再令 $M \to \infty$, 知

$$\sum_{j \in S} \pi_j \leqslant 1.$$

由 C-K 方程有

$$p_{ij}^{(n+1)} \geqslant \sum_{l=1}^{M} p_{il}^{(n)} p_{lj}.$$

如令 $n \to \infty$, 则得 $\pi_j \geqslant \sum_{l=1}^{M} \pi_l p_{lj}$. 再令 $M \to \infty$, 有

$$\pi_j \geqslant \sum_{l \in S} \pi_l p_{lj}, \quad \forall j \in S. \tag{3.5.9}$$

将 (3.5.9) 式两边乘以 p_{ji} 并对 j 求和，得

$$\pi_i \geqslant \sum_{j\in S}\pi_j p_{ji} \geqslant \sum_{l\in S}\pi_l p_{li}^{(2)}.$$

重复上述步骤，得 $\pi_j \geqslant \sum\limits_{i\in S}\pi_i p_{ij}^{(n)}$ 对所有 $j\in S$ 及 $n\geqslant 1$ 成立. 现设上式对某个 j 严格不等式成立，即 $\pi_j > \sum\limits_{i\in S}\pi_i p_{ij}^{(n)}$, 那么，将此式对 j 求和，有

$$\sum_{j\in S}\pi_j > \sum_{j\in S}\sum_{i\in S}\pi_i p_{ij}^{(n)} = \sum_{i\in S}\pi_i\sum_{j\in S}p_{ij}^{(n)} = \sum_{i\in S}\pi_i,$$

但这是不可能的. 于是对所有 n 及 j, 有

$$\pi_j = \sum_{i\in S}\pi_i p_{ij}^{(n)}. \tag{3.5.10}$$

由于 $\sum\limits_{j\in S}\pi_i \leqslant 1$, 且 $p_{ij}^{(n)}$ 关于 n 一致有界，故在 (3.5.10) 式中令 $n\to\infty$ 时，由控制收敛定理，有

$$\pi_j = \lim_{n\to\infty}\sum_{i\in S}\pi_i p_{ij}^{(n)} = \sum_{i\in S}\pi_i \lim_{n\to\infty}p_{ij}^{(n)} = \Big(\sum_{i\in S}\pi_i\Big)\pi_j.$$

由于 $\pi_j > 0$, 故得

$$\sum_{i\in S}\pi_i = 1.$$

现证唯一性. 设 $\{v_i\}$ 是满足条件的另一组解，则类似 (3.5.10) 式有

$$v_j = \sum_{i\in S}v_i p_{ij} = \cdots = \sum_{i\in S}v_i p_{ij}^{(n)}.$$

令 $n\to\infty$ 则有

$$v_j = \sum_{i\in S}v_i \lim_{n\to\infty}p_{ij}^{(n)} = \pi_j\Big(\sum_{i\in S}v_i\Big) = \pi_j.$$ □

2. 平稳分布

定义 3.5.1 一个定义在 S 上的概率分布 $\boldsymbol{\pi} = \{\pi_1,\pi_2,\cdots,\pi_i,\cdots\}$ 称为**马尔可夫链的平稳分布**, 如有

$$\boldsymbol{\pi} = \boldsymbol{\pi}\boldsymbol{P}, \tag{3.5.11}$$

即 $\forall j \in S$, 有

$$\pi_j = \sum_{i \in S} \pi_i p_{ij}. \tag{3.5.12}$$

平稳分布也称马尔可夫链的不变概率测度. 对于一个平稳分布 $\boldsymbol{\pi}$, 显然有

$$\boldsymbol{\pi} = \boldsymbol{\pi P} = \boldsymbol{\pi P}^2 = \cdots = \boldsymbol{\pi P}^n. \tag{3.5.13}$$

定理 3.5.5 设 $\{X_n, n \geqslant 0\}$ 是马尔可夫链, 则 $\{X_n, n \geqslant 0\}$ 为平稳过程的充要条件是 $\boldsymbol{\pi}(0) = (\pi_i(0), i \in S)$ 是平稳分布, 即

$$\boldsymbol{\pi}(0) = \boldsymbol{\pi}(0)\boldsymbol{P}.$$

证明 充分性. 记 $\boldsymbol{\pi}(0) = \boldsymbol{\pi}$, 显然

$$\boldsymbol{\pi}(1) = \boldsymbol{\pi}(0)\boldsymbol{P} = \boldsymbol{\pi P} = \boldsymbol{\pi}, \quad \cdots, \quad \boldsymbol{\pi}(n) = \boldsymbol{\pi}(n-1)\boldsymbol{P} = \boldsymbol{\pi P} = \boldsymbol{\pi}.$$

因此 $\forall i_k \in S, t_k \in \mathbb{N}$, $n \geqslant 1$, $1 \leqslant k \leqslant n$, $t \in \mathbb{N}$ 有

$$\begin{aligned} P(X_{t_1} = i_1, \cdots, X_{t_n} = i_n) &= \pi_{i_1}(t_1) p_{i_1 i_2}(t_2 - t_1) \cdots p_{i_{n-1} i_n}(t_n - t_{n-1}) \\ &= \pi_{i_1}(t_1 + t) p_{i_1 i_2}(t_2 - t_1) \cdots p_{i_{n-1} i_n}(t_n - t_{n-1}) \\ &= P(X_{t_1+t} = i_1, X_{t_2+t} = i_2, \cdots, X_{t_n+t} = i_n). \end{aligned}$$

所以 $\{X_n, n \geqslant 0\}$ 是严平稳过程.

必要性. 由于 $\{X_n, n \geqslant 0\}$ 是平稳过程, 因此有 $\boldsymbol{\pi}(n) = \boldsymbol{\pi}(n-1) = \cdots = \boldsymbol{\pi}(0)$. 又由 $\boldsymbol{\pi}(1) = \boldsymbol{\pi}(0)\boldsymbol{P}$ 得 $\boldsymbol{\pi}(0) = \boldsymbol{\pi}(0)\boldsymbol{P}$, 即 $\boldsymbol{\pi}(0)$ 是平稳分布. □

由定理 3.5.4 有下面的结论.

定理 3.5.6 不可约遍历链恒有唯一的平稳分布 $\left\{\pi_i = \dfrac{1}{\mu_i}\right\}$, 且

$$\pi_j = \lim_{n \to \infty} p_{ij}^{(n)}.$$

对于一般的马尔可夫链, 其平稳分布是否存在? 若存在, 是否唯一? 有以下的定理.

定理 3.5.7 令 C_+ 为马尔可夫链中全体正常返状态构成的集合. 则有:

① 平稳分布不存在的充要条件为 $C_+ = \varnothing$;

② 平稳分布唯一存在的充要条件为只有一个基本正常返闭集 $C_a = C_+$;

③ 有限状态马尔可夫链的平稳分布总存在;

④ 有限不可约非周期马尔可夫链存在唯一的平稳分布.

证明　① 充分性. 用反证法, 假设该马尔可夫链存在一个平稳分布 $\boldsymbol{\pi} \neq \mathbf{0}$, 则由平稳分布定义知有 $\boldsymbol{\pi} = \boldsymbol{\pi}\boldsymbol{P}$, 则 $\forall n \geqslant 1$, $\boldsymbol{\pi} = \boldsymbol{\pi}\boldsymbol{P} = \cdots = \pi\boldsymbol{P}^n$, 让 $n \to \infty$. 因 $C_+ = \varnothing$, 故该马尔可夫链中均是零常返状态或非常返状态, 而由定理 3.5.1 知当 $n \to \infty$ 时, $\boldsymbol{P}^n \to \mathbf{0}$, 这与 $\boldsymbol{\pi} \neq \mathbf{0}$ 矛盾. 所以该马尔可夫链不存在平稳分布.

必要性. 仍用反证法, 假设 $C_+ \neq \varnothing$, 不妨设 $C_+ = C$ 只有一个正常返的闭集, 则类似于定理 3.5.4 可以证明该马尔可夫链限制在 C 上存在一平稳分布 $\boldsymbol{\pi}_1$ 使 $\boldsymbol{\pi}_1 = \boldsymbol{\pi}_1\boldsymbol{P}_1$, 其中 $\boldsymbol{P}_1$ 是一步转移概率矩阵 $\boldsymbol{P}$ 在 C 上的限制. 即 $\boldsymbol{P} = \begin{pmatrix} \boldsymbol{P}_1 & \mathbf{0} \\ \boldsymbol{R} & \boldsymbol{Q}_T \end{pmatrix}$. 此时只需取 $\boldsymbol{\pi} = (\boldsymbol{\pi}_1, \mathbf{0})$, 则有 $\boldsymbol{\pi}\boldsymbol{P} = (\boldsymbol{\pi}_1, \mathbf{0})\begin{pmatrix} \boldsymbol{P}_1 & \mathbf{0} \\ \boldsymbol{R} & \boldsymbol{Q}_T \end{pmatrix} = (\boldsymbol{\pi}_1\boldsymbol{P}_1, \mathbf{0}) = (\boldsymbol{\pi}_1, \mathbf{0}) = \boldsymbol{\pi}$. 可见, $\boldsymbol{\pi}$ 是平稳分布, 与平稳分布不存在矛盾, 故 $C_+ = \varnothing$.

② 充分性. 因该马尔可夫链只有一个基本正常返闭集, 故类似于定理 3.5.4 可证明该马尔可夫链存在唯一的平稳分布.

必要性. 首先, 因它存在一个平稳分布, 故由 ① 知 $C_+ \neq \varnothing$. 又不妨假设其常返状态集可分解为两个常返闭集的并, 即 $C_+ = C_a \bigcup C_b$. 则易知一步转移概率矩阵 $\boldsymbol{P}$ 可写为

$$\boldsymbol{P} = \begin{pmatrix} \boldsymbol{P}_1 & \mathbf{0} & \mathbf{0} \\ \mathbf{0} & \boldsymbol{P}_2 & \mathbf{0} \\ \boldsymbol{R}_1 & \boldsymbol{R}_2 & \boldsymbol{Q}_T \end{pmatrix},$$

其中 $\boldsymbol{P}_1$, $\boldsymbol{P}_2$ 分别是 $\boldsymbol{P}$ 在 C_a, C_b 上的限制. 类似于定理 3.5.4 可证明存在 $\boldsymbol{\pi}_1$, $\boldsymbol{\pi}_2$ 使得 $\boldsymbol{\pi}_1 = \boldsymbol{\pi}_1\boldsymbol{P}_1$, 且 $\boldsymbol{\pi}_2 = \boldsymbol{\pi}_2\boldsymbol{P}_2$, 若取 $\boldsymbol{\pi} = (\boldsymbol{\pi}_1, \mathbf{0}, \mathbf{0})$, $\boldsymbol{\pi}' = (\mathbf{0}, \boldsymbol{\pi}_2, \mathbf{0})$, 则易知 $\boldsymbol{\pi}\boldsymbol{P} = (\boldsymbol{\pi}_1\boldsymbol{P}_1, \mathbf{0}, \mathbf{0}) = (\boldsymbol{\pi}_1, \mathbf{0}, \mathbf{0}) = \pi$, $\boldsymbol{\pi}'\boldsymbol{P} = (\mathbf{0}, \boldsymbol{\pi}_2, \mathbf{0}) = \boldsymbol{\pi}'$. 可见 $\boldsymbol{\pi}$ 与 $\boldsymbol{\pi}'$ 均是平稳分布, 与唯一性矛盾. 故该马尔可夫链只有一个基本正常返闭集 $C_a = C_+$.

③ 由定理 3.4.3 及定理 3.5.1 的推论 1 可知, 有限状态马尔可夫链总存在正常返状态, 即对有限状态马尔可夫链总有 $C_+ \neq \varnothing$, 故由 ① 知它的平稳分布总存在.

④ 由定理 3.5.1 的推论 2 及定理 3.5.6 易得. □

3. $\lim\limits_{n\to\infty} \pi_j(n)$ 的存在性

下面来研究 $\lim\limits_{n\to\infty} \pi_j(n)$ 的存在性问题.

定义 3.5.2　若 $\lim\limits_{n\to\infty} \pi_j(n) = \pi_j^*\,(j \in S)$ 存在, 则称 $\boldsymbol{\pi}^* = \{\pi_1^*, \cdots, \pi_j^*, \cdots\}$

为**马尔可夫链的极限分布**.

定理 3.5.8 非周期不可约链是正常返的充要条件是它存在平稳分布，且此时平稳分布就是极限分布.

证明 充分性. 设存在平稳分布 $\boldsymbol{\pi}=\{\pi_1,\cdots,\pi_j\cdots\}$, 由此有 $\boldsymbol{\pi}=\boldsymbol{\pi P}=\boldsymbol{\pi P}^2=\cdots=\boldsymbol{\pi P}^n$, 即 $\pi_j=\sum\limits_{i\in S}\pi_i p_{ij}^{(n)}$. 由于 $\pi_i\geqslant 0,\sum\limits_{j\in S}\pi_j=1$, 当 $n\to\infty$ 时，利用控制收敛定理，极限号与和式可交换，得

$$\pi_j=\lim_{n\to\infty}\sum_{i\in S}\pi_i p_{ij}^{(n)}=\sum_{i\in S}\pi_i\Big(\lim_{n\to\infty}p_{ij}^{(n)}\Big)=\Big(\sum_{i\in S}\pi_i\Big)\frac{1}{\mu_j}=\frac{1}{\mu_j}.$$

因为 $\sum\limits_{j\in S}\pi_j=\sum\limits_{j\in S}\dfrac{1}{\mu_j}=1$, 于是至少存在一个 $\pi_l=\dfrac{1}{\mu_l}>0$, 从而

$$\lim_{n\to\infty}p_{il}^{(n)}=\frac{1}{\mu_l}>0,$$

即 $\mu_l<\infty$, 故 l 为正常返状态. 由不可约性知，整个链是正常返的，且所有 $\pi_j=\dfrac{1}{\mu_j}>0$.

必要性. 由于马尔可夫链是正常返非周期链, 即为遍历链, 由定理 3.5.6 立即得证, 且所有 $\pi_j=\pi_j^*=\dfrac{1}{\mu_j}$, $j\in S$. □

由上可知, 对于不可约遍历链, 则极限分布 $\pi^*=\pi$ 存在且等于平稳分布. 这意味着当 n 充分大时,

$$P(X_n=j)\approx\pi_j=\frac{1}{\mu_j},$$

即 $\{X_n,n\geqslant 0\}$ 是一渐近平稳序列. 这在实际问题中是很有意义的.

例 1 设

$$S=\{1,2\},\quad \boldsymbol{P}=\begin{pmatrix}3/4 & 1/4\\ 5/8 & 3/8\end{pmatrix},$$

求平稳分布及 $\lim\limits_{n\to\infty}\boldsymbol{P}^n=?$

解 由 $\boldsymbol{\pi}=\boldsymbol{\pi P}$ 得 $\pi_1=\dfrac{3}{4}\pi_1+\dfrac{5}{8}\pi_2$ 及 $\pi_1+\pi_2=1$, 解得 $\pi_1=\dfrac{5}{7},\pi_2=\dfrac{2}{7}$, 故

$$\boldsymbol{\pi}=\Big(\frac{5}{7},\frac{2}{7}\Big).$$

由 $\lim\limits_{n\to\infty} p_{ij}^{(n)} = \pi_j = \dfrac{1}{\mu_j}$, 故

$$\mu_1 = \frac{7}{5},\quad \mu_2 = \frac{7}{2},$$

且

$$\lim_{n\to\infty} \boldsymbol{P}^n = \lim_{n\to\infty} \begin{pmatrix} 3/4 & 1/4 \\ 5/8 & 3/8 \end{pmatrix}^n = \begin{pmatrix} 5/7 & 2/7 \\ 5/7 & 2/7 \end{pmatrix}. \qquad \square$$

例 2　设 $\{X_n, n \geqslant 0\}$ 为艾伦费斯特链, $S = \{0, 1, 2, \cdots, 2N\}$, 转移概率为

$$\begin{aligned} p_{ii} &= 0 \quad (0 \leqslant i \leqslant 2N), \\ p_{i,i+1} &= \frac{2N-i}{2N} \quad (0 \leqslant i \leqslant 2N-1), \\ p_{i,i-1} &= \frac{i}{2N} \quad (1 \leqslant i \leqslant 2N). \end{aligned}$$

求此链的 π_j 及 $\mu_j\,(i \in S)$.

解　由 $\boldsymbol{\pi} = \boldsymbol{\pi P}$, 得

$$\begin{aligned} \pi_0 &= \frac{\pi_1}{2N}, \\ \pi_i &= \frac{2N-i+1}{2N}\pi_{i-1} + \frac{i+1}{2N}\pi_{i+1},\ 1 \leqslant i \leqslant 2N-1, \\ \pi_{2N} &= \frac{\pi_{2N-1}}{2N}. \end{aligned}$$

解此方程组得

$$\pi_i = \mathrm{C}_{2N}^i\ \pi_0,\ \ 1 \leqslant i \leqslant 2N.$$

又因为 $\sum\limits_{i=0}^{2N} \pi_i = 1$, 因此 $\pi_0 = 2^{-2N}$, 于是有

$$\pi_i = \mathrm{C}_{2N}^i 2^{-2N},\ \ 1 \leqslant i \leqslant 2N.$$

再由 $\mu_i = \dfrac{1}{\pi_i}$ 得

$$\mu_i = 2^{2N}\frac{i!(2N-i)!}{(2N)!},\ \ 0 \leqslant i \leqslant 2N. \qquad \square$$

4. 求和 (积分) 与极限交换的原则

下面罗列几个关于求和 (积分) 与极限交换的重要定理，这些定理可以看成是实变函数理论中有关定理的推广. 为此，先介绍关于数列的上、下极限的概念.

对于一数列 $\{a_n, n \geqslant 1\}$, 称 $\lim\limits_{n\to\infty}(\sup\limits_{k\geqslant n} a_k) = \overline{\lim\limits_{n\to\infty}}\, a_n$ 和 $\lim\limits_{n\to\infty}(\inf\limits_{k\geqslant n} a_k) = \underline{\lim\limits_{n\to\infty}}\, a_n$ 分别为数列 $\{a_n, n \geqslant 1\}$ 的上极限和下极限. 有些文献中亦将 $\overline{\lim\limits_{n\to\infty}}\, a_n$ 和 $\underline{\lim\limits_{n\to\infty}}\, a_n$ 分别记作 $\limsup\limits_{n\to\infty} a_n$ 和 $\liminf\limits_{n\to\infty} a_n$.

显然，对任一个数列 $\{a_n, n \geqslant 1\}$, 定义

$$b_n = \sup_{k\geqslant n} a_k = \bigcup_{k\geqslant n} a_k, c_n = \inf_{k\geqslant n} a_k = \bigcap_{k\geqslant n} a_k,$$

则 $\{b_n, n \geqslant 1\}$ 与 $\{c_n, n \geqslant 1\}$ 均是单调数列. 故 $\lim\limits_{n\to\infty} b_n = \overline{\lim\limits_{n\to\infty}}\, a_n$ 与 $\lim\limits_{n\to\infty} c_n = \underline{\lim\limits_{n\to\infty}}\, a_n$ 总存在. 显然 $\forall n \geqslant 1, b_n \geqslant c_n$, $\overline{\lim\limits_{n\to\infty}}\, a_n \geqslant \underline{\lim\limits_{n\to\infty}}\, a_n$. 由上述定义，易证数列 $\{a_n, n \geqslant 1\}$ 的极限 $\lim\limits_{n\to\infty} a_n$ 存在的充要条件是 $\overline{\lim\limits_{n\to\infty}}\, a_n = \underline{\lim\limits_{n\to\infty}}\, a_n$.

定理 3.5.9 (列维 (Levy) 单调收敛定理) 设 $\boldsymbol{\pi} = (\pi_i, i \in S)$ 是行向量, $\pi_i \geqslant 0, \forall i \in S$, 若列向量序列 $\{\boldsymbol{f}^{(n)}\}$, $\boldsymbol{f}^{(n)} = (f_1^{(n)}, f_2^{(n)}, \cdots, f_i^{(n)}, \cdots)^{\mathrm{T}}$, 满足 $\boldsymbol{0} \leqslant \boldsymbol{f}^{(1)} \leqslant \cdots \leqslant \boldsymbol{f}^{(n)} \leqslant \boldsymbol{f}^{(n+1)} \leqslant \cdots$ 且 $\lim\limits_{n\to\infty} \boldsymbol{f}^{(n)} = \boldsymbol{f}$. 则

$$\boldsymbol{\pi f} = \lim_{n\to\infty} \boldsymbol{\pi f}^{(n)},$$

即

$$\sum_{i\in S} \pi_i \left(\lim_{n\to\infty} f_i^{(n)}\right) = \lim_{n\to\infty} \sum_{i\in S} \pi_i f_i^{(n)}.$$

定理 3.5.10 (法都 (Fatou) 定理) 设 $\boldsymbol{\pi} = (\pi_i, i \in S)$ 是行向量, $\pi_i \geqslant 0$, $\forall i \in S$, 若列向量序列 $\{\boldsymbol{f}^{(n)}\}$, $\boldsymbol{f}^{(n)} = (f_1^{(n)}, f_2^{(n)}, \cdots, f_i^{(n)}, \cdots)^{\mathrm{T}}$, 满足 $\boldsymbol{\pi}\left(\underline{\lim\limits_{n\to\infty}}\, \boldsymbol{f}^{(n)}\right) \leqslant \underline{\lim\limits_{n\to\infty}}\, \boldsymbol{\pi f}^{(n)}$ 且 $\lim\limits_{n\to\infty} \boldsymbol{f}^{(n)} \triangleq \boldsymbol{f}$ 存在. 则

$$\boldsymbol{\pi f} \leqslant \underline{\lim_{n\to\infty}}\, \boldsymbol{\pi f}^{(n)}.$$

定理 3.5.11 (勒贝格 (Lebesgue) 控制收敛定理) 设 $\boldsymbol{\pi} = (\pi_i, i \in S)$ 是行向量, $\pi_i \geqslant 0, \forall i \in S$, 若列向量序列 $\{\boldsymbol{f}^{(n)}\}$, $\boldsymbol{f}^{(n)} = (f_1^{(n)}, f_2^{(n)}, \cdots, f_i^{(n)}, \cdots)^{\mathrm{T}}$, 满

足 $\boldsymbol{f}^{(n)} \geqslant \mathbf{0}$, $|\boldsymbol{f}^{(n)}| = (|f_1^{(n)}|, |f_2^{(n)}|, \cdots, |f_i^{(n)}|, \cdots)^{\mathrm{T}} \leqslant c\boldsymbol{e}$, 其中 $\boldsymbol{e} = (1, 1, \cdots)^{\mathrm{T}}$, $c > 0$ 为常数, 且 $\lim\limits_{n\to\infty} \boldsymbol{f}^{(n)} = \boldsymbol{f}$ 存在. 则

$$\boldsymbol{\pi f} = \lim_{n\to\infty} \boldsymbol{\pi f}^{(n)}.$$

3.6 离散时间的 Phase-Type 分布及其反问题

本节讨论离散时间的 Phase-Type 分布及其反问题, 先给出它的定义.

定义 3.6.1 设 $\{X_n, n \geqslant 0\}$ 是马尔可夫链, 状态空间 $\tilde{S} = S \bigcup S_0$ 有限, $S = \{1, 2, \cdots, p\}$ 为瞬时态集, $S_0 = \{0\}$ 为吸收态集. 一步转移概率矩阵

$$\tilde{\boldsymbol{P}} = \begin{pmatrix} \boldsymbol{P} & \boldsymbol{P}_0 \\ \mathbf{0} & 1 \end{pmatrix},$$

其中, $\boldsymbol{P}$ 为瞬时态集的转移矩阵, $\boldsymbol{P}_0 = (\boldsymbol{I} - \boldsymbol{P})\boldsymbol{e}$, $\boldsymbol{e} = (1, 1, \cdots, 1)^{\mathrm{T}}$ 为 p 维单位列向量, $\tau = \inf\{n\colon n \geqslant 0, X_n \in S_0\}$, 称 τ 为从瞬时态集到吸收态集的首达时间, 称 τ 的分布为 Phase-Type 分布(简称 PH 分布).

令 $\boldsymbol{\pi}(0) = (\alpha_0, \boldsymbol{\alpha})$, 其中 $\boldsymbol{\alpha} = (\alpha_1, \cdots, \alpha_p)$, $\alpha_k \geqslant 0$, $\sum\limits_{k\in\tilde{S}} \alpha_k = 1$. $g_k = P(\tau = k)$, $g_k(i) = P(\tau = k \big| X_0 = i)$, $\boldsymbol{g_k} = (g_k(i), i \in S)^{\mathrm{T}}$, $g(i, \lambda) = E(\lambda^\tau \big| X_0 = i)$, $\boldsymbol{g}(\lambda) = (g(i, \lambda), i \in S)$, $g(\lambda) = E(\lambda^\tau) = \sum\limits_{k=0}^{\infty} g_k \lambda^k$.

下面先求 τ 的分布 $\{g_k, k \geqslant 1\}$, τ 的条件分布向量 $\{\boldsymbol{g_k}, k \geqslant 1\}$ 及其生成函数. 有如下的定理:

定理 3.6.1 在上述记号下, 有

(1) $g_0 = \alpha_0$,

$$\forall k \geqslant 1, g_k = \boldsymbol{\alpha P}^{k-1} \boldsymbol{P}_0 = \boldsymbol{\alpha P}^{k-1}(\boldsymbol{I} - \boldsymbol{P})\boldsymbol{e}; \tag{3.6.1}$$

(2) $\boldsymbol{g}_0 = \mathbf{0}$, $\forall k \geqslant 1$, 有

$$\boldsymbol{g_k} = \boldsymbol{P}^{k-1} \boldsymbol{P}_0 = \boldsymbol{P}^{k-1}(\boldsymbol{I} - \boldsymbol{P})\boldsymbol{e}; \tag{3.6.2}$$

(3) $\forall 0 \leqslant \lambda \leqslant 1$, 有

$$g(\lambda) = \alpha_0 + \lambda\boldsymbol{\alpha}(\boldsymbol{I} - \lambda\boldsymbol{P})^{-1}(\boldsymbol{I} - \boldsymbol{P})\boldsymbol{e}, \tag{3.6.3}$$

$$\boldsymbol{g}(\lambda) = \lambda(\boldsymbol{I} - \lambda\boldsymbol{P})^{-1}(\boldsymbol{I} - \boldsymbol{P})\boldsymbol{e}. \tag{3.6.4}$$

证明 (1) 用数学归纳法.

当 $k=0$ 时，有 $g_0=P(\tau=0)=P(X_0\in S_0)=\alpha_0$,

当 $k=1$ 时，有 $g_1=P(\tau=1)=P(X_0\in S,X_1=0)=\sum\limits_{i\in S}\alpha_i p_{i0}=\boldsymbol{\alpha}\ \boldsymbol{P}_0$,

当 $k=2$ 时，有

$$\begin{aligned}g_2=&P(\tau=2)=P(X_0\in S,X_1\in S,X_2\in S_0)\\=&\sum_{i\in S}\sum_{j\in S}P(X_0=i,X_1=j,X_2=0)=\sum_{i\in S}\sum_{j\in S}\alpha_i p_{ij}p_{j0}=\boldsymbol{\alpha}\ \boldsymbol{P}^{2-1}\ \boldsymbol{P}_0,\end{aligned}$$

假设 $k=n$ 时命题成立，即 $g_n=\boldsymbol{\alpha}\boldsymbol{P}^{n-1}\boldsymbol{P}_0=\boldsymbol{\alpha}\boldsymbol{P}^{n-1}(\boldsymbol{I}-\boldsymbol{P})\boldsymbol{e}$, 则当 $k=n+1$ 时，可以仿照上面作如下的事件分解：(1) 从初始状态 i 转移一步到 j; (2) 以 j 作为初始状态然后转移 n 步被吸收，则结合归纳假设

$$g_{n+1}=P(\tau=n+1)=\boldsymbol{\alpha}\boldsymbol{P}\boldsymbol{P}^{n-1}\boldsymbol{P}_0=\boldsymbol{\alpha}\boldsymbol{P}^{n}\boldsymbol{P}_0=\boldsymbol{\alpha}\boldsymbol{P}^{(n+1)-1}\boldsymbol{P}_0=\boldsymbol{\alpha}\boldsymbol{P}^{n}(\boldsymbol{I}-\boldsymbol{P})\boldsymbol{e},$$

知当 $k=n+1$ 时，命题成立.

综上有：$\forall k\in\mathbb{N}$, $g_0=\alpha_0$, $g_k=\boldsymbol{\alpha}\boldsymbol{P}^{k-1}\boldsymbol{P}_0=\boldsymbol{\alpha}\boldsymbol{P}^{k-1}(\boldsymbol{I}-\boldsymbol{P})\boldsymbol{e}$.

(2) 类似于 (1) 的证明，即得 (3.6.2) 式,

(3) 为了证明 (3) 先给出一个引理:

引理 3.6.1 设矩阵 $\boldsymbol{Q}$ 满足 $\lim\limits_{n\to\infty}\boldsymbol{Q}^n=\boldsymbol{0}$, 则 $(\boldsymbol{I}-\boldsymbol{Q})^{-1}$ 存在，且

$$(\boldsymbol{I}-\boldsymbol{Q})^{-1}=\sum_{k=0}^{\infty}\boldsymbol{Q}^k, \tag{3.6.5}$$

其中 $\boldsymbol{I}$ 为单位矩阵.

证明 因

$$(\boldsymbol{I}-\boldsymbol{Q})\ (\boldsymbol{I}+\boldsymbol{Q}+\boldsymbol{Q}^2+\cdots+\boldsymbol{Q}^{n-1})=\boldsymbol{I}-\boldsymbol{Q}^n, \tag{3.6.6}$$

由已知有 $\lim\limits_{n\to\infty}\boldsymbol{Q}^n=\boldsymbol{0}$, 故行列式 $|\boldsymbol{I}-\boldsymbol{Q}^n|\to 1(n\to\infty)$. 所以，当 n 充分大时，$|\boldsymbol{I}-\boldsymbol{Q}^n|\neq 0$, 从而

$$|\boldsymbol{I}-\boldsymbol{Q}|\cdot|\boldsymbol{I}+\boldsymbol{Q}^2+\cdots+\boldsymbol{Q}^{n-1}|\neq 0.$$

这只当上式左边两个行列式均不为 0 时才成立，于是 $|\boldsymbol{I}-\boldsymbol{Q}|\neq 0$, 即 $(\boldsymbol{I}-\boldsymbol{Q})^{-1}$ 存在. 以 $(\boldsymbol{I}-\boldsymbol{Q})^{-1}$ 左乘 (3.6.6) 式两边，并令 $n\to\infty$ 则得 (3.6.5) 式. □

以下证明 (3)：

将 g_k 与 $\boldsymbol{g}_k$ 的表达式分别代入 $g(\lambda)=\sum\limits_{k=0}^{\infty} g_k\lambda^k$ 及 $\boldsymbol{g}(\lambda)=\sum\limits_{k=0}^{\infty}\boldsymbol{g}_k\lambda^k$ 中，并注意到 S 为瞬时态集，故 $\lim\limits_{n\to\infty}\boldsymbol{P}^n=\boldsymbol{0}$, 用引理即可得 (3).　□

在理论与实际应用中，常常感兴趣的问题是所谓 PH 分布的反问题，即已知以上马尔可夫链的首达时间的条件分布向量序列 $\{\boldsymbol{g}_k, k\geqslant 1\}$, 能否求其 $\boldsymbol{P}$ 与 $\boldsymbol{P}_0$? 下面给出肯定的回答:

记 $\boldsymbol{B}(k,p)=(\boldsymbol{g}_k,\boldsymbol{g}_{k+1},\cdots,\boldsymbol{g}_{k+p-1})$ 为 $p\times p$ 矩阵，称为该马尔可夫链首达时间 τ 的条件分布向量矩阵. 有以下的定理.

定理 3.6.2　在上述记号下，有

(1) $\forall k\geqslant 2$, 有

$$\boldsymbol{g}_k=\boldsymbol{P}\boldsymbol{g}_{k-1};\tag{3.6.7}$$

$$\boldsymbol{B}(k,p)=\boldsymbol{P}\,\boldsymbol{B}(k-1,p);\tag{3.6.8}$$

(2) 若 $\mathrm{rank}\boldsymbol{B}(1,p)=p$, 则

$$\boldsymbol{P}=\boldsymbol{B}(2,p)\boldsymbol{B}^{-1}(1,p);\tag{3.6.9}$$

$$\boldsymbol{P}_0=(\boldsymbol{I}-\boldsymbol{B}(2,p)\boldsymbol{B}^{-1}(1,p))\boldsymbol{e};\tag{3.6.10}$$

(3) 若 $\mathrm{rank}\boldsymbol{B}(1,p)=p$, 则

$$\boldsymbol{g}_k=\boldsymbol{B}(2,p)\boldsymbol{B}^{-1}(1,p)\boldsymbol{g}_{k-1}\qquad k\geqslant 2.\tag{3.6.11}$$

证明　(1) 由 (3.6.2) 式即得 (3.6.7) 式及 (3.6.8) 式;

(2) 当 $\mathrm{rank}\boldsymbol{B}(1,p)=p$ 时，由 (3.6.8) 式即得 (3.6.9) 式及 (3.6.10) 式.

(3) 由 (2) 即得.　□

上述定理说明：若 $\mathrm{rank}\boldsymbol{B}(1,p)=p$, 则 $\boldsymbol{P},\boldsymbol{P}_0$ 可由 $\boldsymbol{B}(2,p)$ 唯一确定，且首达时间 τ 的条件分布向量序列由 $\boldsymbol{B}(2,p)$ 唯一确定.

问题 1, 当 $\mathrm{rank}\boldsymbol{B}(1,p)=r$, 而 $1\leqslant r<p$ 时，请有兴趣的读者作为练习研究并给出其答案.

在物理与工程技术管理中往往有这种问题，即某系统的内部参数未知 (例如 $\boldsymbol{P},\boldsymbol{P}_0$ 未知), 但其外部的某些指标是可以观察到的 (例如 τ 的观测值). 如何由能观测到的外部指标的观测值估计其内部参数？这是有意义的理论与应用问题.

问题 2, 如何用 $\boldsymbol{B}(k,p)$ 来表示 $\boldsymbol{g}(\lambda)$? 请有兴趣的读者给出答案.

PH 分布有如下的一些性质:

性质 3.6.1 若 τ_1,τ_2 为 PH 分布, 则 $\tau_1+\tau_2,\tau_1\wedge\tau_2,\tau_1\vee\tau_2$ 均为 PH 分布.

性质 3.6.2 $\tau_1,\cdots,\tau_n$ 为 PH 分布, ξ 为离散随机变量且与 $\tau_1,\cdots,\tau_n$ 独立, 且 $P(\xi=k)=p_k, 1\leqslant k\leqslant n$. 则 $\sum\limits_{k=1}^{n}\tau_k I_{(\xi=k)}$ 为 PH 分布.

性质 3.6.3 设 τ 为 PH 分布, F 为其分布函数, 对于 $0<r<1$, 则

$$\sum_{n=0}^{\infty}(1-r)r^{n-1}F^{(n)}$$

为 PH 分布, 其中 $F^{(n)}$ 为 F 的 n 重卷积.

以上性质的证明均留给读者作为练习.

由于 PH 分布便于上机计算与分析等特点, 它已在排队系统, 制造系统, 通信网络, 计算机网络等领域获得广泛的应用.

3.7 首达目标模型与其他模型的关系

本节考虑定义在状态空间 S 为有限集的马尔可夫链 $\{X_n,n\geqslant 0\}$ 上系统的总报酬 (或某个性能指标) 的矩与分布及其拉普拉斯变换问题. 设 $H\subset S$ 为目标集, $\overline{H}=S-H$ 为系统的工作集. 设 $r(i)$ 是定义在 S 上的非负有穷值函数, $r(i)$ 可理解为系统在 i 状态在单位时段的报酬 ($r(i)$ 亦可称为该系统的某个性能指标函数). 为方便且不失一般性, 当 $i\in H$ 时, 规定 $r(i)\equiv 0$.

令

$$\tau_H=\begin{cases}\min\{n\colon n\geqslant 0,X_n\in H\}, & \{n\colon n\geqslant 0,X_n\in H\}\neq\varnothing,\\ \infty, & \{n\colon n\geqslant 0,X_n\in H\}=\varnothing,\end{cases}$$

$$W_0=\sum_{n=0}^{\tau_H}r(X_n),\qquad W_1=\sum_{n=1}^{\tau_H}r(X_n).$$

于是 τ_H 表示首次到达目标集时间,W_0 表示从 0 时刻到进入目标集之前的总报酬 (或性能指标), 它是定义于 $\{X_n,n\geqslant 0\}$ 上的可加泛函. 由于 $r(X_n)\geqslant 0\,(n\geqslant 0)$, 故 W_0,W_1 均是非负随机变量. 记

$$\begin{aligned}\mu_i^{(k)}=&E(W_0^k\big|X_0=i),\quad k\geqslant 1,i\in\overline{H};\\ F_i(t)=&P(W_0\leqslant t\big|X_0=i),\quad t\geqslant 0,i\in\overline{H};\end{aligned}$$

$$\phi_i(\lambda)=\int_0^\infty \mathrm{e}^{-\lambda t}\,\mathrm{d}F_i(t),\quad \lambda\geqslant 0, i\in\overline{H}.$$

记 $r_i^{(0)}=\mu_i^{(0)}=1$, 令 $r_i=r_i^{(1)}=r(i)$, 而

$$r_i^{(k)}=\sum_{l=0}^{k-1}(-1)^{k-1-l}\mathrm{C}_k^l r_i^{k-l}\mu_i^{(l)}\quad (k\geqslant 1).$$

以 $\boldsymbol{r}^{(k)},\boldsymbol{\mu}^{(k)}$ 及 $\boldsymbol{\phi}(\lambda)$ 分别表示分量为 $r_i^{(k)},\mu_i^{(k)}$ 及 $\phi_i(\lambda)\,(i\in\overline{H})$ 的列向量. 则有如下定理.

定理 3.7.1 对任意 $k\geqslant 1,\boldsymbol{\mu}^{(k)}$ 满足方程组

$$\boldsymbol{\mu}^{(k)}=\boldsymbol{r}^{(k)}+\boldsymbol{P}\boldsymbol{\mu}^{(k)},\tag{3.7.1}$$

其中 $\boldsymbol{P}=(p_{ij})_{\overline{H}\times\overline{H}},i,j\in\overline{H}$.

证明 注意到当 $X_0,X_1\in S$ 时 $W_0^k=\sum\limits_{l=0}^{k-1}\mathrm{C}_k^l r_i^{k-l}W_1^l+W_1^k$, 然后应用全概率公式及马尔可夫性即可得 (3.7.1) 式. □

设 $\boldsymbol{y}=(y_1,y_2,\cdots,y_p)^{\mathrm{T}}$ 为 $\overline{H}$ 上的未知列向量, 有如下定理.

定理 3.7.2 若 $\overline{H}$ 为瞬时态集, 则 $\boldsymbol{\mu}^{(k)}(k\geqslant 1)$ 是下列方程组

$$\boldsymbol{y}=\boldsymbol{r}^{(k)}+\boldsymbol{P}\boldsymbol{y}\tag{3.7.2}$$

的唯一非负有界解, 且

$$\boldsymbol{\mu}^{(k)}=\sum_{n=0}^{\infty}\boldsymbol{P}^{(n)}\ \boldsymbol{r}^{(k)}.\tag{3.7.3}$$

证明 由 (3.7.1) 式知 $\boldsymbol{\mu}^{(k)}$ 是 (3.7.2) 式的一个非负有界解, 以下只需证唯一性.

设 $\boldsymbol{v}^{(k)}$ 是 (3.7.2) 式的另一非负有界解, 即

$$\boldsymbol{v}^{(k)}=\boldsymbol{r}^{(k)}+\boldsymbol{P}\boldsymbol{v}^{(k)}.$$

由上式及 (3.7.1) 式, 有

$$\boldsymbol{v}^{(k)}-\boldsymbol{\mu}^{(k)}=\boldsymbol{P}(\boldsymbol{v}^{(k)}-\boldsymbol{\mu}^{(k)}).\tag{3.7.4}$$

重复利用 (3.7.4) 式, 有

$$\boldsymbol{v}^{(k)}-\boldsymbol{\mu}^{(k)}=\boldsymbol{P}(\boldsymbol{v}^{(k)}-\boldsymbol{\mu}^{(k)})=\boldsymbol{P}^{(2)}(\boldsymbol{v}^{(k)}-\boldsymbol{\mu}^{(k)})=\cdots=\boldsymbol{P}^{(n)}(\boldsymbol{v}^{(k)}-\boldsymbol{\mu}^{(k)}).$$

因 $\overline{H}$ 为瞬时态集，故 $\forall i,j\in\overline{H}$, $\lim\limits_{n\to\infty}p_{ij}^{(n)}=0$, 即 $\boldsymbol{P}^{(n)}\to\boldsymbol{0}$. 故

$$\boldsymbol{v}^{(k)}-\boldsymbol{\mu}^{(k)}=\lim_{n\to\infty}\boldsymbol{P}^{(n)}(\boldsymbol{v}^{(k)}-\boldsymbol{\mu}^{(k)})=\boldsymbol{0}.$$

所以 $\boldsymbol{v}^{(k)}=\boldsymbol{\mu}^{(k)}$, 且

$$(\boldsymbol{I}-\boldsymbol{P})^{-1}=\sum_{n=0}^{\infty}\boldsymbol{P}^{(n)}$$

存在，于是由 (3.7.1) 式可得 (3.7.3) 式. □

推论 记 $\|\boldsymbol{\mu}^{(1)}\|=\max\limits_{i}|\mu_i^{(1)}|$, $\|\boldsymbol{r}\|=\max\limits_{i}|r_i|$, 则当 $\rho<1$ 时，有

$$\|\boldsymbol{\mu}^{(1)}\|\leqslant\frac{1}{1-\rho}\|\boldsymbol{r}\|,$$

其中 ρ 为矩阵 $\boldsymbol{P}$ 的谱半径.

记

$$\begin{aligned}\boldsymbol{P}_\lambda&=(p_{ij}\exp(-\lambda r_i)),\quad i,j\in\overline{H},\\ b_i(\lambda)&=\sum_{j\in H}p_{ij}\exp(-\lambda r_i),\\ \boldsymbol{b}(\lambda)&=(b_1(\lambda),b_2(\lambda),\cdots,b_p(\lambda))^{\mathrm{T}}.\end{aligned}$$

则有如下定理.

定理 3.7.3 对 $\lambda\geqslant0,\phi(\lambda)$ 是下列方程组

$$\boldsymbol{y}=\boldsymbol{b}(\lambda)+\boldsymbol{P}_\lambda\boldsymbol{y}\tag{3.7.5}$$

唯一的非负有界解.

证明 先证 $\phi(\lambda)$ 是方程 (3.7.5) 的解. 因

$$\begin{aligned}F_i(t)&=P(W_0\leqslant t|X_0=i)\\&=\sum_{j\in\overline{H}}p_{ij}P(W_1\leqslant t-r_i|X_1=j)+\sum_{j\in H}p_{ij}P(r_i\leqslant t|X_1=j),\end{aligned}$$

故

$$F_i(t)=\sum_{j\in\overline{H}}p_{ij}F_j(t-r_i)+\sum_{j\in H}p_{ij}P(r_i\leqslant t|X_1=j).\tag{3.7.6}$$

从而

$$\phi_i(\lambda)=\sum_{j\in\overline{H}}p_{ij}\exp(-\lambda r_i)\phi_j(\lambda)+\sum_{j\in H}p_{ij}\exp(-\lambda r_i)\quad(i\in\overline{H}),\tag{3.7.7}$$

即

$$\boldsymbol{\phi}(\lambda)=\boldsymbol{b}(\lambda)+\boldsymbol{P}_\lambda\boldsymbol{\phi}(\lambda).\tag{3.7.8}$$

下面证明唯一性，只要注意到 $\rho(\boldsymbol{P}_\lambda)<\sum\limits_{j\in\overline{H}}p_{ij}\exp(-\lambda r_i)<1$, 再用类似于定理 3.7.2 的唯一性证明过程，便知 $\phi(\lambda)$ 是方程 (3.7.5) 唯一的非负有界解. □

因为 $0<\phi_i(\lambda)<1$, 显然有下述结果：

推论　对 $\lambda\geqslant 0$, 有

$$\boldsymbol{\phi}(\lambda)=\sum_{n=0}^{\infty}\boldsymbol{P}_\lambda^n\boldsymbol{b}(\lambda).\tag{3.7.9}$$

首达目标模型不仅有广泛的应用背景，同时它在理论上是最重要的基本模型之一，因为其他许多模型均可化为该模型来处理. 下面着重以折扣依赖于历史模型为例.

马尔可夫链折扣依赖于历史的 (可加泛函) 模型

设 $X=\{X_n,n\geqslant 0\}$ 为马尔可夫链，状态空间为 $S=\{1,2,\cdots,m\}$, 一步转移概率矩阵为 $\boldsymbol{P}=(p_{ij})$.

令 $r\colon S\to\mathbb{R}^+$, $r(i)$ 表示系统在 i 状态的性能指标. 折扣因子 $\beta\colon S\to[0,1)$, $\beta(i)$ 与状态有关. 记 $\beta(i)=\exp\{-\overline{\beta}(i)\}$, 其中 $\overline{\beta}(i)>0,\forall i\in S$. 考虑折扣依赖于历史的可加性能泛函

$$\begin{cases}\xi_k=\sum\limits_{n=k}^{\infty}\Big(\prod\limits_{l=k}^{n-1}\beta(X_l)\Big)r(X_n)=\sum\limits_{n=k}^{\infty}\Big(\exp\Big\{-\sum\limits_{l=k}^{n-1}\overline{\beta}(X_l)\Big\}\Big)r(X_n),\\ m_k(i)=E(\xi_0^k\big|X_0=i),\ r_1(i)=r(i),\ r_k(i)=\sum\limits_{l=0}^{k-1}(-1)^{k+1-l}\mathrm{C}_k^l r^{k-l}(i)m_l(i),\\ p_{ij}(k)=\beta^k(i)p_{ij},\ i,j\in S,k\geqslant 1,\\ \boldsymbol{m}_k=(m_k(i),i\in S)^{\mathrm{T}},\ \boldsymbol{r}_k=(r_k(i),i\in S)^{\mathrm{T}},\ \boldsymbol{P}(k)=(p_{ij}(k))_{i,j\in S}.\end{cases}\tag{3.7.10}$$

式中约定 $\prod\limits_{l=0}^{-1}\beta(X_l)=1$.

定理 3.7.4 $\forall k \geqslant 1$, $\boldsymbol{m}_k$ 满足

$$\boldsymbol{m}_k = \boldsymbol{r}_k + \boldsymbol{P}(k)\boldsymbol{m}_k. \tag{3.7.11}$$

证明 类似于定理 3.7.1 的证明. □

注意到当 $\beta(i) < 1, \forall i \in S$ 时, 有以下推论:

推论 $\boldsymbol{m}_k$ 是下列非负方程 $\boldsymbol{x} = \boldsymbol{r}_k + \boldsymbol{P}(k)\boldsymbol{x}$ 的唯一非负最小解, 且

$$\boldsymbol{m}_k = \sum_{n=0}^{\infty} \boldsymbol{P}^n(k)\boldsymbol{r}_k. \tag{3.7.12}$$

由上面讨论可知, 只要已知 r, β 与 $\boldsymbol{P} = (p_{ij})$. 可由 (3.7.12) 式逐次求得 $\boldsymbol{m}_1$, $\boldsymbol{r}_1$, $\boldsymbol{m}_2$, $\boldsymbol{r}_2, \cdots, \boldsymbol{m}_k$, $\boldsymbol{r}_k, \cdots$.

从方程 (3.7.1) 和方程 (3.7.11) 可以看出, 首达目标模型的 k 阶矩 μ_k 与折扣依赖于历史模型中的 k 阶矩所满足的方程组极为相似. 自然要问: 对于给定的马尔可夫链的折扣依赖于历史模型的 $k(k \geqslant 1)$ 阶矩问题, 能否构造一马尔可夫链, 使其首达目标的一阶矩恰好等于前者的 k 阶矩? 回答是肯定的.

定理 3.7.5 对于由 (3.7.10) 式给出的折扣依赖于历史模型的 k 阶矩向量 $\boldsymbol{m}_k (k \geqslant 1)$ 必可构造一相应的首达目标模型, 使得该模型的一阶矩向量恰好等于 $\boldsymbol{m}_k$.

证明 构造相应的首达目标模型. 设新马尔可夫链为 $\tilde{X} = \{\tilde{X}_n, n \geqslant 0\}$, 其状态空间为 $\tilde{S} = S \bigcup \{\delta\}$, 一步转移概率矩阵为 $\tilde{\boldsymbol{P}}(k) = (\tilde{p}_{ij}(k))$, $i, j \in \tilde{S}$, 指标函数为 $\tilde{r}_k\colon \tilde{S} \to \mathbb{R}^+$, 其中

$$\begin{cases} \tilde{p}_{ij}(k) = \begin{cases} \beta^k(i) p_{ij}, & i, j \in S, \\ 1 - \sum\limits_{j \in S} \tilde{p}_{ij}(k), & i \in S, j = \delta, \\ 1, & i = j = \delta, \\ 0, & i = \delta, j \in S. \end{cases} \\ \tilde{r}_k(i) = \begin{cases} r_k(i), & i \in S, \\ 0, & i = \delta. \end{cases} \\ \tilde{T}_\delta = \inf\{n\colon n \geqslant 0, \tilde{X}_n = \delta\}, \\ \tilde{\xi}_0(k) = \sum\limits_{n=0}^{\tilde{T}_\delta} \tilde{r}_k(\tilde{X}_n), \qquad \tilde{\mu}_1(i,k) = E(\tilde{\xi}_0(k) \big| \tilde{X}_0 = i), \quad i \in S, \\ \tilde{\boldsymbol{\mu}}_1(k) = (\tilde{\mu}_1(i,k), i \in S). \end{cases} \tag{3.7.13}$$

式中 $\tilde{T}_\delta$ 表示首达 δ 的时间, $\tilde{\boldsymbol{\mu}}_1(k)$ 表示首达目标一阶矩向量. 因 $\tilde{p}_{i\delta}(k)>0, \forall i\in S$ 且 $\tilde{p}_{\delta\delta}(k)=1$, 从而 S 与 δ 对 $\tilde{X}=\{\tilde{X}_n, n\geqslant 0\}$ 而言分别是瞬时态集与吸收态. 不难验证

$$\tilde{\boldsymbol{\mu}}_1(k)=\boldsymbol{r}_k+\boldsymbol{P}(k)\tilde{\boldsymbol{\mu}}_1(k),$$

且是方程组 $\boldsymbol{x}=\boldsymbol{r}_k+\boldsymbol{P}(k)\boldsymbol{x}$ 的唯一非负最小解, 故

$$\tilde{\boldsymbol{\mu}}_1(k)=\boldsymbol{m}_k.$$

这说明由 (3.7.10) 式定义的折扣依赖于历史模型的 k 阶矩 ($k\geqslant 1$ 任意固定) 与由 (3.7.13) 式定义的首达目标模型的一阶矩相等. □

练 习 题

3.1 设马尔可夫链 $\{X_n, n\geqslant 0\}, S=\{1,2,3\}, X_0=3, T=\min\{n: n\geqslant 1, X_n=1\}$ 的转移矩阵分别为:

$$\boldsymbol{P}_1=\begin{pmatrix}1 & 0 & 0\\ 1/3 & 0 & 2/3\\ 0 & 1/3 & 2/3\end{pmatrix}, \boldsymbol{P}_2=\begin{pmatrix}1/3 & 2/3 & 0\\ 1/3 & 0 & 2/3\\ 0 & 1/3 & 2/3\end{pmatrix},$$

$$\boldsymbol{P}_3=\begin{pmatrix}0 & 1/3 & 2/3\\ 1/3 & 0 & 2/3\\ 1/3 & 2/3 & 0\end{pmatrix}.$$

(1) 对 $\boldsymbol{P}_1$, 求 $E(X_2), E(X_2|X_1), E(X_3|X_2), \pi_i(2)=P(X_2=i), i\in S$;

(2) 对 $\boldsymbol{P}_2$, 求 $P(T=k|X_0=3), 1\leqslant k\leqslant 3$ 及 $E(T\wedge 4|X_0=3)$;

(3) 对 $\boldsymbol{P}_3$, 求 T_{11} 的分布律及 ET_{11}.

3.2 设

$$\boldsymbol{P}=\begin{pmatrix}1-a & a\\ b & 1-b\end{pmatrix}, \quad 0<a,b<1.$$

证明

$$\boldsymbol{P}^n=\frac{1}{a+b}\begin{pmatrix}b & a\\ b & a\end{pmatrix}+\frac{(1-a-b)^n}{a+b}\begin{pmatrix}a & -a\\ -b & b\end{pmatrix}.$$

3.3 设 $S=\{1,2,\cdots,m\}$ 有限, 令

$$p_{ij}^{(0)}=\begin{cases}1, & j=i,\\ 0, & j\neq i,\end{cases} \quad i,j\in S,$$

定义转移概率母函数 $\phi_{ij}(z)=\sum\limits_{n=0}^{\infty}p_{ij}^{(n)}z^n,\ |z|<1, i,j\in S$, 母函数矩阵 $\boldsymbol{\Phi}(z)=(\phi_{ij}(z))$. 证明

$$\boldsymbol{\Phi}(z)=(\boldsymbol{I}-z\boldsymbol{P})^{-1}=\boldsymbol{I}+z\boldsymbol{P}+z^2\boldsymbol{P}^2+\cdots+z^n\boldsymbol{P}^n+\cdots.$$

3.4 一个国家在稳定经济条件下它的出口商品能够用三状态的马尔可夫链描述如下：状态空间 $S=\{+1,0,-1\}$; +1：今年比去年增长 $\geqslant 5\%$; 0：波动低于 5%; −1：今年比去年减少 $\geqslant 5\%$. 由以往的统计数据求得转移矩阵为

$$\begin{array}{c} \\ +1 \\ 0 \\ -1 \end{array}\begin{array}{c} \begin{array}{ccc} +1 & 0 & -1 \end{array} \\ \begin{pmatrix} 0.8 & 0.2 & 0 \\ 0.35 & 0.30 & 0.35 \\ 0 & 0.40 & 0.60 \end{pmatrix} \end{array}.$$

试求每个状态的平均返回时间，并比较在稳定经济条件下增长状态与减少状态的稳态概率.

3.5 水库供水按其水位分为下列 5 个状态："1" 表示危险水平；"2" 表示缺水；"3" 表示刚够；"4" 表示较好；"5" 表示充裕. $S=\{1,2,3,4,5\}$, 由已有数据求得相邻时间周期的转移矩阵为

$$\boldsymbol{P}=\begin{pmatrix} 0.1 & 0.1 & 0.3 & 0.5 & 0 \\ 0.3 & 0.2 & 0.2 & 0.2 & 0.1 \\ 0.1 & 0.2 & 0.4 & 0.2 & 0.1 \\ 0 & 0.1 & 0.2 & 0.4 & 0.3 \\ 0 & 0.1 & 0.1 & 0.4 & 0.4 \end{pmatrix},$$

试求出现危险水平的平均时间长度 (即求 $\mu_{11}=\mu_1$).

3.6 在 3.1 节中例 3 (1) 离散时间排队模型中，$n+1$ 时刻等待服务的顾客数 $X_{n+1}=(X_n-1)^++\xi_n$, 其中 $\{\xi_n, n\geqslant 0\}$ 独立同分布，且 $P(\xi_n=k)=a_k, k\in\mathbb{N}$. ξ_n 表示第 n 周期到达的顾客数，$y^+=\max(0,y)$. 试证明当 $\sum\limits_{k=0}^{\infty}ka_k<1$ 时，存在平稳分布，并求平衡时等待顾客的平均队长.

3.7 设马尔可夫链 $\{X_n, n\geqslant 0\}, S=\{1,2,3\}$, 且

$$P = \begin{pmatrix} 0.5 & 0.4 & 0.1 \\ 0.3 & 0.4 & 0.3 \\ 0.2 & 0.3 & 0.5 \end{pmatrix}.$$

(1) 求平稳分布 $\boldsymbol{\pi} = (\pi_1, \pi_2, \pi_3)$ 及 $\lim\limits_{n\to\infty} \boldsymbol{P}^n$;

(2) 当初始分布 $\boldsymbol{\pi}(0)$ 是怎样分布时, 此马尔可夫链是平稳序列? 并求 EX_n 及 DX_n.

3.8 设 $S = \{1, 2, 3\}$, 而转移矩阵为

$$P = \begin{pmatrix} 1/2 & 1/4 & 1/4 \\ 0 & 3/4 & 1/4 \\ 0 & 0 & 1 \end{pmatrix},$$

求: (1) T_{13} 的分布律及 ET_{13};

(2) $f_{ii} (i = 1, 2, 3)$;

(3) $n \to \infty$ 时 $\boldsymbol{P}^n \to ?$.

3.9 考虑下列随机游动

$$\begin{aligned} p_{i,i+1} &= p, \quad 0 < p < 1, \\ p_{i,i-1} &= q = 1 - p, \quad i = 1, 2, \cdots, r-1, \\ p_{00} &= p_{rr} = 1. \end{aligned}$$

X_n 表示 n 时刻质点的位置. 当 $k = 1, r = 3$ 时, 求:

$$d(k) = P\{X_n = r \bigcup X_n = 0 \text{ 存在某个} n \geqslant 1 | X_0 = k\}, \quad 0 \leqslant k \leqslant r.$$

3.10 一马尔可夫链 $\{X_n, n \geqslant 0\}$ 的 $S = \{0, 1, 2, \cdots, N\}$, 转移概率为

$$p_{ij} = \begin{cases} \mu_i, & j = i - 1, \\ \lambda_i, & j = i + 1, \\ 1 - \lambda_i - \mu_i, & j = i, \\ 0, & |j - i| > 1, \end{cases} \quad i, j \in S,$$

且 $\mu_0 = \lambda_0 = \mu_N = \lambda_N = 0$, $0 < \mu_i < 1, 0 < \lambda_i < 1, 1 \leqslant i \leqslant N - 1$, $X_0 = k$, 求:

(1) $P(X_n = 0, \text{某个} n \geqslant 0 | X_0 = k)$ 及 $P(X_n = N, \text{某个} n \geqslant 0 | X_0 = k)$;

(2) ET_{k0} 及 ET_{kN}.

3.11 设马尔可夫链 $\{X_n, n \geqslant 0\}$ 的 $S = \{0,1,2,\cdots,N\}$, 转移概率为 $p_{ij} = C_N^j \pi_i^j (1-\pi_i)^{N-j}$, $0 \leqslant i,j \leqslant N$, 其中 $\pi_i = \dfrac{1-e^{-2ai/N}}{1-e^{-2a}}$, $a>0$ (注意 "0" 与 "N" 状态是吸收状态).

(1) 证明 $\{e^{-2aX_n}, n \geqslant 0\}$ 是鞅, 即

$$E(e^{-2aX_{n+1}} | X_0, X_1, \cdots, X_n) = e^{-2aX_n}, \quad n \in \mathbb{N};$$

(2) 证明

$$P_N(k) \triangleq P(X_n = N, \text{对某个} n \geqslant 0 | X_0 = k) = \frac{1-e^{-2ak}}{1-e^{-2aN}}.$$

3.12 设 j 为非常返状态, 证明对任意 $i \in S$, 有

$$\sum_{n=1}^{\infty} p_{ij}^{(n)} = \frac{f_{ij}}{1-f_{jj}} < \infty.$$

3.13 设 $\{X_n, n \geqslant 0\}$ 是独立同分布且

$$P(X_i = k) = \alpha_k \geqslant 0, k \in \mathbb{N}_0, \sum_{k=0}^{\infty} \alpha_k = 1.$$

如 $X_n > \max(X_1, X_2, \cdots, X_{n-1})$ (其中 $X_0 = -\infty$), 则说 n 时刻创一新记录, 且称 X_n 为记录值. 记 R_i 为第 i 回的纪录值. 试说明 $\{R_i, i \geqslant 1\}$ 是一马尔可夫链并求其转移概率.

3.14 设有两串独立的贝努里 (Bernoulli) 试验序列 $X_1, X_2, \cdots$ 及 $Y_1, Y_2, \cdots$, 它们成功的概率分别记为 p_1 与 p_2, 即 $P(X_i = 1) = 1 - P(X_i = 0) = p_1, P(Y_i = 1) = 1 - P(Y_i = 0) = p_2$. $\{X_n, n \geqslant 1\}$ 与 $\{Y_n, n \geqslant 1\}$ 独立. 为决定是否 $p_1 > p_2$ 或 $p_2 \geqslant p_1$, 利用下列检验: 选取某个正整数 M 使得

或者 $\quad X_1 + X_2 + \cdots + X_n - (Y_1 + Y_2 + \cdots + Y_n) = M,$

或者 $\quad X_1 + X_2 + \cdots + X_n - (Y_1 + Y_2 + \cdots + Y_n) = -M.$

若试验结果是前一情况发生, 则判定 $p_1 > p_2$; 若是后一情况发生, 则判定 $p_2 \geqslant p_1$. 记

$$N = \min\{n: n \geqslant 1, X_1 + X_2 + \cdots + X_n - (Y_1 + Y_2 + \cdots + Y_n) = \pm M\}.$$

试证明:

(1) 在 $p_1 > p_2$ 条件下, 经试验误判 $p_2 > p_1$ 的概率为 $\dfrac{1}{1+\lambda^M}$, 其中

$$\lambda = \frac{p_1(1-p_2)}{p_2(1-p_1)};$$

(2) $EN = \dfrac{M(\lambda^M - 1)}{(p_1 - p_2)(\lambda^M + 1)}$.

3.15 设非负减序列 $1 = b_0 \geqslant b_1 \geqslant b_2 \geqslant \cdots$, 令 $\beta_n = b_n(b_0 + b_1 + \cdots + b_n)^{-1}, \sigma_n = b_0 + b_1 + \cdots + b_n$. 考虑马尔可夫链 $\{X_n, n \geqslant 0\}$ 的转移概率为

$$p_{ij} = \begin{cases} b_j(\beta_i - \beta_{i+1})/b_i, & j \leqslant i, \\ \beta_{i+1}/\beta_i, & j = i+1, \\ 0, & \text{其他}. \end{cases}$$

(1) 证明 $p_{00}^n = \sigma_n^{-1}$;

(2) 该马尔可夫链是非常返链，当且仅当

$$\sum_{n=0}^{\infty} \frac{1}{\sigma_n} < \infty.$$

3.16 $\{X_n, n \geqslant 0\}$ 为离散分支过程 (见 3.1 节例 4). 令 $\mu = E\xi_i, \sigma^2 = D\xi_i$.

(1) 说明 “0” 状态是吸收态，而其他状态是非常返状态;

(2) 证明

$$D(X_n | X_0 = 1) = \begin{cases} \sigma^2 \mu^{n-1} \dfrac{\mu^n - 1}{\mu - 1}, & \mu \neq 1, \\ n\sigma^2, & \mu = 1. \end{cases}$$

3.17 设 $\{X_n, n \geqslant 0\}$ 是马尔可夫链，证明: $\forall n \geqslant 1, i, j \in S, B_k \subset S, 0 \leqslant k \leqslant n-1$, 有

$$P(X_{n+1} = j | X_k \in B_k, 0 \leqslant k \leqslant n-1, X_n = i) = P(X_{n+1} = j | X_n = i).$$

3.18 设 $\{Y_n, n \geqslant 0\}$ 独立同分布, $P(Y_n = 1) = p \geqslant 0, P(Y_n = -1) = q = 1 - p \geqslant 0$. 令 $X_0 = Y_0 = i, X_N = \sum_{k=0}^{n} Y_k,\ n \geqslant 1,\ T_i \triangleq \min\{n: n \geqslant 0, X_0 = i, X_n = 0 \text{或} X_n = b\}$, 其中 b 为正整数, $0 \leqslant i \leqslant b$.

(1) 当 $i = 1, b = 3$ 时，求 $P(T_1 = k | X_0 = 1),\ k \in \mathbb{N}$ 及 $P(X_{T_1} = 3 | X_0 = 1)$;

(2) 当 $i = 2, b = 5$ 时，求 $P(T_2 = k | X_0 = 2),\ k \in \mathbb{N}$ 及 $P(X_{T_2} = 5 | X_0 = 2)$.

3.19 设 $\{Y_n, n \geqslant 0\}$ 独立同分布, $P(Y_n = 1) = p \geqslant 0$, $P(Y_n = -1) = q = 1 - p \geqslant 0$. 令 $X_0 = Y_0 = i$, $X_n = \sum_{k=0}^{n} Y_k$, $n \geqslant 1$, $T_{0k} \triangleq \min\{n: n > 0, X_0 = 0, X_n = k\}$, $X'_n = X_{T_{01}+n}$, $T'_{12} = \min\{n: n > 0, X'_0 = 1, X'_n = 2\}$.

(1) 当 $p > q$ 时, 证 $\{X_n, n \geqslant 0\}$ 与 $\{X'_n, n \geqslant 0\}$ 具有相同的 $\boldsymbol{P} = (p_{ij})$;

(2) 证明 $\{T_{01} = 5\}$ 与 $\{T'_{12} = 3\}$ 独立, T_{01} 与 T'_{12} 独立同分布;

(3) 试用母函数方法求 T_{01} 的分布律, $P(T_{01} = +\infty) = ?$;

(4) 当 $p - q > 0$ 时, 证明 $ET_{01} < \infty$;

3.20 设 $\{X_n, n \geqslant 0\}$ 为马尔可夫链, 状态空间 $S = \{1,2,3\}, S_0 = \{2,3\}$. 一步转移概率矩阵 $\boldsymbol{P} = (p_{ij})$ 如下: $p_{11} = 5/8, p_{12} = 2/8, p_{13} = 1/8, p_{21} = 2/6, p_{22} = 3/6, p_{23} = 1/6, p_{31} = 3/4, p_{32} = 1/4, p_{33} = 0, X_0 = 1$, 令: $T_1 = \min\{n: n > 0, X_n \in S_0\}, \tau_1 = \min\{n: n > T_1, X_n = 1\}, T_m = \min\{n: n > \tau_{m-1}, X_n \in S_0\}, \tau_m = \min\{n: n > T_m, X_n = 1\}, m \geqslant 2, N(t) = \sum_{m=1}^{\infty} I_{(T_m \leqslant t)}$, $X_0 = 1$.

(1) 试问 $\lim\limits_{n\to\infty} p_{ij}^{(n)}$ 与 $\lim\limits_{n\to\infty} E(X_n|X_0 = 1)$ 是否存在？若存在, 求之;

(2) T_1 与 τ_1 关于 $\{X_n, n \geqslant 0\}$ 是否是停时？说明理由;

(3) 求 $P(T_1 = k), k \in N, ET_1, E\tau_1$;

(4) 求 $P(N(3) = k), P(N(4) = 2)$.

3.21 设 $\{X_n, n \geqslant 0\}$ 为不可约的马尔可夫链, 状态空间 $S = \{1,2,3\}$. $\boldsymbol{P} = (p_{ij})$ 为一步转移概率矩阵, 记: $T = \min\{n: n > 0, X_n = 3\}, \tau = \min\{n: n > 0, X_n = 1\}$. 若已知 $a_k(i) = P(T = k|X_0 = i), i \in \{1,2\}, 1 \leqslant k \leqslant 3, b_k(i) = P(\tau = k|X_0 = i), i \in \{2,3\}, 1 \leqslant k \leqslant 3$. 试讨论在什么条件下能够用 $a_k(i), i \in \{1,2\}, 1 \leqslant k \leqslant 3$ 及 $b_k(i), i \in \{2,3\}, 1 \leqslant k \leqslant 3$ 表示 $\boldsymbol{P} = (p_{ij}), (i, j \in S)$? 给出适当的条件及它的具体表示.

3.22(Metropolis-Hasting 算法) 设 S 为有限集, $\boldsymbol{\pi} = (\pi(i), i \in S)$ 为任意给定的概率分布 $(\pi(i) > 0, i \in S)$, 而 $\boldsymbol{T} = (T(i,j),\ i,j \in S)$ 是任意一个概率转移矩阵, $T(i,j) > 0,\ \forall i,j \in S$(称 $\boldsymbol{T}$ 为参照分布), $X = \{X_n, n \geqslant 0\}$ 由下列迭代生成: 给定 $X_n, X_n \in S, n \geqslant 0$. (1) 由 $T(X_n, \cdot)$ 抽取 Y, 并计算 $\rho(X_n, Y) = \min\left\{1, \dfrac{\pi(Y)T(Y,X_n)}{\pi(X_n)T(X_n,Y)}\right\}$; (2) 抽取 $U \sim U[0,1]$, 若 $U \leqslant \rho(X_n, Y)$, 则令 $X_{n+1} = Y$, 否则舍去 Y, 转回步骤 (1).

试证 $X = \{X_n, n \geqslant 0\}$ 是马尔可夫链, 其平稳分布为 $\boldsymbol{\pi} = (\pi(i), i \in S)$.

第 4 章　离散鞅引论

鞅 (martingale) 论目前已成为研究概率论以及应用概率论和其他随机过程的有力工具. 在统计，序贯决策，最优控制，随机微分方程等方面均得到了广泛应用. 鞅论的发展与现今的竞争社会是分不开的. 有奖彩票，保险，投资建设等均与鞅论有关.

4.1　定义与例子

定义 4.1.1　过程 $\{X_n, n \geqslant 0\}$ 是**鞅**, 如果 $\forall n \geqslant 0$, 有

(1) $E|X_n| < \infty$,

(2) $E(X_{n+1}|X_0, X_1, \cdots, X_n) = X_n$　　a.s. (几乎处处).

鞅的背景来源于公平赌博. 上式表明，如第 n 次赌博后资金为 X_n, 则第 $n+1$ 次赌博后的平均资金恰等于 X_n, 即每次赌博胜负机会均等.

有时 $\{X_n, n \geqslant 0\}$ 不能直接观察，而只能观察另一过程 $\{Y_n, n \geqslant 0\}$. 故做如下定义：

定义 4.1.2　设有两个过程 $\{X_n, n \geqslant 0\}$ 及 $\{Y_n, n \geqslant 0\}$, 称 $\{X_n, n \geqslant 0\}$ 关于 $\{Y_n, n \geqslant 0\}$ 是鞅，如果

(1) $E|X_n| < \infty$,

(2) $E(X_{n+1}|Y_0, Y_1, \cdots, Y_n) = X_n$　　a.s.(几乎处处).

解释　① 因为 $X_n = E(X_{n+1}|Y_0, \cdots, Y_n)$ 是 $(Y_0, Y_1, \cdots, Y_n)$ 的函数，故有 $E(X_n|Y_0, Y_1, \cdots, Y_n) = X_n$.

② $EX_{n+1} = E[E(X_{n+1}|Y_0, \cdots, Y_n)] = EX_n = EX_0$. 这说明鞅 $\{X_n, n \geqslant 0\}$ 在任何时刻的期望值均相等.

下面介绍一些鞅的典型例子.

例 1　独立同分布随机变量之和

设 $Y_0 = 0, \{Y_n, n \geqslant 1\}$ 独立同分布，$EY_n = 0, E|Y_n| < \infty, X_0 = 0, X_n = \sum_{i=1}^{n} Y_i$, 则 $\{X_n, n \geqslant 0\}$ 关于 $\{Y_n, n \geqslant 0\}$ 是鞅.

证明 因为

$$\begin{aligned} E|X_n| =& E\left|\sum_{i=1}^{n} Y_i\right| < \infty, \\ E(X_{n+1}\big|Y_0, Y_1, \cdots, Y_n) =& E(X_n + Y_{n+1}\big|Y_0, Y_1, \cdots, Y_n) \\ =& E(X_n\big|Y_0, \cdots, Y_n) + E(Y_{n+1}\big|Y_0, \cdots, Y_n) = X_n. \quad \square \end{aligned}$$

例 2 和的方差

设 $Y_0 = 0, \{Y_n, n \geqslant 1\}$ 独立同分布，$EY_n = 0, EY_n^2 = \sigma^2, X_0 = 0, X_n = \left(\sum_{k=1}^{n} Y_k\right)^2 - n\sigma^2$，则 $\{X_n, n \geqslant 0\}$ 关于 $\{Y_n, n \geqslant 0\}$ 是鞅.

证明 因为

$$\begin{aligned} E|X_n| =& E\left|\left(\sum_{k=1}^{n} Y_k\right)^2 - n\sigma^2\right| \leqslant E\left|\left(\sum_{k=1}^{n} Y_k\right)^2\right| + n\sigma^2 \\ =& E\left(\sum_{k=1}^{n} Y_k^2 + \sum_{i \neq j} Y_i Y_j\right) + n\sigma^2 = 2n\sigma^2 < \infty; \end{aligned}$$

所以

$$\begin{aligned} & E(X_{n+1}\big|Y_0, \cdots, Y_n) \\ =& E\left[\left\{\left(Y_{n+1} + \sum_{k=1}^{n} Y_k\right)^2 - (n+1)\sigma^2\right\}\Big|Y_0, \cdots, Y_n\right] \\ =& E\left[\left\{Y_{n+1}^2 + 2Y_{n+1}\sum_{k=1}^{n} Y_k + \left(\sum_{k=1}^{n} Y_k\right)^2 - (n+1)\sigma^2\right\}\Big|Y_0, \cdots, Y_n\right] \\ =& E[Y_{n+1}^2\big|Y_0, \cdots, Y_n] + 2E\left(Y_{n+1}\sum_{k=1}^{n} Y_k\Big|Y_0, \cdots, Y_n\right) + E(X_n\big|Y_0, \cdots, Y_n) - \sigma^2 \\ =& EY_{n+1}^2 + 2E(Y_{n+1}\big|Y_0, \cdots, Y_n)\left(\sum_{k=1}^{n} Y_k\right) + X_n - \sigma^2 \\ =& \sigma^2 + 0 + X_n - \sigma^2 = X_n. \quad \square \end{aligned}$$

由上两例知，由独立同分布随机变量的和或者和的方差所构成的序列都可以构造鞅，那么更一般的结论呢？

例 3 一般和

设 $\{Y_n, n \geqslant 0\}$ 为一随机序列，$Z_i = g_i(Y_0, \cdots, Y_i), g_i$ 为一般函数. 函数 f 满足 $E|f(Z_k)| < \infty$. $a_k(y_0, \cdots, y_{k-1})\ (k \geqslant 0)$ 为 k 元有界实函数，即

$$|a_k(y_0, \cdots, y_{k-1})| \leqslant A_k,\ \forall\, y_0, \cdots, y_{k-1}.$$

约定

$$a_0(Y_{-1}) = a_0, \quad E[f(Z_0)|Y_{-1}] = E[f(Z_0)].$$

令

$$X_n = \sum_{k=0}^{n} \{f(Z_k) - E[f(Z_k)|Y_0, Y_1, \cdots, Y_{k-1}]\} \cdot a_k(Y_0, \cdots, Y_{k-1}),$$

可以验证，$\{X_n, n \geqslant 0\}$ 关于 $\{Y_n, n \geqslant 0\}$ 是鞅.

证明 (1)

$$\begin{aligned}
E|X_n| &\leqslant \sum_{k=0}^{n} E|\{f(Z_k) - E[f(Z_k)|Y_0, \cdots, Y_{k-1}]\} a_k(Y_0, \cdots, Y_{k-1})| \\
&\leqslant \sum_{k=0}^{n} A_k \{E[|f(Z_k)|] + E\{E[|f(Z_k)||Y_0, \cdots, Y_{k-1}]\}\} \\
&\leqslant \sum_{k=0}^{n} 2A_k E|f(Z_k)| < \infty.
\end{aligned}$$

(2) 记

$$B_k = \{f(Z_k) - E[f(Z_k)|Y_0, \cdots, Y_{k-1}]\} a_k(Y_0, \cdots, Y_{k-1}),$$

则

$$\begin{aligned}
E(B_k|Y_0, \cdots, Y_{k-1}) =& a_k(Y_0, \cdots, Y_{k-1})\{E[f(Z_k)|Y_0, \cdots, Y_{k-1}] - \\
& E(E[f(Z_k)|Y_0, \cdots, Y_{k-1}]|Y_0, \cdots, Y_{k-1})\} \\
=& a_k(Y_0, \cdots, Y_{k-1})\{E[f(Z_k)|Y_0, \cdots, Y_{k-1}] - \\
& E[f(Z_k)|Y_0, \cdots, Y_{k-1}]\} \\
=& 0,
\end{aligned}$$

上式推导中用到了 $a_k(Y_0, \cdots, Y_{k-1})$ 及 $E[f(Z_k)|Y_0, Y_1, \cdots, Y_{k-1}]$ 都是 $Y_0, \cdots, Y_{k-1}$ 的函数的事实. 由于 $E(B_k|Y_0, \cdots, Y_{k-1}) = 0$, 且 X_n 是 $Y_0, \cdots, Y_n$ 的函数，故

$$E(X_{n+1}|Y_0, \cdots, Y_n) = E(X_n|Y_0, \cdots, Y_n) + E(B_{n+1}|Y_0, \cdots, Y_n) = X_n. \qquad \square$$

由此可知，由一个一般的随机序列也可以构造出鞅来. 这是一个有意义的结论. 下面介绍几个具有特殊实用价值的鞅.

例 4 由马尔可夫链导出的鞅

设 $\{Y_n, n \geqslant 0\}$ 是马尔可夫链 (其状态空间为 S), 具有转移概率矩阵 $\boldsymbol{P} = (p_{ij})$, f 是 $\boldsymbol{P}$ 的有界右正则序列 (调和函数), 即 $f(i) \geqslant 0$, 且

$$f(i) = \sum_{j \in S} p_{ij} f(j), \quad |f(i)| < M, \quad i \in S.$$

令 $X_n = f(Y_n)$, 则 $\{X_n, n \geqslant 0\}$ 关于 $\{Y_n, n \geqslant 0\}$ 是鞅.

证明 因为

$$E|X_n| < \infty,$$

又由于

$$\begin{aligned} E(X_{n+1} | Y_0, Y_1, \cdots, Y_n) &= E(f(Y_{n+1}) | Y_0, Y_1, \cdots, Y_n) \\ &= E(f(Y_{n+1}) | Y_n) \quad (\text{由马氏性得到}) \\ &= \sum_{j \in S} f(j) P(Y_{n+1} = j | Y_n) \\ &= \sum_{j \in S} f(j) p_{Y_n j} = f(Y_n) = X_n. \end{aligned}$$

因此 $\{X_n, n \geqslant 0\}$ 关于 $\{Y_n, n \geqslant 0\}$ 是鞅. □

例 5 由转移概率特征向量导出的鞅

设 $\{Y_n, n \geqslant 0\}$ 是一马尔可夫链, $\boldsymbol{P} = (p_{ij})$. 向量 $\boldsymbol{f} = (f(0), f(1), \cdots, f(i), \cdots)$ 称为 $\boldsymbol{P}$ 的右特征向量, 如果对某个 λ(称 λ 为特征值) 有

$$\lambda f(i) = \sum_{j \in S} p_{ij} f(j), \quad \forall i \in S,$$

且 $E|f(Y_n)| < \infty$, $\forall n$. 令 $X_n = \lambda^{-n} f(Y_n)$, 则 $\{X_n, n \geqslant 0\}$ 关于 $\{Y_n, n \geqslant 0\}$ 是鞅.

证明 因为

$$\begin{aligned} E|X_n| &= E|\lambda^{-n} f(Y_n)| = \lambda^{-n} E|f(Y_n)| < \infty, \\ E(X_{n+1} | Y_0, Y_1, \cdots, Y_n) &= E[\lambda^{-n-1} f(Y_{n+1}) | Y_0, Y_1, \cdots, Y_n] \\ &= \lambda^{-n} \lambda^{-1} E[f(Y_{n+1}) | Y_n] \end{aligned}$$

$$= \lambda^{-n}\lambda^{-1}\sum_{j\in S}[f(j)\, p_{Y_n j}] = \lambda^{-n} f(Y_n) = X_n.$$

更一般地，设 $\{Y_n, n \geqslant 0\}$ 是一离散时间马尔可夫过程，具有转移分布函数

$$F(y|z) = P\{Y_{n+1} \leqslant y | Y_n = z\}.$$

如果对所有 n，有 $E|f(Y_n)| < \infty$，且

$$\lambda f(y) = \int f(z)\,\mathrm{d}F(z|y),$$

则 $\{X_n = \lambda^{-n} f(Y_n), n \geqslant 0\}$ 是一个鞅. □

例 4 和例 5 将上一章讨论的马尔可夫链与本章的鞅这两个重要的随机过程有机地联系起来了，在实际中这样的应用非常广泛.

例 6　由分支过程构成的鞅

设 $\{Y_n, n \geqslant 0\}$ 表示一分支过程，并设生成后代分布的均值为 $m < \infty$，则 $X_n = m^{-n} Y_n$ 关于 $\{Y_n, n \geqslant 0\}$ 是鞅.

证明　设 $Z^{(n)}(j)$ 为第 n 代的第 j 个个体产生的个体的数目，$Z^{(n)}(i)(i = 1, 2, \cdots)$ 独立同分布，$E\{Z^{(n)}(i)\} = m$，并设 Y_n 为第 n 代的个体数. 若 $Y_n = 0$，取 $Y_{n+1} = 0$；若 $Y_n \neq 0$，则

$$Y_{n+1} = Z^{(n)}(1) + Z^{(n)}(2) + \cdots + Z^{(n)}(Y_n).$$

显然

$$\begin{aligned} E(Y_{n+1}|Y_n) &= E\{Z^{(n)}(1) + \cdots + Z^{(n)}(Y_n) | Y_n\} \\ &= E\{Z^{(n)}(1) + \cdots + Z^{(n)}(Y_n)\} = Y_n E(Z^{(n)}(1)) = mY_n. \end{aligned}$$

所以，m 是函数 $f(y) = y$ 的特征值. 根据上例的结论，容易导出 $X_n = m^{-n} Y_n$ 关于 $\{Y_n, n \geqslant 0\}$ 是鞅. □

例 7　Wald 鞅

设 $Y_0 = 0, Y_1, Y_2, \cdots, Y_n, \cdots$ 独立同分布，且存在一有限矩生成函数 $\phi(\lambda) = E[\exp(\lambda Y_n)]$，对 $\lambda \neq 0$，令 $X_0 = 1, X_n = \phi^{-n}(\lambda)\exp[\lambda(Y_1 + \cdots + Y_n)]$，那么，$\{X_n, n \geqslant 0\}$ 关于 $\{Y_n, n \geqslant 0\}$ 是鞅.

证明　首先证明函数 $f(y) = \exp(\lambda y)$ 是部分和 $S_n = Y_1 + Y_2 + \cdots + Y_n$ 马尔可夫过程的特征函数，对应的特征值是 $\phi(\lambda)$.

事实上，若 G 是 Y_n 的分布函数，则有 $P\{S_{n+1} \leqslant y|S_n = x\} = G(y - x)$, 因而有

$$\int \exp(\lambda y)\,\mathrm{d}G(y-x) = \exp(\lambda x)\int \exp(\lambda\zeta)\,\mathrm{d}G(\zeta) = \exp(\lambda x)\phi(\lambda).$$

由例 5 推广的结论知，当

$$X_n = \phi^{-n}(\lambda)\ f(S_n) = \phi^{-n}(\lambda)\ \exp[\lambda S_n]$$

时，$\{X_n, n \geqslant 0\}$ 关于 $\{S_n, n \geqslant 0\}$ 是鞅，即 $\{X_n, n \geqslant 0\}$ 关于 $\{Y_n, n \geqslant 0\}$ 是鞅. □

在上例中，假设 $Y_1, Y_2, \cdots, Y_n \cdots$ 独立同分布，且服从 $N(0, \sigma^2)$, 则

$$\begin{aligned}\phi(\lambda) =& E(\exp(\lambda Y_1)) = \exp\left(\frac{1}{2}\lambda^2\sigma^2\right),\\ X_n =& \exp\left\{\lambda(Y_1 + \cdots + Y_n) - \frac{n}{2}\lambda^2\sigma^2\right\}.\end{aligned}$$

若令 $\lambda = \dfrac{\mu}{\sigma^2}$, 得到

$$X_n = \exp\left\{\frac{\mu}{\sigma^2}(Y_1 + Y_2 + \cdots + Y_n) - \frac{n\mu^2}{2\sigma^2}\right\},$$

则 $\{X_n, n \geqslant 1\}$ 关于 $\{Y_n, n \geqslant 1\}$ 是鞅.

这是一个非常有用的结论，因为正态分布是经常遇到且长于研究的一种分布.

例 8 似然比构成的鞅

设 $Y_0, Y_1, \cdots, Y_n, \cdots$ 是独立同分布随机变量序列，f_0 和 f_1 是概率密度函数，令

$$X_n = \frac{f_1(Y_0)f_1(Y_1)\cdots f_1(Y_n)}{f_0(Y_0)f_0(Y_1)\cdots f_0(Y_n)},\quad n \geqslant 0.$$

假设 $\forall y$, $f_0(y) > 0$. 当 Y_n 的概率密度函数为 f_0 时，则 $\{X_n, n \geqslant 0\}$ 关于 $\{Y_n, n \geqslant 0\}$ 是鞅.

证明 因为

$$E|X_n| = E\left[\frac{f_1(Y_0)\cdots f_1(Y_n)}{f_0(Y_0)\cdots f_0(Y_n)}\right] = 1 < \infty,$$

且

$$E(X_{n+1}|Y_0, \cdots, Y_n) = E\left[X_n\frac{f_1(Y_{n+1})}{f_0(Y_{n+1})}\Big|Y_0, Y_1, \cdots, Y_n\right] = X_n E\left[\frac{f_1(Y_{n+1})}{f_0(Y_{n+1})}\right].$$

由于

$$E\left[\frac{f_1(Y_{n+1})}{f_0(Y_{n+1})}\right] = \int \frac{f_1(y)}{f_0(y)}\, f_0(y)\,\mathrm{d}y = \int f_1(y)\,\mathrm{d}y = 1,$$

因此 $\{X_n, n \geqslant 0\}$ 关于 $\{Y_n, n \geqslant 0\}$ 是鞅. □

在上例中，设 f_0 是正态概率密度，均值为 0, 方差为 σ^2; f_1 也是一正态概率密度，均值为 μ, 方差为 σ^2, 则

$$\frac{f_1(y)}{f_0(y)} = \exp\left\{\frac{2\mu y - \mu^2}{2\sigma^2}\right\},$$

$$X_n = \exp\left\{\frac{\mu}{\sigma^2}(Y_1 + Y_2 + \cdots + Y_n) - \frac{n\mu^2}{2\sigma^2}\right\}.$$

由此可得出与例 7 结尾相同的结论.

例 9 Doob 鞅过程

设 $Y_0, Y_1, \cdots, Y_n, \cdots$ 是一随机序列，有一随机变量 X, $E|X| < \infty$, 令

$$X_n = E(X \big| Y_0, \cdots, Y_n),$$

则 $\{X_n, n \geqslant 0\}$ 是关于 $\{Y_n, n \geqslant 0\}$ 的鞅，并称之为 Doob 过程.

证明 因为

$$E|X_n| = E\{|E(X \big| Y_0, \cdots, Y_n)|\} \leqslant E\{E(|X| \big| Y_0, Y_1, \cdots, Y_n)\} = E|X| < \infty,$$

$$\begin{aligned} E(X_{n+1} \big| Y_0, \cdots, Y_n) =& E\{E(X \big| Y_0, \cdots Y_{n+1}) \big| Y_0, \cdots, Y_n\} \\ =& E(X \big| Y_0, \cdots, Y_n) = X_n. \end{aligned}$$ □

这个例子很“奇特”，以一系列任意随机变量为条件的条件数学期望构成鞅.

例 10 随机 Radon-Nikodym 导数构成的鞅

设 $Z \sim U[0,1]$, 即 Z 是 $[0,1]$ 上均匀分布. 设 f 是 $[0,1]$ 上的有限函数，令 $X_n = 2^n\{f(Y_n + 2^{-n}) - f(Y_n)\}$, 而 $Y_n = \sum\limits_{k=0}^{2^n-1} \frac{k}{2^n} I_{(\frac{k}{2^n} \leqslant Z < \frac{k+1}{2^n})}$. 则 $\{X_n, n \geqslant 0\}$ 关于 $\{Y_n, n \geqslant 0\}$ 是鞅.

证明 首先注意到，在 $Y_0, Y_1, \cdots, Y_n$ 条件下, Z 服从 $[Y_n, Y_n + 2^{-n})$ 上的均匀分布 $(Y_n \leqslant Z < Y_n + 2^{-n})$, 且 Y_{n+1} 以相等的概率等于 Y_n 或等于 $Y_n + 2^{-(n+1)}$. 于是有

$$E(X_{n+1} \big| Y_0, \cdots, Y_n) = 2^{n+1}[E(f(Y_{n+1} + 2^{-(n+1)}) - f(Y_{n+1}) \big| Y_0, Y_1, \cdots, Y_n)]$$

$$=2^{n+1}\left\{\frac{1}{2}[f(Y_n+2^{-(n+1)})-f(Y_n)]\ +\right.$$

$$\left.\frac{1}{2}[f(Y_n+2^{-n})-f(Y_n+2^{-(n+1)})]\right\}$$

$$=2^n\{f(Y_n+2^{-n})-f(Y_n)\}=X_n. \qquad \square$$

注意, $X_n=\dfrac{f(Y_n+2^{-n})-f(Y_n)}{2^{-n}}$ 近似等于 f 对 Z 的随机导数.

以上列举了 10 个鞅的例子, 许多时候用鞅可以解决原来不易解决的问题. 但关键是如何构造出鞅来.

4.2 上鞅 (下鞅) 及分解定理

定义 4.2.1 设 $\{X_n,n\geqslant 0\}$ 与 $\{Y_n,n\geqslant 0\}$ 是随机过程, 称 $\{X_n,n\geqslant 0\}$ 关于 $\{Y_n,n\geqslant 0\}$ 是一个**上鞅**, 如果:

(1) $E(X_n^-)>-\infty$, 其中 $x^-=\min(x,0)$;

(2) $E(X_{n+1}|Y_0,Y_1,\cdots,Y_n)\leqslant X_n$;

(3) X_n 是 $Y_0,Y_1,\cdots,Y_n$ 的函数.

定义 4.2.2 设 $\{X_n,n\geqslant 0\}$ 与 $\{Y_n,n\geqslant 0\}$ 是随机过程, 称 $\{X_n,n\geqslant 0\}$ 关于 $\{Y_n,n\geqslant 0\}$ 是一个**下鞅**, 如果:

(1) $E(X_n^+)<\infty$, 其中 $x^+=\max(x,0)$;

(2) $E(X_{n+1}|Y_0,Y_1,\cdots,Y_n)\geqslant X_n$;

(3) X_n 是 $Y_0,Y_1,\cdots,Y_n$ 的函数.

注意, 若 $\{X_n,n\geqslant 0\}$ 关于 $\{Y_n,n\geqslant 0\}$ 是上鞅 $\Leftrightarrow$ $\{-X_n,n\geqslant 0\}$ 关于 $\{Y_n,n\geqslant 0\}$ 是下鞅.

上 (下) 鞅可用不公平赌博来解释.

例 1 设 $\{Y_n,n\geqslant 0\}$ 是马尔可夫链, $\boldsymbol{P}=(p_{ij})$, f 是 $\boldsymbol{P}$ 的有界右超正则函数, 即

$$\sum_{j\in S}p_{ij}f(j)\leqslant f(i)\ 且\ |f(i)|\leqslant M.$$

若令 $X_n=f(Y_n)$, 则 $\{X_n,n\geqslant 0\}$ 关于 $\{Y_n,n\geqslant 0\}$ 是上鞅.

证明 按定义验证, 显然 (1),(3) 成立, 只需证明 (2) 成立即可.

我们有

$$E(X_{n+1}|Y_0,Y_1,\cdots,Y_n)=E(f(Y_{n+1})|Y_n)$$

$$= \sum_{j \in S} f(j) p_{Y_n j} \leqslant f(Y_n) = X_n. \qquad \square$$

为后面讲述方便，先介绍一下 Jensen 不等式.

设 $\phi(x)$ 为凸函数，即 $\forall x_1, x_2 \in \mathbb{R}, 0 < \alpha < 1$, 有

$$\alpha\phi(x_1) + (1-\alpha)\phi(x_2) \geqslant \phi(\alpha x_1 + (1-\alpha)x_2).$$

将其推广，设 $x_i\,(i = 1, 2, \cdots, m) \in \mathbb{R}, 0 \leqslant \alpha_i \leqslant 1, \sum_{i=1}^{m} \alpha_i = 1$, 则

$$\sum_{i=1}^{m} \alpha_i \phi(x_i) \geqslant \phi\Big(\sum_{i=1}^{m} \alpha_i x_i\Big),$$

因此

$$E(\phi(X)) \geqslant \phi(E(X)).$$

故，当 ϕ 是凸函数时，有

$$E[\phi(X)|Y_0, Y_1, \cdots, Y_n] \geqslant \phi(E(X|Y_0, Y_1, \cdots, Y_n)).$$

引理 4.2.1 如 $\{X_n, n \geqslant 0\}$ 关于 $\{Y_n, n \geqslant 0\}$ 是鞅，$\phi(x)$ 是凸函数，且 $\forall n$, $E(\phi(X_n)^+) < \infty$, 则 $\{\phi(X_n), n \geqslant 0\}$ 是关于 $\{Y_n, n \geqslant 0\}$ 的一个下鞅.

推论 1 如 $\{X_n, n \geqslant 0\}$ 关于 $\{Y_n, n \geqslant 0\}$ 是鞅,$E(X_n^2) < \infty$, 则 $\{|X_n|, n \geqslant 0\}$ 与 $\{X_n^2, n \geqslant 0\}$ 关于 $\{Y_n, n \geqslant 0\}$ 是下鞅.

上 (下) 鞅有以下基本性质:

(1) 如 $\{X_n, n \geqslant 0\}$ 是关于 $\{Y_n, n \geqslant 0\}$ 的 (上) 鞅，则

$$E(X_{n+k}|Y_0, Y_1, \cdots, Y_n)(\leqslant) = X_n, \ \ \forall k \geqslant 0. \tag{4.2.1}$$

证明 用数学归纳法证之. 仅证上鞅时的情形, 当为鞅时, 将 “$\leqslant$” 改成 “$=$” 即可.

当 $k = 1$ 时，由定义，(4.2.1) 式成立.

设 $E(X_{n+k}|Y_0, Y_1, \cdots, Y_n) \leqslant X_n$ 成立, 要证明 $E(X_{n+k+1}|Y_0, Y_1, \cdots, Y_n) \leqslant X_n$ 也成立. 因为

$$\begin{aligned} E(X_{n+k+1}|Y_0, Y_1, \cdots, Y_n) =& E\{E(X_{n+k+1}|Y_0, Y_1, \cdots, Y_{n+k})|Y_0, Y_1, \cdots, Y_n\} \\ \leqslant& E(X_{n+k}|Y_0, Y_1, \cdots, Y_n) \leqslant X_n, \end{aligned}$$

因此对所有 $k \geqslant 0$, (4.2.1) 式成立. □

(2) 若 $\{X_n, n \geqslant 0\}$ 是 (上) 鞅, 则对 $0 \leqslant k \leqslant n$, 有

$$E(X_n)(\leqslant) = E(X_k)(\leqslant) = E(X_0).$$

证明 利用 (4.2.1) 式有 $E\{X_n | Y_0, \cdots, Y_k\}(\leqslant) = X_k$, 故

$$E(X_n) = E\{E[X_n | Y_0, \cdots, Y_k]\}(\leqslant) = E(X_k).$$

类似地可证 $E(X_k)(\leqslant) = E(X_0)$. □

(3) 如 $\{X_n, n \geqslant 0\}$ 关于 $\{Y_n, n \geqslant 0\}$ 是 (上) 鞅, g 是关于 $Y_0, Y_1, \cdots, Y_n$ 的 (非负) 函数, 则

$$E\{g(Y_0, Y_1, \cdots, Y_n) X_{n+k} | Y_0, Y_1, \cdots, Y_n)\}(\leqslant) = g(Y_0, Y_1, \cdots, Y_n) X_n, \ \forall k \geqslant 0.$$

证明 因为 g 是关于 $Y_0, Y_1, \cdots, Y_n$ 的 (非负) 函数, 因此

$$\begin{aligned} E(g(Y_0, Y_1, \cdots, Y_n) X_{n+k} | Y_0, Y_1, \cdots, Y_n) =& g(Y_0, Y_1, \cdots, Y_n) \times \\ & E(X_{n+k} | Y_0, Y_1, \cdots, Y_n) \\ (\leqslant) =& g(Y_0, Y_1, \cdots, Y_n) X_n. \end{aligned}$$ □

上一节讨论了许多鞅的例子, 在实际中常常把上鞅和下鞅分解成鞅来处理.

对于上鞅和下鞅, 有一分解定理, 它是鞅论中的基本定理之一.

定理 4.2.1 对于任意一个 $\{X_n, n \geqslant 1\}$ 关于 $\{Y_n, n \geqslant 1\}$ 的下鞅, 必存在过程 $\{M_n, n \geqslant 1\}$ 与 $\{Z_n, n \geqslant 1\}$, 使得

(1) $\{M_n, n \geqslant 1\}$ 关于 $\{Y_n, n \geqslant 1\}$ 是鞅;

(2) Z_n 是 $Y_1, \cdots, Y_{n-1}$ 的函数 $(n \geqslant 2)$, 且 $Z_1 = 0, Z_n \leqslant Z_{n+1}, EZ_n < +\infty$;

(3) $X_n = M_n + Z_n (n \geqslant 1)$.

且上述分解是唯一的.

证明 先证存在性. 令 $Z_1 = 0, M_0 = X_0$, 及

$$M_n = X_n - \sum_{k=1}^{n} E(X_k - X_{k-1} | Y_1, \cdots, Y_{k-1}), \ \ n \geqslant 1,$$

$$Z_n = X_n - M_n = \sum_{k=1}^{n} E(X_k - X_{k-1} | Y_1, \cdots, Y_{k-1}), \ \ n \geqslant 2.$$

因为 $\{X_n, n\geqslant 1\}$ 关于 $\{Y_n, n\geqslant 1\}$ 是下鞅，因此

$$E(X_k|Y_1,\cdots,Y_{k-1})\geqslant X_{k-1},\quad E(X_{k-1}|Y_1,\cdots,Y_{k-1})=X_{k-1},$$

进而有

$$E(X_k-X_{k-1}|Y_1,\cdots,Y_{k-1})\geqslant 0.$$

因此 Z_n 非负且单调非降，且 Z_n 是 $Y_1,\cdots,Y_{n-1}$ 的函数. 同时由 Z_n 的定义有

$$E|Z_n|\leqslant E|X_n|+E|X_1|<+\infty.$$

另外

$$\begin{aligned}
&E(M_n|Y_1,\cdots,Y_{n-1})\\
=&E\left\{\left[X_n-\sum_{k=1}^{n}E(X_k-X_{k-1}|Y_1,\cdots,Y_{k-1})\right]\Big|Y_1,\cdots,Y_{n-1}\right\}\\
=&E(X_n|Y_1,\cdots,Y_{n-1})-\sum_{k=1}^{n}E\Big(E(X_k-X_{k-1}|Y_1,\cdots,Y_{k-1})\Big|Y_1,\cdots,Y_{n-1}\Big)\\
=&E(X_n|Y_1,\cdots,Y_{n-1})-\sum_{k=1}^{n}E(X_k-X_{k-1}|Y_1,\cdots,Y_{k-1})\\
=&E(X_n|Y_1,\cdots,Y_{n-1})-\sum_{k=1}^{n-1}E(X_k-X_{k-1}|Y_1,\cdots,Y_{k-1})-\\
&E(X_n-X_{n-1}|Y_1,\cdots,Y_{n-1})\\
=&X_{n-1}-\sum_{k=1}^{n-1}E(X_k-X_{k-1}|Y_1,\cdots,Y_{k-1})=M_{n-1},
\end{aligned}$$

又

$$E|M_n|=E|X_n-Z_n|\leqslant E|X_n|+E|Z_n|<\infty,$$

因此 $\{M_n, n\geqslant 1\}$ 关于 $\{Y_n, n\geqslant 1\}$ 是鞅，且 $X_n=M_n+Z_n$. 故存在性得证.

下面证唯一性. 设另一分解 M_n', Z_n' 满足上面定理要求，即

$$X_n=M_n'+Z_n',\ n\geqslant 1,\quad Z_1'=0,\quad M_0'=X_0=0.$$

则

$$M_n+Z_n=M_n'+Z_n'=X_n.$$

令 $\Delta_n = M_n - M'_n = Z'_n - Z_n$. 因为 $\{M_n, n \geqslant 1\}$ 和 $\{M'_n, n \geqslant 1\}$ 均是关于 $\{Y_n, n \geqslant 1\}$ 的鞅, 因此 $\{\Delta_n, n \geqslant 1\}$ 也是关于 $\{Y_n, n \geqslant 1\}$ 的鞅. 所以有

$$E(\Delta_n | Y_1, \cdots, Y_{n-1}) = \Delta_{n-1}.$$

又因为 Z_n, Z'_n 是关于 $Y_1, \cdots, Y_{n-1}$ 的函数. 因此 Δ_n 也是关于 $Y_1, \cdots, Y_{n-1}$ 的函数, 于是

$$E(\Delta_n | Y_1, \cdots, Y_{n-1}) = \Delta_n,$$

进而

$$\Delta_n = \Delta_{n-1} = \Delta_{n-2} = \cdots = \Delta_1 = Z'_1 - Z_1 = 0,$$

故

$$Z_n = Z'_n, M_n = M'_n. \qquad \square$$

由本定理可知, 一个下鞅总可分解为一个鞅与一增过程之和.

推论 若 $\{X_n, n \geqslant 1\}$ 关于 $\{Y_n, n \geqslant 1\}$ 是上鞅, 则可分解为 $X_n = M_n - Z_n$ 使得

(1) $\{M_n, n \geqslant 1\}$ 关于 $\{y_n, n \geqslant 1\}$ 是鞅;

(2) Z_n 是 $Y_1, \cdots, Y_{n-1}$ 的函数 $(n \geqslant 2)$, $Z_1 = 0, Z_n \leqslant Z_{n+1}, EZ_n < +\infty$.

且上述分解是唯一的.

例 2 鞅在序贯决策模型中的应用

考虑一个可控的随机动态系统, 状态空间有限, 记为 $S = \{1, 2, \cdots, p\}$. 行动集 $A = \{a, b, \cdots, l\}$ 有限, 有时称 A 为**决策空间**. 设每经单位时间 (如每小时, 每天, 每月等) 观察即时的系统状态 i, 然后从 A 中选取一个行动 a, 有两件事情发生:

(1) 得到一个报酬 (或能量) $r(i, a)$;

(2) 在现时段状态为 i, 采取行动为 a 的条件下, 系统下一时刻转移到状态 j 的概率为 $q(j|i, a)$.

现在的问题是: 在每一时刻如何选取行动, 使前 N 时段的期望总报酬 (总能量) 达到最大?

令 Δ_k 表示 k 时段采取的行动; Y_k 表示 k 时段系统的状态; $h_{n-1} = \{i_0, a_0, i_1, a_1, \cdots, i_{n-1}, a_{n-1}\}$ 表示 $n-1$ 时刻及以前系统的状态及采取行动的交互序列, 称为 $n-1$ 之前的历史. 设 n 时刻采取的行动 (决策) a_n 依赖于 h_{n-1}

与 i_n, 记为

$$a_n = \pi_n(h_{n-1}, i_n) = \pi_n(i_0, a_0, i_1, a_1, \cdots, i_{n-1}, a_{n-1}, i_n),$$

其中 π_n 称为 n 时刻的决策函数.

一个策略 $\pi = \{\pi_0, \pi_1, \cdots, \pi_{N-1}\}$ 是一个决策函数序列. 若给定一个策略 π 及初始状态 $Y_0 = i$, 则直到 $N-1$ 时刻的期望总报酬为

$$V(\pi, i) = E_\pi\left\{\sum_{k=0}^{N-1} r(Y_k, \varDelta_k)\big|Y_0 = i\right\}.$$

式中 E_π 表示在 π 的条件下求期望. 我们的目的是选取一最优策略 π^*, 使对所有 $i \in S$, 有

$$V(\pi^*, i) = \max_\pi V(\pi, i). \tag{4.2.2}$$

为此, 记 $V_N(i) = 0$, $\forall i \in S$. $V_k(i) i \in S$, 满足

$$V_{k-1}(i) = \max_{a \in A}\left\{r(i, a) + \sum_{j \in S} q(j\big|i, a)V_k(j)\right\}, \quad 1 \leqslant k \leqslant N. \tag{4.2.3}$$

令

$$X_n = \sum_{k=1}^{n}\left\{V_k(Y_k) - E\left[V_k(Y_k)\big|Y_0, \varDelta_0, Y_1, \varDelta_1, \cdots, Y_{k-1}, \varDelta_{k-1}\right]\right\}.$$

由 4.1 节例 3 可知, $\{X_n, n \geqslant 1\}$ 关于 $\{(Y_n, \varDelta_n), n \geqslant 0\}$ 是鞅, 于是

$$EX_n = EX_1 = 0. \tag{4.2.4}$$

由 (4.2.3) 式有

$$V_{k-1}(i) \geqslant r(i, a) + \sum_{j \in S} q(j\big|i, a)V_k(j), \quad \forall i \in S, a \in A,$$

故

$$\begin{aligned} V_{k-1}(Y_{k-1}) \geqslant & r(Y_{k-1}, \varDelta_{k-1}) + \sum_{j \in S} q(j\big|Y_{k-1}, \varDelta_{k-1})V_k(j) \\ = & r(Y_{k-1}, \varDelta_{k-1}) + E\{V_k(Y_k)\big|Y_{k-1}, \varDelta_{k-1}\}. \end{aligned}$$

因此由马尔可夫性得

$$V_{k-1}(Y_{k-1}) \geqslant r(Y_{k-1}, \varDelta_{k-1}) + E\{V_k(Y_k)\big|Y_0, \varDelta_0, Y_1, \varDelta_1, \cdots, Y_{k-1}, \varDelta_{k-1}\}. \tag{4.2.5}$$

于是有

$$
\begin{aligned}
0 = EX_N =&E\left\{\sum_{k=1}^{N}\left[V_k(Y_k) - E\left(V_k(Y_k)\middle|Y_0, \Delta_0, \cdots, Y_{k-1}, \Delta_{k-1}\right)\right]\right\} \\
\geqslant&E\left\{\sum_{k=1}^{N}[V_k(Y_k) + r(Y_{k-1}, \Delta_{k-1}) - V_{k-1}(Y_{k-1})]\right\} \\
=&E\left\{\sum_{k=0}^{N-1} r(Y_k, \Delta k) + V_N(Y_N) - V_0(Y_0)\right\}.
\end{aligned}
$$

即

$$
E(V_0(Y_0)) \geqslant E_\pi\left\{\sum_{k=0}^{N-1} r(Y_k, \Delta_k)\middle|Y_0\right\}.
$$

若 $Y_0 = i$, 则上式说明, 对任意 π, 有

$$
V_0(i) \geqslant E_\pi\left\{\sum_{k=0}^{N-1} r(Y_k, \Delta_k)\middle|Y_0 = i\right\},
$$

即 $V_0(i) \geqslant V(\pi, i)$ 对 $\forall i \in S$ 及所有 π 均成立.

选取 $a_{k-1}^* \in A$, 使 $a_{k-1}^*(i) = \pi_{k-1}^*(i_0, a_0^*, \cdots, i_{k-1})$ 满足 (4.2.3) 式, 即

$$
\begin{aligned}
V_{k-1}(i) =&r(i, a_{k-1}^*(i)) + \sum_{j\in S} q(j|i, a_{k-1}^*(i))V_k(j) \\
=&\max_a\left\{r(i,a) + \sum_j q(j|i,a)V_k(j)\right\}, \quad \forall i \in S.
\end{aligned}
$$

则 $\pi^* = \{\pi_0^*, \pi_1^*, \cdots, \pi_{N-1}^*\}$ 是最优策略, 即

$$
V_0(i) = V(\pi^*, i), \quad \forall i \in S.
$$

换言之, 我们是通过使每一步均取最优来达到总体最优的. □

从上面的例子可以得到鞅应用的感性认识. 利用鞅的性质可以解决许多本来不易研究的问题, 但关键是怎样构造出一个合适的鞅来. 这通常也不是件容易的事, 需要经验, 也需要技巧.

4.3 停时与停时定理

本节要研究当 T 是一随机变量时, EX_T 是否等于 EX_0. 为此引出停时的概念. 停时是一个不依赖于 “将来” 的随机时间. 先给出粗略的直观定义.

定义 4.3.1 设取值为非负整数 (包括 $+\infty$) 的随机变量 T, 及随机序列 $\{Y_n, n \geqslant 0\}$. 若对 $n \geqslant 0$, 事件 $\{T = n\}$ 的示性函数 $I_{\{T=n\}}$ 仅是 $Y_0, Y_1, \cdots, Y_n$

的函数, 则称 T 是关于 $\{Y_n, n \geqslant 0\}$ 的**停时**(stopping time)(或称马尔可夫时间).

为今后叙述方便, 引入一些记号. 记 $\sigma(X)$ 为由随机变量 X 决定的事件及它们的有限和可列运算的全体构成的事件集, 简称为由 X 生成的事件 σ 域, 它表示由随机变量 X 可能提供的全部信息. 同样, 记 $\sigma(Y_0, Y_1, \cdots, Y_n) = \sigma(Y_k, 0 \leqslant k \leqslant n)$, 称之为由随机变量序列 $Y_0, Y_1, \cdots, Y_n$ 生成的事件 σ 域. 它表示由 $Y_0, Y_1, \cdots, Y_n$ 可能提供的全部信息. 例如, 在样本空间 Ω 中定义事件 A 及 B 的示性函数 I_A 及 I_B, 那么

$$\sigma(I_A) = \{\varnothing, A, A^C, \Omega\}, \qquad \sigma(I_B) = \{\varnothing, B, B^C, \Omega\},$$

$$\begin{aligned}\sigma(I_A, I_B) = \{&\varnothing, A, B, A^C, B^C, A-B, B-A, AB, A\bigcup B, (A-B)^C, (B-A)^C, \\ &(AB)^C, (A\bigcup B)^C, (A-B)\bigcup(B-A), [(A-B)\bigcup(B-A)]^C, \Omega\}.\end{aligned}$$

通常简记

$$\mathcal{F}_n = \sigma(Y_k, 0 \leqslant k \leqslant n) = \sigma(Y_0, Y_1, \cdots, Y_n), \quad n \geqslant 0.$$

若 $\forall n \geqslant 0, \{T = n\} \in \mathcal{F}_n$, 则 $\{T = n\}$ 与 $\{T \neq n\}$ 完全取决于过程直到 n 时刻的信息 $(Y_0, Y_1, \cdots, Y_n)$, 而与过程的未来无关.

由定义知, 若 $\forall n \geqslant 0$, 事件 $\{T \leqslant n\}$, $\{T > n\}$, $\{T \geqslant n\}$, $\{T < n\}$ 均只由 $(Y_0, Y_1, \cdots, Y_n)$ 确定, 则 T 是一停时.

因此, 下面给出停时的确切定义.

定义 4.3.2 设有非负整数的随机变量 T 及随机序列 $\{Y_n, n \geqslant 0\}$, $\mathcal{F}_n = \sigma(Y_k, 0 \leqslant k \leqslant n)$. 若对 $\forall n \geqslant 0$, $\{T = n\} \in \mathcal{F}_n$, 则称 T 是 $\{Y_n, n \geqslant 0\}$ 的停时.

对随机过程 $\{Y_n, n \geqslant 0\}$, 令 $T = \min\{n: Y_n \in A\}$, 即 T 是首达 A 的时间, 则 T 是关于 $\{Y_n, n \geqslant 0\}$ 的停时. 因为 $\{T > n\} = \{\omega: Y_k \notin A, \forall k \leqslant n\} \in \mathcal{F}_n$, 即事件 $\{T > n\}$ 发生与否完全由 $(Y_0, Y_1, \cdots, Y_n)$ 确定.

例 1 $\{N(t), t \geqslant 0\}$ 是参数为 λ 的时齐泊松过程, $S_0 = 0, S_n$ 为第 n 个事件发生时刻, 则 $N(t)$ 关于 $\{S_n, n \geqslant 0\}$ 不是停时, 但 $N(t) + 1$ 关于 $\{S_n, n \geqslant 0\}$ 是停时.

显然 $T = k$(k 是一常数) 是一个停时.

停时有以下基本特性:

设 T, σ 是关于 $\{Y_n, n \geqslant 0\}$ 的两个停时, 则 $T + \sigma, T \wedge \sigma = \min(T, \sigma), T \vee \sigma = \max(T, \sigma)$ 均是停时.

下面介绍有关停时定理 (optional stopping theorem 或 optional sampling theorem).

为此, 先介绍以下几个引理.

引理 4.3.1 设 $\{X_n, n \geqslant 0\}$ 是一关于 $\{Y_n, n \geqslant 0\}$ 的 (上) 鞅, T 是一关于 $\{Y_n, n \geqslant 0\}$ 的停时, 则 $\forall n \geqslant k$ 有

$$E(X_n\ I_{(T=k)})(\leqslant) = E(X_k\ I_{(T=k)}).$$

证明 注意到 T 是关于 $\{Y_n, n \geqslant 0\}$ 的停时, 所以 $I_{(T=k)}$ 是关于 $Y_0, Y_1, \cdots, Y_k$ 的函数. 因此

$$\begin{aligned} E(X_n\ I_{(T=k)}) &= E\left(E(X_n\ I_{(T=k)} \big| Y_0, Y_1, \cdots, Y_k)\right) \\ &= E\left(I_{(T=k)}\ E(X_n \big| Y_0, Y_1, \cdots, Y_k)\right)(\leqslant) = E(I_{(T=k)}\ X_k). \end{aligned}$$ □

引理 4.3.2 如 $\{X_n, n \geqslant 0\}$ 关于 $\{Y_n, n \geqslant 0\}$ 是 (上) 鞅, T 关于 $\{Y_n, n \geqslant 0\}$ 是停时, 则 $\forall n \geqslant 1$, 有

$$EX_0(\geqslant) = EX_{T\wedge n}(\geqslant) = EX_n.$$

证明 注意到 $I_{\{T<n\}} + I_{\{T\geqslant n\}} = 1$, 并利用引理 4.3.1 得

$$\begin{aligned} EX_{T\wedge n} &= E\left\{X_{T\wedge n}\left(\sum_{k=0}^{n-1} I_{\{T=k\}} + I_{\{T\geqslant n\}}\right)\right\} \\ &= E\left\{X_{T\wedge n}\ \sum_{k=0}^{n-1} I_{\{T=k\}}\right\} + E\{X_{T\wedge n}\ I_{\{T\geqslant n\}}\} \\ &= \sum_{k=0}^{n-1} E\{X_{T\wedge n}\ I_{\{T=k\}}\} + E\{X_{T\wedge n}\ I_{\{T\geqslant n\}}\} \\ &= \sum_{k=0}^{n-1} E\{X_k\ I_{\{T=k\}}\} + E\{X_n\ I_{\{T\geqslant n\}}\} \\ (\geqslant) &= \sum_{k=0}^{n-1} E\{X_n\ I_{\{T=k\}}\} + E\{X_n\ I_{\{T\geqslant n\}}\} = EX_n. \end{aligned}$$

因此

$$EX_{T\wedge n}(\geqslant) = EX_n.$$

对于鞅, 因为 $EX_n = EX_0$, 所以 $EX_{T\wedge n} = EX_0$.

对于上鞅, 下面证明 $EX_0 \geqslant EX_{T\wedge n}$. 设

$$\widetilde{X}_0 = 0, \qquad \widetilde{X}_n = \sum_{k=1}^{n}\left[X_k - E(X_k \big| Y_0, Y_1, \cdots, Y_{k-1})\right], \quad n \geqslant 1.$$

根据 4.1 节例 3 可知, $\{\widetilde{X}_n, n \geqslant 0\}$ 关于 $\{Y_n, n \geqslant 0\}$ 是鞅. 由鞅的性质可知

$$E\widetilde{X}_n = E\widetilde{X}_{T\wedge n} = E\widetilde{X}_0 = 0,$$

因此有

$$\begin{aligned} 0 =& E\widetilde{X}_{T\wedge n} = E\left[\sum_{k=1}^{T\wedge n}\left(X_k - E(X_k | Y_0, Y_1, \cdots, Y_{k-1})\right)\right] \\ \geqslant& E\left[\sum_{k=1}^{T\wedge n}(X_k - X_{k-1})\right] \qquad \text{(由上鞅定义得)} \\ =& E(X_{T\wedge n} - X_0) = E(X_{T\wedge n}) - E(X_0). \end{aligned}$$

因此

$$EX_{T\wedge n} \leqslant EX_0. \qquad \square$$

引理 4.3.3 设 X 是一随机变量, 满足 $E|X| < \infty$. T 是关于 $\{Y_n, n \geqslant 0\}$ 的停时, 且 $P(T < \infty) = 1$, 则

$$\lim_{n\to\infty} E(X\ I_{\{T>n\}}) = 0, \quad \lim_{n\to\infty} E(X\ I_{\{T\leqslant n\}}) = EX.$$

证明 因为

$$|X| = |X|I_{\{T\leqslant n\}} + |X|I_{\{T>n\}} \geqslant |X|I_{\{T\leqslant n\}},$$

并且

$$\lim_{n\to\infty} I_{\{T\leqslant n\}} = \lim_{n\to\infty}\sum_{k=1}^{n} I_{\{T=k\}} = \sum_{k=1}^{\infty} I_{\{T=k\}} = 1.$$

因此

$$E|X| \geqslant E(|X|I_{\{T\leqslant n\}}) \stackrel{n\to\infty}{\longrightarrow} \sum_{k=0}^{\infty} E\{|X|I_{\{T=k\}}\} = E|X|.$$

于是有

$$\lim_{n\to\infty} E(|X|I_{\{T\leqslant n\}}) = E|X|, \quad \lim_{n\to\infty} E(|X|\ I_{\{T>n\}}) = 0.$$

由上式知

$$\lim_{n\to\infty} E(X\ I_{\{T>n\}}) = 0.$$

又因为

$$|E(X\,I_{\{T\leqslant n\}})-EX|=|EX\,I_{\{T>n\}}|\leqslant E|X\,I_{\{T>n\}}|=E(|X|I_{\{T>n\}})\stackrel{n\to\infty}{\longrightarrow}0,$$

即

$$\lim_{n\to\infty}E(X\,I_{(T\leqslant n)})=EX.$$

□

定理 4.3.1 设 $\{X_n,n\geqslant 0\}$ 是鞅, T 是停时, 若 $P(T<\infty)=1$, 且

$$E\Big(\sup_{n\geqslant 0}|X_{T\wedge n}|\Big)<\infty,$$

则

$$EX_T=EX_0.$$

证明 记 $Z=\sup\limits_{n\geqslant 0}|X_{T\wedge n}|$. 因为

$$X_T=\sum_{k=0}^{\infty}(X_k\,I_{\{T=k\}})=\sum_{k=0}^{\infty}(X_{T\wedge k}\,I_{\{T=k\}}),$$

因此

$$\begin{aligned}|X_T|=&\Big|\sum_{k=0}^{\infty}(X_{T\wedge k}\,I_{\{T=k\}})\Big|\leqslant\sum_{k=0}^{\infty}(|X_{T\wedge k}|\,I_{\{T=k\}})\\ &\leqslant\sup_{n\geqslant 0}|X_{T\wedge n}|\sum_{k=0}^{\infty}I_{\{T=k\}}=\sup_{n\geqslant 0}|X_{T\wedge n}|=Z.\end{aligned}$$

所以有

$$E|X_T|\leqslant E(Z)<\infty,$$

即 EX_T 有意义. 又

$$\begin{aligned}|EX_{T\wedge n}-EX_T|=&|E[(X_{T\wedge n}-X_T)\,I_{\{T>n\}}]+E[(X_{T\wedge n}-X_T)\,I_{\{T\leqslant n\}}]|\\=&|E(X_{T\wedge n}-X_T)\,I_{\{T>n\}}|\leqslant E|(X_{T\wedge n}-X_T)\,I_{\{T>n\}}|\\\leqslant&E|(X_{T\wedge n}\,I_{\{T>n\}}|+E|X_T\,I_{(T>n)}|\leqslant 2E(Z\,I_{\{T>n\}}),\end{aligned}$$

由引理 4.3.3 知 $\lim\limits_{n\to\infty}E(Z\cdot I_{\{T>n\}})=0$, 因此

$$\lim_{n\to\infty}EX_{T\wedge n}=EX_T.$$

又由引理 4.3.2 得 $EX_{T\wedge n}=EX_0$, 所以

$$EX_T=\lim_{n\to\infty}EX_{T\wedge n}=\lim_{n\to\infty}EX_0=EX_0.\qquad\square$$

推论 设 $\{X_n,n\geqslant 0\}$ 关于 $\{Y_n,n\geqslant 0\}$ 是鞅, T 是停时, 且 $ET<\infty$. 若存在一常数 $b<\infty$, 满足对 $\forall n<T$, 有

$$E(|X_{n+1}-X_n||Y_0,Y_1,\cdots,Y_n)\leqslant b,$$

则

$$EX_0=EX_T.$$

证明 令

$$\begin{aligned}Z_0&=|X_0|,\\Z_n&=|X_n-X_{n-1}|,\ n\geqslant 1,\\W&=Z_0+Z_1+\cdots+Z_T.\end{aligned}$$

则

$$\begin{aligned}W&=|X_0|+|X_1-X_0|+\cdots+|X_T-X_{T-1}|,\\EW&=\sum_{n=0}^{\infty}\sum_{k=0}^{n}E(Z_kI_{\{T=n\}})=\sum_{k=0}^{\infty}\sum_{n=k}^{\infty}E(Z_kI_{\{T=n\}})=\sum_{k=0}^{\infty}E(Z_k\ I_{\{T\geqslant k\}}).\end{aligned}$$

因为 $I_{\{T\geqslant k\}}=1-I_{\{T\leqslant k-1\}}$ 仅仅是 $Y_0,Y_1,\cdots,Y_{k-1}$ 的函数, 又由已知条件知, 对 $k\leqslant T$ 有 $E(Z_k|Y_0,\cdots,Y_{k-1})\leqslant b$, 因此

$$\begin{aligned}\sum_{k=0}^{\infty}E(Z_k\ I_{\{T\geqslant k\}})&=\sum_{k=0}^{\infty}E\{E(Z_k\ I_{\{T\geqslant k\}}|Y_0,Y_1,\cdots,Y_{k-1})\}\\&=\sum_{k=0}^{\infty}E\{I_{\{T\geqslant k\}}\ E(Z_k|Y_0,Y_1,\cdots,Y_{k-1})\}\\&\leqslant b\sum_{k=0}^{\infty}P(T\geqslant k)=b(1+ET)\qquad\Big(\text{利用}\sum_{k=1}^{\infty}P(T\geqslant k)=ET\Big)\\&<\infty,\end{aligned}$$

即 $EW<\infty$. 因为 $|X_T|\leqslant W$, 因此 $|X_{T\wedge n}|\leqslant W$, $\forall n\geqslant 0$, 即

$$\sup_{n\geqslant 0}|X_{T\wedge n}|\leqslant W,$$

所以有

$$E(\sup_{n\geqslant 0}|X_{T\wedge n}|)\leqslant EW<\infty.$$

又因为 $ET<\infty$, 因此有

$$P(T<\infty)=1.$$

利用定理 4.3.1, 即得

$$EX_T=EX_0.$$ □

定理 4.3.2 (停时定理) 设 $\{X_n,n\geqslant 0\}$ 是鞅, T 是停时, 若:

(1) $P(T<\infty)=1$;

(2) $E|X_T|<\infty$;

(3) $\lim\limits_{n\to\infty}E|X_n\ I_{\{T>n\}}|=0$.

则

$$EX_T=EX_0.$$

证明 由

$$X_T=X_TI_{\{T\leqslant n\}}+X_TI_{\{T>n\}},$$

及

$$\begin{aligned}X_TI_{\{T\leqslant n\}}=&X_{T\wedge n}I_{\{T\leqslant n\}}=X_{T\wedge n}(1-I_{\{T>n\}})\\=&X_{T\wedge n}-X_{T\wedge n}I_{\{T>n\}}=X_{T\wedge n}-X_nI_{\{T>n\}},\end{aligned}$$

得

$$X_T=X_{T\wedge n}-X_n\ I_{\{T>n\}}+X_T\ I_{(T>n)}.$$

因此

$$EX_T=EX_{T\wedge n}-E(X_n\ I_{\{T>n\}})+E(X_T\ I_{\{T>n\}}).$$

由已知 $\lim\limits_{n\to\infty}E|X_n\ I_{\{T>n\}}|=0$, 则

$$\lim_{n\to\infty}E(X_n\ I_{\{T>n\}})=0.$$

由引理 4.3.3 得

$$\lim_{n\to\infty}E(X_T\ I_{\{T>n\}})=0,$$

因此

$$\lim_{n\to\infty}EX_{T\wedge n}=EX_T.$$

而由引理 4.3.2 知 $EX_{T\wedge n}=EX_0$, 故

$$EX_0 = EX_T. \qquad \square$$

这个基本定理有以下简单推论.

推论 1 设 $\{X_n, n \geqslant 0\}$ 是鞅, T 是停时, 若:

(1) $P(T < \infty) = 1$;

(2) 对某个 $k < \infty, \forall n \geqslant 0, E(X_{T\wedge n}^2) \leqslant k$.

则

$$EX_0 = EX_T.$$

证明 显然 $X_{T\wedge n}^2 \geqslant 0$. 由 (2) 知

$$E(X_{T\wedge n}^2 I_{\{T\leqslant n\}}) \leqslant E(X_{T\wedge n}^2) \leqslant k.$$

而

$$\begin{aligned} E(X_{T\wedge n}^2 I_{\{T\leqslant n\}}) &= \sum_{k=0}^{n} E[X_T^2 | T = k]\ P(T = k) \\ &\xrightarrow{n\to\infty} \sum_{k=0}^{\infty} E(X_T^2 | T = k)\ P(T = k) = EX_T^2, \end{aligned}$$

因此

$$EX_T^2 \leqslant k < \infty.$$

由 Schwartz 不等式可得

$$E|X_T| = E|1 \cdot X_T| \leqslant [E(X_T^2)]^{\frac{1}{2}} < \infty,$$

及

$$(E(X_n I_{\{T>n\}}))^2 = [E(X_{T\wedge n}\ I_{\{T>n\}})]^2 \leqslant E(X_{T\wedge n}^2)\ E(I_{\{T>n\}}^2),$$

即

$$(E(X_n\ I_{\{T>n\}}))^2 \leqslant k\ P\{T > n\} \xrightarrow{n\to\infty} 0.$$

因此

$$\lim_{n\to\infty} E[X_n\ I_{\{T>n\}}] = 0.$$

利用定理 4.3.2 得

$$EX_0 = EX_T. \qquad \square$$

推论 2 设 $Y_0=0,\{Y_k,k\geqslant 1\}$ 独立同分布, $EY_k=\mu,DY_k=\sigma^2<\infty,S_0=0,S_n=\sum\limits_{k=1}^{n}Y_k,X_n=S_n-n\mu$. 若 T 为停时, $ET<\infty$, 则 $E|X_T|<\infty$, 且

$$EX_T=ES_T=\mu ET=0.$$

证明 因为 $ET=\sum\limits_{k=0}^{\infty}kP(T=k)<+\infty$, 从而余项

$$\sum_{k=n}^{\infty}kP(T=k)\to 0\quad(n\to\infty),$$

又

$$\sum_{k=n}^{\infty}kP(T=k)\geqslant\sum_{k=n}^{\infty}nP(T=k)=nP(T\geqslant n)\to 0,$$

故 $nP(T\geqslant n)\to 0\ (n\to\infty)$. 因此

$$P(T\geqslant n)\to 0\quad(n\to\infty).$$

从而

$$P(T<\infty)=1.$$

$$E|X_T|=E|S_T-T\mu|\leqslant E\Big(\sum_{k=1}^{T}|Y_k-\mu|\Big).$$

因为 $\{Y_k\}$ 独立同分布, 所以 $\{|Y_k-\mu|\}$ 独立同分布, 于是

$$E\Big(\sum_{k=1}^{T}|Y_k-\mu|\Big)=ET\ E|Y_k-\mu|<\infty,$$

所以

$$E|X_T|<+\infty.$$

由 Schwartz 不等式得

$$[E(X_nI_{\{T>n\}})]^2\leqslant EX_n^2\ E(I_{\{T>n\}})\leqslant n\sigma^2P(T\geqslant n)=\sigma^2(n\ P(T\geqslant n)).$$

由前面的证明过程的中间结论 $nP(T\geqslant n)\to 0\ (n\to\infty)$ 知

$$\lim_{n\to\infty}E(X_n\ I_{\{T>n\}})=0.$$

利用定理 4.3.2 得

$$0 = EX_0 = EX_T = ES_T - \mu ET. \qquad \square$$

如何在实际中应用停时定理与推论呢？这里介绍一个应用停时定理的例子.

例 2 随机游动

令 $Y_0 = 0, \{Y_k, k \geqslant 1\}$ 独立同分布，$P(Y_k = 1) = p \geqslant 0, P(Y_k = -1) = q = 1 - p \geqslant 0$. 令 $X_0 = 0, X_n = \sum\limits_{k=1}^{n} Y_k$, 记

$$\begin{aligned}
T_{0j} &= \min\{n: X_0 = 0, X_n = j\}, \\
T &= \min\{n: X_n = a \text{ 或} X_n = b\}, b > 0 \text{ 为正整数}, a < 0 \text{ 为负整数}, \\
{}_bT_a &= \min\{n: X_0 = 0, X_l \neq b, 1 \leqslant l \leqslant n-1, X_n = a\}, \\
V_a &= P({}_bT_a < \infty | X_0 = 0), \ V_a \text{表示从 0 出发先到达 } a \text{ 的概率}.
\end{aligned}$$

则 $P({}_aT_b < \infty | X_0 = 0) = 1 - V_a$.

若以赌博 (或投资) 为背景. 设甲乙两人赌博，$|a|$ 表示甲原有的资金，Y_n 表示甲第 n 次得到的钱，b 表示乙原有的资金，那么 V_a 表示甲先输光的概率.

分两种情况讨论

(1) 当 $p = q = 1/2$ 时：易证 $P(T_{01} < \infty | X_0 = 0) = 1$(见第 3 章练习题). 由 $X_{T_{01}}$ 定义知，$X_{T_{01}} = 1$, 故 $EX_{T_{01}} = 1$. 而 $EX_0 = 0$, 所以 $EX_{T_{01}} \neq EX_0$. 易知 $\{X_n, n \geqslant 1\}$ 关于 $\{Y_n, n \geqslant 1\}$ 是鞅，T_{01} 关于 $\{Y_n, n \geqslant 1\}$ 是停时. 由定理 4.3.1 的推论知，$ET_{01} < \infty$ 不成立 (因为若 $ET_{01} < \infty$, 则 $EX_T = EX_0 = 0$), 故

$$ET_{01} = +\infty.$$

易证 $P(T < \infty | X_0 = 0) = 1$, 而 $|X_{T \wedge n}| \leqslant \max(|a|, b)$, $\forall n \geqslant 0$, 因此有

$$E\left(\sup_{n \geqslant 0} |X_{T \wedge n}|\right) < \infty.$$

由定理 4.3.1 得

$$EX_T = EX_0 = 0.$$

但

$$EX_T = V_a a + (1 - V_a) b = 0,$$

解之，得

$$V_a = \frac{b}{|a|+b},$$

这就是甲先输光的概率. 同理

$$V_b = 1 - V_a = \frac{|a|}{|a|+b}.$$

如何求 $E(T|X_0=0)$? 即任何一方输光的平均时间是多少呢？这需要构造一个合适的鞅来解决.

设 $Z_n = X_n^2 - n$, 先验证它关于 $\{Y_n, n \geqslant 0\}$ 是鞅. 因为

$$\begin{aligned}
E|Z_n| &= E|X_n^2 - n| \leqslant EX_n^2 + n < \infty, \\
E(Z_{n+1}|Y_0, Y_1, \cdots, Y_n) &= E(X_{n+1}^2 - n - 1|Y_0, Y_1, \cdots, Y_n) \\
&= E((X_n + Y_{n+1})^2|Y_0, Y_1, \cdots, Y_n) - (n+1) \\
&= E(X_n^2|Y_0, \cdots, Y_n) + 2E(X_n Y_{n+1}|Y_0, \cdots, Y_n) + \\
&\qquad E(Y_{n+1}^2|Y_0, \cdots, Y_n) - (n+1) \\
&= X_n^2 + 2X_n \cdot 0 + 1 - (n+1) = X_n^2 - n = Z_n,
\end{aligned}$$

所以 $\{Z_n, n \geqslant 0\}$ 关于 $\{Y_n, n \geqslant 0\}$ 是鞅.

由于 T 为停时，且 $ET < \infty$(由第 3 章练习题), 另外

$$\begin{aligned}
E(|Z_{n+1} - Z_n||Y_0, \cdots, Y_n) &= E(|X_{n+1}^2 - (n+1) - X_n^2 + n||Y_0, \cdots, Y_n) \\
&= E(|2X_n\, Y_{n+1} + Y_{n+1}^2 - 1||Y_0, \cdots, Y_n) \\
&\leqslant 2E(|X_n\, Y_{n+1}||Y_0, \cdots, Y_n) + E(Y_{n+1}^2|Y_0, \cdots, Y_n) + 1 \\
&= 2|X_n|\; E|Y_{n+1}| + 1 + 1 \leqslant 2(\max(|a|, b)) + 2 < \infty,
\end{aligned}$$

由定理 4.3.1 的推论知

$$EZ_T = EZ_0 = 0.$$

而由于

$$EZ_T = E(X_T^2 - T) = EX_T^2 - ET,$$

因此

$$ET = EX_T^2 = a^2 V_a + b^2(1 - V_a) = a^2\; \frac{b}{|a|+b} + b^2\; \frac{|a|}{|a|+b} = |a|b.$$

(2) 当 $p-q=\mu>0$ 时：这是不公平赌博，甲方赢的概率大，这时的 V_a 是多少呢？为此仍需要构造鞅．注意到此时 $EY_n=p-q=\mu$．令 $U_n=X_n-n\mu$．

因为

$$\begin{aligned}E|U_n|=E|X_n-n\mu| &\leqslant E|X_n|+n\mu\leqslant n+n\mu<+\infty,\\ E(U_{n+1}|Y_0,Y_1,\cdots,Y_n)&=E(X_{n+1}-(n+1)\mu|Y_0,Y_1,\cdots,Y_n)\\ &=E(X_n+Y_{n+1}|Y_0,Y_1,\cdots,Y_n)-(n+1)\mu\\ &=X_n+\mu-(n+1)\mu=X_n-n\mu=U_n,\end{aligned}$$

因此 $\{U_n,n\geqslant 0\}$ 关于 $\{Y_n,n\geqslant 0\}$ 是鞅．

另外，由于

$$\begin{aligned}E(|U_{n+1}-U_n||Y_0,\cdots,Y_n)&=E(|Y_{n+1}-\mu||Y_0,\cdots,Y_n)\\ &=E|Y_{n+1}-\mu|=4pq<\infty,\end{aligned}$$

由第 3 章练习题 3.19 第 3 小题知，有 $ET<\infty$, 因此由定理 4.3.2 的推论知，在 $ET<\infty$ 的条件下，$EU_T=EU_0$, 故

$$EX_T=\mu ET.$$

令 $V_n=\left(\frac{q}{p}\right)^{X_n}$，由于 $p>q$, 故 $0<\frac{q}{p}<1$．下面验证 $\{V_n,n\geqslant 0\}$ 是鞅．

因为

$$E|V_n|=E\left|\left(\frac{q}{p}\right)^{X_n}\right|=E\left\{\left(\frac{q}{p}\right)^{X_n}\right\}=\prod_{k=1}^{n}E\left\{\left(\frac{q}{p}\right)^{Y_k}\right\}=1<\infty,$$

$$\begin{aligned}E(V_{n+1}|Y_0,\cdots,Y_n)&=E\left\{\left(\frac{q}{p}\right)^{X_{n+1}}|Y_0,\cdots,Y_n\right\}\\ &=E\left\{\left(\frac{q}{p}\right)^{X_n}\left(\frac{q}{p}\right)^{Y_{n+1}}|Y_0,\cdots,Y_n\right\}\\ &=\left(\frac{q}{p}\right)^{X_n}E\left\{\left(\frac{q}{p}\right)^{Y_{n+1}}\right\}\\ &=\left(\frac{q}{p}\right)^{X_n}\left[\left(\frac{q}{p}\right)p+\left(\frac{q}{p}\right)^{-1}q\right]\\ &=\left(\frac{q}{p}\right)^{X_n}=V_n,\end{aligned}$$

因此 $\{V_n,n\geqslant 0\}$ 关于 $\{Y_n,n\geqslant 0\}$ 是鞅．

由 $a \leqslant X_n \leqslant b, 0 < \dfrac{q}{p} < 1$ 得

$$\left(\frac{q}{p}\right)^b \leqslant V_n \leqslant \left(\frac{q}{p}\right)^a.$$

因此

$$E|V_T| = E(V_T) \leqslant \left(\frac{q}{p}\right)^a < +\infty.$$

故

$$0 \leqslant \lim_{n\to\infty} E(V_n I_{\{T>n\}}) \leqslant \lim_{n\to\infty} \left(\frac{q}{p}\right)^a E\{I_{\{T>n\}}\} = \left(\frac{q}{p}\right)^a \lim_{n\to\infty} P\{T > n\} = 0.$$

此处 $\lim\limits_{n\to\infty} P\{T > n\} = 0$ 是因为当 $p - q = \mu > 0$ 时，$[a,b]$ 为马尔可夫链 $\{X_n, n \geqslant 0\}$ 的非常返状态集. $(X_n = i) \in [a,b]$ 至多有限次，故有 $P(T < \infty) = 1$，即 $\lim\limits_{n\to\infty} P\{T > n\} = 0$. 由此得

$$\lim_{n\to\infty} E(V_n\ I_{\{T>n\}}) = 0.$$

于是由定理 4.3.2 得

$$EV_0 = EV_T.$$

另外，由于 $EV_0 = E\left(\dfrac{q}{p}\right)^{X_0} = 1$，因此

$$EV_T = 1.$$

同样地记 $V_a = P({}_bT_a < \infty \big| X_0 = 0)$，有

$$EV_T = V_a\left(\frac{q}{p}\right)^a + (1 - V_a)\left(\frac{q}{p}\right)^b = 1.$$

解之，得

$$V_a = \frac{1 - \left(\dfrac{q}{p}\right)^b}{\left(\dfrac{q}{p}\right)^a - \left(\dfrac{q}{p}\right)^b} < \frac{b}{|a| + b}.$$

故从 0 状态出发，当 $p > q$ 时先到达 a 的概率小于 $p = q$ 时先到达 a 的概率.

再由 $EX_T = \mu ET$ 得

$$aV_a + b(1 - V_a) = (p - q)ET,$$

故

$$ET = \frac{b}{p-q} - \frac{(b-a)\left[1-\left(\dfrac{q}{p}\right)^b\right]}{(p-q)\left[\left(\dfrac{q}{p}\right)^a - \left(\dfrac{q}{p}\right)^b\right]}. \qquad \square$$

4.4 鞅收敛定理

设 $\{X_n, n \geqslant 0\}$ 关于 $\{Y_n, n \geqslant 0\}$ 是 (上、下) 鞅. 研究在各种意义下, $\lim\limits_{n\to\infty} X_n$ 是否存在的问题, 即鞅收敛的问题. 为此, 介绍鞅收敛定理, 该定理是利用鞅解决许多不同领域问题的重要工具之一.

在叙述鞅收敛定理之前, 先介绍一个重要引理, 即上穿不等式. 为此, 先考虑实数列 $\{a_n\}$ 的收敛问题. $\{a_n\}$ 没有极限时的充要条件是 $\varliminf\limits_{n\to\infty} a_n < \varlimsup\limits_{n\to\infty} a_n$, 即必存在两个实数 a, b, 使

$$\varliminf_{n\to\infty} a_n \leqslant a < b \leqslant \varlimsup_{n\to\infty} a_n.$$

用图形来直观解释 (如图 4.1), 就是 $\{a_n\}$ 无穷多次到达 a 之下, b 之上, 即 $\{a_n\}$ 上穿 (a,b) 无穷多次. 于是研究 $\{X_n\}$ 的收敛性就要研究穿越 (a,b) 的次数问题.

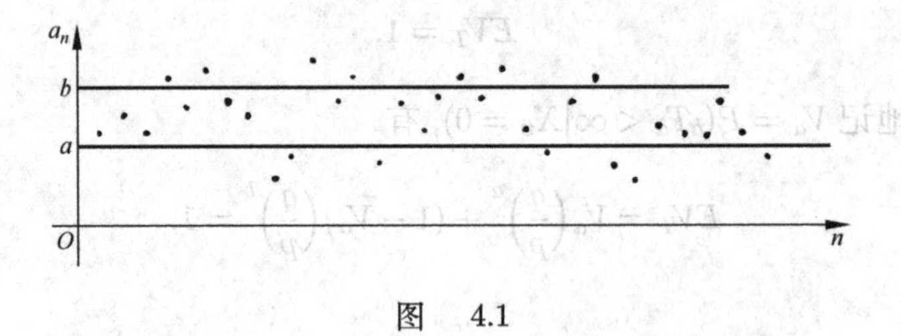

图 4.1

设 $\{X_n\}$ 是随机序列, 令 $V^{(n)}(a,b)(\omega)$ 是 $(X_0(\omega), X_1(\omega), \cdots, X_n(\omega))$ 向上穿越 (a,b) 的次数. 令 $\alpha_0 = 0$, 记 α_1 为 $\{X_n\}$ 首次到达 $(-\infty, a]$ 的时间, α_2 是 α_1 之后首次到达 $[b, +\infty)$ 的时间, 即

$$\alpha_1 = \min\{n\colon n \geqslant 0, X_n \leqslant a\},$$

$$\alpha_2 = \min\{n\colon n > \alpha_1, X_n \geqslant b\},$$

依次类推，归纳定义为

$$\alpha_{2k-1} = \min\{n\colon n \geqslant \alpha_{2k-2}, X_n \leqslant a\},$$

$$\alpha_{2k} = \min\{n\colon n > \alpha_{2k-1}, X_n \geqslant b\},$$

则

$$V^{(n)}(a,b) = \max\{k\colon k \geqslant 1, \alpha_{2k} \leqslant n\} = \sum_{k=1}^{\left[\frac{n}{2}\right]} I_{(\alpha_{2k} \leqslant n)}. \tag{4.4.1}$$

记号 $[x]$ 表示不超过 x 的整数，显然 $V^{(n)}(a,b)$ 的可能取值为 $0,1,2,\cdots,\left[\dfrac{n}{2}\right]$.
以下有名的上穿不等式是由 J.Doob 给出的.

引理 4.4.1 (上穿不等式) 设 $\{X_n, n \geqslant 0\}$ 关于 $\{Y_n, n \geqslant 0\}$ 是下鞅，$V^{(n)}(a,b)$ 表示 $\{X_k, 0 \leqslant k \leqslant n\}$ 上穿区间 (a,b) 的次数，$a < b$. 则

$$E(V^{(n)}(a,b)) \leqslant \frac{E(X_n - a)^+ - E(X_0 - a)^+}{b-a} \leqslant \frac{EX_n^+ + |a|}{b-a}, \tag{4.4.2}$$

这里记 $a^+ = \max(a,0) = a \vee 0$.

证明 因为 $\{X_n\}$ 关于 $\{Y_n\}$ 是下鞅，因此 $\{(X_n - a)^+\}$ 关于 $\{Y_n\}$ 也是下鞅. 这是由于

$$\begin{aligned}
E|(X_n - a)^+| &\leqslant E|X_n| + |a| < \infty, \\
E\{(X_{n+1} - a)^+ \big| Y_0, Y_1, \cdots, Y_n\} &= E(X_{n+1} \vee a - a \big| Y_0, Y_1, \cdots, Y_n) \\
&= E(X_{n+1} \vee a \big| Y_0, Y_1, \cdots, Y_n) - a \\
&\geqslant E(X_{n+1} \big| Y_0, Y_1, \cdots, Y_n) \vee a - a \\
&\geqslant X_n \vee a - a = (X_n - a)^+.
\end{aligned}$$

另外 $\{(X_k - a)^+, 0 \leqslant k \leqslant n\}$ 上穿过区间 $(0, b-a)$ 的次数也为 $V^{(n)}(a,b)$, 故以下只要证明 $\{\widetilde{X}_k = (X_k - a)^+, 0 \leqslant k \leqslant n\}$ 上穿区间 $(0, b-a)$ 的次数 $V^{(n)}(a,b)$ 满足

$$(b-a)E\{V^{(n)}(a,b)\} \leqslant E\widetilde{X}_n - E\widetilde{X}_0.$$

为此，引进随机序列 $\{\varepsilon_i, i \geqslant 1\}$, 满足

$$\{\varepsilon_i = 1\} = \bigcup_{k=1}^{\infty} (\alpha_{2k-1} < i \leqslant \alpha_{2k}), \quad \{\varepsilon_i = 0\} = \bigcup_{k=1}^{\infty} (\alpha_{2k} < i \leqslant \alpha_{2k+1}).$$

于是

$$
\begin{aligned}
\{\varepsilon_i=1\}&=\bigcup_{k=1}^{\infty}(\alpha_{2k-1}<i\leqslant\alpha_{2k})\\
&=\bigcup_{k=1}^{\infty}\{(\alpha_{2k-1}<i)-(\alpha_{2k}<i)\}\\
&=\bigcup_{k=1}^{\infty}\{(\alpha_{2k-1}\leqslant i-1)-(\alpha_{2k}\leqslant i-1)\}\in\sigma(Y_l,0\leqslant l\leqslant i-1),
\end{aligned}
$$

即 ε_i 是 $Y_0,Y_1,\cdots,Y_{i-1}$ 的函数. $\{\varepsilon_i=1\}$ 发生, 则 i 之前的最大的 α_{2k-1} 是一个下穿, 即 $\widetilde{X}_{\alpha_{2k-1}}\leqslant 0$; 而 i 以后最小的 α_{2k} 是一个上穿, 即 $\widetilde{X}_{\alpha_{2k}}\geqslant(b-a)$. 故

$$
\begin{aligned}
(b-a)V^{(n)}(a,b)&\leqslant\sum_{k=1}^{V^{(n)}(a,b)}(\widetilde{X}_{\alpha_{2k}}-\widetilde{X}_{\alpha_{2k-1}})\\
&=\sum_{i=1}^{n}(\widetilde{X}_i-\widetilde{X}_{i-1})\ \varepsilon_i,
\end{aligned}
$$

由上可得

$$
\begin{aligned}
(b-a)E(V^{(n)}(a,b))\leqslant&E\Big[\sum_{i=1}^{n}(\widetilde{X}_i-\widetilde{X}_{i-1})\ \varepsilon_i\Big]\\
=&\sum_{i=1}^{n}E[(\widetilde{X}_i-\widetilde{X}_{i-1})\ \varepsilon_i]\\
=&\sum_{i=1}^{n}E\{E[(\widetilde{X}_i-\widetilde{X}_{i-1})\varepsilon_i|Y_0,Y_1,\cdots,Y_{i-1}]\}\\
=&\sum_{i=1}^{n}E\{\varepsilon_i[E(\widetilde{X}_i|Y_0,Y_1,\cdots,Y_{i-1})-\widetilde{X}_{i-1}]\}\\
&\qquad(\text{由}E(\widetilde{X}_i|Y_0,Y_1,\cdots,Y_{i-1})-\widetilde{X}_{i-1}\geqslant 0)\\
\leqslant&\sum_{i=1}^{n}E[E(\widetilde{X}_i|Y_0,Y_1,\cdots,Y_{i-1})-\widetilde{X}_{i-1}]\\
=&\sum_{i=1}^{n}(E\widetilde{X}_i-E\widetilde{X}_{i-1})\\
=&E\widetilde{X}_n-E\widetilde{X}_0,
\end{aligned}
$$

得

$$(b-a)E\{V^{(n)}(a,b)\} \leqslant E\widetilde{X}_n - E\widetilde{X}_0 = E(X_n-a)^+ - E(X_0-a)^+,$$

于是有

$$E\{V^{(n)}(a,b)\} \leqslant \frac{E(\widetilde{X}_n - \widetilde{X}_0)}{b-a} = \frac{E(X_n-a)^+ - E(X_0-a)^+}{b-a} \leqslant \frac{EX_n^+ + |a|}{b-a}. \quad \square$$

推论 $\{X_n, n \geqslant 0\}$ 是关于 $\{Y_n, n \geqslant 0\}$ 的上鞅, $\overline{V}^{(n)}(a,b)$ 是 X_n 下穿 (a,b) 的次数, 则

$$E(\overline{V}^{(n)}(a,b)) \leqslant \frac{1}{b-a}[E(b \wedge X_0) - E(X_n \wedge b)]. \tag{4.4.3}$$

如果 $X_n \geqslant 0, b > a \geqslant 0$, 则

$$E((\overline{V}^{(n)}(a,b)) \leqslant \frac{b}{b-a}.$$

下面证明在什么情况下, 一个鞅 $\{X_n\}$ 在 $n \to \infty$ 时将趋向一个期望有限的随机变量.

定理 4.4.1 设 $\{X_n\}$ 是一个下鞅. $\sup\limits_n E|X_n| < \infty$, 则存在一随机变量 X_∞, 使 $\{X_n\}$ 以概率 1 收敛于 X_∞, 即

$$P\Big(\lim_{n\to\infty} X_n = X_\infty\Big) = 1, \tag{4.4.4}$$

且 $E|X_\infty| < \infty$.

证明 首先, 由于

$$EX_n^+ \leqslant E|X_n| \leqslant 2EX_n^+ - EX_n,$$

故

$$\sup_n E|X_n| < \infty \ \text{当且仅当}\ \sup_n EX_n^+ < \infty.$$

另一方面, 当 $n \to \infty$ 时, $V^{(n)}(a,b) \to V(a,b) = \{X_n \text{ 上穿}(a,b) \text{ 的次数}\}$. 故

$$\begin{aligned} E(V(a,b)) =& E\{\lim_n V^{(n)}(a,b)\} = \lim_{n\to\infty} E(V^{(n)}(a,b)) \\ & \leqslant \lim_n \frac{EX_n^+ + |a|}{b-a} \leqslant \frac{\sup\limits_n EX_n^+ + |a|}{b-a} < \infty. \end{aligned}$$

因此

$$P(V(a,b) < \infty) = 1.$$

从而

$$P(V(a,b) = +\infty) = 0.$$

于是

$$\begin{aligned}
&P\{\omega: n \to \infty \text{ 时} X_n(\omega) \text{ 无极限}\} \\
&= P\left(\bigcup_{a<b \text{ 且为有理数}} \left\{\omega: \varliminf_{n\to\infty} X_n(\omega) \leqslant a < b < \varlimsup_{n\to\infty} X_n(\omega)\right\}\right) \\
&= P\left(\bigcup_{a<b \text{ 且为有理数}} \{\omega: V(a,b) = +\infty\}\right) = 0.
\end{aligned}$$

因此

$$P(\omega: n \to \infty \text{ 时} X_n(\omega) \text{ 有极限}) = 1.$$

设 $\lim\limits_{n\to\infty} X_n(\omega) = X_\infty(\omega)$, 则

$$P\left\{\omega: \lim_{n\to\infty} X_n(\omega) = X_\infty(\omega)\right\} = 1.$$

另外，由 Fatou 引理

$$E|X_\infty| = E(\lim_{n\to\infty} |X_n|) \leqslant \varliminf_{n\to\infty} E|X_n| \leqslant \sup_n E|X_n| < \infty,$$

即

$$E|X_\infty| < \infty. \qquad \square$$

有关鞅的收敛定理内容极其丰富. 下面再介绍一个有名的最大值不等式与另一个收敛定理.

最大值不等式 (maximal inequality).

当 $Y_0, Y_1, \cdots, Y_n, \cdots$ 独立同分布，且当 $EY_i = 0, EY_i^2 = \sigma^2 (i \geqslant 0), X_0 = 0, X_n = \sum\limits_{i=1}^{n} Y_i$ 时，根据切比雪夫不等式，对任意 $\varepsilon > 0$, 有

$$\varepsilon^2 P(|X_n| > \varepsilon) \leqslant n\sigma^2.$$

根据柯尔莫哥洛夫 (Kolmogorov) 不等式, 有

$$\varepsilon^2 P\Big(\max_{0\leqslant k\leqslant n}|X_k|>\varepsilon\Big)\leqslant n\sigma^2. \tag{4.4.5}$$

这些不等式应用到鞅中将非常简单而有效.

引理 4.4.2 设 $\{X_n\}$ 是下鞅, 且 $\forall n\geqslant 0$ 有 $X_n\geqslant 0$, 则对任何 $\lambda>0$, 有

$$\lambda P\Big(\max_{0\leqslant k\leqslant n}X_k>\lambda\Big)\leqslant EX_n. \tag{4.4.6}$$

证明 令 $T=\min\{k\colon k\geqslant 0, X_k>\lambda\}$, 则 $X_T>\lambda$. 利用引理 4.3.2 得

$$EX_n\geqslant EX_{T\wedge n}\geqslant E\Big(X_{T\wedge n}\,I_{(\max\limits_{0\leqslant k\leqslant n}X_k>\lambda)}\Big).$$

注意到当 $\Big\{\max\limits_{0\leqslant k\leqslant n}X_k>\lambda\Big\}$ 事件发生时, $T\leqslant n$, 于是有 $T\wedge n=T$, 故

$$\begin{aligned}EX_n\geqslant&E\Big(X_T\,I_{(\max\limits_{0\leqslant k\leqslant n}X_k>\lambda)}\Big)\\ \geqslant&\lambda E\Big(I_{(\max\limits_{0\leqslant k\leqslant n}X_k>\lambda)}\Big)\\ =&\lambda P\Big(\max_{0\leqslant k\leqslant n}X_k>\lambda\Big).\end{aligned}$$

□

推论 设 $\{X_n\}$ 是鞅, 则对任意 $\lambda>0$, 有

$$\lambda P\Big(\max_{0\leqslant k\leqslant n}|X_k|>\lambda\Big)\leqslant E|X_n|.$$

证明 只要证明 $|X_n|\geqslant 0$ 是个下鞅, 利用引理 4.4.2 即可证明. 因为 $\{X_n\}$ 是鞅, 因此

$$E||X_n||=E|X_n|<\infty,$$

$$E(|X_{n+1}||Y_0,\cdots,Y_n)\geqslant|E(X_{n+1}|Y_0,\cdots,Y_n)|=|X_n|.$$

故 $\{|X_n|\}$ 是下鞅. 由引理 4.4.2 得

$$\lambda P\Big(\max_{0\leqslant k\leqslant n}|X_k|>\lambda\Big)\leqslant E|X_n|.$$

□

定理 4.4.2 设 $\{X_n\}$ 关于 $\{Y_n\}$ 是鞅, 且存在一常数 k, 使 $\forall n$, $EX_n^2\leqslant k<\infty$, 则存在一有限随机变量 X_∞, 使得

$$P\Big(\lim_{n\to\infty}X_n=X_\infty\Big)=1,$$

$$\lim_{n\to\infty}E|X_n-X_\infty|^2=0.$$

更一般地

$$EX_0 = EX_n = EX_\infty, \quad \forall n.$$

证明　本定理证明较长，在此略去．有兴趣的读者可参看 [2]．　□

4.5　连续参数鞅

定义 4.5.1　$\{X(t), t \geqslant 0\}$ 是一随机过程，记 $\mathcal{F}_t = \sigma(X(s), 0 \leqslant s \leqslant t)$．过程 $\{X(t), t \geqslant 0\}$ 是**鞅**，如果：

(1) $\forall t \geqslant 0$，有 $E|X(t)| < \infty$；

(2) $\forall s, t \geqslant 0$，有 $E(X(t+s)\big|\mathcal{F}_t) = X(t)$　　a.s.（几乎处处）．

(3) $\forall t \geqslant 0$，$X(t)$ 关于 $\mathcal{F}$ 是可测的．

将这一定义离散化，则可写为：

定义 4.5.2　随机过程 $\{X(t), t \geqslant 0\}$ 是**鞅**，如果：

(1) $\forall t \geqslant 0$，有 $E|X(t)| < \infty$；

(2) $\forall 0 \leqslant t_0 < t_1 < \cdots < t_n < t_{n+1}$，有 $E(X(t_{n+1})\big|X(t_1), \cdots, X(t_n)) = X(t_n)$　　a.s.（几乎处处）．

同样可以对连续参数定义上鞅和下鞅．

与离散的情形类似，连续参数鞅的停时定义为：

定义 4.5.3　设有非负随机变量 T 及随机序列 $\{X(t)t \geqslant 0\}$，$\mathcal{F}_t = \sigma(X(s), 0 \leqslant s \leqslant t)$．若对 $\forall t \geqslant 0$，$\{T \leqslant t\} \in \mathcal{F}_n$，称则 T 是 $\{X(t), t \geqslant 0\}$ 的停时．

定理 4.5.1(停时定理)　设 $\{X(t), t \geqslant 0\}$ 是鞅，T 是停时，若 $P(T < \infty) = 1$，且 $E\Big(\sup\limits_{t \geqslant 0}|X_{T \wedge t}|\Big) < \infty$，则 $EX(T) = EX(0)$．

定理的证明与离散鞅停时定理的证明类似，留给读者作为练习．

例 1　设 $\{N(t), t \geqslant 0\}$ 是时齐泊松过程，参数为 $\lambda, \lambda > 0$，令 $X(t) = N(t) - \lambda t, Y(t) = X^2(t) - \lambda t, U(t) = \exp(-\theta X(t) + \lambda t(1 - \exp(-\theta))), \theta$ 为参数，$-\infty < \theta < \infty$．则 $X(t), Y(t), U(t)$ 是鞅．

练　习　题

4.1　设 $\{Y_n, n \geqslant 1\}$ 独立同分布，且 $P(Y_n = 1) = p \geqslant 0, P(Y_n = -1) = q \geqslant 0, p + q = 1, p - q > 0, Y_0 = 0$，令

$$X_0 = 0, X_n = \sum_{k=1}^{n} Y_k, U_n = X_n - n(p-q), V_n = \left(\frac{q}{p}\right)^{X_n}, W_n = U_n^2 - n[1-(p-q)^2].$$

(1) 证 $\{U_n, n \geqslant 0\}$, $\{V_n, n \geqslant 0\}$, $\{W_n, n \geqslant 0\}$ 关于 $\{Y_n, n \geqslant 0\}$ 是鞅;

(2) 证 $\{X_n, n \geqslant 0\}$ 关于 $\{Y_n, n \geqslant 0\}$ 是下鞅;

(3) 求 U_m 与 U_{m+n} 的相关系数;

(4) 求 $E(U_3 \big| X_2)$ 的分布律并证明 $E(U_{n+k} \big| X_n) = U_n$, $\forall n \geqslant 0$;

(5) 求 $E(V_8 \big| X_7 = 3)$.

4.2 设 $Y_0 = 0, \{Y_n, n \geqslant 1\}$ 独立同分布.

(1) 若 $EY_n = 0, EY_n^2 = \sigma^2$. 令

$$X_0 = 0, \quad X_n = \left(\sum_{k=1}^{n} Y_k\right)^2 - n\sigma^2.$$

证明 $\{X_n, n \geqslant 0\}$ 关于 $\{Y_n, n \geqslant 0\}$ 是鞅.

(2) 若 $Y_n \sim N(0, \sigma^2), X_n = \exp\left\{\dfrac{\mu}{\sigma^2}\sum_{k=1}^{n} Y_k - \dfrac{n\mu^2}{2\sigma^2}\right\}, n \geqslant 1, X_0 = 0$. 证明 $\{X_n, n \geqslant 0\}$ 关于 $\{Y_n, n \geqslant 0\}$ 是鞅.

4.3 (续 4.1) 令 a, b 为正整数,

$$T_b = \min\{n: n \geqslant 1, X_n = b\}, \quad T = \min\{n: X_n = -a \text{ 或} X_n = b\}.$$

试证:

$$\begin{aligned}
ET_b &= \frac{b}{p-q}, \\
ET &= \frac{b}{p-q} - \frac{a+b}{p-q}\,\frac{1-(p/q)^b}{1-(p/q)^{a+b}}, \\
\operatorname{var} T_b &= \frac{b[1-(p-q)^2]}{(p-q)^3}.
\end{aligned}$$

4.4 设随机变量序列 $\{X_n, n \geqslant 0\}$, 满足 $E|X_n| < \infty$, 且

$$E[X_{n+1} \big| X_0, X_1, \cdots, X_n] = \alpha X_n + \beta X_{n-1}, \ \ n > 0, \ \beta, \alpha > 0, \ \alpha + \beta = 1.$$

令 $Y_n = aX_n + X_{n-1}, n \geqslant 1$, $Y_0 = X_0$. 试选择合适的 a 使得 $\{Y_n, n \geqslant 0\}$ 关于 $\{X_n, n \geqslant 0\}$ 是鞅.

4.5 设 $\{X_n, n \geqslant 0\}$ 关于 $\{Y_n, n \geqslant 0\}$ 是鞅. 证明对任何整数集 $k \leqslant l < m$, $X_m - X_l$ 与 X_k 不相关, 即 $E[(X_m - X_l)X_k] = 0$.

4.6 设 $\{X_n, n \geqslant 0\}$ 是鞅, 而 $\{\xi_i, i \geqslant 0\}$ 由下式部分和确定, $X_n = \sum\limits_{i=0}^{n} \xi_i$. 试证 $\forall j \neq i$, $E\{\xi_i \xi_j) = 0$.

4.7 设 $\forall n \geqslant 1$, $EX_n^2 \leqslant k < \infty$. 令 $S_n = \sum_{k=1}^{n} X_k$. 已知 $\{S_n, n \geqslant 1\}$ 是鞅. 证明 $\forall \varepsilon > 0$,

$$\lim_{n\to\infty} P\left(\left|\frac{S_n}{n}\right| > \varepsilon\right) = 0.$$

(提示：利用最大不等式与习题 4.6 的结果.)

4.8 设 Y_0 服从 $(0,1)$ 上的均匀分布, 且给定 Y_n 时, Y_{n+1} 是 $(1-Y_n, 1]$ 上的均匀分布. 令 $X_0 = Y_0$,

$$X_n = 2^n \prod_{k=1}^{n}\left[\frac{1-Y_k}{Y_{k-1}}\right], \ n = 1, 2, \cdots.$$

证明 $\{X_n, n \geqslant 0\}$ 关于 $\{Y_n, n \geqslant 0\}$ 是鞅.

4.9 设 $\{X_n, n \geqslant 0\}$ 是马尔可夫链, 状态空间为 $S = \{0, 1, 2, \cdots, N\}$.

(1) 若

$$p_{ij} = \mathrm{C}_N^j\left(\frac{i}{N}\right)^j\left(1-\frac{i}{N}\right)^{N-j}, \quad V_n = \frac{X_n(N-X_n)}{(1-N^{-1})^n}.$$

试证 $\{X_n, n \geqslant 0\}$ 与 $\{V_n, n \geqslant 0\}$ 关于 $\{X_n, n \geqslant 0\}$ 是鞅.

(2) 若

$$p_{ij} = \frac{\mathrm{C}_{2i}^j \mathrm{C}_{2N-2i}^{N-j}}{\mathrm{C}_{2N}^N}, \quad W_n = X_n\frac{(N-X_n)}{\lambda^n}, \ n \geqslant 0.$$

试确定 λ, 使 $\{W_n, n \geqslant 0\}$ 关于 $\{X_n, n \geqslant 0\}$ 是鞅.

4.10 设 $\{X_n, n \geqslant 0\}$ 是马尔可夫链,$S = \{0, 1, 2, \cdots\}$, $p_{ij} = \frac{i^j}{j!}\mathrm{e}^{-i}$, $i, j \in S$.

(1) 证明 $\{X_n, n \geqslant 0\}$ 是鞅;

(2) 对 $i, a = 1, 2, \cdots$, 证明 $P\left(\max\limits_{0\leqslant n<\infty} X_n \geqslant a \middle| X_0 = i\right) \leqslant \frac{i}{a}$;

(3) 证明 $P\left(\lim\limits_{n\to\infty} X_n = 0\right) = 1$.

(提示：令 $T = \min\{n\colon n \geqslant 0,\ X_n = 0$ 或 $X_n = a\}$, 然后利用停时定理.)

4.11 设 $\{X_n, n \geqslant 0\}$ 为马尔可夫链, $S = \{0, 1, 2, \cdots\}$, $p_{ij} = 1/[\mathrm{e}(j-i)!]$, $i \in S$, $j \geqslant i$. 试证 $\{Y_n = X_n - n, n \geqslant 0\}$, $\{U_n = Y_n^2 - n, n \geqslant 0\}$ 及 $\{V_n = \exp(X_n - n(\mathrm{e}-1)), n \geqslant 0\}$ 是鞅.

4.12 设 $\{X_n, n \geqslant 1\}$ 是下鞅. 令

$$U_1 = 0, \quad U_n = \sum_{i=2}^{n}\{E[X_i | X_1, X_2, \cdots, X_{i-1}] - X_{i-1}\}, \ n \geqslant 2.$$

试证 $\{U_n n \geqslant 1\}$ 是单调增过程，即 $U_n \geqslant U_{n-1}$.

4.13 设 $\{X_n, n \geqslant 0\}$ 是马尔可夫链，$S = \{0, 1, 2, \cdots\}$，$\boldsymbol{P} = (p_{ij})$，$\boldsymbol{P}^{(m)} = (p_{ij}^{(m)})$，且 $u(i,n)$ 对 $\forall i, n \in S$，满足

$$u(i,n) = \sum_{k=0}^{\infty} u(k, n+m) p_{ik}^{(m)}.$$

记 $U_n = u(X_n, n)$. 证明 $\{U_n, n \geqslant 0\}$ 关于 $\{X_n, n \geqslant 0\}$ 是鞅.

4.14 设 $\{U_n\}$，$\{V_n\}$ 关于 $\{Y_n\}$ 是鞅，$U_0 = V_0 = 0$，$EU_n^2 < \infty$，$EV_n^2 < \infty$. 证明：

$$E(U_n V_n) = \sum_{k=1}^{n} E[(U_k - U_{k-1})(V_k - V_{k-1})],$$

$$EU_n^2 = \sum_{k=1}^{n} E[(U_k - U_{k-1})^2].$$

4.15 设 $\{X_n, n \geqslant 0\}$ 是鞅，且对某一 $\alpha > 1$，$E[|X_n|^\alpha] < \infty$，$\forall n \geqslant 0$. 证明：

$$E\Big[\max_{0 \leqslant k \leqslant n} |X_k|\Big] \leqslant \frac{\alpha}{\alpha - 1} [E|X_n|^\alpha]^{1/\alpha}.$$

$\Big($提示：$E\Big[\max\limits_{0 \leqslant k \leqslant n} |X_k|\Big] = \displaystyle\int_0^\infty P\Big(\max_{0 \leqslant k \leqslant n} |X_k| > t\Big)\,\mathrm{d}t$，并利用最大不等式于下鞅 $\{|X_n|^\alpha, n \geqslant 0\}$.$\Big)$

4.16 设 $\{X_n\}$ 是非负上鞅，证明：$\forall \lambda > 0$，

$$\lambda P\Big(\max_{0 \leqslant k \leqslant n} X_k \geqslant \lambda\Big) \leqslant EX_0.$$

4.17 设 $\{X_n\}$ 是下鞅，证明：$\forall \lambda > 0$，

$$\lambda P\Big\{\max_{0 \leqslant k \leqslant n} X_k < -\lambda\Big\} \leqslant EX_n^+ - EX_0.$$

4.18 设 $\{X_n\}$ 是鞅，且 $EX_n = 0$，$E(X_n^2) < \infty$. 证明：$\forall \lambda > 0$，

$$P\Big\{\max_{0 \leqslant k \leqslant n} X_k > \lambda\Big\} \leqslant \frac{EX_n^2}{EX_n^2 + \lambda^2}.$$

(提示：对 $\forall c>0$, $\{(X_n+c)^2\}$ 是下鞅，利用最大不等式，对 $\forall \lambda>0$,

$$P\Big\{\max_{0\leqslant k\leqslant n} X_k>\lambda\Big\}\leqslant P\Big\{\max_{0\leqslant k\leqslant n}(X_k+c)^2>(\lambda+c)^2\Big\}$$
$$\leqslant \frac{E[(X_n+c)^2]}{(\lambda+c)^2},\ \ \forall c>0.$$

再选 c 使上不等式右边最小.)

4.19 设 $\{X_n\}$ 对于固定的 $\lambda>0$, 满足

$$\forall n\geqslant 1, E\{\exp(\lambda X_{n+1})\big|X_1,\cdots,X_n\}\leqslant 1.$$

令 $S_0=0,\ S_n=\sum\limits_{k=1}^n X_k$. 证明：

$$P\Big(\sup_{n\geqslant 0}(x+S_n)>l\Big)\leqslant \mathrm{e}^{-\lambda(l-x)},\ \ x\leqslant l.$$

(提示：对非负上鞅 $\{\exp(-\lambda(l-x-S_n))\}$ 利用停时定理.)

4.20 设 X 是随机变量，对给定的 $\varepsilon>0,\ \rho>0$, 有 $P(-\varepsilon\leqslant X\leqslant\varepsilon)=1,\ EX\leqslant-\rho\varepsilon$. 证明对 $\lambda=\varepsilon^{-1}\log[(1+\rho)/(1-\rho)]$, 有

$$E(\mathrm{e}^{\lambda X})\leqslant 1.$$

若对 $\{X_n\}$, $S_0=0,\ S_n=\sum\limits_{k=1}^n X_k$, 满足对给定 $\varepsilon>0,\ \rho>0$, 有

$$P\{-\varepsilon\leqslant X_{n+1}\leqslant\varepsilon\big|X_1,X_2,\cdots,X_n\}=1,\ \ E\{X_{n+1}\big|X_1,\cdots,X_n\}\leqslant-\rho\varepsilon.$$

试利用习题 4.19 的结果，给出当 $x<l$ 时，$P\left(\sup\limits_{n\geqslant 0}(x+S_n)>l\right)$ 的界限.

4.21 设 $\{X_n\}$ 满足 $EX_n=0,\ EX_n^2<\infty$. 记 $S_n=\sum\limits_{k=1}^n X_k$, $\{S_n\}$ 是关于 $\{X_n\}$ 的鞅. 证明对任意一满足 $0<b_n\leqslant b_{n+1}\uparrow\infty$, $\sum\limits_{n=1}^\infty E[X_n^2]/b_n^2<\infty$ 的单调正序列 $\{b_n,n\geqslant 1\}$ 有

$$P\left(\lim_{n\to\infty}\frac{S_n}{b_n}=0\right)=1.$$

4.22　设 $\{X_n, n \geqslant 0)\}$ 是马尔可夫链, $\boldsymbol{P} = (p_{ij})$, $f(i)$ 是定义在 S 上的有界函数. 令 $F(i) = \sum_{j \in S} p_{ij} f(j) - f(i)$, $i \in S$. 证明:

$$P\left\{\lim_{n\to\infty} \frac{\sum\limits_{k=1}^{n} F(X_k)}{n} = 0\right\} = 1.$$

(提示: 利用习题 4.21 的结果.)

4.23　设 $\{X_n, n \geqslant 0\}$ 关于 $\{Y_n, n \geqslant 0\}$ 是鞅, c 是任意常数.

(1) 若 $E|X_n \vee c| < +\infty$, 则 $\{X_n \vee c, n \geqslant 0\}$ 是下鞅;

(2) 若 $EX_n^+ < +\infty$, 则 $\{X_n^+, n \geqslant 0\}$ 是下鞅.

4.24　设 $\{X_n, n \geqslant 0\}$ 关于 $\{Y_n, n \geqslant 0\}$ 是上鞅.

(1) 若 $E|X_n \wedge c| < +\infty$, 则 $\{X_n \wedge c, n \geqslant 0\}$ 是上鞅;

(2) 若 $EX_n^- > -\infty$, 则 $\{X_n^-, n \geqslant 0\}$ 是上鞅.

第 5 章　布朗运动

布朗运动 (Brown motion) 最初是由英国生物学家布朗 (R.Brown) 于 1827 年根据观察花粉微粒在液面上作 "无规则运动" 的物理现象而提出的. 爱因斯坦 (Einstein) 于 1905 年首次对这一现象的物理规律给出了一种数学描述, 使这一课题有了显著的发展. 这方面的物理理论工作在 Smoluchowski, Fokker, Planck, Burger, Furth Ornstein, Ublenbeck 等人的努力下迅速发展起来了. 但数学方面却由于精确描述太困难而进展缓慢, 直到 1918 年才由维纳 (Wiener) 对这一现象在理论上作出了精确的数学描述, 并进一步研究了布朗运动轨道的性质, 提出了在布朗运动空间上定义测度与积分. 这些工作使对布朗运动及其泛函的研究得到迅速而深入的发展, 并逐渐渗透到概率论及数学分析的各个领域中, 使之成为现代概率论的重要部分.

布朗运动作为具有连续时间参数和连续状态空间的一个随机过程, 是一个最基本、最简单同时又是最重要的随机过程. 许多其他的随机过程常常可以看作是它的泛函或某种意义下的推广. 它又是迄今了解得最清楚, 性质最丰富多彩的随机过程之一. 今天, 布朗运动及其推广已广泛地出现在许多纯科学领域中, 如物理, 经济, 通信理论, 生物, 管理科学与数理统计等. 同时, 由于布朗运动与微分方程 (如热传导方程) 有密切的联系, 它又成为概率与分析联系的重要渠道. 在这一章里, 仅对布朗运动作一简要的介绍.

5.1　随机游动与布朗运动的定义

考虑在一直线上的简单的, 对称的随机游动. 设质点每经过 Δt 时间, 随机地以概率 $p=1/2$ 向右移 $\Delta x>0$, 以概率 $q=1/2$ 向左移动一个 Δx, 且每次移动相互独立, 记

$$X_i=\begin{cases}1, & \text{第 } i \text{ 次质点向右移动},\\ -1, & \text{第 } i \text{ 次质点向左移动}.\end{cases}$$

若 $X(t)$ 表示 t 时刻质点的位置, 则有

$$X(t)=\Delta x(X_1+X_2+\cdots+X_{[\frac{t}{\Delta t}]}),$$

其中，$[S]$ 为不超过 S 的最大整数.

显然，$EX_i=0, DX_i=EX_i^2=1$, 故此时

$$EX(t)=0, \quad DX(t)=(\Delta x)^2\left[\frac{t}{\Delta t}\right].$$

以上简单随机游动可作为微小粒子在直线上作不规则运动的近似. 实际粒子的不规则运动是连续进行的，为此，考虑 $\Delta t\to 0$ 的极限情形. 由物理实验得知，当 Δt 越小时，每次移动 Δx 也越小，通常有 $\Delta t\to 0, \Delta x\to 0$, 而且在许多情形下，有 $\Delta x=c\sqrt{\Delta t}(c>0$为常数). 因此，下面先假定在 $\Delta x=c\sqrt{\Delta t}$ 的条件下，推出其极限情形.

显然，当 $\Delta t\to 0$ 时，$EX(t)=0$, 而

$$\lim_{\Delta t\to 0} DX(t)=\lim_{\Delta t\to 0}(\Delta x)^2\left[\frac{t}{\Delta t}\right]=\lim_{\Delta t\to 0}c^2\ \Delta t\left[\frac{t}{\Delta t}\right]=c^2\ t.$$

另一方面，$X(t)=\Delta x(X_1+X_2+\cdots+X_{[\frac{t}{\Delta t}]})$ 可看作是独立同分布的随机变量之和，因而它是独立增量过程，即 $X(t)$ 看作是由许多微小的相互独立的随机变量 $X(t_i)-X(t_{i-1})$ 组成之和. 故当 $\Delta t\to 0$ 时，由中心极限定理知，$X(t)$ 经标准化以后，它的分布趋向标准正态分布，即对 $\forall x\in\mathbb{R}, t>0, \varPhi(x)$ 为标准正态函数，有

$$\lim_{\Delta t\to 0} P\left\{\frac{\sum\limits_{i=0}^{[\frac{t}{\Delta t}]}\Delta x\, X_i-0}{\sqrt{c^2\ t}}\leqslant x\right\}=\varPhi(x),$$

等价于

$$\lim_{\Delta t\to 0} P\left\{\frac{X(t)}{\sqrt{c^2\ t}}\leqslant x\right\}=\varPhi(x)=\frac{1}{\sqrt{2\pi}}\int_{-\infty}^{x}\mathrm{e}^{-\frac{\mu^2}{2}}\,\mathrm{d}u.$$

故 $X(t)$ 趋向正态分布，即

$$\Delta t\to 0\text{时}, \quad X(t)\sim N(0,c^2t).$$

有了上述由简单随机游动的极限来描述的质点在一维直线上作不规则运动的直观数学描述，就可以引出以下的定义.

定义 5.1.1 若一个随机过程 $\{X(t), t\geqslant 0\}$ 满足：

(1) $X(t)$ 是独立增量过程；

(2) $\forall s,t>0, X(s+t)-X(s)\sim N(0,c^2t)$, 即 $X(s+t)-X(s)$ 是期望为 0, 方差为 c^2t 的正态分布；

(3) $X(t)$ 关于 t 是连续函数.

则称 $\{X(t),t\geqslant 0\}$ 是**布朗运动或维纳过程**(Wiener process).

事实上定义中的 (3), 可由定义中的 (1),(2) 推出, 因此 $\{X(t),t\geqslant 0\}$ 只需满足 (1),(2) 即可判定为布朗运动. 但为略去不重要的证明及应用的方便, 将 (3) 所描述的性质放进定义中.

当 $c=1$ 时, 称 $\{X(t),t\geqslant 0\}$ 为**标准布朗运动**, 此时若 $X(0)=0, X(t)\sim N(0,t)$.

下面仅讨论标准布朗运动, 记之为 $\{B(t),t\geqslant 0\}$. 它在 t 时刻的概率密度函数为

$$f_t(x)=\frac{1}{\sqrt{2\pi t}}\mathrm{e}^{-\frac{x^2}{2t}}. \tag{5.1.1}$$

下面讨论 $B(t)$ 的联合分布及其重要性质.

1. $B(t)$ 的联合概率密度

先回顾一下随机向量变换的重要公式.

设 $\boldsymbol{X}=(X_1,X_2,\cdots,X_n)$ 为 n 维随机向量, $f(x_1,x_2,\cdots,x_n)$ 为其概率密度函数. 现有 $Y_i=g_i(X_1,X_2,\cdots,X_n)(i=1,2,\cdots,n)$ 是 $\boldsymbol{X}$ 的函数, 且存在唯一反函数 $X_i=h_i(Y_1,Y_2,\cdots,Y_n)(i=1,2,\cdots,n)$. 如果 g_i,h_i 有连续偏导数, 则 $\boldsymbol{Y}=(Y_1,Y_2,\cdots,Y_n)$(其中 $Y_i=g_i(X_1,X_2,\cdots,X_n)$) 的概率密度函数为

$$g(y_1,y_2,\cdots,y_n)=\begin{cases} f(x_1,x_2,\cdots,x_n)\,|\boldsymbol{J}|, & \text{若}y_1,y_2,\cdots,y_n\text{是}g_1,g_2,\cdots,g_n\\ & \text{的值域, 且}|\boldsymbol{J}|\neq 0,\\ 0, & \text{其他}.\end{cases} \tag{5.1.2}$$

这里

$$x_i=h_i(y_1,y_2,\cdots,y_n)\quad(1\leqslant i\leqslant n).$$

而 $\boldsymbol{J}$ 为坐标变换的雅可比矩阵, 即

$$\boldsymbol{J}=\begin{pmatrix} \dfrac{\partial x_1}{\partial y_1} & \dfrac{\partial x_1}{\partial y_2} & \cdots & \dfrac{\partial x_1}{\partial y_n}\\ \vdots & \vdots & & \vdots\\ \dfrac{\partial x_n}{\partial y_1} & \dfrac{\partial x_n}{\partial y_2} & \cdots & \dfrac{\partial x_n}{\partial y_n}\end{pmatrix}.$$

由 $B(t_2)-B(t_1)\sim N(0,t_2-t_1)$, 知其概率密度函数为

$$p(x;t_2-t_1)=\frac{1}{\sqrt{2\pi(t_2-t_1)}}\exp\left\{-\frac{x^2}{2(t_2-t_1)}\right\}. \tag{5.1.3}$$

有了上述的结论，可以讨论下面的定理.

定理 5.1.1 设 $\{B(t),t\geqslant 0\}$ 为标准布朗运动，令 $x_0=0$, $t_0=0$, 则当 $B(0)=0$ 时，对 $\forall 0<t_1<t_2<\cdots<t_n$, $(B(t_1),B(t_2),\cdots,B(t_n))$ 的联合概率密度函数为

$$g(x_1,x_2,\cdots,x_n;t_1,t_2,\cdots,t_n)=\prod_{i=1}^{n}p(x_i-x_{i-1};t_i-t_{i-1}),\tag{5.1.4}$$

其中

$$p(x;t)=\frac{1}{\sqrt{2\pi t}}\exp\Big\{-\frac{x^2}{2t}\Big\}.$$

证明 证明的思路是利用布朗运动的独立增量性.

令

$$Y_1=B(t_1),\ Y_i=B(t_i)-B(t_{i-1}),\quad 2\leqslant i\leqslant n,$$

则

$$B(t_i)=\sum_{k=1}^{i}Y_k.$$

由布朗运动的定义知 $Y_1,Y_2,\cdots,Y_n$ 相互独立，且 $Y_i\sim N(0,t_i-t_{i-1})$, 则其联合概率密度为

$$f(y_1,y_2,\cdots,y_n)=\prod_{i=1}^{n}\frac{1}{\sqrt{2\pi(t_i-t_{i-1})}}\exp\Big\{-\frac{y_i^2}{2(t_i-t_{i-1})}\Big\}.$$

由于 $B(t_i)=\sum\limits_{k=1}^{i}Y_k$, 故可以利用前面引入的随机向量变换的概率密度公式，得 $B(t_1),B(t_2),\cdots,B(t_n)$ 的联合概率密度函数为

$$g(x_1,x_2,\cdots,x_n;t_1,t_2,\cdots,t_n)=f(y_1,y_2,\cdots,y_n)|\boldsymbol{J}|,$$

其中

$$\boldsymbol{J}=\begin{pmatrix}1&0&0&\cdots&0&0\\-1&1&0&\cdots&0&0\\0&-1&1&\cdots&0&0\\\vdots&\vdots&\vdots&\ddots&\vdots&\vdots\\0&0&0&\cdots&1&0\\0&0&0&\cdots&-1&1\end{pmatrix},\quad |\boldsymbol{J}|=1.$$

故

$$g(x_1,x_2,\cdots,x_n;t_1,t_2,\cdots,t_n)=\prod_{i=1}^{n}\frac{1}{\sqrt{2\pi(t_i-t_{i-1})}}\exp\left\{-\frac{(x_i-x_{i-1})^2}{2(t_i-t_{i-1})}\right\}$$
$$=\prod_{i=1}^{n}p(x_i-x_{i-1};t_i-t_{i-1}).$$ □

由上述定理很容易得出，在 $B(t_1)=x_0$ 的条件下，$B(t_2)$ 的条件概率密度函数为

$$p(x,t_2-t_1|x_0)=\frac{1}{\sqrt{2\pi(t_2-t_1)}}\exp\left\{-\frac{(x-x_0)^2}{2(t_2-t_1)}\right\}=p(x-x_0;t_2-t_1).$$

同样，在 $B(t_0)=x_0$ 下，$B(t_0+t)$ 的条件概率密度为

$$p(x,t|x_0)=p(x-x_0,t)=\frac{1}{\sqrt{2\pi t}}\exp\left\{-\frac{(x-x_0)^2}{2t}\right\}. \tag{5.1.5}$$

所以

$$P(B(t_0+t)>x_0|B(t_0)=x_0)=P(B(t_0+t)\leqslant x_0|B(t_0)=x_0)=\frac{1}{2}.$$

上式表明，给定初始条件 $B(t_0)=x_0$, 对于任意的 $t>0$, 布朗运动在 t_0+t 时刻的位置高于或低于初始位置的概率相等，均为 1/2, 此即布朗运动的对称性.

容易验证，$p(x,t|x_0)$ 满足偏微分方程

$$\frac{\partial p}{\partial t}=\frac{1}{2}\frac{\partial^2 p}{\partial x^2}. \tag{5.1.6}$$

$p(x,t|x_0)$ 有时称为转移概率函数，表示 t_0 从 x_0 状态出发，经 t 时间后转移到状态 x 附近 $\mathrm{d}x$ 邻域的概率近似为 $p(x,t|x_0)\,\mathrm{d}x$. 于是

$$P(B(t_0+t)\leqslant y|B(t_0)=x_0)=\int_{-\infty}^{y}p(x,t|x_0)\,\mathrm{d}x.$$

由 (5.1.5) 式易知

$$\forall t\geqslant 0,\quad P(B(t_0+t)\geqslant x_0|B(t_0)=x_0)=P(B(t_0+t)<x_0|B(t_0)=x_0)=\frac{1}{2}.$$

这个是质点每次向左向右作等可能随机游动的直接结果.

以上讨论了布朗运动的联合概率密度. 下面进一步讨论它的重要性质.

2. 布朗运动的马尔可夫性

由布朗运动是独立增量过程以及 (5.1.4) 式可得以下结论.

(1) 正向马尔可夫性

$\forall t_1 < t_2 < \cdots < t_n$, 在给定 $B(t_1),\cdots,B(t_{n-1})$ 下，$B(t_n)$ 的条件概率密度函数与只给定 $B(t_{n-1})$ 下 $B(t_n)$ 的条件概率密度相同 (参考练习题 5.1).

(2) 逆向马尔可夫性

$\forall t_1 > t_2 > \cdots > t_n$, 在给定 $B(t_1),\cdots,B(t_{n-1})$ 下，$B(t_n)$ 的条件概率密度函数与只给定 $B(t_{n-1})$ 下 $B(t_n)$ 的条件概率密度相同.

(3) 中间关于两边的马尔可夫性

$\forall t_1 < t_2 < \cdots < t_n$, 在给定 $B(t_1),\cdots,B(t_{i-1}),B(t_{i+1}),\cdots,B(t_n)$ 下 $(1 < i < n)$, $B(t_i)$ 的条件概率密度函数与只给定 $B(t_{i-1}),B(t_{i+1})$ 下 $B(t_i)$ 的条件概率密度相同.

特别是在给定 $B(t_1)$ 与 $B(t_3)$ 下，去求 $B(t_2)$ 的条件概率密度，结果会怎样呢？先看取 $t_1 = 0$, $t_3 = 1$, $t_2 = t$, $0 < t < 1$ 的情形. 由 (5.1.4) 式知，在 $B(0) = 0$ 下，$B(t)$, $B(1)$ 的联合概率密度函数为

$$f(x,y) = \frac{1}{2\pi\sqrt{t(1-t)}}\exp\Big[-\frac{1}{2}\Big\{\frac{x^2}{t}+\frac{(y-x)^2}{1-t}\Big\}\Big].$$

在 $B(0) = 0$ 下，$B(1)$ 的概率密度为 $f(y) = \frac{1}{\sqrt{2\pi}}\exp\big[-\frac{1}{2}y^2\big]$. 从而在 $B(0) = B(1) = 0$ 下，$B(t)$ 的条件概率密度为

$$f_t(x\big|B(0)=B(1)=0) = \frac{1}{\sqrt{2\pi t(1-t)}}\exp\Big[-\frac{1}{2}\frac{x^2}{t(1-t)}\Big],$$

仍为正态分布. 可以看出

$$E[B(t)\big|B(0)=B(1)=0]=0,\ \ E[B^2(t)\big|B(0)=B(1)=0]=t(1-t).$$

对于更一般的情形，有以下定理.

定理 5.1.2 对 $0 \leqslant t_1 < t < t_2$, 给定 $B(t_1) = a$, $B(t_2) = b$, $B(0) = 0$, 则 $B(t)$ 的条件概率密度是一正态密度，其均值为 $a + (b-a)(t-t_1)(t_2-t_1)^{-1}$, 方差为 $(t_2-t)(t-t_1)(t_2-t_1)^{-1}$.

证明 由

$$\begin{aligned}&E(B(t)\big|B(t_1)=a,B(t_2)=b)\\&\quad=E[B(t)-B(t_1)+B(t_1)\big|B(t_1)-B(0)=a,B(t_2)-B(t_1)=b-a]\end{aligned}$$

$$
\begin{aligned}
&=E[B(t)-B(t_1)\big|B(t_2)-B(t_1)=(b-a)]+a\\
&=\frac{(t-t_1)}{\sqrt{(t-t_1)(t_2-t_1)}}\sqrt{\frac{t-t_1}{t_2-t_1}}[(b-a)-0]+a \quad (\text{利用 } (1.4.5) \text{ 式})\\
&=(t-t_1)(t_2-t_1)^{-1}(b-a)+a.
\end{aligned}
$$

注意到 $E(B(t)\big|B(t_1)=a,B(t_2)=b)$ 是 t 的线性函数，若以 t 为横坐标，以 $B(t)$ 为纵坐标，则当 $a\leqslant t\leqslant b$ 时，点 $(t,E(B(t)\big|B(t_1)=a,B(t_2)=b))$ 是在过点 (t_1,a) 和点 (t_2,b) 的线段上.

为求条件方差，先求相应的条件概率密度函数.

$B(t_1),B(t),B(t_2)$ 的联合概率密度函数为

$$
f(x_1,x,x_2)=\frac{1}{(2\pi)^{\frac{3}{2}}[t_1(t-t_1)(t_2-t)]^{\frac{1}{2}}}\exp\Big\{-\frac{1}{2}\Big[\frac{x_1^2}{t_1}+\frac{(x-x_1)^2}{(t-t_1)}+\frac{(x_2-x)^2}{(t_2-t)}\Big]\Big\},
$$

$B(t_1),B(t_2)$ 的联合概率密度函数为

$$
f(x_1,x_2)=\frac{1}{(2\pi)^{\frac{2}{2}}[t_1(t_2-t_1)]^{\frac{1}{2}}}\exp\Big\{-\frac{1}{2}\Big[\frac{x_1^2}{t_1}+\frac{(x_2-x_1)^2}{(t_2-t_1)}\Big]\Big\}.
$$

故在 $B(t_1)=a,B(t_2)=b$ 下，$B(t)$ 的条件概率密度函数为

$$
\begin{aligned}
f_{B(t)|B(t_1)=a,B(t_2)=b}(x|a,b)=&\frac{f(x_1,x,x_2)}{f(x_1,x_2)}\Big|_{x_1=a,x_2=b}\\
=&\frac{1}{(2\pi)^{\frac{1}{2}}}[(t-t_1)(t_2-t)(t_2-t_1)^{-1}]^{\frac{1}{2}}\times\\
&\exp\Big\{-\frac{1}{2}\Big[\frac{(x-a)^2}{t-t_1}+\frac{(b-x)^2}{t_2-t}-\frac{(b-a)^2}{t_2-t_1}\Big]\Big\}.
\end{aligned}
$$

从而得 $\mathrm{var}(B(t)\big|B(t_1)=a,B(t_2)=b)=[(t-t_1)(t_2-t)(t_2-t_1)^{-1}]$.

于是

$$
\begin{aligned}
f_{B(t)|B(t_1)=a,B(t_2)=b}(x|a,b)=&\frac{1}{(2\pi)^{\frac{1}{2}}[(t-t_1)(t_2-t)(t_2-t_1)^{-1}]^{\frac{1}{2}}}\times\\
&\exp\Big\{-\frac{1}{2}\frac{[x-[(t-t_1)(t_2-t_1)^{-1}(b-a)+a]]^2}{(t-t_1)(t_2-t)(t_2-t_1)^{-1}}\Big\},
\end{aligned}
$$

从而知 $E(B(t)\big|B(t_1)=a,B(t_2)=b)=a+\dfrac{t-t_1}{t_2-t_1}(b-a)$, $B(t)$ 在 $B(t_1)=a,B(t_2)=b$ 下的条件概率密度函数仍为正态分布. □

3. 正态过程

定义 5.1.2 如果随机过程 $\{X(t), t\in T\}$ 对任意 $t_i\in T, i=1,2,\cdots,n$, 有 $X(t_1),X(t_2),\cdots,X(t_n)$ 的联合分布为 n 维正态分布，则称 $\{X(t),t\in T\}$ 为**正态过程**.

由定理 5.1.1 可知布朗运动是正态过程. 并且有以下结论.

定理 5.1.3 设 $\{B(t),t\geqslant 0\}$ 是正态过程，轨道连续，$B(0)=0$, $\forall s,t>0$, 有 $E\{B(t)\}=0$, $E[B(s)B(t)]=t\wedge s$, 则 $\{B(t),t\geqslant 0\}$ 是布朗运动，反之亦然.

证明 先证充分性. 由定理 5.1.1 知，若 $B(t),t\leqslant 0\}$ 是布朗运动，则它是正态过程. 同时由布朗运动定义知，$EB(t)=0$, 且轨道连续. 设 $0<s\leqslant t$, 则

$$\begin{aligned}E[B(s)B(t)] =&E[(B(t)-B(s)+B(s))B(s)]=E[(B(t)-B(s))B(s)]+E[B^2(s)]\\ =&E[B(t)-B(s)]\ E[B(s)]+s=s,\end{aligned}$$

所以

$$E[B(s)B(t)]=s\wedge t, E[B(t)]=0. \tag{5.1.7}$$

充分性得证.

再证必要性. 当 $\{B(t),t\geqslant 0\}$ 是正态过程, 且满足 (5.1.7) 式时, 那么 $\forall s,t>0$, 有

$$\begin{aligned}E[B(t)-B(s)] =&E(B(t))-E(B(s))=0,\\ E[B(t)-B(s)]^2 =&E[B^2(t)]+E[B^2(s)]-2E[B(t)B(s)]\\ =&t+s-2(t\wedge s)=|t-s|.\end{aligned}$$

而 $\forall s_1<t_1\leqslant s_2<t_2$, 有

$$\begin{aligned}&E[\{B(t_1)-B(s_1)\}\{B(t_2)-B(s_2)\}]\\ &\quad=E[B(t_1)B(t_2)]-E[B(t_1)B(s_2)]-E[B(s_1)B(t_2)]+E[B(s_1)B(s_2)]\\ &\quad=t_1-t_1-s_1+s_1=0.\end{aligned}$$

再由正态分布知不相关即相互独立, 得: $B(t)$ 是独立增量过程, 且 $B(t)-B(s)\sim N(0,|t-s|)$. 又 $\{B(t),t\geqslant 0\}$ 轨道是连续的，得 $\{B(t),t\geqslant 0\}$ 是布朗运动. 定理得证. □

由这个定理就得到了判断一个正态随机过程是否为布朗运动的充分必要条件，从而得出一系列很有用的结论.

定理 5.1.4 设 $\{B(t), t \geqslant 0\}$ 是布朗运动，则

(1) $\{B(t+\tau)-B(\tau), t \geqslant 0\}, \forall \tau \geqslant 0$,

(2) $\left\{\dfrac{1}{\sqrt{\lambda}}B(\lambda t), t \geqslant 0\right\}, \lambda > 0$,

(3) $\left\{tB\left(\dfrac{1}{t}\right), t \geqslant 0\right\}$, 其中 $\left.\left\{tB\left(\dfrac{1}{t}\right)\right\}\right|_{t=0} \triangleq 0$,

(4) $\{B(t_0+s)-B(t_0), 0 \leqslant s \leqslant t_0\}, t_0 > 0$.

仍为布朗运动.

证明 证明的思路就是利用定理 5.1.3 的结论.

(1) 因为 $\{B(t), t \geqslant 0\}$ 是正态过程，由正态分布的性质知 $\{B(t+\tau)-B(\tau), t \geqslant 0\}(\forall \tau > 0)$ 仍为正态过程，且 $B(0+\tau)-B(\tau)=0$.

$\forall t > 0, E[B(t+\tau)-B(\tau)] = E[B(t+\tau)] - E[B(\tau)] = 0$,

$$
\begin{aligned}
E\{[B(t+\tau)-B(\tau)][B(s+\tau)-B(\tau)]\} &= E[B(t+\tau)B(s+\tau)] - \tau - \tau + \tau \\
&= (t+\tau) \wedge (s+\tau) - \tau = s \wedge t + \tau - \tau = s \wedge t.
\end{aligned}
$$

满足定理 5.1.3 的条件，所以 $\{B(t+\tau)-B(\tau), t \geqslant 0\}$ 是布朗运动.

(2), (3), (4) 的证明与上完全类似，不再赘述. □

至此，已研究了不少布朗运动的重要性质和定理. 那么，它和上一章重点讨论的鞅有什么关系呢？这是一个很有价值的问题.

4. 布朗运动的鞅性

由第 4 章连续参数鞅的定义可得以下结论.

定理 5.1.5 设 $\{B(t), t \geqslant 0\}$ 为布朗运动，则

(1) $\{B(t), t \geqslant 0\}$, (2) $\left\{\mathrm{e}^{\lambda B(t)-\frac{1}{2}\lambda^2 t}, t \geqslant 0\right\}$,

(3) $\{B^2(t)-t, t \geqslant 0\}$, (4) $\left\{\mathrm{e}^{i\lambda B(t)+\frac{1}{2}\lambda^2 t}, t \geqslant 0\right\}$.

都是鞅.

证明略，留作练习.

由以上结论可知，布朗运动本身既是马尔可夫过程，又是连续鞅. 这个结果很别致，但并不奇怪. 因为已讨论的泊松过程，马尔可夫链，鞅，布朗运动等随机过程，不过是对一些随机过程某些方面的特殊性质进行了专门的、分类的讨论，并不排斥这些性质可以交叉，可以共存于一个随机过程中. 在介绍这些概念时只能“串行”进行，但实际上要能够“并行”应用，融会贯通.

当然，这个定理还给出了由布朗运动构造鞅的方法，很有使用价值.

5.2 布朗运动轨道的性质

本节将通过以下几个命题来研究布朗运动轨道的性质.

以下均设 $\{B(t),t\geqslant 0\}$ 为标准布朗运动，且 $B(0)=0$.

定理 5.2.1 对给定的 $t>0$, 有

$$P\left(\omega\colon \lim_{n\to\infty}\sum_{k=1}^{2^n}\left(B\left(\frac{k}{2^n}t\right)-B\left(\frac{k-1}{2^n}t\right)\right)^2=t\right)=1. \tag{5.2.1}$$

证明 $\forall t>0$(固定), 令 $W_{nk}=\left(B\left(\frac{k}{2^n}t\right)-B\left(\frac{k-1}{2^n}t\right)\right)^2-\frac{t}{2^n}, 1\leqslant k\leqslant 2^n, X_n=\sum\limits_{k=1}^{2^n}W_{nk}$. 则 $EW_{nk}=0, EW_{nk}^2=2t^2/2^{2n}, EX_n=0, EX_n^2=2t^2(1/2)^n$. 易知证明 (5.2.1) 式，等价于证明 $P\left(\lim\limits_{n\to\infty}X_n=0\right)=1$. 由切比雪夫不等式，对 $\forall\epsilon>0$, 有

$$P\left(|X_n|>\epsilon\right)\leqslant\frac{2t^2}{\epsilon^2}\left(\frac{1}{2}\right)^n.$$

因 $\sum\limits_{n=1}^{\infty}(1/2)^n<\infty$, 故对 $\forall m\geqslant 1$, 由

$$\begin{aligned}0\leqslant P\left(\bigcap_{l=1}^{\infty}\bigcup_{n=l}^{\infty}\left(|X_n|\geqslant\frac{1}{m}\right)\right)&=\lim_{l\to\infty}P\left(\bigcup_{n=l}^{\infty}\left(|X_n|\geqslant\frac{1}{m}\right)\right)\\&\leqslant\lim_{l\to\infty}\sum_{n=l}^{\infty}2t^2m^2\left(\frac{1}{2}\right)^n=0\end{aligned}$$

得 $P\left(\bigcap\limits_{l=1}^{\infty}\bigcup\limits_{n=l}^{\infty}\left(|X_n|\geqslant\frac{1}{m}\right)\right)=0$, 故有

$$P\left(\bigcup_{m=1}^{\infty}\bigcap_{l=1}^{\infty}\bigcup_{n=l}^{\infty}\left(|X_n|\geqslant\frac{1}{m}\right)\right)=0,$$

于是

$$P\left(\lim_{n\to\infty}X_n=0\right)=P\left(\bigcap_{m=1}^{\infty}\bigcup_{l=1}^{\infty}\bigcap_{n=l}^{\infty}\left(|X_n|<\frac{1}{m}\right)\right)=1, \tag{$*$}$$

所以 (5.2.1) 式成立. □

注 事件 $\left\{\omega\colon \lim\limits_{n\to\infty} X_n(\omega)=0\right\}=\left\{\bigcap\limits_{m=1}^{\infty}\bigcup\limits_{n=1}^{\infty}\bigcap\limits_{k=n}^{\infty}|X_k|<\frac{1}{m}\right\}$ 等价，这是因为：$\forall\omega\in\left\{\omega\colon \lim\limits_{n\to\infty} X_n(\omega)=0\right\}\Leftrightarrow \forall m\geqslant 1,\exists n\geqslant 1,$当$k\geqslant n$时$,\omega\in\left\{|X_k|<\frac{1}{m}\right\}\Leftrightarrow\forall m\geqslant 1,\exists n\geqslant 1,\omega\in\bigcap\limits_{k=n}^{\infty}\left\{|X_k|<\frac{1}{m}\right\}\Leftrightarrow\forall m\geqslant 1,\omega\in\bigcup\limits_{n=1}^{\infty}\bigcap\limits_{k=n}^{\infty}\{|X_k|<\frac{1}{m}\}\Leftrightarrow\omega\in\bigcap\limits_{m=1}^{\infty}\bigcup\limits_{n=1}^{\infty}\bigcap\limits_{k=n}^{\infty}\left\{|X_k|<\frac{1}{m}\right\}$, 故有 (*) 式成立.

引理 5.2.1 令 $Y_n=\max\limits_{1\leqslant k\leqslant 2^n}\left|B\left(\frac{k}{2^n}t\right)-B\left(\frac{k-1}{2^n}t\right)\right|,k\geqslant 1$, 则

$$P\left(\lim_{n\to\infty} Y_n=0\right)=1.$$

证明 对 $\forall k,m\geqslant 1$, 由

$$\begin{aligned}P\left(|Y_k|\geqslant\frac{1}{m}\right)&=P\left[\bigcup_{l=1}^{2^k}\left|B\left(\frac{l}{2^k}t\right)-B\left(\frac{l-1}{2^k}t\right)\right|\geqslant\frac{1}{m}\right]\\&\leqslant\sum_{l=1}^{2^k}P\left[\left|B\left(\frac{l}{2^k}t\right)-B\left(\frac{l-1}{2^k}t\right)\right|\geqslant\frac{1}{m}\right]\\&\leqslant\sum_{l=1}^{2^k}\frac{E\left|B\left(\frac{l}{2^k}t\right)-B\left(\frac{l-1}{2^k}t\right)\right|^4}{(1/m)^4}\\&=\sum_{l=1}^{2^k}3\left(\frac{t}{2^k}\right)^2m^4=3m^4t^2\,2^{-k},\end{aligned}$$

得

$$P\left[\bigcup_{k=n}^{\infty}\left(|Y_k|\geqslant\frac{1}{m}\right)\right]\leqslant 3m^4t^2\sum_{k=n}^{\infty}2^{-k},$$

从而

$$0\leqslant P\left[\bigcap_{n=1}^{\infty}\bigcup_{k=n}^{\infty}\left(|Y_k|\geqslant\frac{1}{m}\right)\right]\leqslant\lim_{n\to\infty}\left(3m^4t^2\sum_{k=n}^{\infty}2^{-k}\right)=0,$$

所以

$$0\leqslant P\left[\bigcup_{m=1}^{\infty}\bigcap_{n=1}^{\infty}\bigcup_{k=n}^{\infty}\left(|Y_k|\geqslant\frac{1}{m}\right)\right]\leqslant\sum_{m=1}^{\infty}P\left[\bigcap_{n=1}^{\infty}\bigcup_{k=n}^{\infty}\left(|Y_k|\geqslant\frac{1}{m}\right)\right]=0,$$

于是

$$P\Big(\lim_{n\to\infty} Y_n = 0\Big) = P\Big(\bigcap_{m=1}^{\infty}\bigcup_{n=1}^{\infty}\bigcap_{k=n}^{\infty}\Big(|Y_k| < \frac{1}{m}\Big)\Big) = 1.$$

定理 5.2.2

$$P\Big(\omega\colon \lim_{n\to\infty}\sum_{k=1}^{2^n}\Big|B\Big(\frac{k}{2^n}t\Big) - B\Big(\frac{k-1}{2^n}t\Big)\Big| = \infty\Big) = 1. \tag{5.2.2}$$

证明 记

$$A = \Big\{\omega\colon \sum_{k=1}^{2^n}\Big(B\Big(\frac{k}{2^n}t\Big) - B\Big(\frac{k-1}{2^n}t\Big)\Big)^2 \xrightarrow{\text{a.e.}} t\Big\},$$

$$B = \Big\{\omega\colon \max_{1\leqslant k\leqslant 2^n}\Big\{\Big|B\Big(\frac{k}{2^n}t\Big) - B\Big(\frac{k-1}{2^n}t\Big)\Big|\Big\} \to 0\Big\},$$

$$C = \Big\{\omega\colon \lim_{n\to\infty}\sum_{k=1}^{2^n}\Big|B\Big(\frac{k}{2^n}t\Big) - B\Big(\frac{k-1}{2^n}t\Big)\Big| = \infty\Big\}.$$

由定理 5.2.1 知道 $P(A) = 1$; 又由引理 5.2.1 得 $P(B) = 1$; 又

$$\sum_{k=1}^{2^n}\Big(B\Big(\frac{k}{2^n}t\Big) - B\Big(\frac{k-1}{2^n}t\Big)\Big)^2 \leqslant \max_{1\leqslant k\leqslant 2^n}\Big\{\Big|B\Big(\frac{k}{2^n}t\Big) - B\Big(\frac{k-1}{2^n}t\Big)\Big|\Big\}\times \sum_{k=1}^{2^n}\Big|B\Big(\frac{k}{2^n}t\Big) - B\Big(\frac{k-1}{2^n}t\Big)\Big|,$$

所以

$$\sum_{k=1}^{2^n}\Big|B\Big(\frac{k}{2^n}t\Big) - B\Big(\frac{k-1}{2^n}t\Big)\Big| \geqslant \frac{\displaystyle\sum_{k=1}^{2^n}\Big(B\Big(\frac{k}{2^n}t\Big) - B\Big(\frac{k-1}{2^n}t\Big)\Big)^2}{\displaystyle\max_{1\leqslant k\leqslant 2^n}\Big\{\Big|B\Big(\frac{k}{2^n}t\Big) - B\Big(\frac{k-1}{2^n}t\Big)\Big|\Big\}}. \tag{5.2.3}$$

当 $n\to\infty$ 时, 对任意 $\omega\in AB$, 有

$$\sum_{k=1}^{2^n}\Big(B\Big(\frac{k}{2^n}t\Big) - B\Big(\frac{k-1}{2^n}t\Big)\Big)^2 \to t, \quad \max_{1\leqslant k\leqslant 2^n}\Big\{\Big|B\Big(\frac{k}{2^n}t\Big) - B\Big(\frac{k-1}{2^n}t\Big)\Big|\Big\} \to 0.$$

故由 (5.2.3) 式得

$$\sum_{k=1}^{2^n}\Big|B\Big(\frac{k}{2^n}t\Big) - B\Big(\frac{k-1}{2^n}t\Big)\Big| \to \infty.$$

从而 $\omega \in C$, 所以 $AB \subset C$.

而 $P(A) = P(AB) + P(A\overline{B}), 0 \leqslant P(A\overline{B}) \leqslant P(\overline{B}) = 1 - P(B) = 0$, 故 $P(AB) = P(A) = 1$. 所以 $P(C) = 1$, 从而 (5.2.2) 式成立. □

定理 5.2.2 说明对 t 在任意区间上, 对几乎所有的 ω, 布朗运动 $B(t,\omega)$ 关于 t 不是有界变差函数.

固定 $t > 0$, 设 $0 = t_0 < t_1 < \cdots < t_n = t$, 记 $\lambda = \max\limits_{1 \leqslant k \leqslant n}(t_k - t_{k-1})$. 则有以下结论:

定理 5.2.3

$$\lim_{\lambda \to 0} \sum_{k=1}^{n} (B(t_k) - B(t_{k-1}))^2 \overset{\text{m.s.}}{=\!=} t. \tag{5.2.4}$$

其中 m.s. 表示均方收敛.

证明 要证明以上命题, 只需证明 $\lim\limits_{\lambda \to 0} E\Big[\sum\limits_{k=1}^{n}(B(t_k) - B(t_{k-1}))^2 - t\Big]^2 = 0$. 为此计算 $E\Big[\sum\limits_{k=1}^{n}(B(t_k) - B(t_{k-1}))^2 - t\Big]^2$.

记 $Y_k = B(t_k) - B(t_{k-1})\ (1 \leqslant k \leqslant n)$, 故 $Y_k \sim N(0, t_k - t_{k-1})$; 由正态分布的性质知 $EY_k^4 = 3(t_k - t_{k-1})^2, EY_k^2 = DY_k = t_k - t_{k-1}$; 又 $Y_k^2 (1 \leqslant k \leqslant n)$ 相互独立, 故当 $k \neq l$ 时, $EY_k^2 Y_l^2 = EY_k^2 EY_l^2 = (t_k - t_{k-1})(t_l - t_{l-1})$, 因此

$$\begin{aligned}
E\Big[\sum_{k=1}^{n}(B(t_k) - B(t_{k-1}))^2 - t\Big]^2 &= E\Big[\sum_{k=1}^{n} Y_k^2 - t\Big]^2 \\
&= E\Big(\sum_{k=1}^{n} Y_k^2\Big)^2 - 2E\Big(\sum_{k=1}^{n} Y_k^2\Big)t + t^2 \\
&= 3\sum_{k=1}^{n}(t_k - t_{k-1})^2 + 2\sum_{i<j}(t_i - t_{i-1})(t_j - t_{j-1}) - \\
&\quad\ 2\Big[\sum_{k=1}^{n}(t_k - t_{k-1})\Big]t + t^2 \\
&= 2\sum_{k=1}^{n}(t_k - t_{k-1})^2.
\end{aligned}$$

因为 $\sum\limits_{k=1}^{n}(t_k - t_{k-1})^2 \leqslant \lambda \sum\limits_{k=1}^{n}(t_k - t_{k-1}) = \lambda t$, 所以当 $\lambda \to 0$ 时, 有

$$E\Big[\sum_{k=1}^{n}(B(t_k)-B(t_{k-1}))^2-t\Big]^2\to 0.$$

故 $\lim\limits_{\lambda\to 0}\sum\limits_{k=1}^{n}(B(t_k)-B(t_{k-1}))^2\overset{\text{m.s.}}{=\!=}t$. □

定理 5.2.4

$$\lim_{\lambda\to 0}\sum_{k=1}^{n}B(t_{k-1})(B(t_k)-B(t_{k-1}))\overset{\text{m.s.}}{=\!=}\frac{1}{2}B^2(t)-\frac{1}{2}t, \tag{5.2.5}$$

$$\lim_{\lambda\to 0}\sum_{k=1}^{n}B(t_k)(B(t_k)-B(t_{k-1}))\overset{\text{m.s.}}{=\!=}\frac{1}{2}B^2(t)+\frac{1}{2}t. \tag{5.2.6}$$

证明 令 $A_n=\sum\limits_{k=1}^{n}B(t_k)(B(t_k)-B(t_{k-1})), C_n=\sum\limits_{k=1}^{n}B(t_{k-1})(B(t_k)-B(t_{k-1}))$ $(n\in\mathbb{N})$, 则

$$\begin{aligned}A_n+C_n&=\sum_{k=1}^{n}(B(t_k)+B(t_{k-1}))(B(t_k)-B(t_{k-1}))\\&=\sum_{k=1}^{n}(B^2(t_k)-B^2(t_{k-1}))=B^2(t).\end{aligned}$$

由定理 5.2.3 得, $A_n-C_n=\sum\limits_{k=1}^{n}(B(t_k)-B(t_{k-1}))^2\xrightarrow{\text{m.s.}}t(\lambda\to 0)$, 故 $A_n=B^2(t)-C_n$, 而由均方收敛的定义知 $\lim\limits_{\lambda\to 0}E(A_n-C_n-t)^2=0$, 所以 $\lim\limits_{\lambda\to 0}E(B^2(t)-2C_n-t)^2=0$, 所以 $\lim\limits_{n\to\infty}E\Big[C_n-\Big(\frac{1}{2}B^2(t)-\frac{1}{2}t\Big)\Big]^2=0$. 由此可得

$$\lim_{\lambda\to 0}E\Big[\sum_{k=1}^{n}B(t_{k-1})(B(t_k)-B(t_{k-1}))-\Big(\frac{1}{2}B^2(t)-\frac{1}{2}t\Big)\Big]^2\overset{\text{m.s.}}{=\!=}0,$$

即 (5.2.5) 式成立. 同理可以证明 (5.2.6) 式. □

对定理 5.2.4 有更一般的形式.

定理 5.2.4a

$$\lim_{\lambda\to 0}\sum_{k=1}^{n}B(t_{k-1}+\theta(t_k-t_{k-1}))(B(t_k)-B(t_{k-1}))\overset{\text{m.s.}}{=\!=}\frac{1}{2}B^2(t)+\frac{1}{2}(2\theta-1)t, \tag{5.2.7}$$

其中 $0\leqslant\theta\leqslant 1$.

证明提示：$\sum_{k=1}^{n} B(t_{k-1}+\theta(t_k-t_{k-1}))(B(t_k)-B(t_{k-1})) = \frac{1}{2}\sum_{k=1}^{n}\{B^2(t_k) - B^2(t_{k-1}) + [B(t_{k-1}+\theta(t_k-t_{k-1})) - B(t_{k-1})]^2 - [B(t_k) - B(t_{k-1}+\theta(t_k-t_{k-1}))]^2\}$.

□　下面有如下引理.

引理 5.2.2　设 $\{B(t), t \geqslant 0\}$ 为标准布朗运动，则对任意固定的 $t \geqslant 0$ 和 $h > 0$, 有

$$P\Big\{\varlimsup_{h\to 0^+}\frac{B(t+h)-B(t)}{h} = +\infty\Big\} = 1,$$

$$P\Big\{\varliminf_{h\to 0^+}\frac{B(t+h)-B(t)}{h} = -\infty\Big\} = 1.$$

证明　先证明第一个式子. 对 $\forall t \geqslant 0$ 和 $0 < h < \delta$, 有

$$\sup_{0<h<\delta}\frac{B(t+h)-B(t)}{h} \geqslant \frac{1}{\delta}\sup_{0<h<\delta}(B(t+h)-B(t)),$$

故对 $\forall x > 0$, 有

$$\begin{aligned} P\Big\{\sup_{0<h<\delta}\frac{B(t+h)-B(t)}{h} > x\Big\} &\geqslant P\Big\{\sup_{0<h<\delta}(B(t+h)-B(t)) > \delta x\Big\} \\ &= P\Big\{\sup_{0<h<\delta}B(h) > \delta x\Big\} \quad (\text{利用增量时齐性}) \\ &= 2(1-\varPhi(\sqrt{\delta}x)) \xrightarrow{\delta\to 0} 1, \quad (\text{利用 (5.3.1) 式}) \end{aligned}$$

故有

$$P\Big\{\varlimsup_{h\to 0^+}\frac{B(t+h)-B(t)}{h} = +\infty\Big\} = 1.$$

再注意到 $B(t)$ 与 $-B(t)$ 有相同的分布，可知

$$P\Big\{\varliminf_{h\to 0^+}\frac{B(t+h)-B(t)}{h} = -\infty\Big\} = 1.$$ □

□　由引理 5.2.2 知布朗运动在任意一点 $t \geqslant 0$, 几乎所有的轨道均不存在有限的导数，于是有以下定理.

定理 5.2.5　布朗运动 $\{B(t), t \in \mathbb{R}^+\}, \forall t \geqslant 0$, 几乎对所有轨道 ω 都没有有限的导数.

通过以上定理，可得布朗运动轨道有以下性质：

(1) 对任意给定的小区间，几乎对所有的轨道 $\omega, B(t)$ 关于 t 都不是有界变差函数.

(2) 对任意的 $t \geqslant 0$, 几乎对所有的轨道 $\omega, B(t)$ 关于 t 都没有有限的导数.

(3) (5.2.7) 式中右边的和式，当取不同的 θ 时，其均方极限也不同.

5.3 首中时与最大值

在这一节里将讨论布朗运动中的首达时间 (首中时) 的分布及过零点概率的反正弦定理.

首先来看看何为首中时.

设 $\{B(t), t \geqslant 0\}$ 为标准布朗运动，不妨设 $B(0)=0$. 令 $T_a=\inf\{t\colon t>0, B(t)=a\}$, 则 T_a 表示首次击中 a 的时间 (首中时). 要研究 $P(T_a \leqslant t)$ 有多大，仍从讨论事件的等价性入手.

对 $\forall t>0, M_t=\max\limits_{0 \leqslant u \leqslant t} B(u)$ 表示 $[0,t]$ 上的最大值. 当 $a>0$ 时，显然存在下述事件等价关系

$$\{T_a \leqslant t\}=\{M_t \geqslant a\},$$

故有

$$P(T_a \leqslant t)=P(M_t \geqslant a).$$

为求 $P(T_a \leqslant t)$, 注意到

$$P(B(t) \geqslant a)=P(B(t) \geqslant a \big| T_a \leqslant t) P(T_a \leqslant t)+P(B(t) \geqslant a \big| T_a>t) P(T_a>t),$$

显然，$P(B(t) \geqslant a \big| T_a>t)=0$, 又由布朗运动的对称性知，在 $(T_a \leqslant t)$ 的条件下，即 $B(T_a)=a$ 时，$(B(t) \geqslant a)$ 与 $(B(t)<a)$ 是等可能的，即

$$P(B(t) \geqslant a \big| T_a \leqslant t)=P(B(t)<a \big| T_a \leqslant t)=\frac{1}{2},$$

如图 5.1 所示，故 $P(T_a \leqslant t)=2P(B(t) \geqslant a)$.

于是，当 $a>0$ 时，有

$$\begin{aligned}
P(T_a \leqslant t) &= \frac{2}{\sqrt{2\pi t}} \int_a^{+\infty} \mathrm{e}^{-\frac{u^2}{2t}}\, \mathrm{d}u \\
&= \sqrt{\frac{2}{\pi}} \int_{\frac{a}{\sqrt{t}}}^{+\infty} \mathrm{e}^{-\frac{x^2}{2}}\, \mathrm{d}x \\
&= 2\left(1-\Phi\left(\frac{a}{\sqrt{t}}\right)\right).
\end{aligned}$$

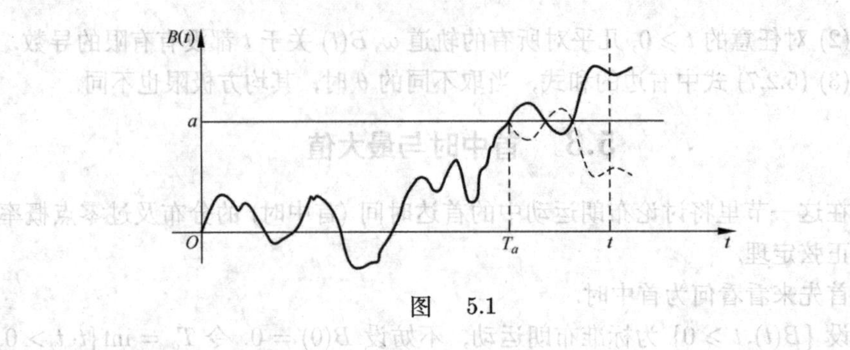

图 5.1

而当 $a<0$ 时，由于布朗运动的对称性，显然 $P(T_{-a}\leqslant t)=P(T_a\leqslant t)$，所以对一般的 a，有

$$P(T_a\leqslant t)=\frac{2}{\sqrt{2\pi}}\int_{\frac{|a|}{\sqrt{t}}}^{+\infty}\mathrm{e}^{-\frac{u^2}{2}}\,\mathrm{d}u=2\Big(1-\varPhi\Big(\frac{|a|}{\sqrt{t}}\Big)\Big).\tag{5.3.1}$$

这就得到了首中时的分布.

由此可以推知两个重要的结论：

(1) T_a 几乎处处有限，即 $P(T_a<\infty)=1$，a 点首中时 T_a 小于无穷的概率为 1. 因 $P(T_a<\infty)=\lim\limits_{t\to\infty}P(T_a\leqslant t)=\dfrac{2}{\sqrt{2\pi}}\displaystyle\int_0^{+\infty}\mathrm{e}^{-\frac{u^2}{2}}\,\mathrm{d}u=1.$

(2) $ET_a=+\infty$. 因

$$\begin{aligned}ET_a&=\int_0^{\infty}P(T_a>t)\,\mathrm{d}t\\&=\frac{2}{\sqrt{2\pi}}\int_0^{\infty}\int_0^{\frac{|a|}{\sqrt{t}}}\mathrm{e}^{-\frac{u^2}{2}}\,\mathrm{d}u\,\mathrm{d}t\\&=\frac{2}{\sqrt{2\pi}}\int_0^{\infty}\Big[\int_0^{\frac{a^2}{u^2}}\mathrm{d}t\Big]\mathrm{e}^{-\frac{u^2}{2}}\,\mathrm{d}u\\&=\frac{2a^2}{\sqrt{2\pi}}\int_0^{\infty}\frac{1}{u^2}\mathrm{e}^{-\frac{u^2}{2}}\,\mathrm{d}u\\&\geqslant\frac{2a^2}{\sqrt{2\pi}}\int_0^{1}\frac{1}{u^2}\mathrm{e}^{-\frac{u^2}{2}}\,\mathrm{d}u\geqslant\frac{2a^2\mathrm{e}^{-\frac{1}{2}}}{\sqrt{2\pi}}\int_0^{1}\frac{\mathrm{d}u}{u^2}=\infty,\end{aligned}$$

所以有 $ET_a=\infty$. 这是多么不可思议！$P(T_a<\infty)=1$，而 $ET_a=\infty$，不论 a 多么接近初态. 不过对比第 3 章的结论，可以知道这与离散时间简单的对称随机游动 $ET_{0j}=\infty(j=1,2,\cdots)$ 是完全一致的.

以上对首中时进行了讨论，下面研究一下过零点的反正弦定理.

$\forall t_1 < t_2$, 记事件 $0(t_1,t_2)$ ={至少有一个 $t \in (t_1,t_2)$, 使 $B(t)=0$}, 即在 (t_1,t_2) 内至少过一次零点. 由全概率公式有

$$P(0(t_1,t_2)) = \int_{-\infty}^{\infty} P\{0(t_1,t_2)\big|B(t_1)=x\} \frac{1}{\sqrt{2\pi t_1}}\mathrm{e}^{-\frac{x^2}{2t_1}}\,\mathrm{d}x. \tag{5.3.2}$$

由布朗运动的连续性及对称性可知（如图 5.2 所示）

$$P(0(t_1,t_2)\big|B(t_1)=x) = P(T_x \leqslant t_2 - t_1).$$

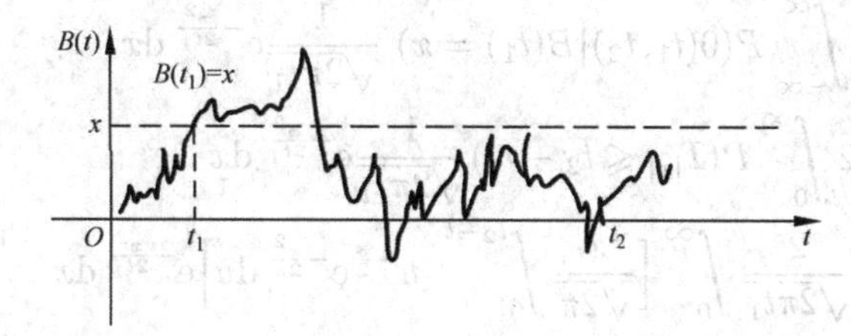

图 5.2

将上式及 (5.3.1) 式的结果代入 (5.3.2) 式，便有

$$P(0(t_1,t_2)) = \frac{1}{\pi\sqrt{t_1(t_2-t_1)}}\int_0^{\infty}\int_x^{\infty} \mathrm{e}^{-\frac{y^2}{2(t_2-t_1)}}\,\mathrm{d}y\,\mathrm{e}^{-\frac{x^2}{2t_1}}\,\mathrm{d}x.$$

进一步讨论，将得到下面的反正弦定理.

定理 5.3.1 记 $0(t_1,t_2)$ ={在 $t\in(t_1,t_2)$ 内至少有一个 t, 使 $B(t)=0$}, $\overline{0}(t_1,t_2)$ = {在 $t\in(t_1,t_2)$ 内没有一个 t, 使 $B(t)=0$}. 则

$$P\{\overline{0}(t_1,t_2)\} = \frac{2}{\pi}\arcsin\sqrt{\frac{t_1}{t_2}},$$

且当 $t_1 = xt,\ t_2 = t,\ 0 < x < 1$ 时，有

$$P\{\overline{0}(xt,t)\} = \frac{2}{\pi}\arcsin\sqrt{x}.$$

证明 由前述讨论已知

$$\begin{aligned}P(0(t_1,t_2)) &= \int_{-\infty}^{\infty} P\{0(t_1,t_2)\big|B(t)=x\} \frac{1}{\sqrt{2\pi t_1}}\mathrm{e}^{-\frac{x^2}{2t_1}}\,\mathrm{d}x\\ &= \frac{1}{\pi\sqrt{t_1(t_2-t_1)}}\int_0^{\infty}\int_x^{\infty} \mathrm{e}^{-\frac{y^2}{2(t_2-t_1)}}\,\mathrm{d}y\,\mathrm{e}^{-\frac{x^2}{2t_1}}\,\mathrm{d}x.\end{aligned}$$

这个积分不易求得，下面另辟蹊径. 由 $P(T_a \leqslant t) = \dfrac{2}{\sqrt{2\pi}}\displaystyle\int_{\frac{|a|}{\sqrt{t}}}^{\infty} \mathrm{e}^{-\frac{u^2}{2}}\,\mathrm{d}u$, 可得 T_a 的概率密度函数为

$$g_{T_a}(t) = \frac{\mathrm{d}P(T_a \leqslant t)}{\mathrm{d}t} = \frac{|a|}{\sqrt{2\pi}} t^{-\frac{3}{2}} \mathrm{e}^{-\frac{a^2}{2t}}, \tag{5.3.3}$$

故 $P(T_a \leqslant t) = \dfrac{|a|}{\sqrt{2\pi}} \displaystyle\int_0^t u^{-\frac{3}{2}} \mathrm{e}^{-\frac{a^2}{2u}}\,\mathrm{d}u$, 则

$$\begin{aligned}
P(0(t_1,t_2)) &= \int_{-\infty}^{\infty} P(0(t_1,t_2)\big|B(t_1)=x)\ \frac{1}{\sqrt{2\pi t_1}}\mathrm{e}^{-\frac{x^2}{2t_1}}\,\mathrm{d}x \\
&= 2\int_0^{\infty} P(T_{|x|} \leqslant t_2 - t_1)\frac{1}{\sqrt{2\pi t_1}}\mathrm{e}^{-\frac{x^2}{2t_1}}\,\mathrm{d}x \\
&= \frac{2}{\sqrt{2\pi t_1}}\int_0^{\infty}\Big[\frac{x}{\sqrt{2\pi}}\int_0^{t_2-t_1} u^{-\frac{3}{2}}\mathrm{e}^{-\frac{x^2}{2u}}\,\mathrm{d}u\Big]\mathrm{e}^{-\frac{x^2}{2t_1}}\,\mathrm{d}x \\
&= \frac{1}{\pi\sqrt{t_1}}\int_0^{t_2-t_1} u^{-\frac{3}{2}}\Big\{\int_0^{\infty} x\ \mathrm{e}^{[-\frac{x^2}{2}(\frac{1}{u}+\frac{1}{t_1})]}\,\mathrm{d}x\Big\}\,\mathrm{d}u \\
&= \frac{1}{\pi\sqrt{t_1}}\int_0^{t_2-t_1} u^{-\frac{3}{2}}\Big\{\int_0^{\infty}\frac{ut_1}{t_1+u}\mathrm{e}^{-\frac{x^2}{2}(\frac{1}{u}+\frac{1}{t_1})}\,\mathrm{d}\Big[\frac{x^2}{2}\Big(\frac{1}{u}+\frac{1}{t_1}\Big)\Big]\Big\}\,\mathrm{d}u \\
&= \frac{1}{\pi\sqrt{t_1}}\int_0^{t_2-t_1} u^{-\frac{3}{2}}\ \frac{ut_1}{t_1+u}\Big[-\mathrm{e}^{-\frac{x^2}{2}(\frac{1}{u}+\frac{1}{t_1})}\Big|_0^{\infty}\Big]\,\mathrm{d}u \\
&= \frac{1}{\pi\sqrt{t_1}}\int_0^{t_2-t_1} u^{-\frac{1}{2}}\ \frac{t_1}{t_1+u}\,\mathrm{d}u.
\end{aligned}$$

令 $u = t_1 v^2$, 则上式化作

$$\begin{aligned}
P(0(t_1,t_2)) &= \frac{1}{\pi\sqrt{t_1}}\int_0^{h(t_1,t_2)}\frac{2t_1 v\,\mathrm{d}v\sqrt{t_1}}{v(t_1+t_1v^2)} = \frac{2}{\pi}\int_0^{h(t_1,t_2)}\frac{\mathrm{d}v}{1+v^2} \\
&= \frac{2}{\pi}\arctan h(t_1,t_2) = \frac{2}{\pi}\arccos\sqrt{\frac{t_1}{t_2}},
\end{aligned}$$

其中 $h(t_1,t_2) = \sqrt{\dfrac{t_2-t_1}{t_1}}$. 所以 $P(\overline{0}(t_1,t_2)) = 1 - P(0(t_1,t_2)) = \dfrac{2}{\pi}\arcsin\sqrt{\dfrac{t_1}{t_2}}$.

当取 $t_1 = xt$, $t_2 = t$, $0 < x < 1$ 时，有

$$P(\overline{0}(xt,t)) = \frac{2}{\pi}\arcsin\sqrt{x}.$$

上述定理得证. □

这个过零点的反正弦定律的意义就在于它揭示了上述概率仅与时间区间端点的比值 x 有关，而与 t 无关. 这是个很耐人寻味的结果.

5.4 布 朗 桥

在许多实际问题中，往往是在给定初始 $t=0$ 时的 $X(0)=x$ 和过程终了 $t_0>0$ 时 $X(t_0)=y$ 的条件下研究中间过程的情形，即考虑 $\{X(t), 0\leqslant t\leqslant t_0 \big| X(0)=x, X(t_0)=y\}$ 的性质.

在讨论标准布朗运动 $\{B(t), t\geqslant 0\}$ 时，设 $B(0)=0$, 若记

$$X(t)=B(t)+x+\frac{t}{t_0}\{y-x-B(t_0)\},$$

则过程 $\{X(t), 0\leqslant t\leqslant t_0\}$ 的任何路径必经过 $(0,x)$ 和 (t_0,y) 两点，就仿佛两端固定的桥梁，因而称之为布朗桥. 通过坐标变换，总可以将上述内容简化为

$$X(t)=B\left(\frac{t}{t_0}\right)-\frac{t}{t_0}B(1),\quad X(0)=0,\quad X(t_0)=0$$

的情形. 由此引出下面的定义.

定义 5.4.1 $\{B(t), t\geqslant 0\}$ 为标准布朗运动，不妨设 $B(0)=0$, 令 $B_{00}(t)=B(t)-tB(1)$, 则称 $\{B_{00}(t), 0\leqslant t\leqslant 1\}$ 为**布朗桥**(Brown bridge).

布朗桥在实际中用途很广，下面给出它的基本性质.

定理 5.4.1 $\{B_{00}(t), 0\leqslant t\leqslant 1\}$ 的分布与 $\{B(t), t\geqslant 0\}$ 在 $B(1)=0$ 下的条件分布相同.

证明 由布朗运动是正态过程及正态分布的性质知，$B_{00}(t)$ 与 $\{B(t), 0\leqslant t\leqslant 1 \big| B(0)=B(1)=0\}$ 的分布均为正态分布，故要想证明这两个分布相同，只需证其一阶矩和二阶矩均相等即可.

首先看一阶矩

$$E[B_{00}(t)]=E[B(t)-tB(1)]=0.$$

由定理 5.1.2 知，当 $B(0)=0$ 时，$E[B(t) \big| B(1)=0]=0, \forall 0\leqslant t\leqslant 1$. 故知二者的一阶矩相同.

下面讨论二阶矩

$$\begin{aligned}E[B_{00}^2(t)]=E[B(t)-tB(1)]^2 &=E[B^2(t)]+t^2E[B^2(1)]-2tE[B(t)B(1)]\\ &=t+1\cdot t^2-2t\cdot t=t(1-t).\end{aligned}$$

再利用定理 5.1.2 的结论，知

$$E[B^2(t)\big|B(1)=0]=(1-t)(t-0)(1-0)^{-1}=t(1-t).$$

显然二者的方差也相等. 那么协方差呢？对 $\forall 0\leqslant s,t\leqslant 1$, 有

$$\begin{aligned}\operatorname{cov}[B_{00}(s),B_{00}(t)]&=E[B_{00}(s)B_{00}(t)]-E[B_{00}(s)]\ E[B_{00}(t)]\\&=E[B(s)-sB(1)][B(t)-tB(1)]-0\\&=E[B(s)B(t)]-tE[B(s)B(1)]-sE[B(1)B(t)]+stE[B^2(1)]\\&=s\wedge t-st-st+st.\end{aligned}$$

不妨设 $s\leqslant t$, 则有 $\operatorname{cov}(B_{00}(s),B_{00}(t))=s(1-t)$. 而

$$\begin{aligned}&\operatorname{cov}[(B(s),B(t))\big|B(1)=0]\\&=E[B(s)B(t)\big|B(1)=0]-E[B(s)\big|B(1)=0]\ E[B(t)\big|B(1)=0]\\&=E\{E[B(s)B(t)\big|B(t),B(1)=0]\big|B(1)=0\}-0\\&=E\{B(t)E[B(s)\big|B(t),B(1)=0]\big|B(1)=0\}\\&=E\left\{B(t)\left[0+\frac{B(t)(s-0)}{t-0}\right]\bigg|B(1)=0\right\}\\&=E\left\{B^2(t)\frac{s}{t}\big|B(1)=0\right\}=\frac{s}{t}E[B^2(t)\big|B(1)=0]\\&=\frac{s}{t}\frac{(1-t)(t-0)}{1-0}=s(1-t).\end{aligned}$$

可知二者的协方差亦相等，即二者的二阶矩均相同. 又它们都是正态分布，从而得出结论，二者的分布相同. □

值得注意的是在证明中曾多次用到了定理 5.1.2 的结论.

有了定理 5.4.1, 布朗桥就和布朗运动建立了直接的、明确的联系，它就不再显得有些神秘. 下面看看布朗桥在统计中的应用.

布朗桥在研究经验分布函数中起着非常重要的作用. 设 $X_1,X_2,\cdots,X_n,\cdots$ 独立同分布，$X_n\sim U(0,1)$, 对 $0<s<1$, 记

$$N_n(s)=\sum_{i=1}^{n}I_{(X_i\leqslant s)},$$

$N_n(s)$ 表示前 n 个 $X_1,X_2,\cdots,X_n$ 中取值不超过 s 的个数，称 $F_n(s)=N_n(s)/n$ 为经验分布函数. 注意 $F_n(s)$ 是随机变量.

显然，$N_n(s)\sim B(n,s)$，则由强大数定理，有

$$P\Big(\lim_{n\to\infty}F_n(s)=s\Big)=1,$$

即 $n\to\infty$ 时，$F_n(s)$ 以概率 1 收敛于 s. 事实上，由 Glivenlko-Cantelli 定理，还有更强的结果，即 $n\to\infty$ 时，$F_n(s)$ 以概率 1 一致地收敛于 s，即

$$P\Big\{\lim_{n\to\infty}\Big(\sup_{0<s<1}|F_n(s)-s|\Big)=0\Big\}=1.$$

同时若令 $\alpha_n(s)=\sqrt{n}(F_n(s)-s)$，则 $E[\alpha_n(s)]=\sqrt{n}(EF_n(s)-s)=0$，而

$$D[\alpha_n(s)]=(\sqrt{n})^2D\Big(\frac{N_n(s)}{n}\Big)=n\frac{1}{n}s(1-s)=s(1-s).$$

由中心极限定理，对任意 x，有

$$\lim_{n\to\infty}P(\alpha_n(s)\leqslant x)=\frac{1}{\sqrt{2\pi s(1-s)}}\int_{-\infty}^{x}\mathrm{e}^{-\frac{u^2}{2s(1-s)}}\,\mathrm{d}u.$$

这个式子似曾相识，进一步研究会得到奇妙的结果.

再来考虑随机过程 $\{\alpha_n(s),0\leqslant s\leqslant 1\}$ 在 $n\to\infty$ 时的极限特性. 首先，注意到 $\forall 0<s<t<1$，在给定 $N_n(s)$ 下 $N_n(t)-N_n(s)$ 的条件分布恰好是参数分别为 $n-N_n(s)$ 与 $(t-s)/(1-s)$ 的二项分布，即给定 $N_n(s)$，$(N_n(t)-N_n(s))$ 的条件分布为 $B\Big\{n-N_n(s),\dfrac{t-s}{1-s}\Big\}$，故由多维中心极限定理知，当 $n\to\infty$ 时，$\alpha_n(s)$ 与 $\alpha_n(t)$ 的联合分布趋向二维正态分布. 类似的理由断定 $\{\alpha_n(s),0\leqslant s\leqslant 1\}$ 的极限过程是一正态过程. 前面已得 $E(\alpha_n(s))=0$，$D(\alpha_n(s))=s(1-s)$，故只需计算协方差就可以掌握其全面性质. 对 $0\leqslant s\leqslant t\leqslant 1$，有

$$\begin{aligned}
\operatorname{cov}(\alpha_n(s),\alpha_n(t))&=E[\alpha_n(s)\alpha_n(t)]-E[\alpha_n(s)]E[\alpha_n(t)]\\
&=n\,E\{[F_n(s)-s][F_n(t)-t]\}-0\\
&=\frac{1}{n}\;E[N_n(s)N_n(t)]-ntE[F_n(s)]-nsE[F_n(t)]+nst\\
&=\frac{1}{n}\;E[E(N_n(s)N_n(t)\big|N_n(t))]-nst\\
&=\frac{1}{n}\;E[N_n(t)E(N_n(s))\big|N_n(t))]-nst\\
&=\frac{1}{n}\;E[N_n(t)\;\frac{s}{t}N_n(t)-nst\\
&=\frac{1}{n}\Big[\frac{s}{t}(nt+n(n-1)t^2)\Big]-nst=s(1-t).
\end{aligned}$$

则当 $n \to \infty$ 时，$\{\alpha_n(s), 0 \leqslant s \leqslant 1\}$ 的极限随机过程是均值为零、协方差为 $s(1-t)$ 的正态过程，而这正是前面着重研究的布朗桥！真是得来全不费工夫！

以上是在 $X_1, X_2, \cdots, X_n, \cdots$ 为 $[0,1]$ 上的均匀分布情形下讨论的，它可以推广到一般分布. 设 $X_1, X_2, \cdots, X_n, \cdots$ 为相互独立同分布的随机变量，$F(x)$ 为其概率分布函数，则随机变量 $F(X_i) \sim U(0,1)$. 此时记

$$N_n(s) = \{X_1, X_2, \cdots, X_n \text{中} F(X_i) \leqslant s \text{的个数}\} = \sum_{i=1}^{n} I_{(F(X_i) \leqslant s)}.$$

考虑 $\sqrt{n} \sup\limits_{x} |F_n(X) - F(X)|$ 的极限分布.

设 $\alpha_n(s) = \sqrt{n}(F_n(s) - s)$, 于是 $\{\alpha_n(s), 0 \leqslant s \leqslant 1\}$ 的极限过程是布朗桥，即对任意的 a, 有

$$\lim_{n\to\infty} P\left\{\sqrt{n} \sup_{x} |F_n(x) - F(x)| \leqslant a\right\} = P\left\{\max_{0 \leqslant t \leqslant 1} |Z(t)| \leqslant a\right\},$$

此处，$\{Z(t) = B(t) - tB(1), 0 \leqslant t \leqslant 1\}$ 为布朗桥.

我们对布朗桥已成竹在胸，从而上述统计问题便可迎刃而解.

5.5 布朗运动的各种变形与推广

这一节介绍由布朗运动导出的各种变形及推广.

(1) 在某点被吸收的布朗运动

设
$$Z(t) = \begin{cases} B(t), & \text{当} t < T_x, \\ x, & \text{当} t \geqslant T_x, \end{cases}$$

其中 $T_x = \min\{t\colon t > 0, B(t) = x\}$. $\{Z(t), t \geqslant 0\}$ 表示一旦随机过程第一次击中 x 后即被吸收停留在 x 状态，称为在 x 点被**吸收的布朗运动**.

注意到 $Z(t)$ 是混合型随机变量. 为求 $Z(t)$ 的分布，再次利用布朗运动的对称性，不妨设 $x > 0$, 分情况讨论 $P(Z(t) \leqslant y)$：

当 $y > x$ 时，$P(Z(t) \leqslant y) = 1$;

当 $y = x$ 时，$P(Z(t) = x) = P(T_x \leqslant t) = \dfrac{2}{\sqrt{2\pi t}} \displaystyle\int_x^{\infty} \mathrm{e}^{-\frac{u^2}{2t}}\, \mathrm{d}u$;

当 $y < x$ 时的情况比较复杂. 首先进行事件分解. 显然存在下列事件等价关系：

$$(Z(t) \leqslant y) = (B(t) \leqslant y, \max_{0 \leqslant s \leqslant t} B(s) < x),$$

从而得 $(Z(t) \leqslant y) = \{B(t) \leqslant y\} - \left\{B(t) \leqslant y, \max\limits_{0 \leqslant s \leqslant t} B(s) \geqslant x\right\}$, 于是

$$P(Z(t) \leqslant y) = P\{B(t) \leqslant y\} - P\Big\{B(t) \leqslant y, \max_{0 \leqslant s \leqslant t} B(s) \geqslant x\Big\}.$$

而

$$\begin{aligned} P\Big(B(t) \leqslant y, \max_{0 \leqslant s \leqslant t} B(s) \geqslant x\Big) &= P\Big\{B(t) \leqslant y \Big| \max_{0 \leqslant s \leqslant t} B(s) \geqslant x\Big\} P\Big\{\max_{0 \leqslant s \leqslant t} B(s) \geqslant x\Big\} \\ &= P\Big\{B(t) \geqslant 2x - y \Big| \max_{0 \leqslant s \leqslant t} B(s) \geqslant x\Big\} P\Big\{\max_{0 \leqslant s \leqslant t} B(s) \geqslant x\Big\}. \end{aligned}$$

上述概率相等的理由是，事件 $\Big(\max_{0 \leqslant s \leqslant t} B(s) \geqslant x\Big) = (T_x \leqslant t)$，而在 $(T_x \leqslant t)$ 发生的条件下 $(B(t) \leqslant y)$ 发生，当且仅当 $B(s)$ 在 $s = T_x$ 到达 x 后，在 $t - T_x$ 的时间内至少下降了 $x - y$. 由对称性，此事件的条件概率等于它至少上升了 $x - y$ 的概率，即等于在 $(T_x \leqslant t)$ 发生的条件下，事件 $(B(t) \geqslant 2x - y)$ 发生的条件概率，如图 5.3 所示．于是

$$\begin{aligned} P\Big(B(t) \leqslant y, \max_{0 \leqslant s \leqslant t} B(s) \geqslant x\Big) &= P\Big(B(t) \geqslant 2x - y, \max_{0 \leqslant s \leqslant t} B(s) \geqslant x\Big) \\ &= P(B(t) \geqslant 2x - y), \end{aligned}$$

所以

$$\begin{aligned} P(Z(t) \leqslant y) &= P(B(t) \leqslant y) - P(B(t) \geqslant 2x - y) \\ &= P(B(t) \leqslant y) - P(B(t) \leqslant y - 2x) = \frac{1}{\sqrt{2\pi t}} \int_{y-2x}^{y} \mathrm{e}^{-\frac{u^2}{2t}}\, \mathrm{d}u. \end{aligned}$$

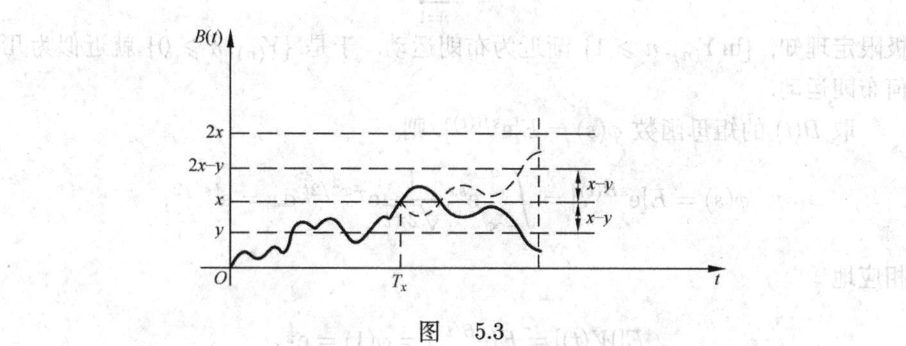

图 5.3

可见对于不易求得的概率分布可以通过事件分解和分析来逐步解决.

至此，已得出在 x 点吸收的布朗运动的概率分布为

$$\begin{cases} P(Z(t) \leqslant y) = 1, & \text{当 } y > x, \\ P(Z(t) = x) = \dfrac{2}{\sqrt{2\pi t}} \displaystyle\int_x^{\infty} \mathrm{e}^{-\frac{u^2}{2t}} \, \mathrm{d}u, & \text{当 } y = x, \\ P(Z(t) \leqslant y) = \dfrac{1}{\sqrt{2\pi t}} \displaystyle\int_{y-2x}^{y} \mathrm{e}^{-\frac{u^2}{2t}} \, \mathrm{d}u, & \text{当 } y < x. \end{cases}$$

(2) 在原点反射的布朗运动

令 $Y(t) = |B(t)|$, 则称 $\{Y(t), t \geqslant 0\}$ 为在原点**反射的布朗运动**. 研究其分布律 $P(Y(t) \leqslant y)$ 为多少. 显然, 当 $y < 0$ 时, 有

$$P(Y(t) \leqslant y) = 0,$$

当 $y > 0$ 时, 有

$$\begin{aligned} P(Y(t) \leqslant y) =& P(|B(t)| \leqslant y) = P(-y \leqslant B(t) \leqslant y) \\ =& 2P(B(t) \leqslant y) - 1 = \frac{2}{\sqrt{2\pi t}} \int_{-\infty}^{y} \mathrm{e}^{-\frac{u^2}{2t}} \, \mathrm{d}u - 1. \end{aligned}$$

这样就得到了它的分布.

(3) 几何布朗运动

令 $W(t) = \mathrm{e}^{B(t)}$, 则称 $\{W(t), t \geqslant 0\}$ 为**几何布朗运动**.

几何布朗运动有时可以作为相对变化为独立同分布情况的模型. 例如, 设 $Y_{(n)}$ 是 n 时刻商品的价格, $\dfrac{Y_{(n)}}{Y_{(n-1)}} = X_{(n)} (n \geqslant 1)$ 是独立同分布的. 如取 $Y_{(0)} = 1$, $Y_{(n)} = X_{(1)} \ X_{(2)} \ \cdots \ X_{(n)}$, 故 $\ln Y_{(n)} = \displaystyle\sum_{i=1}^{n} \ln X_{(i)}$. 则当 $n \to \infty$ 时, 根据中心极限定理知, $\{\ln Y_{(n)}, n \geqslant 1\}$ 渐近为布朗运动. 于是 $\{Y_{(n)}, n \geqslant 0\}$ 就近似为几何布朗运动.

取 $B(t)$ 的矩母函数 $\phi(s) = E[\mathrm{e}^{sB(t)}]$, 则

$$\phi(s) = E[\mathrm{e}^{sB(t)}] = \int_{-\infty}^{\infty} \mathrm{e}^{sx} \frac{1}{\sqrt{2\pi t}} \mathrm{e}^{-x^2/2t} \, \mathrm{d}x = \mathrm{e}^{ts^2/2},$$

相应地

$$\begin{aligned} E[W(t)] &= E(\mathrm{e}^{B(t)}) = \phi(1) = \mathrm{e}^{\frac{t}{2}}, \\ D(W(t)) =& E[W^2(t)] - [E(W(t))]^2 = E(\mathrm{e}^{2B(t)}) - \mathrm{e}^t \\ =& \phi(2) - \mathrm{e}^t = \mathrm{e}^{2t} - \mathrm{e}^t. \end{aligned}$$

这样就得到了几何布朗运动的一阶矩和二阶矩.

(4) 布朗运动的积分

令 $S(t)=\int_0^t B(u)\,\mathrm{d}u$, 称 $\{S(t),t\geqslant 0\}$ 为**布朗运动的积分**.

由正态分布的性质知, $\{S(t),t\geqslant 0\}$ 为正态过程. 于是讨论它的性质就只需研究它的期望和协方差, 不过在讨论之前, 需要先引入一个预备定理.

定理 5.5.1 若随机过程 $\{X(t),t\geqslant 0\}$ 满足 $E|X(t)|<\infty$, $DX(t)<\infty$, 则有

$$E\Big[\int_0^t X(s)\,\mathrm{d}s\Big]=\int_0^t E[X(s)]\,\mathrm{d}s,$$

$$E\Big[\int_0^s\int_0^t X(v)X(u)\,\mathrm{d}u\,\mathrm{d}v\Big]=\int_0^s\int_0^t E[X(v)X(u)]\,\mathrm{d}u\,\mathrm{d}v.$$

证明 利用 Fubini 定理即得. □

于是利用定理 5.5.1 有

$$E(S(t))=E\Big[\int_0^t B(u)\,\mathrm{d}u\Big]=\int_0^t E[B(u)]\,\mathrm{d}u=0.$$

$\forall 0\leqslant\delta\leqslant t$, 有

$$\begin{aligned}\mathrm{cov}[S(\delta),S(t)]=&E\Big[\int_0^\delta\int_0^t B(u)B(v)\,\mathrm{d}u\,\mathrm{d}v\Big]=\int_0^\delta\int_0^t E[B(u)B(v)]\,\mathrm{d}u\,\mathrm{d}v\\=&\int_0^\delta\int_0^t(u\wedge v)\,\mathrm{d}u\,\mathrm{d}v=\int_0^\delta\Big[\int_0^v u\,\mathrm{d}u+\int_v^t v\,\mathrm{d}u\Big]\mathrm{d}v\\=&\int_0^\delta\Big\{\frac{v^2}{2}+v(t-v)\Big\}\mathrm{d}v\\=&\frac{\delta^2}{2}\Big(t-\frac{\delta}{3}\Big).\end{aligned}$$

这样, $\{S(t),t\geqslant 0\}$ 就完全地被刻画出来了.

在商业中, 若设 $S(t)$ 为 t 的价格, 则 $\dfrac{\mathrm{d}S(s)}{\mathrm{d}t}=B(t)$ 为价格变化率, 而它通常是遵循布朗运动的, 这是一个很有意思的事实, 在实际中有不少应用.

(5) 布朗运动的形式导数

设 $\{B(t),t\geqslant 0\}$ 为布朗运动, 考虑增量之比, 固定 $\Delta t>0$, 令 $\dfrac{B(t+\Delta t)-B(t)}{\Delta t}\triangleq\dfrac{\Delta B(t)}{\Delta t}$, 显然 $\Big\{\dfrac{\Delta B(t)}{\Delta t},t\geqslant 0\Big\}$ 是一正态过程, 易知其一阶、二阶矩分别为

$$E\Big\{\frac{\Delta B(t)}{\Delta t}\Big\}=\frac{E[B(t+\Delta t)]-E[B(t)]}{\Delta t}=0,$$

$$D\left\{\frac{\Delta B(t)}{\Delta t}\right\}=\frac{1}{\Delta t^2}D[B(t+\Delta t)-B(t)]=\frac{1}{\Delta t^2}(t+\Delta t-t)=\frac{1}{\Delta t}.$$

故 $\dfrac{\Delta B(t)}{\Delta t}\sim N\left(0,\dfrac{1}{\Delta t}\right)$.

再考虑其协方差，设 $0\leqslant s<t$，取 Δt 充分小，使 $s<s+\Delta t<t$，于是有

$$\operatorname{cov}\left(\frac{\Delta B(s)}{\Delta t},\frac{\Delta B(t)}{\Delta t}\right)=E\left[\frac{\Delta B(s)}{\Delta t}\,\frac{\Delta B(t)}{\Delta t}\right]-E\left\{\frac{\Delta B(s)}{\Delta t}\right\}E\left\{\frac{\Delta B(t)}{\Delta t}\right\}=0.$$

可见 $s\neq t$，且当 Δt 充分小时，$\dfrac{\Delta B(s)}{\Delta t}$ 与 $\dfrac{\Delta B(t)}{\Delta t}$ 相互独立.

进一步讨论，当 $\Delta t\to 0^+$ 时，$E\left(\dfrac{\Delta B(t)}{\Delta t}\right)=0$，$D\left(\dfrac{\Delta B(t)}{\Delta t}\right)\to\infty$，因此把 $\Delta t\to 0$ 时，正态过程 $\left\{\dfrac{\Delta B(t)}{\Delta t},t\geqslant 0\right\}$ 的极限过程形式上记为 $\left\{\dfrac{\mathrm{d}B(t)}{\mathrm{d}t},t\geqslant 0\right\}$，定义如下：

称 $\left\{\dfrac{\mathrm{d}B(t)}{\mathrm{d}t},t\geqslant 0\right\}$ 为**布朗运动的形式导数**，若

① $\forall t\geqslant 0$，$\dfrac{\mathrm{d}B(t)}{\mathrm{d}t}\sim N(0,\infty)$；

② $\forall t_1\neq t_2$，$\left.\dfrac{\mathrm{d}B(t)}{\mathrm{d}t}\right|_{t=t_1}$ 与 $\left.\dfrac{\mathrm{d}B(t)}{\mathrm{d}t}\right|_{t=t_2}$ 相互独立.

布朗运动的形式导数，有时亦称为连续参数的白噪声. 它在物理上有许多应用，在随机微分方程理论中也起着极其重要的作用.

5.6　带有漂移的布朗运动

这是一类很重要的随机过程，先看看它的定义.

定义 5.6.1　设 $\{B(t),t\geqslant 0\}$ 为布朗运动，记 $X(t)=B(t)+\mu t$，μ 为常数，称 $\{X(t),t\geqslant 0\}$ 是带有漂移系数为 μ 的布朗运动.

带有漂移的布朗运动的背景是一个质点在直线上作非对称的随机游动. 它具有一定的趋向，于不规则微观运动中又有一定的宏观规则运动存在，如分子热扩散、电子不规则运动等. 确切叙述如下：

一质点在直线上每经 Δt 随机地移动 Δx，每次向右移 Δx 的概率为 p，向左移一 Δx 的概率为 q，且每次移动相互独立，以 $X(t)$ 表示 t 时刻质点位置. 令

$$X_i=\begin{cases}1, & \text{第 } i \text{ 次向右移},\\ -1, & \text{第 } i \text{ 次向左移}.\end{cases}$$

则 $X(t)=(\Delta x)(X_1+X_2+\cdots+X_{[\frac{t}{\Delta t}]})$.

设 $\Delta x=\sqrt{\Delta t}$, $p=(1+\mu\sqrt{\Delta t})/2$, $q=(1-\mu\sqrt{\Delta t})/2$, 对给定的 μ, 取充分小的 Δt, 使 $\mu\sqrt{\Delta t}<1$, 当 $\Delta t\to 0$ 时，有

$$\begin{aligned}E[X(t)]=&\Delta x\left[\frac{t}{\Delta t}\right](p-q)\\=&\sqrt{\Delta t}\left[\frac{t}{\Delta t}\right]\mu\sqrt{\Delta t}\to\mu t,\\D[X(t)]=&(\Delta x)^2\left[\frac{t}{\Delta t}\right][EX_i^2-(EX_i)^2]\\=&(\sqrt{\Delta t})^2\left[\frac{t}{\Delta t}\right][1-(p-q)^2]\\=&\Delta t\left[\frac{t}{\Delta t}\right][1-(2p-1)^2]\\\to& t\ (\Delta t\to 0).\end{aligned}$$

所以 $X(t)\sim N(\mu t,t)$. 可见它和 $\{B(t),t\geqslant 0\}$ 都是正态过程，只是均值不为零. 这是由其不对称性引起的. μ 表示单位时间内质点漂移的平均值.

在进一步研究带漂移的布朗运动的重要性质之前，先证明一个重要的预备定理.

定理 5.6.1 设 $\{B(t),t\geqslant 0\}$ 为布朗运动，令 $X(t)=B(t)+\mu t$, $T_a=\min\{t\colon t>0,X(t)=a\}$, $X(0)=x$, $x\neq a$. 则当 $h>0$ 充分小时，有

$$P(T_a\leqslant h|X(0)=x)=o(h).$$

证明 不妨先设 $x<a$, 证明的思路是利用有关的布朗运动的结论. 易知

$$P(T_a\leqslant h|X(0)=x)=P(T_{a-x}\leqslant h|X(0)=0)\overset{\Delta}{=}P_0(T_{a-x}\leqslant h),$$

取 h 满足 $0<h<\dfrac{a-x}{|\mu|}$, 则 $a-x-|\mu|h>0$. 故有

$$P_0(T_{a-x}\leqslant h)=P_0\Big(\max_{0\leqslant s\leqslant h}X(s)\geqslant a-x\Big)=P_0\Big(\max_{0\leqslant s\leqslant h}[B(s)+\mu s]\geqslant a-x\Big).$$

由于存在下列事件包含关系:

$$\Big\{\max_{0\leqslant s\leqslant h}(B(s)+\mu s)\geqslant a-x\Big\}\subset\Big\{\max_{0\leqslant s\leqslant h}B(s)\geqslant a-x-|\mu|h\Big\},$$

故

$$\begin{aligned}P_0(T_{a-x}\leqslant h)\leqslant &P_0\Big\{\max_{0\leqslant s\leqslant h}B(s)\geqslant a-x-|\mu|h\Big\}=P_0(T_{a-x-|\mu|h}\leqslant h)\\ \leqslant &2P_0\{|B(h)|\geqslant a-x-|\mu|h\}\\ =&2\times\frac{1}{\sqrt{2\pi h}}\int_{|y|\geqslant a-x-|\mu|h}\mathrm{e}^{-y^2/2h}\,\mathrm{d}y\\ \leqslant&\frac{2}{\sqrt{2\pi h}}\int_{-\infty}^{\infty}\frac{y^4}{(a-x-|\mu|h)^4}\mathrm{e}^{-y^2/2h}\,\mathrm{d}y\\ =&\frac{2}{(a-x-|\mu|h)^4}\int_{-\infty}^{\infty}\frac{1}{\sqrt{2\pi h}}y^4\mathrm{e}^{-y^2/2h}\,\mathrm{d}y\\ =&\frac{2}{(a-x-|\mu|h)^4}\cdot 3h^2.\end{aligned}$$

所以有

$$P(T_a\leqslant h\big|X(0)=x)\leqslant\frac{6h^2}{(a-x-|\mu|h)^4}=o(h).\tag{5.6.1}$$

注意证明中用到了 $\displaystyle\int_{-\infty}^{\infty}\frac{y^4}{\sqrt{2\pi h}}\,\mathrm{e}^{-y^2/2h}\,\mathrm{d}y=3h^2$, 即求 $N(0,h)$ 正态分布的四阶矩为 $3h^2$.

当 $a<x$ 时, 证明方法完全类似, 不再赘述. □

有了上面的定理, 就可以介绍带漂移布朗运动的一个有趣而重要的结论.

定理 5.6.2　设 $\{X(t)=B(t)+\mu t,t\geqslant 0\}$ 是漂移系数为 μ 的布朗运动. 对 $a,b>0$, $-b<x<a$, $T_a=\min\{t\colon t>0,X(t)=a\}$, $T_{-b}=\min\{t\colon t>0,X(t)=-b\}$, 有

$$f(x)=P(T_a<T_{-b}<\infty\big|X(0)=x)=\frac{\mathrm{e}^{2\mu b}-\mathrm{e}^{-2\mu x}}{\mathrm{e}^{2\mu b}-\mathrm{e}^{-2\mu a}}.\tag{5.6.2}$$

证明

证法 1　证明的思路是用微分方程的方法求解, 因为上述 (5.6.2) 式显然不易由演绎推导得出, 所以首先建立 $f(x)$ 满足的微分方程 $2\mu f'(x)+f''(x)=0$, 然后通过求解此方程, 得出 (5.6.2) 式.

仍从事件分解入手, 利用定理 5.6.1 和布朗运动的性质, 记 $C=\{T_a<T_{-b}<\infty\}$, $B=(T_a>h,T_b>h)$, $h>0$ 且充分小, $X(h)-x=Y$, 则 $B^c=\{T_a\leqslant h\}\bigcup\{T_{-b}\leqslant h\}$. 于是 $P(B^c\big|X(0)=x)\leqslant P(T_a<h\big|X(0)=x)+P(T_{-b}\leqslant h\big|X(0)=x)=o(h)$.

注意这里用到了定理 5.6.1 的结论，所以 $P(B|X(0)=x)=1-o(h)$. 可知

$$
\begin{aligned}
f(x)=&P(C|X(0)=x)\\
=&P(B|X(0)=x)\ P(C|X(0)=x,B)+P(B^c|X(0)=x)P(C|X(0)=x,B^c)\\
=&(1-o(h))P\{C|X(0)=x,B\}+o(h)\\
=&P\Big\{C|X(0)=x,\min_{0\leqslant s\leqslant h}X(s)>-b,\max_{0\leqslant s\leqslant h}X(s)<a\Big\}+o(h)\\
=&E\Big\{P\Big\{T_a<T_{-b}<+\infty|X(0)=x,\min_{0\leqslant s\leqslant h}X(s)>-b,\\
&\max_{0\leqslant s\leqslant h}X(s)<a,X(h)\Big\}\Big\}+o(h).
\end{aligned}
$$

令

$$X'(t)=X(h+t),$$

$$T'_a=\min\{t\colon t>0,X'(t)=a\},T'_{-b}=\min\{t\colon t>0,X'(t)=-b\}.$$

显然，在 $B=\{T_a>h,T_{-b}>h\}$ 发生的情况下，有

$$T_a=h+T'_a,\quad T_{-b}=h+T'_{-b},$$

故

$$
\begin{aligned}
f(x)=&E\Big\{P\Big\{h+T'_a<h+T'_{-b}<\infty|X(0)=x,\min_{0\leqslant s\leqslant h}X(s)>-\\
&b,\max_{0\leqslant s\leqslant h}X(s)<a,X(h)\Big\}\Big\}+o(h).
\end{aligned}
$$

利用布朗运动的马尔可夫性，有

$$
\begin{aligned}
f(x)=&E\{P\{T'_a<T'_{-b}<\infty|X(h)\}\}+o(h)\\
=&E\{P\{T'_a<T'_{-b}<\infty|x+Y\}\}+o(h)\\
=&E\{f(x+Y)\}+o(h).
\end{aligned}
$$

定理证到这里已是胜利在望.

设 $f(x)$ 在 x 点及附近有任意阶导数存在，则有

$$f(x+Y)=f(x)+f'(x)Y+\frac{f''(x)}{2!}Y^2+\frac{f'''(x)}{3!}+\cdots,$$

$$EY=E[X(h)]-x=\mu h+x-x=\mu h,$$

$$EY^2 = E[X(h)-x]^2 = E[B(h)+\mu h - x]^2 = \mu^2 h^2 + h.$$

因 $Y \sim N(\mu h, h)$, 所以当 $k \geqslant 3$ 时 $EY^k = o(h)$, 所以

$$\begin{aligned}
f(x) =& E\{f(x+Y)\} + o(h) \\
=& E\{f(x) + \frac{f'(x)}{1!}Y + \frac{f''(x)}{2!}Y^2 + \cdots\} + o(h) \\
=& f(x) + f'(x)EY + f''(x)\frac{EY^2}{2} + \cdots + o(h) \\
=& f(x) + \mu h f'(x) + \frac{(\mu^2h^2+h)}{2}f''(x) + o(h) \\
=& f(x) + \mu h f'(x) + \frac{h}{2}f''(x) + o(h).
\end{aligned}$$

于是

$$\mu f'(x) + \frac{1}{2}f''(x) + \frac{o(h)}{h} = 0,$$

令 $h \to 0$, 得

$$2\mu f'(x) + f''(x) = 0.$$

这就得到了我们所要寻找的那个关键的微分方程，加上边界条件：$x=a$ 时，$f(a)=1; x=-b$ 时，$f(b)=0$. 于是有

$$\begin{cases} 2\mu f'(x) + f''(x) = 0, \\ f(a) = 1, f(-b) = 0. \end{cases} \tag{5.6.3}$$

为解此微分方程，两边积分，得

$$2\mu f(x) + f'(x) = C_1,$$

两边同乘 $\mathrm{e}^{2\mu x}$, 有

$$\frac{\mathrm{d}(\mathrm{e}^{2\mu x}f(x))}{\mathrm{d}x} = C_1\mathrm{e}^{2\mu x},$$

再积分得 $\mathrm{e}^{2\mu x}f(x) = C_1\mathrm{e}^{2\mu x} + C_2$, 即 $f(x) = C_1 + C_2\mathrm{e}^{-2\mu x}$. 以 $f(a)=1$, $f(-b)=0$ 边界条件代入，得方程组

$$\begin{cases} C_1 + C_2\mathrm{e}^{-2\mu a} = 1 \\ C_1 + C_2\mathrm{e}^{2\mu b} = 0. \end{cases}$$

解之，得

$$C_1=\frac{e^{2\mu b}}{e^{2\mu b}-e^{-2\mu a}},\qquad C_2=\frac{-1}{e^{2\mu b}-e^{-2\mu a}},$$

于是 $f(x)=\dfrac{e^{2\mu b}-e^{-2\mu x}}{e^{2\mu b}-e^{-2\mu a}}$, 可知 $f(x)$ 在 x 及附近确有任意阶导数. □

这个定理的证明是很巧妙的，其中利用了许多概率论和数学分析中的技巧，非常值得玩味. 下面再给出一种运用连续鞅停时定理的证明方法.

证法 2 首先假设 $X(0)=0$.

记 $T_{ab}=\inf\{t\geqslant 0; X(t)=a\text{或}X(t)=b\}$, 并且令 $T\wedge n=\min\{T,n\}$, $T=T_{a(-b)}$. 因为 $B(t)=X(t)-\mu t, t\geqslant 0$ 是鞅，又易知 $T\wedge n\,(n\geqslant 1)$ 关于 $B(t)$ 是停时，且 $P(T\wedge n<\infty)=1$, 故由停时定理，有

$$0=E[B(0)]=E[B(T\wedge n)]=E[X(T\wedge n)]-\mu E[T\wedge n].$$

所以 $E[T\wedge n]\leqslant\dfrac{1}{\mu}E[X(T\wedge n)]\leqslant\dfrac{1}{\mu}(a+b)<\infty$, 即对 $\forall n\geqslant 1$ 有 $E[T\wedge n]\leqslant\dfrac{1}{\mu}(a+b)<\infty$. 又 $\forall n\geqslant 1, T\wedge n\leqslant T\wedge(n+1)$, 由单调收敛定理，有

$$E(T)=\lim_{n\to\infty}E(T\wedge n)\leqslant\frac{1}{\mu}(a+b)<\infty.$$

从而 $P(T<\infty)=1$.

令 $V(t)=\exp\{-2\mu X(t)\}$, 易证 $V(t)$ 是鞅. 由连续鞅停时定理，有

$$E[V(T_{a(-b)})]=E[V(0)]=1,$$

则

$$1=P(X(T_{a(-b)})=a)\ \exp\{-2\mu a\}+P(X(T_{(a)(-b)})=-b)\ \exp\{-2\mu(-b)\}.$$

所以

$$P(X(T_{a(-b)})=a)=\frac{1-\exp\{2\mu b\}}{\exp\{-2\mu a\}-\exp\{2\mu b\}}.$$

又因为

$$\begin{aligned}P(T_a<T_{-b}<\infty\big|X(0)=x)=&P(X(T_{a(-b)})=a\big|X(0)=x)\\=&P(X(T_{(a-x)(-b-x)})=a-x),\end{aligned}$$

所以

$$P(T_a < T_{-b} < \infty | X(0) = x) = \frac{1 - \exp\{2\mu(b+x)\}}{\exp\{-2\mu(a-x)\} - \exp\{2\mu(b+x)\}} = \frac{\exp\{2\mu b\} - \exp\{-2\mu x\}}{\exp\{2\mu b\} - \exp\{-2\mu a\}}.$$

从而 (5.6.2) 式得证. □

此定理的结论很 "绝", 应用很广. 下面给出此定理的一个常用的推论.

推论 设 $\{X(t), t \geqslant 0\}$ 为带漂移的布朗运动, $X(t) = B(t) + \mu t$, 若 $\mu < 0$, 则

$$P\Big\{\max_{0 \leqslant t < \infty} X(t) \geqslant a | X(0) = 0\Big\} = \mathrm{e}^{2\mu a},$$

即当 $\mu < 0$ 时, $M = \max\limits_{0 \leqslant t < \infty} X(t)$ 服从参数为 2μ 的指数分布.

证明 由 (5.6.2) 式, 令 $b \to \infty$, $X(0) = 0$, 即有

$$P(T_a < \infty | X(0) = 0) = P\Big(\max_{0 \leqslant t \leqslant \infty} X(t) \geqslant a | X(0) = 0\Big) = \mathrm{e}^{2\mu a}.$$ □

在实际中, 有时这个推论较原定理应用起来更为方便.

将带漂移的布朗运动的定义写成微分形式, 得 $\mathrm{d}X(t) = \mathrm{d}B(t) + \mu\,\mathrm{d}t$, 即质点 t 时刻位移的增量分解为随机性增量与确定性增量之和. 一般地, 有如下推广:

$$\mathrm{d}X(t) = \delta\,\mathrm{d}B(t) + \mu\,\mathrm{d}t.$$

若扩散系数 δ 与漂移系数 μ 不是常数, 而是 t 与 $X(t)$ 的函数, 那么有如下更一般的随机微分方程:

$$\mathrm{d}X(t) = \delta(t, X(t))\,\mathrm{d}B(t) + \mu(t, X(t))\,\mathrm{d}t.$$

这类随机微分方程可用以描述分子的热运动, 电子的迁移运动规律等. 例如, 以 $X(t)$ 描述一个粒子在液体表面 t 时刻的速度, 有

$$m\frac{\mathrm{d}X(t)}{\mathrm{d}t} = -fX(t) + \frac{\mathrm{d}B(t)}{\mathrm{d}t},$$

其中 m 为质点质量, $-fX(t)$ 为粒子与液面的摩擦阻力, 而 $\dfrac{\mathrm{d}B(t)}{\mathrm{d}(t)}$ 为由分子撞击产生的总的合力. 求解这一类随机微分方程在物理学工程中是常见的, 而这离不开布朗运动的理论.

可见研究带漂移的布朗运动很具有实际意义，只要赋予相应系数以物理意义，就可以用它来刻画许多复杂的难以研究的物理过程、工程及经济现象.

下面诸例均采用微分方法求解. 运用连续鞅停时定理的求解方法这里不再给出，留给读者作为练习.

例 1 控制生产过程的优化

考虑一个不断恶化的生产过程. 设该过程可用一个具有漂移系数为 μ 的布朗运动来描述. 当过程的状态为 $b(b>0)$ 时，过程损坏而失败. 此时必须花费 R 元才能使过程回到良好状态 0. 另外，可以在过程失效状态 b 之前采取预防性的维修. 若在状态 $x(x<b)$ 采取了预防性维修 (或某种调整), 设这一尝试成功 (即回到状态 0) 的概率为 α_x, 而失败 (即仍转为 b 状态) 的概率为 $1-\alpha_x$. 一次维修的尝试费用为 C(与 x 无关). 现在的问题是如何寻找使得在单位平均回程时间的平均费用最小的维修策略.

先考虑当过程状态为 $x(0<x<b)$ 时预防性维修的策略，显然，每次回到状态 0 构成一更新过程. 因此由更新过程的有关定理 (见 2.10 节), 其单位时间平均费用为

$$\frac{E\{\text{一个更新周期的花费}\}}{E\{\text{更新周期长度}\}}=\frac{C+R(1-\alpha_x)}{E(\text{到达 } x \text{ 的时间})}. \tag{5.6.4}$$

记 $f(x)=E\{$ 从 0 出发到达 x 的时间 $\}$, 考虑充分小的 $h>0$, 令 $Y=X(h)-X(0)$, $f(x-Y)=E\{$从 0 出发到达$(x-Y)$的时间$\}=E\{$从$X(h)=Y$出发到达 x 的时间$\}$, 则类似于上面定理 5.6.2 中的方法，有

$$f(x)=h+E[f(x-Y)]+o(h), \tag{5.6.5}$$

其中 $o(h)$ 表示在 h 之前已到达 x 的概率.

由

$$\begin{aligned}E[f(X(h))]=E(f(x-Y))&=E\left[f(x)-f'(x)Y+\frac{1}{2!}f''(x)Y^2-\cdots\right]\\&=f(x)-\mu hf'(x)+\frac{1}{2}hf''(x)-\cdots,\end{aligned}$$

及 (5.6.5) 式得

$$E(f(x-Y))=f(x)-h-o(h).$$

于是

$$1=\mu f'(x)-\frac{1}{2}f''(x)+\frac{o(h)}{h}.$$

令 $h \to 0$, 得

$$1 = \mu f'(x) - \frac{1}{2} f''(x). \tag{5.6.6}$$

与定理 5.6.2 中求解方法不同的是不直接解上式，但注意到，$\forall x, y > 0$, 有

$$\begin{aligned} f(x+y) =& E\{\text{从 } 0 \text{ 到}(x+y)\text{的时间}\} \\ =& E\{\text{从 } 0 \text{ 到}x\text{的时间}\} + E\{\text{从}x\text{到}(x+y)\text{的时间}\} \\ =& E\{\text{从 } 0 \text{ 到}x\text{的时间}\} + E\{\text{从 } 0 \text{ 到}y\text{的时间}\} \\ =& f(x) + f(y). \end{aligned}$$

故 $f(x) = Cx, f'(x) = C$.

由 (5.6.6) 式得 $f'(x)\mu = 1$, 从而 $C = \dfrac{1}{\mu}$, 故 $f(x) = \dfrac{x}{\mu}$. 所以，由 (5.6.4) 式，在状态 $x(0 < x < b)$ 采取维修策略的单位时间平均费用为 $\dfrac{\mu[C + R(1-\alpha_x)]}{x}$, 而不采取维修策略的单位时间平均费用为 $\dfrac{R\mu}{b}$. 对于给定的函数 α_x, 能够用微积分的办法来确定使长期运行的单位时间平均费用达最小的策略.

例 2　带漂移布朗运动在经济领域应用.

自 20 世纪 90 年代后, 出现了研究倒向参数随机微分方程 (backward stochastic differential equation) 的理论问题，简称 BSDE 问题. 设随机过程 $X = \{X(t), 0 \leqslant t \leqslant T\}$ 满足下列方程

$$\mathrm{d}X(t) = f(t, X(t))\,\mathrm{d}t + g(t, X(t))\,\mathrm{d}B(t), \quad \forall 0 \leqslant t \leqslant T,$$

$$X(T) = \xi.$$

显然，上式是一般的带漂移布朗运动的微分形式. BSDE 在经济领域有重要应用，著名经济学家 D.Duffie 和 L.Epstein 首先发现 BSDE 可以描述市场经济环境下的消费偏好. 经济学家 E.Ikaroui 和 Quenez 发现金融市场的许多重要派生证券的理论价格可以用 BSDE 来求解. 下面举一简单的例子.

设一个自融资金且无消费的单身汉 (例如无牵挂、无负担又节约的单身汉), T 为他成家的日期，他在 $[0,T]$ 期间的决策是：在 t 时刻将他财产 $X(t)$ 之中的 $Y(t)$ 用于买股票，$X(t) - Y(t)$ 用于买债券，则其财产 $\{X(t), 0 \leqslant t \leqslant T\}$ 满足

$$\mathrm{d}X(t) = f(X(t), Y(t))\,\mathrm{d}t - Y(t)\,\mathrm{d}B(t),$$

其中 $f(X(t), Y(t)) = rX(t) + (b-r)Y(t) + (R-r)(X(t) - Y(t))$, $r > 0$ 为债券利率，R 是市场贷款利率. 一般 $R > r$, 当 $R = r$ 时，$f(x,y) = rx + (b-r)y$. 若

他计划在 T 时结婚，自己的财产要达到 ξ 元，问他在 $[0,T]$ 内应如何作出投资决策 $\{Y(t),0\leqslant t\leqslant T\}$ 才能达到自己的目标 $X(t)=\xi$.

这个决策问题可化为求解下列 BSDE 问题

$$\begin{cases} \mathrm{d}X(t)=f(X(t),Y(t))\,\mathrm{d}t-Y(t)\,\mathrm{d}B(t), \\ X(T)=\xi \end{cases}$$

的解 $\{(X(t),Y(t)),0\leqslant t\leqslant T\}$, 其中 $\{B(t),t\geqslant 0\}$ 为标准布朗运动. 上面随机微分方程的解法将在第 7 章讨论.

以上只是带漂移布朗运动应用的两个实例, 在以后的工作和研究中自然会遇到它的众多应用.

随机微分方程求解后，可以进而求出带漂移布朗运动 $X(t)$ 的期望、协方差等随机性质. 下面介绍 Ornstein-Uhlembeck 过程的期望、协方差的求解.

例 3 满足随机微分方程 $\mathrm{d}X(t)=-\alpha X(t)\,\mathrm{d}t+\delta\,\mathrm{d}B(t)\,(\alpha>0)$ 的随机过程 $\{X(t),t\geqslant 0\}$ 叫作 Ornstein-Uhlembeck 过程. 解上面的随机微分方程 (解法在第 7 章讨论), 得 $X(t)=\mathrm{e}^{-\alpha t}X(0)+\delta\int_0^t \mathrm{e}^{-\alpha(t-u)}\,\mathrm{d}B(u)$, 设 $X(0)=x$, 则 $EX(t)=x\mathrm{e}^{-\alpha t}$. 设 $\tau>0$, 有

$$\begin{aligned}\mathrm{cov}(X(t),X(t+\tau)) =& E(X(t)X(t+\tau))-E(X(t))E(X(t+\tau)) \\ =& E\left[\delta^2\left(\int_0^t\int_0^{t+\tau}\mathrm{e}^{-\alpha(t-u)}\mathrm{e}^{-\alpha(t+\tau-v)}\,\mathrm{d}B(u)\,\mathrm{d}B(v)\right)\right] \\ =& \delta^2\mathrm{e}^{-\alpha\tau-2\alpha t}E\left[\int_0^t\int_0^{t+\tau}\mathrm{e}^{\alpha u}\mathrm{e}^{\alpha v}\,\mathrm{d}B(u)\,\mathrm{d}B(v)\right] \\ =& \delta^2\mathrm{e}^{-\alpha(2t+\tau)}\int_0^t\int_0^{t+\tau}\mathrm{e}^{\alpha(u+v)}E(\,\mathrm{d}B(u)\,\mathrm{d}B(v)),\end{aligned}$$

其中

$$\begin{aligned}E[\,\mathrm{d}B(u)\,\mathrm{d}B(v)]=&\begin{cases}0, & u\neq v, \mathrm{d}B(u)\text{与}\mathrm{d}B(v)\text{独立}, \\ \mathrm{d}v, & u=v\text{为方差，等于区间长度}\end{cases} \\ =&\delta(u-v)\,\mathrm{d}v.\end{aligned}$$

从而

$$\text{原式}=\delta^2\mathrm{e}^{-\alpha(2t+\tau)}\int_0^t\mathrm{e}^{2\alpha u}\,\mathrm{d}u=\frac{\delta^2}{2\alpha}\left(1-\mathrm{e}^{-2\alpha t}\right)\mathrm{e}^{-\alpha\tau}.$$

5.7 n 维布朗运动与牛顿位势

定义 5.7.1 $\{\boldsymbol{X}(t)=(X_1(t)),X_2(t),\cdots,X_n(t)),t\geqslant 0\}$ 是取值为 $\mathbb{R}^n$ 的随机过程，若满足：

(1) 对 $\forall 0\leqslant t_1<t_2<\cdots<t_m$, $\boldsymbol{X}(t_1)-\boldsymbol{X}(0)$, $\boldsymbol{X}(t_2)-\boldsymbol{X}(t_1),\cdots,\boldsymbol{X}(t_m)-\boldsymbol{X}(t_{m-1})$ 相互独立.

(2) 对 $\forall s\geqslant 0,t>0$, 增量 $\boldsymbol{X}(t+s)-\boldsymbol{X}(s)$ 为 n 维正态分布，其概率密度函数为

$$P(t,\boldsymbol{x})=\frac{1}{(2\pi t)^{\frac{n}{2}}}\exp\Big(-\frac{\|\boldsymbol{x}\|^2}{2t}\Big),\qquad \boldsymbol{x}\in\mathbb{R}^n, \tag{5.7.1}$$

其中 $\|\boldsymbol{x}\|=\left(\sum\limits_{i=1}^n x_i^2\right)^{\frac{1}{2}}$.

(3) 对每一 $\omega\in\Omega$, $\boldsymbol{X}(t,\omega)$ 是 t 的连续函数.

则称 $\{\boldsymbol{X}(t),t\geqslant 0\}$ 为n **维布朗运动**.

简记 $\boldsymbol{X}(t)$ 为 $\boldsymbol{X}_t$, 设初始分布 $\mu(A)=P(\boldsymbol{X}(0)\in A)$, 其中 $A\in\mathbb{R}^n$. (5.7.1) 式给出了 $\boldsymbol{X}(s+t)-\boldsymbol{X}(s)$ 的概率密度函数，由此可求 $\boldsymbol{X}(t)$ 的概率密度函数，因 $\boldsymbol{X}(t)=\boldsymbol{X}(t)-\boldsymbol{X}(0)+\boldsymbol{X}(0)$, 由 (5.7.1) 式及卷积公式，得

$$P(\boldsymbol{X}(t)\in A)=\int_A\left\{\int_{\mathbb{R}^n}\frac{1}{(2\pi t)^{n/2}}\exp\Big(-\frac{\|\boldsymbol{x}-\boldsymbol{y}\|^2}{2t}\Big)\mu\,\mathrm{d}\boldsymbol{x}\right\}\mathrm{d}\boldsymbol{y}. \tag{5.7.2}$$

为了突出 μ 的作用，有时记

$$P_\mu(\boldsymbol{X}(t)\in A)=P(\boldsymbol{X}(t)\in A). \tag{5.7.3}$$

n 维布朗运动 $\{\boldsymbol{X}(t),t\geqslant 0\}$ 有以下简单性质:

(1) 设 $\boldsymbol{H}$ 是 $\mathbb{R}^n$ 中的正交变换，则 $\boldsymbol{HX}=\{\boldsymbol{HX}(t),t\geqslant 0\}$ 也是 n 维布朗运动.

(2) 设 $\boldsymbol{a}\in\mathbb{R}^n$ 固定， $\{\boldsymbol{X}(t)+\boldsymbol{a},t\geqslant 0\}$ 也是布朗运动.

(3) 设 $c>0$ 为常数 ($c\in\mathbb{R}^1$), 则 $\left\{\dfrac{\boldsymbol{X}(ct)}{\sqrt{c}},t\geqslant 0\right\}$ 也是布朗运动.

证明 只证 (1), 其余两个可类似地证明.

由于 $\boldsymbol{H}(\boldsymbol{X}(s+t))-\boldsymbol{H}(\boldsymbol{X}(s))=\boldsymbol{H}(\boldsymbol{X}(s+t)-\boldsymbol{X}(s))$ 只依赖于 $\boldsymbol{X}(t+s)-\boldsymbol{X}(s)$, 故由 $\boldsymbol{X}$ 的增量独立，即得 $\boldsymbol{HX}$ 的增量独立性.

其次，$\boldsymbol{X}$ 对 t 连续，故 $\boldsymbol{HX}$ 也连续. 由 (5.7.1) 式知 $\boldsymbol{X}(s+t)-\boldsymbol{X}(s)$ 的特

征函数为

$$E\{\exp[\mathrm{i}(\boldsymbol{X}(s+t)-\boldsymbol{X}(s),\boldsymbol{y}]\}=\exp\{-(\boldsymbol{y},\boldsymbol{y})t/2\},\quad \boldsymbol{y}\in\mathbb{R}^n, \tag{5.7.4}$$

其中 $(\boldsymbol{x},\boldsymbol{y})=\sum_{i=1}^{n}x_iy_i$.

由正交变换保持内积不变，并利用 (5.7.4) 式及 $\boldsymbol{H}^{-1}$ 也是正交变换，得

$$\begin{aligned}E\{\exp[\mathrm{i}(\boldsymbol{H}(\boldsymbol{X}(s+t)-\boldsymbol{X}(s)),\boldsymbol{y})]\}&=E\{\exp[\mathrm{i}(\boldsymbol{X}(s+t)-\boldsymbol{X}(s),\boldsymbol{H}^{-1}(\boldsymbol{y}))]\}\\&=\exp\left\{-(\boldsymbol{H}^{-1}(\boldsymbol{y}),\boldsymbol{H}^{-1}(\boldsymbol{y}))\,\frac{t}{2}\right\}=\exp[-(\boldsymbol{y},\boldsymbol{y})t/2].\end{aligned} \tag{5.7.5}$$

所以 $\boldsymbol{HX}(s+t)-\boldsymbol{HX}(s)$ 的概率密度函数与 (1) 相同，故 $\boldsymbol{HX}$ 也是 n 维布朗运动. □

类似于 1 维布朗运动，n 维布朗运动也具有马尔可夫性，正态性，鞅的性质. 这里不再赘述. 读者可对照 1 维情形自己推导.

记

$$P(t,\boldsymbol{x},\boldsymbol{y})\triangleq P(t,\boldsymbol{y}-\boldsymbol{x})=\frac{1}{(2\pi t)^{\frac{n}{2}}}\exp\left(-\frac{|\boldsymbol{y}-\boldsymbol{x}|^2}{2t}\right), \tag{5.7.6}$$

其中 $t\geqslant 0$, $\boldsymbol{x},\boldsymbol{y}\in\mathbb{R}^n$. 下面讨论转移概率密度 $P(t,\boldsymbol{x},\boldsymbol{y})$ 的性质.

由 (5.7.2) 式知，若 $\boldsymbol{X}(0)=\boldsymbol{x}\in\mathbb{R}^n$ 固定，或 μ 集中在单点集 $\boldsymbol{x}$ 上，并记 P_μ 为 $P_{\boldsymbol{x}}$, 则

$$P_{\boldsymbol{x}}(\boldsymbol{X}(t)\in A)=\int_A P(t,\boldsymbol{x},\boldsymbol{y})\,\mathrm{d}\boldsymbol{y}. \tag{5.7.7}$$

$P(t,\boldsymbol{x},\boldsymbol{y})$ 可以直观解释为：作布朗运动的粒子由 $\boldsymbol{x}$ 点出发，于时刻 t 转移到点 $\boldsymbol{y}$ 附近的转移密度即为 $P(t,\boldsymbol{x},\boldsymbol{y})$. 易知，$P(t,\boldsymbol{x},\boldsymbol{y})$ 关于 $\boldsymbol{x}$, $\boldsymbol{y}$ 是对称的.

下列定理说明布朗运动与牛顿位势之间的重要联系.

定理 5.7.1

$$g(\boldsymbol{x},\boldsymbol{y})=\int_0^\infty P(t,\boldsymbol{x},\boldsymbol{y})\,\mathrm{d}t=\begin{cases}\dfrac{\Gamma\left(\dfrac{n}{2}-1\right)}{2\pi^{n/2}}\dfrac{1}{\|\boldsymbol{x}-\boldsymbol{y}\|^{n-2}}, & n\geqslant 3,\\ \infty, & n\leqslant 2.\end{cases} \tag{5.7.8}$$

其中 $\Gamma(\alpha)=\int_0^\infty x^{\alpha-1}\mathrm{e}^{-x}\,\mathrm{d}x$.

记 $C_n=\dfrac{\Gamma\left(\frac{n}{2}-1\right)}{2\pi^{\frac{n}{2}}}$, 则

$$C_n=\begin{cases}1/(2\pi), & n=3,\\ 1/(2\pi)^2, & n=4,\\ \dfrac{1\cdot 3\cdot\cdots\cdot(2k-3)}{(2\pi)^k}, & n=2k+1>3,\\ \dfrac{1\cdot 2\cdot\cdots\cdot(k-2)}{2\pi^k}, & n=2k>4.\end{cases} \tag{5.7.9}$$

证明 $\forall s>0$, 有

$$\begin{aligned}\int_0^s P(t,\boldsymbol{x})\,\mathrm{d}t &= \frac{1}{(2\pi)^{n/2}}\int_0^s \frac{1}{t^{n/2}}\exp\left(-\frac{\|\boldsymbol{x}\|^2}{2t}\right)\mathrm{d}t \quad \left(\text{令} u=\frac{\|\boldsymbol{x}\|^2}{2t}\right)\\ &= \frac{1}{(2\pi)^{n/2}}\int_{+\infty}^{\|\boldsymbol{x}\|^2/(2s)}\frac{(2u)^{\frac{n}{2}}}{\|\boldsymbol{x}\|^n}\exp(-u)\,\frac{\|\boldsymbol{x}\|^2}{2}\left(-\frac{1}{u^2}\right)\mathrm{d}u\\ &= \|\boldsymbol{x}\|^{2-n}\ 2^{-1}\pi^{-n/2}\int_{\|\boldsymbol{x}\|^2/(2s)}^{\infty}u^{\frac{n}{2}-2}\exp(-u)\,\mathrm{d}u\\ &= 2^{-1}\|\boldsymbol{x}\|^{2-n}\ \pi^{-n/2}\int_{\|\boldsymbol{x}\|^2/(2s)}^{\infty}u^{(\frac{n}{2}-1)-1}\exp(-u)\,\mathrm{d}u.\end{aligned}$$

当且仅当 $\dfrac{n}{2}-1>0$, 即 $n\geqslant 3$ 时

$$\lim_{s\to\infty}\frac{1}{2\pi^{n/2}}\int_{\|\boldsymbol{x}\|^2/(2s)}^{\infty}u^{(\frac{n}{2}-1)-1}\exp(-u)\,\mathrm{d}u=\frac{\Gamma\left(\frac{n}{2}-1\right)}{2\pi^{n/2}}.$$

故

$$\int_0^{\infty}P(t,\boldsymbol{x},\boldsymbol{y})\,\mathrm{d}t=\begin{cases}\dfrac{\Gamma\left(\frac{n}{2}-1\right)}{2\pi^{n/2}}\dfrac{1}{\|\boldsymbol{x}-\boldsymbol{y}\|^{n-2}}, & n\geqslant 3,\\ \infty, & n\leqslant 2.\end{cases}$$ □

$g(\boldsymbol{x},\boldsymbol{y})$ 的直观意义是: 从 $\boldsymbol{x}$ 点出发经有限时间转到 $\boldsymbol{y}$ 附近的概率密度. 下面简要介绍关于电荷产生的位势, 以及它与 $g(\boldsymbol{x},\boldsymbol{y})$ 之间的关系.

(1) 点电荷产生的位势

设在点 $\boldsymbol{y}_0$ 处有一电荷 q_0, 它在任一点 $\boldsymbol{x}(\neq \boldsymbol{y}_0)$ 产生的电位势等于把一单位电荷从无穷远处移到 $\boldsymbol{x}$ 点所作的功, 其电位势的值为 $\dfrac{1}{2\pi}\ \dfrac{q_0}{\|\boldsymbol{x}-\boldsymbol{y}_0\|}$.

(2) m 个点电荷 q_i 分别在点 $\boldsymbol{y}_i(i=1,2,\cdots,m)$, 它们可看作离散点电荷的分布 (与离散随机变量的分布律相似), 这 m 个点电荷在 $\boldsymbol{x}$ 点产生的位势为

$$\frac{1}{2\pi}\sum_{i=1}^{m}\frac{q_i}{\|\boldsymbol{x}-\boldsymbol{y}_i\|}.$$

(3) 现设电荷按一测度 $\mu(\boldsymbol{y})$ 分布, 它表示在 $(\boldsymbol{y},\boldsymbol{y}+\mathrm{d}\boldsymbol{y})$ 上有电荷 $\mathrm{d}\mu(\boldsymbol{y})$. 定义由 $\mu(\boldsymbol{y})$ 在 $\boldsymbol{x}$ 点产生的电位势为 $G\mu(\boldsymbol{x})=\dfrac{1}{2\pi}\displaystyle\int_{\mathbb{R}^3}\frac{\mathrm{d}\mu(\boldsymbol{y})}{\|\boldsymbol{x}-\boldsymbol{y}\|}$. 从分析的观点看, 上式定义了一个积分变换 G, 它把测度 μ 变为函数 $G\mu$. 由定理 5.7.1 可知, 上述积分变换的核 $\dfrac{1}{2\pi}\dfrac{1}{\|\boldsymbol{x}-\boldsymbol{y}\|}$ 恰好就是 3 维布朗运动转移概率密度对时间 t 的积分 $g(\boldsymbol{x},\boldsymbol{y})$. 这正是布朗运动与牛顿位势联系起来的纽带之一.

若考虑 $\mathbb{R}^n$ 中, 记 $\boldsymbol{x}=(x_1,x_2,\cdots,x_n)$, $\|\boldsymbol{x}\|=\left(\displaystyle\sum_{i=1}^{n}x_i^2\right)^{\frac{1}{2}}$, 对 $r>0$, 记 $B(r)=\{\boldsymbol{x}\colon\|\boldsymbol{x}\|\leqslant r\}$, $B^o(r)=\{\boldsymbol{x}\colon\|\boldsymbol{x}\|<r\}$, $S(r)=\{\boldsymbol{x}\colon\|\boldsymbol{x}\|=r\}$. 它们分别表示 $\mathbb{R}^n$ 中以原点为中心, r 为半径的球、开球和球面. 设 $\boldsymbol{y}\geqslant\boldsymbol{0}$, $f(\boldsymbol{y})$ 是 $\boldsymbol{y}$ 的函数, 若以下左边积分存在, 则有

$$\int_{B(r)}f(\|\boldsymbol{x}\|)\,\mathrm{d}\boldsymbol{x}=\frac{2\pi^{\frac{n}{2}}}{\Gamma(n/2)}\int_0^r s^{n-1}f(s)\,\mathrm{d}s.$$

若取 $f\equiv1$, 并利用 $\Gamma(m+1)=m\Gamma(m)$, 可得球 $B(r)$ 的体积

$$|B(r)|=\frac{\pi^{\frac{n}{2}}\ r^n}{\Gamma(n/2+1)}.$$

上式对 r 微分, 可得球面 $S(r)$ 的面积

$$|S(r)|=\frac{2\pi^{n/2}\ r^{n-1}}{\Gamma(n/2)}. \tag{5.7.10}$$

当 $r=1$ 时, 有

$$|S(1)|=\frac{2\pi^{n/2}}{\Gamma(n/2)}. \tag{5.7.11}$$

与 (5.7.8) 式、 (5.7.9) 式比较得

$$C_n=\frac{2}{(n-2)|S(1)|},$$

$$\int_0^\infty P(t,\boldsymbol{x},\boldsymbol{y})\,\mathrm{d}t=\frac{2}{(n-2)|S(1)|}\frac{1}{\|\boldsymbol{y}-\boldsymbol{x}\|^{n-2}},\quad(n\geqslant3).$$

接下来要讨论的是所谓半群及无穷小生成算子.

设 $f(x)$ 为定义在 $\mathbb{R}^n$ 上的函数，记

$$\begin{aligned} B &=\{f\colon f\text{有界}\},\\ C &=\{f\colon f\in B\text{且}f\text{连续}\},\\ C_0 &=\{f\colon f\in C\text{且}f(\infty)=\lim_{x\to\infty}f(x)=0\}, \end{aligned}$$

$\|f(t)\|=\sup\limits_x|f(x)|$, 对 $f\in C$, 定义变换 T_t 如下：

$$T_tf(x)=\int_{\mathbb{R}^n}f(y)P(t,x,y)\,\mathrm{d}y,\quad (t>0). \tag{5.7.12}$$

显然有

(1) $$\|T_tf\|\leqslant\|f\|,\quad \|T_t\|\leqslant 1. \tag{5.7.13}$$

同时还有以下一些性质：

(2) $T_tC_0\subset C_0$.

证明 对 $\forall f\in B$, 则有

$$|T_tf(x)-T_tf(x_0)|\leqslant\|f\|\frac{1}{(2\pi t)^{n/2}}\int_{\mathbb{R}^n}|\exp(-|x-y|^2/2t)-\exp(-|x_0-y|^2/2t)|\,\mathrm{d}y.$$

当 $x\to x_0$ 时，上式 $\to 0$, 即 $T_tf(x)$ 连续，即 $T_tf(x)\in C$, $T_tB\subset C_0$.

对 $\forall f\in C_0$, $N>0$, 有

$$\begin{aligned} |T_tf(x)|\leqslant&\int_{|y|>N}\frac{1}{(2\pi t)^{n/2}}\exp\Big(-\frac{|x-y|^2}{2t}\Big)|f(y)|\,\mathrm{d}y+\\ &\|f(x)\|\int_{|y|<N}\frac{1}{(2\pi t)^{n/2}}\exp\Big(-\frac{|x-y|^2}{2t}\Big)\,\mathrm{d}y. \end{aligned}$$

由 $f(\infty)=0$ 知，对 $\forall\varepsilon>0$, 当 N 充分大后，第一个积分式小于 $\varepsilon/2$, 固定此 N, 当 $|x|$ 充分大时，第二个积分小于 $\varepsilon/2$, 于是 $T_tf(\infty)=0$, 即 $T_tC_0\subset C_0$. □

此外还有下述定理.

定理 5.7.2 设 f 一致连续，则

$$\lim_{t\to 0}\|T_tf-f\|=0. \tag{5.7.14}$$

证明 对 $\forall\varepsilon>0$, 由于 f 一致连续，存在 $\delta>0$, 使对 $\forall y$, 有 $\sup\limits_{|x|<\delta}|f(x+y)-$

$f(y)| < \dfrac{\varepsilon}{2}$, 所以

$$\|T_t f - f\| \leqslant \sup\left[\int_{|x|<\frac{\delta}{2}} + \int_{|x|\geqslant\frac{\delta}{2}}\right] \frac{1}{(2\pi t)^{n/2}} \exp\left(-\frac{|x|^2}{2t}\right)|f(x+y) - f(y)|\,\mathrm{d}x$$
$$\leqslant \frac{\varepsilon}{2} + 2\|f\| \int_{|x|\geqslant\frac{\delta}{2}} \frac{1}{(2\pi t)^{n/2}} \exp\left(-\frac{|x|^2}{2t}\right)\mathrm{d}x$$
$$= \frac{\varepsilon}{2} + 2\|f\| \int_{|u|\geqslant\frac{\delta}{2\sqrt{t}}} \frac{1}{(2\pi)^{n/2}} \exp\left(-\frac{|u|^2}{2}\right)\mathrm{d}u.$$

当 t 充分小时，第二项积分小于 $\varepsilon/2$, 所以

$$\lim_{t\to 0} \|T_t f - f\| = 0.$$ □

由定理 5.7.2, 定义

$$T_0 f = f, \quad T_0 = I(\text{恒等算子}),$$

对 $t\to\infty$, 有下面的定理.

定理 5.7.3 若 $f \in C_0$, 则

$$\lim_{t\to\infty} \|T_t f\| = 0.$$

证明从略.

下面证 T_t 具有重要的半群性.

定理 5.7.4 $\forall s, t \geqslant 0$, $T_0 = I$, 有

$$T_{s+t} = T_s\, T_t. \tag{5.7.15}$$

证明

$$T_s T_t f(z) = (2\pi s)^{-\frac{n}{2}}(2\pi t)^{-\frac{n}{2}} \int_{\mathbb{R}^n}\int_{\mathbb{R}^n} \exp\left(-\frac{|y-z|^2}{2s} - \frac{|x-y|^2}{2t}\right) f(x)\,\mathrm{d}x\,\mathrm{d}y$$
$$= (2\pi)^{-n}(st)^{-\frac{n}{2}} \int_{\mathbb{R}^n}\int_{\mathbb{R}^n} \exp\left(-\frac{|x-z|^2}{2(s+t)}\right) \times$$
$$\exp\left\{-\frac{|y-(zt+xs)(s+t)^{-1}|^2}{2st(s+t)^{-1}}\right\} f(x)\,\mathrm{d}y\,\mathrm{d}x.$$

由于

$$\left[2\pi\,\frac{st}{s+t}\right]^{-\frac{n}{2}} \int_{\mathbb{R}^n} \exp\left\{-\frac{|y-(zt+xs)(s+t)^{-1}|^2}{2st(s+t)^{-1}}\right\}\mathrm{d}y = 1,$$

故

$$T_sT_tf(z)=[2\pi(s+t)]^{-\frac{n}{2}}\int_{\mathbb{R}^n}\exp\{-|x-z|^2/2(s+t)\}f(x)\,\mathrm{d}x=T_{s+t}f(z),$$

即

$$T_sT_t=T_s\,T_t. \qquad \square$$

由上可知, $\{T_t,t\geqslant 0\}$ 构成作用于 C 上的线性算子压缩半群.

引理 5.7.1 若 f 一致连续, 或 $f\in C_0$, 则 $T_tf(x)$ 对 $t\geqslant 0$ 一致连续, 且此连续性对 $\boldsymbol{x}\in\mathbb{R}^n$ 也是一致的.

证明 利用 T_t 的半群性, 压缩性及定理 5.7.2, 对 $\forall h>0$, 有

$$\|T_{t+h}f-T_tf\|\leqslant\|T_t\|\,\|T_hf-f\|\leqslant\|T_hf-f\|.$$

当 $h\to 0$ 时, 上式 $\to 0$.

对 $h=-e<0$, 有

$$\|T_{t+h}f-T_tf\|\leqslant\|T_{t-e}\|\,\|f-T_ef\|\leqslant\|T_ef-f\|.$$

$h\to 0$ 时, 上式也趋于 0. $\square$

注 按范数 $\|\cdot\|$ 的收敛称为强收敛, 记为 $S-\lim$.

定义 5.7.2 对 $f\in C$, 记

$$Af\triangleq S-\lim_{h\to 0^+}\frac{T_hf-f}{h}\triangleq g \quad 或 \quad Af=g, \tag{5.7.16}$$

$$D_A=\{f\colon f\in C且AF=g\in C). \tag{5.7.17}$$

称 A 为半群 $\{T_t,t\geqslant 0\}$ 或过程 $\{X(t),t\geqslant 0\}$ 的强无穷小算子, D_A 为 A 的定义域.

以下定理则把布朗运动与拉普拉斯算子联系起来.

定理 5.7.5 设 f 有界, 二次连续可微, 二阶偏导有界且在 $\mathbb{R}^n$ 上一致连续, 则 $\forall f\in D_A$, 有

$$Af(\boldsymbol{x})=\frac{1}{2}\sum_{i=1}^n\frac{\partial^2 f(\boldsymbol{x})}{\partial x_i^2}\triangleq\frac{1}{2}\Delta f(\boldsymbol{x}),$$

其中 $\boldsymbol{x}=(x_1,x_2,\cdots,x_n)$, $\Delta=\sum\limits_{i=1}^n\dfrac{\partial^2}{\partial x_i^2}$ 是熟知的拉普拉斯算子.

证明　令 $\boldsymbol{y}=\boldsymbol{x}+\sqrt{t}\boldsymbol{z}$, 即 $y_i=x+\sqrt{t}z_i,\ i=1,2,\cdots,n$, 则

$$\begin{aligned}T_tf(\boldsymbol{x})&=(2\pi t)^{-\frac{n}{2}}\int_{\mathbb{R}^n}\exp\Big(-\frac{\|\boldsymbol{y}-\boldsymbol{x}\|^2}{2t}\Big)f(\boldsymbol{y})\,\mathrm{d}\boldsymbol{y}\\&=(2\pi t)^{-\frac{n}{2}}\int_{\mathbb{R}^n}\exp\Big(-\frac{\|\boldsymbol{z}\|^2}{2}\Big)f(\boldsymbol{x}+\sqrt{t}\boldsymbol{z})\,\mathrm{d}\boldsymbol{z}.\end{aligned}\tag{5.7.18}$$

记 $f_i=\dfrac{\partial f}{\partial x_i},\ f_{ij}=\dfrac{\partial^2 f}{\partial x_i\partial y_j}$, 并且利用泰勒展开式

$$\begin{aligned}f(\boldsymbol{x}+\sqrt{t}\boldsymbol{z})=&f(\boldsymbol{x})+\sqrt{t}\sum_{i=1}^n z_if_i(\boldsymbol{x})+\frac{t}{2}\sum_{i=1}^n\sum_{j=1}^n z_iz_jf_{ij}(x)+\\&\frac{t}{2}\sum_{i=1}^n\sum_{j=1}^n[f_{ij}(\bar{\boldsymbol{x}})-f_{ij}(\boldsymbol{x})]z_iz_j,\end{aligned}\tag{5.7.19}$$

其中 $\bar{\boldsymbol{x}}$ 的坐标在 $\boldsymbol{x}$ 与 $\boldsymbol{x}+\sqrt{t}\boldsymbol{z}$ 的坐标之间, 以 (5.7.19) 式代入 (5.7.18) 式, 并注意到

$$\int_{\mathbb{R}^n}\exp\{-\boldsymbol{z}^2/2\}z_if_i(\boldsymbol{x})\,\mathrm{d}\boldsymbol{z}=0,\quad i=1,2,\cdots,n,$$

$$\int_{\mathbb{R}^n}\exp\{-\boldsymbol{z}^2/2\}z_iz_jf_{ji}(\boldsymbol{x})\,\mathrm{d}\boldsymbol{z}=0,\quad i\neq j,$$

$$\int_{\mathbb{R}^n}\exp\{-\boldsymbol{z}^2/2\}z_i^2f_{ii}(\boldsymbol{x})\,\mathrm{d}\boldsymbol{z}=f_{ii}(\boldsymbol{x}),\quad i=1,2,\cdots,n,$$

得

$$T_tf(\boldsymbol{x})=f(\boldsymbol{x})+\frac{t}{2}\Delta f(\boldsymbol{x})+(2\pi)^{-\frac{n}{2}}\frac{t}{2}J(t,\boldsymbol{x}),\tag{5.7.20}$$

其中 $J(t,\boldsymbol{x})=\displaystyle\int_{\mathbb{R}^n}\exp\{-\boldsymbol{z}^2/2\}\sum_{i=1}^n\sum_{j=1}^n[f_{ij}(\bar{\boldsymbol{x}})-f_{ij}(\boldsymbol{x})]z_iz_j\,\mathrm{d}\boldsymbol{z}$

令 $F(\boldsymbol{x},\boldsymbol{z},t)=\max\limits_{ij}\|f_{ij}(\bar{\boldsymbol{x}})-f_{ij}(\boldsymbol{x})\|$, 则对 $\forall s>0$, 有

$$\begin{aligned}|J(t,\boldsymbol{x})|&\leqslant\int_{\mathbb{R}^n}\exp\Big(-\frac{z^2}{2}\Big)\sum_{i=1}^n\sum_{j=1}^nF(\boldsymbol{x},\boldsymbol{z},t)\frac{z_i^2+z_j^2}{2}\,\mathrm{d}\boldsymbol{z}\\&=n\int_{\mathbb{R}^n}F(\boldsymbol{x},\boldsymbol{z},t)\exp\{-\boldsymbol{z}^2/2\}\boldsymbol{z}^2\,\mathrm{d}\boldsymbol{z}\quad\Big(\boldsymbol{z}^2=\sum_{i=1}^n z_i^2\Big)\end{aligned}$$

$$\leqslant n\int_{|z|<s}F(\boldsymbol{x},\boldsymbol{z},t)\boldsymbol{z}^2\exp\{-\boldsymbol{z}^2/2\}\,\mathrm{d}\boldsymbol{z}+$$

$$2\max_{i,j}\|f_{ij}\|\,n\int_{|z|\geqslant s}\boldsymbol{z}^2\exp\{-\boldsymbol{z}^2/2\}\,\mathrm{d}\boldsymbol{z}$$

$$=I_1+I_2.$$

由 f_{ij} 一致连续性, 当 $t\to 0$ 时, I_1 对 $\boldsymbol{x}$ 均匀地趋于 0, 故对任意的 $s>0$, 有

$$\varlimsup_{t\to 0}\sup_{\boldsymbol{x}}|J(t,\boldsymbol{x})|\leqslant 2\max_{i,j}\left\|f_{ij}\right\|n\int_{\|z\|\geqslant s}\boldsymbol{z}^2\exp\{-\boldsymbol{z}^2/2\}\,\mathrm{d}\boldsymbol{z}.$$

当 $s\to\infty$ 时, I_2 趋于 0, 故

$$\varlimsup_{t\to 0}\sup_{\boldsymbol{x}}|J(t,\boldsymbol{x})|=0.$$

从而, 由 (5.7.20) 式得

$$\lim_{t\to 0}\left\|\frac{T_tf-f}{t}-\frac{1}{2}\Delta f\right\|=0.$$

定理得证. □

与一维布朗运动一样, 在 n 维布朗运动中首中时也是一个很有用的概念.

设 $\{\boldsymbol{X}(t),t\geqslant 0\}$ 是 n 维布朗运动, $A\subset\mathbb{R}^n$,

$$T_A(\omega)=\inf\{t\colon t>0,X(t)\in A\},$$

称 T_A 为 A 的首中时 (hitting time), 亦称为 $A^C=\mathbb{R}^n-A$ 的首出时.

$X(T_A)$ 为集合 A 的首中点. 显然如果 A 为紧集, 则 $X(T_A)\in A$, 一般地 $X(T_A)\in\bar{A}$.

若对 $\boldsymbol{x}\in\mathbb{R}^n$, 有 $P\{T_A=0\big|\boldsymbol{X}(0)=\boldsymbol{x}\}=1$, 则称 $\boldsymbol{x}$ 为 A 的规则点, 否则称为 A 的不规则点. 直观地说, 作布朗运动的粒子从 $\boldsymbol{x}$ 点出发能立即击中 A 的点是 A 的规则点.

定义 5.7.3 设 $A\subset\mathbb{R}^n$ 为任一开集, 若函数 $h(\boldsymbol{x})(\boldsymbol{x}\in\mathbb{R}^n)$ 在 A 中连续, $\dfrac{\partial^2 h}{\partial x_i^2}(i=1,2,\cdots,n)$ 存在, 且满足拉普拉斯方程

$$\Delta h=\sum_{i=1}^{n}\frac{\partial^2 h}{\partial x_i^2}=0. \tag{5.7.21}$$

则称 $h(\boldsymbol{x})$ 为**调和函数**.

例 设 $\boldsymbol{a}$ 为任一点, C_1, C_2 为常数, 则:

$h(\boldsymbol{x}) = C_1 + C_2/\|\boldsymbol{x}-\boldsymbol{a}\|^{n-2}$ $(n \neq 2)$ 在 $\mathbb{R}^n - \{\boldsymbol{a}\}$ 中调和;

$h(\boldsymbol{x}) = C_1 + C_2 \ln \|\boldsymbol{x}-\boldsymbol{a}\|$ $(n = 2)$ 在 $\mathbb{R}^n - \{\boldsymbol{a}\}$ 中调和.

本节最后部分要介绍狄里克雷 (Dirichlet) 问题的概率表示.

设 $A \subset \mathbb{R}^n$ 开集, $n \geqslant 2$, A 的边界记为 ∂A, $A^{\circ} = A - \partial A$, 设 $f(x)$ 为在 ∂A 上的已知连续函数, 求 $h(\boldsymbol{x})$ 使满足

$$\begin{cases} \Delta h \equiv 0, & \boldsymbol{x} \in A^{\circ}, \\ h(\boldsymbol{x}) = f(\boldsymbol{x}), & \boldsymbol{x} \in \partial A. \end{cases} \tag{5.7.22}$$

称上述问题为 D - 问题, 是高斯 (Gauss) 于 1840 年提出的. 1924 年, 维纳 (Wiener) 提出了广义 D - 问题, 1944 年 Kakutani, 1954 年 Doob 又分别发现了 D - 问题的解与布朗运动的内在联系. D - 问题是否有解, 依赖于 A 的边界 ∂A 上的点是否是 A^C 的规则点.

定理 5.7.6 设 A 为有界开集, $A \subset \mathbb{R}^n (n \geqslant 2)$, 则 D - 问题 (5.7.22) 有解的充要条件是 ∂A 的每一点都是 $A^C = \mathbb{R}^n - A$ 的规则点; 此时解 $h(\boldsymbol{x})$ 唯一, 且可表示为

$$h(\boldsymbol{x}) = E_{\boldsymbol{x}}[f(X(T_{A^C}))], \quad \boldsymbol{x} \in A, \tag{5.7.23}$$

其中 T_{A^C} 为 A^C 的首中时, $E_{\boldsymbol{x}}$ 表示在 $\boldsymbol{X}(0) = \boldsymbol{x}$ 下的条件期望.

证明从略.

(5.7.23) 式是很有意义的, 它将求解拉普拉斯方程与 n 维布朗运动联系起来.

5.8 用蒙特卡罗方法求解拉普拉斯方程

上节介绍了 D - 问题的概率表示, 本节介绍用蒙特卡罗 (Monte-Carlo) 方法给出这些方程的数值解. 为简单起见, 仅以 $n = 2$ 为例说明.

求 $h(\boldsymbol{a}) = h(x, y)$ 满足

$$\begin{cases} \dfrac{\partial^2 h}{\partial x^2} + \dfrac{\partial^2 h}{\partial y^2} = 0, & \boldsymbol{a} = (x, y) \in A, \\ h(x, y) = f(x, y), & \boldsymbol{a} = (x, y) \in \partial A. \end{cases} \tag{5.8.1}$$

其中 $f(x, y) = f(\boldsymbol{a})$ 为已知函数.

用网格法将方程 (5.8.1) 离散化，化为差分方程，在 A 上作步长为 h 的网格，交点称为结点. 把 "最" 接近边界 ∂A 的点构成 ∂A_h, 作为对应差分方程的边界点，A 中其余的结点记为 A_h, 如图 5.4.

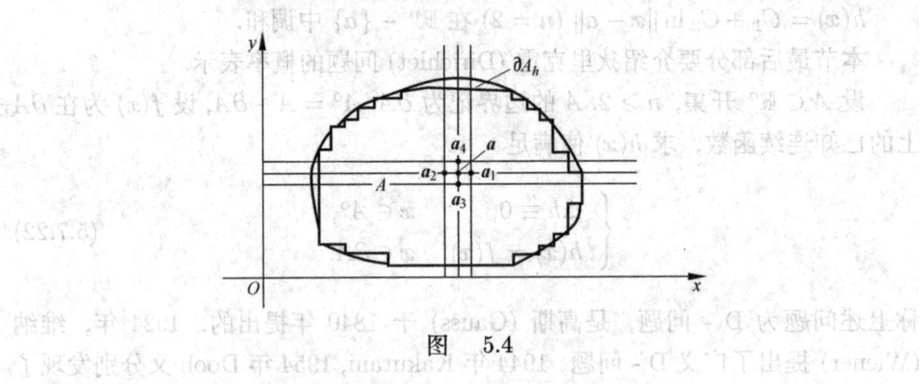

图　5.4

由微分方程的理论知，方程 (5.8.1) 对应的差分方程为

$$\begin{cases} h(\boldsymbol{a}) = \dfrac{1}{4}[h(\boldsymbol{a}_1) + h(\boldsymbol{a}_2) + h(\boldsymbol{a}_3) + h(\boldsymbol{a}_4)], & \boldsymbol{a} \in A_h, \\ h(\boldsymbol{a}) = f(\boldsymbol{a}), & \boldsymbol{a} \in \partial A_h. \end{cases} \tag{5.8.2}$$

其中 $\boldsymbol{a}_1, \boldsymbol{a}_2, \boldsymbol{a}_3, \boldsymbol{a}_4$ 为 $\boldsymbol{a}$ 的 4 个相邻的结点.

为解 (5.8.2) 式，设计平面上的随机游动如下：一质点 M 自 $\boldsymbol{a} \in A$ 出发作随机游动，它下一步到达 4 邻点之一的概率各为 1/4, 再下一步又同样以 1/4 的概率到达该点的 4 邻点之一，且各次游动相互独立. 如此继续，直至首次到达 ∂A_h, 质点被吸收停止运动. 用 $\boldsymbol{\xi} = (x, y)$ 表示质点 M 首次到达 ∂A_h 的点. 它是一个随机变量，以 $v(\boldsymbol{a})$ 表示质点 M 从 $\boldsymbol{a}$ 点出发条件下，$f(\boldsymbol{\xi})$ 的数学期望，即 $v(\boldsymbol{a}) = E\{f(\boldsymbol{\xi})|\text{从 } \boldsymbol{a} \text{ 出发}\}$. 易证 $v(\boldsymbol{a}) < \infty$ 存在 (这里从略), 同时 $v(\boldsymbol{a})$ 是 (5.8.2) 式的解. 证明如下.

以 $P(\boldsymbol{a}, \boldsymbol{b})$ 表示从 $\boldsymbol{a}$ 出发的质点被吸收于 $\boldsymbol{b} \in \partial A_h$ 的概率，若 $\boldsymbol{a} \in A_h$, 则

$$P(\boldsymbol{a}, \boldsymbol{b}) = \frac{1}{4} \sum_{i=1}^{4} P(\boldsymbol{a}_i, \boldsymbol{b}),$$

$$v(\boldsymbol{a}) = \sum_{\boldsymbol{b} \in \partial A_h} P(\boldsymbol{a}, \boldsymbol{b}) f(\boldsymbol{b}) = \frac{1}{4} \sum_{i=1}^{4} \sum_{\boldsymbol{b} \in \partial A_h} P(\boldsymbol{a}_i, \boldsymbol{b}) f(\boldsymbol{b}) = \frac{1}{4} \sum_{i=1}^{4} v(\boldsymbol{a}_i),$$

所以 $v(\boldsymbol{a})$ 满足 (5.8.2) 式的前一式. 若 $\boldsymbol{a} \in \partial A_h$, 则

$$P(\boldsymbol{a},\boldsymbol{b})=\begin{cases}1, & 若\boldsymbol{a}=\boldsymbol{b},\\ 0, & 若\boldsymbol{a}\neq\boldsymbol{b},\end{cases}$$

$$v(\boldsymbol{a})=\sum_{\boldsymbol{b}\in\partial A_h}P(\boldsymbol{a},\boldsymbol{b})f(\boldsymbol{b})=f(\boldsymbol{a}).$$

即 $v(\boldsymbol{a})$ 对 (5.8.2) 式的后一式也满足.

注意 (5.8.2) 式的解 $v(\boldsymbol{a})$ 依赖于 h, 当 h 充分小时, (5.8.2) 式的解 $v(\boldsymbol{a})$ 近似于方程 (5.8.1) 的解.

以上就是用随机模拟方法求解拉普拉斯方程的基本思想.

那么，如何求出 $v(\boldsymbol{a})$ 的近似值呢？

令质点 M 从 $\boldsymbol{a}$ 出发按上述规则作随机游动直到质点第一次到达边界 ∂A_h, 记下到达点的位置 $\boldsymbol{\xi}$. 重复上述实验 m 次 (m 足够大), 设第 k 次的到达点为 $\boldsymbol{\xi}_k(1\leqslant k\leqslant m)$, 取

$$\bar{v}_m(\boldsymbol{a})=\frac{1}{m}\sum_{k=1}^{m}f(\boldsymbol{\xi}_k).$$

由大数定理有

$$P\Big(\lim_{m\to\infty}\bar{v}_m(\boldsymbol{a})=v(\boldsymbol{a})\Big)=1,$$

及

$$E\{\bar{v}_m(\boldsymbol{a})\}=v(\boldsymbol{a}),$$

即 $\bar{v}_m(\boldsymbol{a})$ 是 $v(\boldsymbol{a})$ 的一致估计与无偏估计.

如果给出误差精度 $\delta>0$ 及置信度 $\alpha(0<\alpha<1)$, 就可以根据中心极限定理，确定所需实验次数 m, 使满足

$$P(|\bar{v}_m(\boldsymbol{a})-v(\boldsymbol{a})|\leqslant\delta)=\alpha,\quad \boldsymbol{a}\in A_h.$$

练 习 题

5.1 设 $\{B(t),t\geqslant 0\}$ 为标准布朗运动, $B(0)=0$, $X(t)=B(t)+\mu t$, $Z(t)=B(t)-tB(1)$, $P(x,t)=(2\pi t)^{-1/2}\exp\left(-\dfrac{x^2}{2t}\right)$, $T_a=\inf\{t\colon t>0,B(t)=a\}$.

(1) 求 $\operatorname{cov}(B(s),B(t))$；

(2) 给定 $B(s)=x$, 求 $B(s+t)$ 的条件概率密度;

(3) 证明 $\dfrac{\partial P}{\partial t}=\dfrac{1}{2}\dfrac{\partial^2 P}{\partial x^2}$；

(4) $\forall 0 \leqslant s < t < u$, 给定 $B(s)=x, B(u)=y$, 求 $B(t)$ 的条件概率密度，并利用这个结果求 $E[B(t)\big|B(s)=x, B(u)=y]=?$ 及 $\mathrm{var}[X(t)\big|B(s)=x, B(u)=y]=?$

(5) $\forall 0 \leqslant t_1 < t_2 < \cdots < t_n < t_{n+1}$, 给定 $B(t_i)=x_i$, $1 \leqslant i \leqslant n$, 求 $B(t_{n+1})$ 的条件概率密度，对 $\forall x \in \mathbb{R}$, 求:

$$P\{B(t_{n+1}) \leqslant x \big| B(t_1)=x_1, \cdots, B(t_n)=x_n\},$$
$$E\{B(t_{n+1}) \big| B(t_1), B(t_2), \cdots, B(t_n)\},$$
$$\mathrm{var}\{B(t_{n+1}) \big| B(t_1)=x_1, \cdots, B(t_n)=x_n\};$$

(6) $\forall 0 \leqslant t_{n+1} < t_n < t_{n-1} < \cdots < t_1$, 给定 $B(t_i)=x_i$, $1 \leqslant i \leqslant n$. 求 $B(t_{n+1})$ 的条件概率密度函数，从而证明 $\{B(t), t \geqslant 0\}$ 从逆向时间看亦是马尔可夫过程.

(7) 求 $E(B(2)\big|B(3))$, $E(B(2)B(4)\big|B(3))$, $E(B(2)B(6)\big|B(3), B(4), B(5))$.

5.2 令 $Y(t)=tB(\frac{1}{t})$, $Y(0) \triangleq 0$, $W(t)=\frac{1}{a}B(a^2 t)$, $a>0$, $U(t)=(t+1)\times Z(t/(t+1))$, 证明 $\{Y(t), t \geqslant 0\}$, $\{W(t), t \geqslant 0\}$, $\{U(t), t \geqslant 0\}$ 都是布朗运动.

5.3 令 $V(t)=\exp(-\alpha t)B[\exp(2\alpha t)]$, 求证 $\{V(t), t \geqslant 0\}$ 是平稳正态过程（称为 Ornstein-Uhlenback 过程），并求 $E(V(s)V(t))$ 及 $V(t)$ 的概率密度函数.

5.4 求 $|B(t)|$, $|\min\limits_{0 \leqslant s \leqslant t} B(s)|$, $M(t)=\max\limits_{0 \leqslant s \leqslant t}(B(s))$ 及 $\delta(t)=M(t)-B(t)$ 的分布.

5.5 求 $S(t)=\int_0^t B(s)\,\mathrm{d}s$ 的协方差、方差及 $(S(t_1)S(t_2))$ 的联合概率密度函数.

5.6 求 $E(\mathrm{e}^{S(t)})$ 及 $\mathrm{cov}(\mathrm{e}^{S(t_1)}, \mathrm{e}^{S(t_2)})$.

5.7 $Q(t)=B^2(t)-t, \forall s, t \geqslant 0$, 证明 $E\{Q(s+t)|B(s)\}=Q(s)$.

5.8 证明 $\{|B(t)|, t \geqslant 0\}$ 与 $\{\delta(t), t \geqslant 0\}$ 这两个过程是等价的，且它们都是马尔可夫过程.

5.9 令 $\eta(t)=\mathrm{e}^{B(t)}$, 试求 $\alpha(x)=\lim\limits_{h \to 0}\dfrac{E[\eta(t+h)-\eta(t)|\eta(t)=x]}{h}$ 和

$$\beta(x)=\lim_{h \to 0}\frac{E\{[\eta(t+h)-\eta(t)]^2|\eta(t)=x\}}{h}.$$

5.10 证明 $P\{M(t)>x\big|B(t)=M(t)\}=\exp\left(-\dfrac{x^2}{2t}\right)$.

(提示：求在给定 $\delta(t)=M(t)-B(t)=0$ 下 $M(t)$ 的条件分布.)

5.11 设 $\mu<0$, $M=\max\limits_{t\geqslant 0}X(t)$, 证明：$\alpha\geqslant 0$, $P(M>\alpha)=\exp(2\mu\alpha)$.

5.12 设 $\alpha,\beta>0$, 证明：$P\{B(t)\leqslant \alpha t+\beta$ 对所有 $t\geqslant 0\big|B(0)=x\}=1-\exp[-2\alpha(\beta-x)](x\leqslant\beta)$.

5.13 设 $\alpha,\beta>0$, 证明：$P\{B(u)<\alpha u+\beta, 0\leqslant u\leqslant 1\big|B(0)=B(1)=0\}=1-\exp[-2\beta(\beta+\alpha)]$.

5.14 设 $n\geqslant 1$, $1\leqslant k\leqslant 2^n$, 记 $\Delta_{nk}=B\Big(\dfrac{k}{2^n}\Big)-B\Big(\dfrac{k-1}{2^n}\Big)$, $S_n=\sum\limits_{k=1}^{2^n}\Delta_{nk}^2$.

(1) 求 ES_2, $E(\Delta_{nk}\big|\Delta_{nk}^2)$, $E(\Delta_{nk}\Delta_{nk+1}\big|\Delta_{nk}^2,\Delta_{nk+1}^2)$, $E(S_3\big|S_2)$ 及 $E(S_2\big|S_3)$;

(2) 证明 $E(S_{n+1}\big|S_n)=\dfrac{1}{2}(S_n+1)$ 及 $E(S_n\big|S_{n+1})=S_{n+1}$.

5.15 对 $\forall x>0$ 及充分小的 $h>0$, 证明 $P\Big\{\max\limits_{0\leqslant s\leqslant h}|X(s)|>x\big|B(0)=0\Big\}=o(h)$.

5.16 求 $P(T_1<T_{-1}<T_2)$.

(提示：利用全概公式及布朗运动的对称性.)

5.17 令 $T=\inf\{t\colon t>0, X(t)=a$ 或 $X(t)=-b\}$, $a,b>0$, $-b<x<a$, 记 $g(x)=E(T\big|X(0)=x)$, 试导出 $g(x)$ 满足的微分方程，并求出 $g(x)$ 的表达式.

5.18 记 $P(t;x,y)\triangleq P(x-y,t)=\dfrac{1}{\sqrt{2\pi t}}\exp\Big(-\dfrac{(x-y)^2}{2t}\Big)$.

(1) 设 $f(x)$ 在 $\mathbb{R}$ 上一致连续，证明

$$\lim_{t\to 0}\int_{-\infty}^{+\infty}P(t;x,y)f(y)\,\mathrm{d}y=f(x).$$

(2) 若 $f(x)$ 在 $\mathbb{R}$ 一致连续，且具有二阶一致连续导数，证明

$$\lim_{t\to 0}\frac{1}{t}\int_{-\infty}^{+\infty}P(t;x,y)(f(y)-f(x))\,\mathrm{d}y=\frac{1}{2}f''(x).$$

5.19 设 $\boldsymbol{x},\boldsymbol{y}\in\mathbb{R}^n$, $\|\boldsymbol{x}\|^2=\sum\limits_{i=1}^{n}x_i^2$, 记

$$P(t;\boldsymbol{x},\boldsymbol{y})=(2\pi t)^{-\frac{n}{2}}\exp\Big(-\frac{\|\boldsymbol{x}-\boldsymbol{y}\|^2}{2t}\Big),\quad f(\boldsymbol{x})\colon\mathbb{R}^n\to\mathbb{R}.$$

(1) 若 $f(\boldsymbol{x})$ 在 $\mathbb{R}^n$ 上一致连续，定义

$$T_tf(\boldsymbol{x})=\int_{\mathbb{R}^n}P(t;\boldsymbol{x},\boldsymbol{y})f(\boldsymbol{y})\,\mathrm{d}\boldsymbol{y}.$$

证明 $\lim\limits_{t\to 0} T_t f(\boldsymbol{x}) = f(\boldsymbol{x}), T_t T_s f(\boldsymbol{x}) = T_{s+t} f(\boldsymbol{x})$.

(2) 若 $f(\boldsymbol{x})$ 在 $\mathbb{R}^n$ 上有界，一致连续且具二阶偏导数一致连续，证明

$$\lim_{t\to 0} \frac{T_t f(\boldsymbol{x}) - f(\boldsymbol{x})}{t} = \frac{1}{2}\sum_{i=1}^{n} \frac{\partial^2 f}{\partial x_i^2} \triangleq \frac{1}{2}\Delta f(\boldsymbol{x}).$$

(3) 证明

$$g(\boldsymbol{x},\boldsymbol{y}) = \int_0^{\infty} P(t;\boldsymbol{x},\boldsymbol{y})\,\mathrm{d}t = \begin{cases} \dfrac{\Gamma\left(\dfrac{n}{2}-1\right)}{2\pi^{\frac{n}{2}}} \dfrac{1}{\|\boldsymbol{y}-\boldsymbol{x}\|^{n-2}}, & n \geqslant 3, \\ \infty, & 1 \leqslant n \leqslant 2. \end{cases}$$

5.20　记号同 5.4 题, $\forall t > 0$, 试求 $B(t)$ 与 $M(t)$ 的联合分布函数.

5.21　试证明定理 5.2.4a.

5.22　试证明定理 5.1.5 的 (2) 及 (3).

5.23　$\forall t > 0$ 固定，记 $X_n = \sum\limits_{k=1}^{2^n}\left(B\left(\dfrac{k}{2^n}t\right) - B\left(\dfrac{k-1}{2^n}t\right)\right)^2$,

$$Y_n = \max_{1\leqslant k\leqslant 2^n}\left|B\left(\frac{k}{2^n}t\right) - B\left(\frac{k-1}{2^n}t\right)\right|, Z_n = \frac{X_n}{Y_n}.$$

(1) 求 (X_1, Y_1) 的联合概率密度，　$Z_1 = \dfrac{X_1}{Y_1}$ 的概率密度;

(2) 求 (X_2, Y_2) 的联合概率密度与 Z_2 的概率密度;

(3) 求 (X_n, Y_n) 的联合概率密度与 Z_n 的概率密度.

5.24　记号 X_n 同 5.24 题，试求 $E(X_{n+1}\big|X_n)$ 及 $E(X_n\big|X_{n+1})$.

第 6 章　连续参数马尔可夫链

在第 3 章中，曾详细地讨论了离散参数马尔可夫链的有关问题，本章将着重研究连续参数可列状态空间的马尔可夫过程.

6.1　定义与若干基本概念

仍记状态空间为 $S=\{0,1,2,\cdots\}$.

定义 6.1.1　设随机过程 $X=\{X(t),t\geqslant 0\}$ 对于任意 $0\leqslant t_0<t_1<\cdots<t_n<t_{n+1}$, $i_k\in S$, $0\leqslant k\leqslant n+1$, 若 $P\{X(t_0)=i_0,X(t_1)=i_1,\cdots,X(t_n)=i_n\}>0$, 就有

$$\begin{aligned}P\{X(t_{n+1})=&i_{n+1}\big|X(t_0)=i_0,X(t_1)=i_1,\cdots,X(t_n)=i_n\}\\=&P\{X(t_{n+1})=i_{n+1}\big|X(t_n)=i_n\},\end{aligned}\tag{6.1.1}$$

则称 $\{X(t),t\geqslant 0\}$ 为**连续参数马尔可夫链**(简称**连续参数马氏链**). 若对于任意 $s,t\geqslant 0,i,j\in S$, 有

$$P\{X(s+t)=j\big|X(s)=i\}=P\{X(t)=j\big|X(0)=i\}\stackrel{\triangle}{=}P_{ij}(t),$$

称 X 为**齐次马尔可夫链**. 本章仅讨论齐次马尔可夫链. 称 $\boldsymbol{P}(t)=(P_{ij}(t))(i,j\in S)$ 为**转移概率矩阵**. 易知，它满足:

(P.1)　$P_{ij}(t)\geqslant 0,\quad i,j\in S$;

(P.2)　$\sum\limits_{j\in S}P_{ij}(t)=1,\quad i\in S$;

(P.3)　$P_{ij}(s+t)=\sum\limits_{k\in S}P_{ik}(s)P_{kj}(t),\quad s,t\geqslant 0,\ i,j\in S$;

((P.3) 式通常称为 Chapman-Kolmogorov 方程，或 C-K 方程)

(P.4)　$P_{ij}(0)=\delta_{ij}$, $\delta_{ii}=1$, $\delta_{ij}=0\ (j\neq i)$.

本章还附加所谓标准性条件

(P.5)　$\lim\limits_{t\to 0}P_{ij}(t)=\delta_{ij}$ (即 $P_{ij}(t)$ 在原点连续).

将 (P.3),(P.4),(P.5) 式写成矩阵形式

$$\boldsymbol{P}(s+t)=\boldsymbol{P}(s)\boldsymbol{P}(t),$$

$$\boldsymbol{P}(0)=\boldsymbol{I},\quad \lim_{t\to 0}\boldsymbol{P}(t)=\boldsymbol{I}\ \ (\boldsymbol{I}\text{为单位矩阵}).$$

如果 $\boldsymbol{P}(t)$ 满足 (P.1)~(P.4), 并且还满足附加连续性条件 (P.5), 则 $\boldsymbol{P}(t)$ 有许多很好的分析性质.

命题 6.1.1 若 $\boldsymbol{P}(t)=(P_{ij}(t))$ 为标准性转移概率矩阵, 则:

(1) 对任意给定 $i\in S$, $P_{ij}(t)$ 在 $[0,\infty)$ 上一致连续，且此时一致性对 j 亦成立;

(2) $\forall t\geqslant 0, i\in S, P_{ii}(t)>0$.

证明 (1) 由 C-K 方程，对 $\forall t,h>0$ 有

$$P_{ij}(t+h)-P_{ij}(t)=\sum_{k\neq i}P_{ik}(h)P_{kj}(t)-P_{ij}(t)[1-P_{ii}(h)],$$

由此得

$$P_{ij}(t+h)-P_{ij}(t)\leqslant\sum_{k\neq i}P_{ik}(h)P_{kj}(t)\leqslant\sum_{k\neq i}P_{ik}(h)=1-P_{ii}(h),$$

以及

$$P_{ij}(t+h)-P_{ij}(t)\geqslant -P_{ij}(t)(1-P_{ii}(h))\geqslant -(1-P_{ii}(h)),$$

从而有 $|P_{ij}(t+h)-P_{ij}(t)|\leqslant 1-P_{ii}(h)$. 类似地，当 $h<0$ 时，有

$$|P_{ij}(t)-P_{ij}(t+h)|\leqslant 1-P_{ii}(h).$$

(2) 由 $P_{ii}(0)>0$ 及标准性条件 $\left(\lim\limits_{t\to 0}P_{ii}(t)=1\right)$ 可知，对任意固定 $t>0$, 当 n 充分大时，有 $P_{ii}(t/n)>0$, 再由 C-K 方程 $(P_{ii}(s+t)=\sum\limits_{k\in S}P_{ik}(s)P_{ki}(t)\geqslant P_{ii}(s)P_{ii}(t))$, 可得 $P_{ii}(t)\geqslant(P_{ii}(t/n))^n>0$. □

记 $\pi_i(t)=P(X(t)=i),\forall i\in S,t\geqslant 0$, 称 $\boldsymbol{\pi}(t)=(\pi_i(t),i\in S)$ 为马尔可夫链 $X=\{X(t),t\}$ 在 t 时刻的分布，称 $\boldsymbol{\pi}(0)=(\pi_i(0),i\in S)$ 为初始分布. 与第 3 章类似的证明方法可以证明，对于连续时间的马尔可夫链的任意 n 个时刻的联合分布律，可由其 $\boldsymbol{\pi}(0)$ 与 $\boldsymbol{P}(t)$) 唯一确定，且 $\forall t\geqslant 0,\boldsymbol{\pi}(t)=\boldsymbol{\pi}(0)\boldsymbol{P}(t)$.

对于连续时间的马尔可夫链 $X=\{X(t),t\geqslant 0\}$, 任取 $h>0$, 定义

$$X_n(h)=X(nh),\qquad n\geqslant 0.$$

由马尔可夫性知，$\{X(nh),n\geqslant 0\}$ 是一个离散时间的马尔可夫链，称为以 h 为步长的h- **离散骨架**, 简称 h 骨架，它的 n 转移概率矩阵为 $\boldsymbol{P}(nh)$. 显然，h- 离

散骨架是研究连续时间马尔可夫链的一条有效途径 (详见 6.10 节).

对于连续参数马尔可夫链与离散参数马尔可夫链，由于它们都具有“马尔可夫性”，且状态空间均为可数集或有限集，因而许多概念和性质有相同或相似之处. 例如状态相通，状态分类，不可约链，平稳分布与极限分布等，例如如下的定义.

定义 6.1.2 若存在 $t>0$, 使 $P_{ij}(t)>0$, 则称由状态 i 可达状态 j, 记为 $i\to j$. 若对一切 $t>0$, $P_{ij}(t)=0$, 则称由状态 i 不可达状态 j, 记为 $i\not\to j$. 若 $i\to j$ 且 $j\to i$, 则称状态 i 与 j 相通，记为 $i\leftrightarrow j$.

由此定义及命题 6.1.1 知 $\forall i\in S, P_{ii}(t)>0$, 即 $i\leftrightarrow i$, 可知相通关系具有自反性、对称性、传递性，故相通关系是等价关系，从而可以按相通关系给状态分类. 相通的状态组成一个状态类. 若整个状态空间是一个状态类，则称该马尔可夫链是不可约的.

对于连续时间的马尔可夫链，由命题 6.1.1 知，对所有 $h>0$ 及正整数 n 及所有的 $i\in S, P_{ii}(nh)>0$, 这意味着对每一个离散的骨架 $X(h)$, 每一个状态 i 都是非周期的，故由 3.5 节中关于 n 步转移概率的极限的讨论，可知对 $\forall i,j\in S,\forall h>0$, $\lim\limits_{n\to\infty}P_{ij}(nh)=\pi_{ij}$ 总存在，这样，对连续时间的马尔可夫链，就无需引入周期的概念. 而且利用 $P_{ij}(t)$ 在 $[0,\infty)$ 上的一致连续性及 $\lim\limits_{n\to\infty}P_{ij}(nh)=\pi_{ij}$ 总存在. 从而可以证明 $P_{ij}(t)$(在$t\to\infty$时) 极限总存在.

命题 6.1.2 $\forall i,j\in S$, 下述极限总存在

$$\lim_{t\to\infty}P_{ij}(t)=\pi_{ij}.$$

证明参见文献 [4].

定义 6.1.3 (1) 若 $\displaystyle\int_0^\infty P_{ii}(t)\,\mathrm{d}t=+\infty$, 则称状态 i 为常返状态；否则，称 i 为非常返状态.

(2) 设 i 为常返状态, 若 $\lim\limits_{t\to\infty}P_{ii}(t)>0$, 则称 i 为正常返状态; 若 $\lim\limits_{t\to\infty}P_{ii}(t)=0$, 则称 i 为零常返状态.

(3) 若概率分布 $\boldsymbol{\pi}=(\pi_i,\ i\in S)$ 满足下式

$$\boldsymbol{\pi}=\boldsymbol{\pi}\boldsymbol{P}(t),\quad \forall t\geqslant 0,$$

称 $\boldsymbol{\pi}$ 为 $X=\{X(t),t\geqslant 0\}$ 的 (或 $\boldsymbol{P}(t)$ 的) 平稳分布.

(4) 若对 $\forall i\in S, \lim\limits_{t\to\infty}\pi_i(t)=\pi_i^*$ 存在，则称 $\boldsymbol{\pi}^*\triangleq\{\pi_i^*,i\in S\}$ 为 $X=\{X(t),t\geqslant 0\}$ 的极限分布.

与定理 3.5.8 相类似的结果和证明，有如下定理.

定理 6.1.1　不可约链是正常返链的充要条件是它存在平稳分布，且此时平稳分布就等于极限分布.

证明与定理 3.5.8 的证明类似，留给读者作为练习.

本章剩下的几节将着重讨论连续参数马尔可夫链中若干比较基本的特殊的问题 (相对于离散的马尔可夫链而言). 如：转移率矩阵 (Q 矩阵) 及概率意义，柯尔莫哥洛夫向前向后微分方程， Fokker–Planck 方程，生灭过程及应用，强马尔可夫性与嵌入马尔可夫链，以及连续参数 PH 分布的若干性质、构造及反问题等.

6.2　转移率矩阵 —— Q 矩阵及其概率意义

在离散参数马尔可夫链中，我们知道由一步转移概率矩阵 $\boldsymbol{P}=(P_{ij})$ 可以完全确定 n 步转移阵，即有 $\boldsymbol{P}^{(n)}=\boldsymbol{P}^n=\mathrm{e}^{n\ln \boldsymbol{P}}$, 那么对连续参数马尔可夫链，是否有类似的表达式，即 $\boldsymbol{P}(t)=\mathrm{e}^{t\boldsymbol{Q}}$ 呢？其中 $\boldsymbol{Q}$ 为与 t 无关的实数矩阵，假如上式存在，则应有

$$\boldsymbol{P}'(0)=\lim_{t\to 0}\frac{\boldsymbol{P}(t)-\boldsymbol{P}(0)}{t}=\lim_{t\to 0}\frac{\mathrm{e}^{t\boldsymbol{Q}}-\boldsymbol{I}}{t}=\boldsymbol{Q}.$$

这就提示我们先要研究 $\boldsymbol{P}(t)$ 在 $t=0$ 的导数 (即变化率) 是否存在的问题，先看最简单的一个例子，再给出一般的结论.

例 1　设 $\{N(t),t\geqslant 0\}$ 为时齐泊松过程，参数为 λ. 因它是独立增量过程，易知它是连续参数马尔可夫链，则

$$\begin{aligned}P_{ij}(t)&=P\{N(s+t)=j|N(s)=i\}\\&=P\{N(s+t)-N(s)=j-i\}\\&=\begin{cases}\dfrac{(\lambda t)^{j-i}}{(j-i)!}\mathrm{e}^{-\lambda t}, & j\geqslant i\geqslant 0,\\ 0, & 0\leqslant j<i.\end{cases}\end{aligned}$$

故 $P'_{ij}(t)$ 存在，且

$$q_{ij}\triangleq P'_{ij}(0)=\begin{cases}-\lambda, & j=i\geqslant 0,\\ \lambda, & j=i+1, i\geqslant 0,\\ 0, & \text{其他}.\end{cases}$$

若令 $\boldsymbol{Q}=(q_{ij})$, 可以验证 $\boldsymbol{P}(t)$ 满足 $\boldsymbol{P}(t)=\mathrm{e}^{t\boldsymbol{Q}}$.

对于一般马尔可夫链，有以下定理.

定理 6.2.1 对 $i\in S$ 极限

$$q_i=-q_{ii}\triangleq\lim_{t\to 0}\frac{1-P_{ii}(t)}{t} \tag{6.2.1}$$

存在，但可能是无限.

证明 首先，由 $P_{ii}(t)>0,\ t\geqslant 0$, 故可以定义 $\phi(t)=-\ln P_{ii}(t)$. 它非负有限，且由于 $P_{ii}(s+t)\geqslant P_{ii}(s)P_{ii}(t)$, 有 $\phi(s+t)\leqslant\phi(s)+\phi(t)$. 令 $q_i=\sup\limits_{t>0}\dfrac{\phi(t)}{t}$, 下面要证 $\dfrac{\phi(t)}{t}$ 极限存在，且即为其上确界. 显然

$$0\leqslant q_i\leqslant\infty,\qquad \overline{\lim_{t\to 0}}\frac{\phi(t)}{t}\leqslant q_i,$$

所以以下只需证 $\underline{\lim\limits_{t\to 0}}\dfrac{\phi(t)}{t}\geqslant q_i$.

任给 $0<h<t$, 取 n 使 $t=nh+\varepsilon,\ 0\leqslant\varepsilon<h$, 得

$$\frac{\phi(t)}{t}\leqslant\frac{nh}{t}\ \frac{\phi(h)}{h}+\frac{\phi(\varepsilon)}{t}.$$

注意到，当 $h\to 0^+$ 时，$\varepsilon\to 0,\ \dfrac{nh}{t}\to 1,\ \phi(\varepsilon)=-\ln P_{ii}(\varepsilon)\to 0$, 故 $\forall\, t>0$, 有 $\dfrac{\phi(t)}{t}\leqslant\underline{\lim\limits_{h\to 0}}\dfrac{\phi(h)}{h}$, 得 $q_i\leqslant\underline{\lim\limits_{t\to 0}}\dfrac{\phi(t)}{t}$, 从而 $q_i=\lim\limits_{t\to 0}\dfrac{\phi(t)}{t}$.

由 $\phi(t)$ 定义得

$$\begin{aligned}\lim_{t\to 0}\frac{1-P_{ii}(t)}{t}&=\lim_{t\to 0}\frac{1-\mathrm{e}^{-\phi(t)}}{\phi(t)}\ \frac{\phi(t)}{t}\\&=q_i.\end{aligned}$$

□

定理 6.2.2 对 $i,j\in S, j\neq i$ 极限

$$q_{ij}\triangleq P'_{ij}(0)=\lim_{t\to 0}\frac{P_{ij}(t)}{t} \tag{6.2.2}$$

存在且有限.

证明 由标准性条件，对任意 $0<\varepsilon<1/3$, 存在 $0<\delta<1$, 使当 $0<t\leqslant\delta$ 时，有 $P_{ii}(t)>1-\varepsilon,\ P_{jj}(t)>1-\varepsilon,\ P_{ji}(t)<\varepsilon$.

下面要证：对任意 $0 \leqslant h < t$, 只要 $t \leqslant \delta$, 则有

$$P_{ij}(h) \leqslant \frac{P_{ij}(t)}{n} \cdot \frac{1}{1-3\varepsilon}, \tag{a}$$

其中取 $n = \left[\dfrac{t}{h}\right] \left(\text{即 } n \text{ 为不超过 } \dfrac{t}{h} \text{ 的最大整数} \right)$, 记

$$\begin{cases} {}_jP_{ik}(h) = P_{ik}(h), \\ {}_jP_{ik}(mh) = \sum\limits_{r \neq j} {}_jP_{ir}((m-1)h)P_{rk}(h). \end{cases}$$

其中 ${}_jP_{ik}(mh)$ 表示从 i 出发，在时刻 $h, 2h, \cdots, (m-1)h$ 未到达 j 且在 mh 时刻到达 k 的概率. 当 $h < t \leqslant \delta$ 时，有

$$\begin{aligned} \varepsilon > 1 - P_{ii}(t) = \sum_{k \neq i} P_{ik}(t) &\geqslant P_{ij}(t) \\ &\geqslant \sum_{m=1}^{n} {}_jP_{ij}(mh)P_{jj}(t-mh) \\ &\geqslant (1-\varepsilon) \sum_{m=1}^{n} {}_jP_{ij}(mh), \end{aligned}$$

得

$$\sum_{m=1}^{n} {}_jP_{ij}(mh) \leqslant \frac{\varepsilon}{1-\varepsilon}.$$

又由

$$P_{ii}(mh) = {}_jP_{ii}(mh) + \sum_{l=1}^{m-1} {}_jP_{ij}(lh)P_{ji}((m-l)h),$$

得

$${}_jP_{ii}(mh) \geqslant P_{ii}(mh) - \sum_{l=1}^{m-1} {}_jP_{ij}(lh) \geqslant 1 - \varepsilon - \frac{\varepsilon}{1-\varepsilon}.$$

故

$$\begin{aligned} P_{ij}(t) &\geqslant \sum_{m=1}^{n} {}_jP_{ii}((m-1)h)P_{ij}(h)P_{jj}(t-mh) \\ &\geqslant n\left(1 - \varepsilon - \frac{\varepsilon}{1-\varepsilon}\right) P_{ij}(h)(1-\varepsilon) \\ &\geqslant n(1-3\varepsilon)P_{ij}(h). \end{aligned}$$

(a) 式得证. (a) 式两边除以 h(注意, 当 $h\to 0$ 时, $nh\to t$), 得

$$\varlimsup_{h\to 0}\frac{P_{ij}(h)}{h}\leqslant\frac{1}{1-3\varepsilon}\frac{P_{ij}(t)}{t}<\infty.$$

再令 $t\to 0$, 有

$$\varlimsup_{h\to 0}\frac{P_{ij}(h)}{h}\leqslant\frac{1}{1-3\varepsilon}\varliminf_{t\to 0}\frac{P_{ij}(t)}{t}.$$

再令 $\varepsilon\to 0$, 定理得证. □

推论 1 对任意 $i\in S$

$$0\leqslant\sum_{j\neq i}q_{ij}\leqslant q_i, \tag{6.2.3}$$

证明 由 $\sum\limits_{j\in S}P_{ij}(t)=1$, 得 $\dfrac{1-P_{ii}(t)}{t}=\sum\limits_{j\neq i}\dfrac{P_{ij}(t)}{t}$.

令 $t\to 0^+$, 上式两边取下极限, 并由 Fatou 引理及 (6.2.1), (6.2.2) 式得

$$q_i=\lim_{t\to 0}\sum_{j\neq i}\frac{P_{ij}(t)}{t}\geqslant\sum_{j\neq i}\lim_{t\to 0}\frac{P_{ij}(t)}{t}=\sum_{j\neq i}q_{ij}.$$ □

注意到当 S 为有限集时, 上式不等式化为等式. 故有

推论 2 当 S 为有限状态空间时, $\forall i\in S$, 有

$$0\leqslant\sum_{j\neq i}q_{ij}=q_i<\infty. \tag{6.2.4}$$

记 $\boldsymbol{Q}=(q_{ij})$(其中 $q_{ii}=-q_i$), 称 $\boldsymbol{Q}$ 为 $\{X(t),t\geqslant 0\}$ 的**转移率矩阵**(或称**密度矩阵**). 若转移率矩阵 $\boldsymbol{Q}=(q_{ij})$ 满足: $\forall i\in S$, $\sum\limits_{j\neq i}q_{ij}=q_i<\infty$, 称 $\boldsymbol{Q}$ 为**保守 Q 矩阵**.

由推论 2 知, 当 S 为有限集时, $\boldsymbol{Q}$ 必保守.

为了解释 $\boldsymbol{Q}=(q_{ij})$ 的概率意义, 令

$$\tau_1=\inf\{t\colon t>0, X(t)\neq X(0)\}.$$

τ_1 表示逗留在初始状态的时间 (或首次离开初始状态的时刻). τ_1 的概率特性与 $\boldsymbol{Q}=(q_{ij})$ 有何关系呢?

定理 6.2.3 设马尔可夫链 $X=\{X(t),t\geqslant 0\}$ 轨道右连续, 则对 $i\in S$, $t\geqslant 0$, 有

$$P(\tau_1>t\,|\,X(0)=i)=\exp(-q_it). \tag{6.2.5}$$

证明　由轨道右连续，得

$$P(\tau_1 > t\big|X(0)=i) = P[X(u)=i, 0 \leqslant u \leqslant t\big|X(0)=i],$$

所以，首先要将不可列事件转化为可列事件运算．令

$$B \triangleq \{\Omega\colon X(u)=i, 0 \leqslant u \leqslant t\} = \bigcap_{0\leqslant u\leqslant t}\{\Omega\colon X(u)=i\}.$$

将 $[0,t]$ 区间 2^n 等分，记

$$\begin{aligned} A_n &\triangleq \left\{\Omega\colon X\left(\frac{k}{2^n}\,t\right)=i, k=0,1,2,\cdots,2^n\right\} \\ &= \bigcap_{k=0}^{2^n}\left\{\Omega\colon X\left(\frac{k}{2^n}\,t\right)=i\right\}. \end{aligned}$$

因为 $A_{n+1}\subset A_n$, 所以记 $A \triangleq \bigcap\limits_{n=1}^{\infty} A_n = \lim\limits_{n\to\infty} A_n$.

显然 $B\subset A$. 另一方面，由过程轨道右连续可以证明 $P(A-B)=0$, 故

$$\begin{aligned} P(\tau_1 > t\big|X(0)=i) &= P(X(u)=i, 0\leqslant u\leqslant t\big|X(0)=i) \\ &= P(B\big|X(0)=i) \\ &= P(A\big|X(0)=i) \\ &= \lim_{n\to\infty} P(A_n\big|X(0)=i) \\ &= \lim_{n\to\infty} P(X(kt/2^n)=i, k=0,1,2,\cdots,2^n\big|X(0)=i) \\ &= \lim_{n\to\infty} (P_{ii}(t/2^n))^{2^n}\ (\text{马氏性}) \\ &= \lim_{n\to\infty} \exp\{2^n \ln P_{ii}(t/2^n)\} \\ &= \lim_{n\to\infty} \exp\left\{\frac{\ln[1-q_i(t/2^n)+o(t/2^n)]}{-q_i t/2^n}(-q_i t)\right\} \\ &= \exp(-q_i t).(\text{因为由 } q_i \text{ 的定义知 } P_{ii}(t)=1-q_i t+o(t) \end{aligned}$$

□

这说明系统逗留在 $X(0)=i$ 状态的时间 τ_1 是服从参数为 q_i 的指数分布的，显然

$$E[\tau_1\big|X(0)=i] = q_i^{-1}.$$

可见, q_i 决定了过程 $\{X(t), t \geqslant 0\}$ 停留在 $X(0)=i$ 的平均逗留时间, 它刻画了过程从 i 出发的转移速率. 分 3 种情形:

(1) $q_i = 0$, 称 i 为**吸收状态**, 这是因为 $(\tau_1 = \infty) = \bigcap\limits_{n=1}^{\infty}(\tau_1 > n)$, $P(\tau_1 = \infty \big| X(0)=i) = \lim\limits_{n\to\infty} P(\tau_1 > n \big| X(0)=i) = 1$, 即从 i 出发, 过程以概率 1 永远停留在 i 状态.

(2) $q_i = \infty$, 称 i 为**瞬时状态**, 此时 $P[\tau_1 = 0 \big| X(0)=i] = \lim\limits_{n\to\infty} P\Big[\tau_1 \leqslant \dfrac{1}{n}\Big|X(0)=i\Big] = 1$, 这说明 X 在 i 状态几乎不停留立即跳到别的状态.

(3) $0 < q_i < \infty$, 称 i 为**逗留状态**, 这时过程停留在状态 i, 若干时间后跳到别的状态, 停留时间服从指数分布.

定理 6.2.4 设马尔可夫链 $X = \{X(t), t \geqslant 0\}$ 轨道右连续, 且 $0 < q_i < \infty$. 则对 $t \geqslant 0$, $j \neq i$, 有

$$P[\tau_1 \leqslant t, X(\tau_1) = j \big| X(0)=i] = \frac{q_{ij}}{q_i}[1 - \exp(-q_i t)], \tag{6.2.6}$$

$$P[X(\tau_1) = j \big| X(0) = i] = \frac{q_{ij}}{q_i}. \tag{6.2.7}$$

证明 先进行事件分解

$$(\tau_1 \leqslant t, X(\tau_1) = j) = \bigcup_{0\leqslant u\leqslant t} (\tau_1 = u, X(\tau_1) = j).$$

与定理 6.2.3 的证明类似, 下面也是采用将不可列事件化为可列事件运算. 令

$$B = \{\tau_1 \leqslant t, X(0) = i, X(\tau_1) = j\},$$

$$A_n = \bigcup_{0\leqslant k\leqslant 2^n} \left\{X\left(\frac{vt}{2^n}\right) = i, 0 \leqslant v < k, X\left(\frac{kt}{2^n}\right) = j\right\}.$$

因为 $A_n \supset A_{n+1}$, 所以 $A \triangleq \bigcap\limits_{n=1}^{\infty} A_n = \lim\limits_{n\to\infty} A_n$, 且 $B \bigcup N = A$, 其中 N 是概率为 0 的事件, 即 $P(N) = 0$.

由此得

$$\begin{aligned} &P[\tau_1 \leqslant t, X(\tau_1) = j \big| X(0) = i] \\ &= \lim_{n\to\infty} \sum_{k=1}^{2^n} P\left\{X\left(\frac{v}{2^n}t\right) = i, 0 \leqslant v < k, X\left(\frac{k}{2^n}t\right) = j \big| X(0) = i\right\} \end{aligned}$$

$$= \lim_{n\to\infty}\sum_{k=1}^{2^n}(P_{ii}(t/2^n))^{k-1}P_{ij}(t/2^n) \ \text{(马氏性)}$$

$$=\lim_{n\to\infty}\frac{1-(P_{ii}(t/2^n))^{2^n}}{1-P_{ii}(t/2^n)}P_{ij}(t/2^n)$$

$$=\lim_{n\to\infty}\left\{[1-(P_{ii}(t/2^n))^{2^n}]\frac{P_{ii}(t/2^n)/(t/2^n)}{(1-P_{ii}(t/2^n))/(t/2^n)}\right\} \ \text{(由 (6.2.1) 式及 (6.2.2) 式)}$$

$$=[1-\exp(-q_it)]\frac{q_{ij}}{q_i},$$

(6.2.6) 式得证. 上式中令 $t\to\infty$ 即得 (6.2.7) 式. □

推论　若马尔可夫过程 $\{X(t),t\geqslant 0\}$ 轨道右连续, 且 $\boldsymbol{Q}=(q_{ij})$ 为保守的, $0<q_i<\infty, i\in S$, 则关于 $X(0)=i$, τ_1 与 $X(\tau_1)$ 条件独立.

证明　由 (6.2.5) ~ (6.2.7) 式, 对 $\forall t\geqslant 0$, $j\in S$, 有 $P(\tau_1\leqslant t, X(\tau_1)=j\big|X(0)=i)=P(\tau_1\leqslant t\big|X(0)=i)\cdot P(X(\tau_1)=j\big|X(0)=i)$ 及保守性, 即得 τ_1 与 $X(\tau_1)$ 关于 $X(0)=i$ 条件独立. □

6.3　柯尔莫哥洛夫向前向后微分方程

从上节讨论可知, 由马尔可夫链 $X=\{X(t),t\geqslant 0\}$ 的转移概率矩阵 $\boldsymbol{P}(t)=(P_{ij}(t))$ 可唯一地决定其密度矩阵 $\boldsymbol{P}'(0)=\boldsymbol{Q}=(q_{ij})$. 很自然地要问: 反之, 给定一个密度矩阵 $\boldsymbol{Q}=(q_{ij})$, 是否可唯一地决定一转移概率矩阵 $\boldsymbol{P}(t)=(P_{ij}(t))$, 使其满足 $\boldsymbol{P}(t)$ 的性质 (P.1)~(P.5), 且 $\boldsymbol{P}'(0)=\boldsymbol{Q}$? 为此, 先引入若干概念, 然后着重讨论在 S 为有限集时 $\boldsymbol{P}(t)$ 与 $\boldsymbol{Q}$ 的关系, 并简介几种由 $\boldsymbol{Q}$ 求 $\boldsymbol{P}(t)$ 的方法.

定义 6.3.1　一个矩阵 $\boldsymbol{Q}=(q_{ij})$ 称为**Q 矩阵**, 如满足:

(1) $q_{ii}\overset{\triangle}{=}-q_i\leqslant 0$(可以取 $-\infty$);

(2) $0\leqslant q_{ij}<+\infty, j\neq i$;

(3) $\sum\limits_{j\neq i}q_{ij}\leqslant q_i$.

称 $\boldsymbol{Q}$ 矩阵为**保守**, 若 $\forall i\in S$, $\sum\limits_{j\neq i}q_{ij}=q_i<\infty$.

由上节可知, 当 $\boldsymbol{P}(t)$ 为标准转移阵时, 其密度矩阵 $\boldsymbol{P}'(0)=(P'_{ij}(0))=(q_{ij})$ 为 Q 矩阵, 且当 S 为有限集时, $\boldsymbol{P}'(0)$ 为保守 Q 矩阵.

定义 6.3.2　对给定 Q 矩阵 $\boldsymbol{Q}=(q_{ij})$, 若有马尔可夫链 $X=\{X(t),t\geqslant 0\}$ 的转移阵 $\boldsymbol{P}(t)=(P_{ij}(t))$ 满足 $\boldsymbol{P}'(t)|_{t=0}=\boldsymbol{Q}$, 则称此马尔可夫链 X 为 (Q 矩阵

$\boldsymbol{Q}$ 的)Q 过程.

定理 6.3.1 设马尔可夫链 $\{X(t), t \geqslant 0\}$, $\boldsymbol{P}(t) = (P_{ij}(t))$, $\boldsymbol{Q} = (q_{ij}) = \boldsymbol{P}'(0)$. 当 S 为有限集时, 有

$$\boldsymbol{P}'(t) = \boldsymbol{P}(t)\boldsymbol{Q}, \tag{6.3.1}$$

$$\boldsymbol{P}'(t) = \boldsymbol{Q}\boldsymbol{P}(t). \tag{6.3.2}$$

证明 由 C-K 方程 $\boldsymbol{P}(t+h) = \boldsymbol{P}(t)\boldsymbol{P}(h) = \boldsymbol{P}(h)\boldsymbol{P}(t)$, 有

$$\frac{\boldsymbol{P}(t+h) - \boldsymbol{P}(t)}{h} = \boldsymbol{P}(t)\left[\frac{\boldsymbol{P}(h) - \boldsymbol{I}}{h}\right] = \left[\frac{\boldsymbol{P}(h) - \boldsymbol{I}}{h}\right]\boldsymbol{P}(t), \tag{6.3.3}$$

令 $h \to 0$, 两边取极限, 注意到 S 为有限集, 即得 (6.3.1),(6.3.2) 式. □

(6.3.1) 和 (6.3.2) 式称为柯尔莫哥洛夫 (Kolmogorov) 向前向后微分方程, 其分量形式为

$$P'_{ij}(t) = -P_{ij}(t)q_j + \sum_{k \neq j} P_{ik}(t)q_{kj}; \tag{6.3.1a}$$

$$P'_{ij}(t) = -q_i P_{ij}(t) + \sum_{k \neq i} q_{ik}P_{kj}(t). \tag{6.3.1b}$$

以上给出 S 有限集时, $\boldsymbol{P}(t)$ 与 $\boldsymbol{Q}$ 的关系. 当 $\boldsymbol{Q} = (q_{ij})$ 为已知的保守 Q 矩阵, 且 S 为有限集时容易验证常微分方程组

$$\begin{cases} \boldsymbol{P}'(t) = \boldsymbol{P}(t)\boldsymbol{Q} = \boldsymbol{Q}\boldsymbol{P}(t), \\ \boldsymbol{P}(0) = \boldsymbol{I} \end{cases}$$

存在满足 (P.1)~(P.5) 条件的转移概率矩阵的唯一解

$$\boldsymbol{P}(t) = \mathrm{e}^{\boldsymbol{Q}t} \triangleq \sum_{k=0}^{\infty} \frac{t^k}{k!}\boldsymbol{Q}^k.$$

同时, $\boldsymbol{P}'(0) = \boldsymbol{Q}$.

对于 S 为可数状态时, 向前方程与向后方程不一定成立, 但由 (6.3.3) 式及 Fatou 引理, 有

$$\boldsymbol{P}'(t) \geqslant \boldsymbol{P}(t)\boldsymbol{Q}, \qquad \boldsymbol{P}'(t) \geqslant \boldsymbol{Q}\boldsymbol{P}(t).$$

定理 6.3.2 当 S 可数, $\boldsymbol{Q} = (q_{ij})$ 为保守 Q 矩阵时, 则向后方程 $\boldsymbol{P}'(t) = \boldsymbol{Q}\boldsymbol{P}(t)$ 成立.

为了证明该定理，先不加证明地给出一个引理.

引理 6.3.1　设 $f(x)$ 为 (a,b) 上的连续函数，且 $f(x)$ 在 (a,b) 中有连续的右导数，则 $f(x)$ 在 (a,b) 上可导.

定理 6.3.2 的证明　由 C-K 方程，当 $h>0$ 时

$$\frac{p_{ij}(t+h)-p_{ij}(t)}{h}=\frac{p_{ii}(h)-1}{h}p_{ij}(t)+\sum_{k\neq i}\frac{p_{ik}(h)}{h}p_{kj}(t). \tag{6.3.4}$$

由 Fatou 引理，有

$$\varliminf_{h\to 0^+}\sum_{k\neq i}\frac{p_{ik}(h)}{h}p_{kj}(t)\geqslant\sum_{k\neq i}q_{ik}p_{kj}(t). \tag{6.3.5}$$

另一方面，对 $N>i$，有

$$\begin{aligned}\varlimsup_{h\to 0^+}\sum_{k\neq i}\frac{p_{ik}(h)}{h}p_{kj}(t)&\leqslant\varlimsup_{h\to 0^+}\left[\sum_{k\neq i,k<N}\frac{p_{ik}(h)}{h}p_{kj}(t)+\sum_{k\geqslant N}\frac{p_{ik}(h)}{h}\right]\\&=\varlimsup_{h\to 0^+}\left[\sum_{k\neq i,k<N}\frac{p_{ik}(h)}{h}p_{kj}(t)+\frac{1-p_{ii}(h)}{h}-\right.\\&\qquad\left.\sum_{k\neq i,k<N}\frac{p_{ik}(h)}{h}\right]\\&=\sum_{k\neq i,k<N}q_{ik}p_{kj}(t)+q_i-\sum_{k\neq i,k<N}q_{ik},\end{aligned}$$

令 $N\to\infty$，由保守性得

$$\varlimsup_{h\to 0^+}\sum_{k\neq i}\frac{p_{ik}(h)}{h}p_{kj}(t)\leqslant\sum_{k\neq i}q_{ik}p_{kj}(t). \tag{6.3.6}$$

由 (6.3.5) 及 (6.3.6) 式得

$$\varlimsup_{h\to 0^+}\sum_{k\neq i}\frac{p_{ik}(h)}{h}p_{kj}(t)=\sum_{k\neq i}q_{ik}p_{kj}(t).$$

再由 (6.3.4) 式得

$$\lim_{h\to 0^+}\frac{p_{ij}(t+h)-p_{ij}(t)}{h}=\sum_{k}q_{ik}p_{kj}(t).$$

仍由保守性知，上式右边的级数关于 t 一致收敛，因此是 t 的连续函数，故由引理 6.3.1 得定理. □

考虑 $X(t)$ 在 t 时刻的概率分布，记 $P_j(t)=P(X(t)=j)$, 显然

$$P_j(t)=\sum_{i\in S}P_i(0)P_{ij}(t).$$

于是有下面的结论.

定理 6.3.3 当 S 为有限集时，成立下列 Fokker-Planck 方程

$$P_j'(t)=-P_j(t)q_j+\sum_{k\neq j}P_k(t)q_{kj}. \tag{6.3.7}$$

证明 由 (6.3.1a) 式两边同乘以 $P_i(0)$ 并对 i 求和即得 (6.3.7) 式. □

为了解决具体问题，先回顾一下平稳分布和极限分布的概念. 若一概率分布 $\{\pi_j,j\in S\}$ 满足 $\pi_j=\sum\limits_{i\in S}\pi_iP_{ij}(t)(\forall j\in S,t\geqslant 0)$, 则称 $\{\pi_j,j\in S\}$ 为平稳分布. 与离散时间马尔可夫链有相类似的结果：当马尔可夫链 $X=\{X(t),t\geqslant 0\}$ 为不可约遍历链时，则必存在唯一的平稳分布 $\{\pi_j,j\in S\}$, 且它就等于极限分布，即 $\pi_j=P_j\ (j\in S)$. 从而有以下定理.

定理 6.3.4 当 S 为有限集且为不可约链时，其平稳分布 $\boldsymbol{\pi}=(\pi_j,j\in S)$ 存在，且满足 $\pi_jq_j=\sum\limits_{k\neq j}\pi_kq_{kj}$.

证明 由于 $\pi_j=\lim\limits_{t\to\infty}P_{ij}(t)$, 对 (6.3.7) 式两边对 t 取极限,

$$左边=\lim_{t\to\infty}P_j'(t)=P_j'=\pi_j'=0,$$

$$右边=-\pi_jq_j+\sum_{k\neq j}\pi_kq_{kj},$$

从而 $\pi_jq_j=\sum\limits_{k\neq j}\pi_kq_{kj}$. □

有了以上理论上的准备，可以进一步讨论由密度矩阵 $\boldsymbol{Q}$ 求解转移概率矩阵 $\boldsymbol{P}(t)$ 的几种方法.

(1) 当 S 有限时，可以利用分析的方法求解向前向后微分方程.

例 1 设某触发器状态只有两个，$S=\{0,1\}$,“0” 表示工作态，“1” 表示失效态. $X(t)$ 表示 t 时触发器状态. 已知其状态转移具有马尔可夫性，即 $X=\{X(t),t\geqslant 0\}$ 为马尔可夫链，且 $P_{01}(t)=\lambda t+o(t)$, $P_{10}(t)=\mu t+o(t)$, 从而得

$$\boldsymbol{Q}=\begin{pmatrix}-\lambda & \lambda\\ \mu & -\mu\end{pmatrix}.$$

试求 $\boldsymbol{P}(t)=(P_{ij}(t))$(设 $P_0(0)=1$).

解　由向后方程得

$$\begin{pmatrix} P'_{00}(t) \\ P'_{10}(t) \end{pmatrix}=\begin{pmatrix} -\lambda & \lambda \\ \mu & -\mu \end{pmatrix}\begin{pmatrix} P_{00}(t) \\ P_{10}(t) \end{pmatrix},$$

且 $P_0(0)=1$. 经适当简化后有

$$\mu P'_{00}(t)+\lambda P'_{10}(t)=0,$$

两边积分并利用初始条件 $P_{00}(0)=1$, $P_{10}(0)=0$, 得

$$\mu P_{00}(t)-\mu+\lambda P_{10}(t)=0.$$

于是有

$$\begin{cases} P'_{00}(t)+(\lambda+\mu)P_{00}(t)=\mu, \\ P_{00}(0)=1. \end{cases}$$

采用解常系数微分方程常用的常数变易法, 解之得

$$P_{00}(t)=\frac{\mu}{\lambda+\mu}+\frac{\lambda}{\lambda+\mu}\mathrm{e}^{-(\lambda+\mu)t}.$$

从而

$$P_{10}(t)=\frac{\mu}{\lambda+\mu}-\frac{\mu}{\lambda+\mu}\mathrm{e}^{-(\lambda+\mu)t},$$

$$P_{01}(t)=\frac{\lambda}{\lambda+\mu}-\frac{\lambda}{\lambda+\mu}\mathrm{e}^{-(\lambda+\mu)t},$$

$$P_{11}(t)=\frac{\lambda}{\lambda+\mu}+\frac{\mu}{\lambda+\mu}\mathrm{e}^{-(\lambda+\mu)t}.$$

再由 $P_0(0)=P(X(0)=0)=1$, 得

$$P_0(t)=P_0(0)P_{00}(t)=\frac{\mu}{\lambda+\mu}+\frac{\lambda}{\lambda+\mu}\mathrm{e}^{-(\lambda+\mu)t},$$

$$P_1(t)=P_{01}(t)=\frac{\lambda}{\lambda+\mu}-\frac{\lambda}{\lambda+\mu}\mathrm{e}^{-(\lambda+\mu)t}.$$

再求平稳分布 (也是极限分布), 得

$$P_0=\lim_{t\to\infty}P_{00}(t)=\frac{\mu}{\lambda+\mu}$$

及

$$P_1 = \lim_{t\to\infty} P_{01}(t) = \frac{\lambda}{\lambda+\mu}.$$

(2) 当 S 为可列集时，若已知 $\boldsymbol{Q}=(q_{ij})$，欲求满足向前向后方程 $\boldsymbol{P}(t)$ 的解，可用概率构造法求之，这里仅以 $\boldsymbol{Q}$ 矩阵为保守 (即 $q_i<\infty$)，且过程轨道右连续为例，求解向后方程．令

$$\tau_0=0, \tau_n=\inf\{t\colon t>\tau_{n-1}, X(t)\neq X(\tau_{n-1})\},\ n\geqslant 1,$$

$${}_nP_{ij}(t)=P[\tau_n\leqslant t<\tau_{n+1}, X(t)=j\big|X(0)=i].$$

则首先易得

$${}_0P_{ij}(t)=\delta_{ij}\mathrm{e}^{-q_it},$$

再由全概率公式可求递推关系

$$\begin{aligned}{}_{n+1}P_{ij}(t)=&P[\tau_{n+1}\leqslant t<\tau_{n+2}, X(t)=j\big|X(0)=i]\\ =&\sum_{k\neq i}\int_0^t P(\tau_{n+1}\leqslant t<\tau_{n+2}, X(t)=j\big|X(0)=i,\tau_1=s,X(\tau_1)=k)\times\\ &\mathrm{d}P(\tau_1\leqslant s, X(\tau_1)=k\big|X(0)=i)(\text{对 }\tau_1\text{ 及 }X(\tau_1)\text{ 用全概率公式})\\ =&\sum_{k\neq i}\int_0^t \mathrm{e}^{-q_is}q_{ik}\ {}_nP_{kj}(t-s)\,\mathrm{d}s\end{aligned}$$

以上递推式也可有如下直观概率解释：

$${}_{n+1}P_{ij}(t)=\sum_{k\neq i}\int_0^t(\mathrm{e}^{-q_is})(q_{ik}\,\mathrm{d}s)({}_nP_{kj}(t-s)),$$

其中，e^{-q_is} 表示在 $[0,s]$ 上停留在 i 状态的概率，$q_{ik}\,\mathrm{d}s$ 表示在 $[s,s+\mathrm{d}s]$ 时间上恰有一次跳且跳到 k 状态的概率，${}_nP_{kj}(t-s)$ 表示在余下时间内发生 n 次跳跃且 $X(t)=j$ 的概率．最后，对 k 求和，对时间 s 从 0 到 t 积分．

有了以上递推公式后，令 $f_{ij}(t)=\sum_{n=0}^{\infty}{}_nP_{ij}(t)$，则可验证 $\boldsymbol{F}(t)=(f_{ij}(t))$ 是向后方程的最小非负解．这启示我们：可以借助于概率方法求某一类微分方程的解．

(3) 用拉普拉斯变换求解向前向后微分方程．它将这些方程转化成代数方程，以便于用代数方法作处理．为此首先叙述一些必需的有关拉普拉斯变换的

基本知识.

引理 6.3.2 设 $[0,\infty]$ 上的函数 $f(t)$ 的拉普拉斯变换为 $\phi(\lambda)$, 则

$$g(t)=\int_0^t \mathrm{e}^{-q(t-s)}f(s)\,\mathrm{d}s,\quad q>0$$

的拉普拉斯变换为 $\dfrac{\phi(\lambda)}{\lambda+q}$.

证明 直接计算即可.

$$\begin{aligned}\int_0^\infty \mathrm{e}^{-\lambda t}\,\mathrm{d}t\int_0^t \mathrm{e}^{-q(t-s)}f(s)\,\mathrm{d}s &= \int_0^\infty \mathrm{e}^{qs}f(s)\,\mathrm{d}s\int_s^\infty \mathrm{e}^{-(\lambda+q)t}\,\mathrm{d}t\\ &=\frac{1}{\lambda+q}\int_0^\infty \mathrm{e}^{-\lambda s}f(s)\,\mathrm{d}s\\ &=\frac{\phi(\lambda)}{\lambda+q}.\end{aligned}$$

在上述计算过程中以 $|f(s)|$ 代 $f(s)$, 由 $\int_0^\infty \mathrm{e}^{-\lambda s}|f(s)|\,\mathrm{d}s<\infty$ 可知, 在计算中交换积分号是可行的, 且 $\int_0^\infty \mathrm{e}^{-\lambda t}|g(t)|\,\mathrm{d}t<\infty$. □

对于转移概率矩阵 $\boldsymbol{P}(t)$, 由于 $P_{ij}(t)$ 是 $[0,\infty)$ 上的有界连续函数, 它有拉普拉斯变换, 记为

$$r_{ij}(\lambda)=\int_0^\infty \mathrm{e}^{-\lambda t}P_{ij}(t)\,\mathrm{d}t,\quad \lambda>0,\quad i,j\in S.$$

令

$$\boldsymbol{R}(\lambda)=(r_{ij}(\lambda)),\quad \lambda>0,\quad i,j\in S.$$

它们称作转移概率函数的**预解式**, 有下面的性质.

定理 6.3.5 对一切 $i,j\in S$ 及 $\lambda,\mu>0$ 有

(1) $r_{ij}(\lambda)>0$;

(2) $\lambda\sum\limits_{j\in S}r_{ij}(\lambda)=1$;

(3) $r_{ij}(\lambda)-r_{ij}(\mu)+(\lambda-\mu)\sum\limits_{k\in S}r_{ik}(\lambda)r_{kj}(\mu)=0$;

(4) $\lim\limits_{\lambda\to\infty}\lambda r_{ij}(\lambda)=\delta_{ij}$.

或写成以下简洁的矩阵形式:

(1′) $\boldsymbol{R}(\lambda)\geqslant\boldsymbol{0}$;

(2′) $\lambda\boldsymbol{R}(\lambda)\boldsymbol{e}=\boldsymbol{e}(\boldsymbol{e}=(1,1,\cdots,1)^{\mathrm{T}})$;

(3′) $\boldsymbol{R}(\lambda)-\boldsymbol{R}(\mu)+(\lambda-\mu)\boldsymbol{R}(\lambda)\boldsymbol{R}(\mu)=\boldsymbol{0}$;

(4′) $\lim\limits_{\lambda\to\infty}\lambda\boldsymbol{R}(\lambda)=\boldsymbol{I}$.

称 (1′) ~ (4′) 为**预解方程**.

证明 (1), (2) 容易证，留给读者练习，这里只证 (3) 与 (4).

(3) 可由 C-K 方程用如下方法推得.

$$\int_0^\infty\int_0^\infty \mathrm{e}^{-(\lambda t+\mu s)}P_{ij}(t+s)\,\mathrm{d}t\,\mathrm{d}s=\int_0^\infty\int_0^\infty \mathrm{e}^{-(\lambda t+\mu t)}\sum_k P_{ik}(t)P_{kj}(s)\,\mathrm{d}t\,\mathrm{d}s$$

$$=\sum_k r_{ik}(\lambda)r_{kj}(\mu). \tag{6.3.8}$$

现在不妨设 $\lambda>\mu$. 注意到

$$\begin{aligned}\int_0^\infty \mathrm{e}^{-\mu s}P_{ij}(t+s)\,\mathrm{d}s&=\int_t^\infty \mathrm{e}^{-\mu(u-t)}P_{ij}(u)\,\mathrm{d}u\\&=\mathrm{e}^{\mu t}\left\{\int_0^\infty \mathrm{e}^{-\mu u}P_{ij}(u)\,\mathrm{d}u-\int_0^t \mathrm{e}^{-\mu u}P_{ij}(u)\,\mathrm{d}u\right\}\\&=\mathrm{e}^{\mu t}r_{ij}(\mu)-\int_0^t \mathrm{e}^{\mu(t-u)}P_{ij}(u)\,\mathrm{d}u,\end{aligned}$$

有

$$\begin{aligned}\int_0^\infty\int_0^\infty \mathrm{e}^{-(\lambda t+\mu s)}P_{ij}(t+s)\,\mathrm{d}t\,\mathrm{d}s&=\int_0^\infty \mathrm{e}^{-\lambda t}\,\mathrm{d}t\int_0^\infty \mathrm{e}^{-\mu s}P_{ij}(t+s)\,\mathrm{d}s\\&=r_{ij}(\mu)\int_0^\infty \mathrm{e}^{-(\lambda-\mu)t}\,\mathrm{d}t-\\&\quad\int_0^\infty \mathrm{e}^{-\mu u}P_{ij}(u)\,\mathrm{d}u\int_u^\infty \mathrm{e}^{-(\lambda-\mu)t}\,\mathrm{d}t\\&=\frac{r_{ij}(\mu)}{\lambda-\mu}-\int_0^\infty \mathrm{e}^{-\lambda u}P_{ij}(u)\frac{\mathrm{d}u}{\lambda-\mu}\\&=-\frac{1}{\lambda-\mu}\{r_{ij}(\lambda)-r_{ij}(\mu)\}.\end{aligned}\tag{6.3.9}$$

易见，若 $\mu>\lambda$, 可得到同样的结果. 由 (6.3.8) 和 (6.3.9) 式即得 (3).

(4) 可由连续性条件推得. 事实上

$$\lambda r_{ij}(\lambda)=\lambda\int_0^\infty \mathrm{e}^{-\lambda t}P_{ij}(t)\,\mathrm{d}t=\int_0^\infty \mathrm{e}^{-u}P_{ij}(u/\lambda)\,\mathrm{d}u,$$

$$\lim_{\lambda\to\infty} P_{ij}(u/\lambda) = \delta_{ij}, \qquad \int_0^\infty \mathrm{e}^{-u}\,\mathrm{d}u = 1,$$

由控制收敛定理即得 (4). □

下面引入向后方程的积分形式

$$P_{ij}(t) = \delta_{ij}\mathrm{e}^{-q_i t} + \sum_{k\neq i}\int_0^t \mathrm{e}^{-q_i(t-s)} q_{ik} P_{kj}(s)\,\mathrm{d}s. \tag{6.3.10}$$

实际上, 由向后方程 $P'_{ij}(t) = \sum\limits_k q_{ik}P_{kj}(t)$, 可得

$$\begin{aligned}
P_{ij}(t) - \delta_{ij}\mathrm{e}^{-q_i t} &= \int_0^t \mathrm{d}[P_{ij}(s)\mathrm{e}^{-q_i(t-s)}] \\
&= \int_0^t \mathrm{e}^{-q_i(t-s)} P'_{ij}(s)\,\mathrm{d}s + \int_0^t q_i \mathrm{e}^{-q_i(t-s)} P_{ij}(s)\,\mathrm{d}s \\
&= \int_0^t \mathrm{e}^{-q_i(t-s)}\Big(q_{ii}P_{ij}(s) + \sum_{k\neq i} q_{ik}P_{kj}(s)\Big)\,\mathrm{d}s + \\
&\quad\ \int_0^t (-q_{ii})\mathrm{e}^{-q_i(t-s)} P_{ij}(s)\,\mathrm{d}s \\
&= \sum_{k\neq i}\int_0^t \mathrm{e}^{-q_i(t-s)} q_{ik}P_{kj}(s)\,\mathrm{d}s,
\end{aligned}$$

即得 (6.3.8) 式. 对其取拉普拉斯变换, 利用引理 6.3.2, 得到预解式满足的向后方程 (线性代数方程组)

$$r_{ij}(\lambda) = \sum_{k\neq i} \frac{q_{ik}}{\lambda + q_i} r_{kj}(\lambda) + \frac{\delta_{ij}}{\lambda + q_i}, \quad \lambda > 0, \quad i, j \in S.$$

类似地, 也可得到向前方程的积分形式和向前线性代数方程组. 这样, 解微分方程就转化成求解线性代数方程组了.

6.4 生灭过程

这一节转到讨论一类特殊的马尔可夫链——生灭过程, 它在排队系统、可靠性理论、生物、医学、经济管理、物理、通讯、交通等方面有广泛的应用. 而且它的理论成果较为系统, 成熟和深入.

定义 6.4.1 设马尔可夫链 $X = \{X(t), t \geqslant 0\}$, 状态空间 $S = \{0, 1, 2, \cdots\}$, 若 $\boldsymbol{P}(t) = (P_{ij}(t))$ 满足: 当 h 充分小时,

$$
\begin{cases}
P_{i,i+1}(h)=\lambda_i h+o(h), & \lambda_i\geqslant 0, i\geqslant 0,\\
P_{i,i-1}(h)=\mu_i h+o(h), & \mu_i\geqslant 0, i\geqslant 1,\\
P_{ii}(h)=1-(\lambda_i+\mu_i)h+o(h), & \mu_0=0, i\geqslant 0,\\
\sum\limits_{|j-i|\geqslant 2} P_{ij}(h)=o(h), & i\geqslant 0.
\end{cases}
\tag{6.4.1}
$$

称 X 为**生灭过程**.

(6.4.1) 式表示，当 h 充分小时，状态转移有 3 种可能：$i\to i+1, i\to i-1, i\to i$. 这个特性是许多生物群体，粒子裂变，信号计数等的共同特点，因而可作为这一类物理自然现象的数学模型.

由 (6.4.1) 式知：$q_i=(\lambda_i+\mu_i)$, $q_{i,i+1}=\lambda_i$, $q_{i,i-1}=\mu_i$, 其他 $q_{ij}=0$, 即 $\boldsymbol{Q}=(q_{ij})$ 表示为

$$
\boldsymbol{Q}=\begin{pmatrix}
-\lambda_0 & \lambda_0 & 0 & 0 & 0 & 0 & \cdots & \cdots\\
\mu_1 & -(\lambda_1+\mu_1) & \lambda_1 & 0 & 0 & 0 & \cdots & \cdots\\
0 & \mu_2 & -(\lambda_2+\mu_2) & \lambda_2 & 0 & 0 & \cdots & \cdots\\
\vdots & \ddots & \ddots & \ddots & \ddots & & & \\
0 & \cdots & 0 & \mu_i & -(\lambda_i+\mu_i) & \lambda_i & 0 & \cdots\\
\vdots & \vdots & \vdots & 0 & \ddots & \ddots & \ddots & \\
0 & 0 & \cdots & \cdots & \cdots & \ddots & \ddots & \ddots
\end{pmatrix}.
\tag{6.4.2}
$$

形如 (6.4.2) 式的矩阵，称作生灭过程 Q 矩阵. 显然，它是保守 Q 矩阵，且在 $\lambda_i>0(i\geqslant 0)$, $\mu_i>0(i\geqslant 1)$ 时，有 $i-1\leftrightarrow i\leftrightarrow i+1(i\geqslant 1)$, 可知对 $\forall i,j\in S$, $i\leftrightarrow j$, 从而这样的生灭过程是不可约链，同时有以下定理.

定理 6.4.1 若 X 为生灭过程，则 $\boldsymbol{P}(t)$, $\boldsymbol{Q}$ 满足向前向后方程

$$
P'_{ij}(t)=-P_{ij}(t)(\lambda_j+\mu_j)+P_{i,j-1}(t)\lambda_{j-1}+P_{i,j+1}(t)\mu_{j+1},
\tag{6.4.3}
$$

$$
P'_{ij}(t)=-(\lambda_i+\mu_i)P_{ij}(t)+\lambda_i P_{i+1,j}(t)+\mu_i P_{i-1,j}(t).
\tag{6.4.4}
$$

且 $\{P_j(t), j\in S\}$ 满足 Fokker-Planck 方程

$$
\begin{cases}
P'_0(t)=-P_0(t)\lambda_0+P_1(t)\mu_1,\\
P'_j(t)=-P_j(t)(\lambda_j+\mu_j)+P_{j-1}(t)\lambda_{j-1}+P_{j+1}(t)\mu_{j+1}.
\end{cases}
\tag{6.4.5}
$$

证明 先证 (6.4.3) 式.

由 C-K 方程及 (6.4.1) 式，有

$$\frac{P_{ij}(t+h)-P_{ij}(t)}{h}=-P_{ij}(t)\frac{(1-P_{jj}(h))}{h}+P_{i,j-1}(t)\frac{P_{j-1,j}(h)}{h}+P_{i,j+1}(t)\frac{P_{j+1,j}(h)}{h}+\frac{1}{h}o(h).$$

令 $h\to 0$ 即得 (6.4.3) 式. 类似可证 (6.4.4) 式. 由 (6.4.3) 式两边乘以 $P_i(0)$ 再对 i 求和，并注意到 $P_j(t)=\sum\limits_{i\in S}P_i(0)P_{ij}(t)$, 即得 (6.4.5) 式. □

如 X 的极限分布存在，即 $P_j=\lim\limits_{t\to\infty}P_{ij}(t)$ 存在，且与 i 无关 $(\forall i,j\in S)$, 则有 $P_j'(t)\to 0(t\to\infty)$. 因此由 (6.4.5) 式令 $t\to\infty$, 两边取极限得

$$\begin{cases}-\lambda_0P_0+\mu_1P_1=0,\\-(\lambda_j+\mu_j)P_j+\lambda_{j-1}P_{j-1}+\mu_{j+1}P_{j+1}=0,\quad j\geqslant 1.\end{cases}\tag{6.4.6}$$

解 (6.4.6) 式的代数方程组，得

$$P_1=\frac{\lambda_0}{\mu_1}P_0,\quad P_2=\frac{\lambda_0\lambda_1}{\mu_1\mu_2}P_0,\ \cdots,\ P_k=\frac{\lambda_0\lambda_1\cdots\lambda_{k-1}}{\mu_1\mu_2\cdots\mu_k}P_0,\ \cdots$$

再由 $\sum\limits_{k\in S}P_k=1$, 得

$$P_0=\left(1+\sum_{k=1}^{\infty}\frac{\lambda_0\lambda_1\cdots\lambda_{k-1}}{\mu_1\mu_2\cdots\mu_k}\right)^{-1}.$$

可知，当

$$\sum_{k=1}^{\infty}\frac{\lambda_0\lambda_1\cdots\lambda_{k-1}}{\mu_1\mu_2\cdots\mu_k}<\infty\tag{6.4.7}$$

时，$0<P_0<1$, 且 $0<P_k<1(k\geqslant 1)$. 因此，(6.4.7) 式成立是 (6.4.6) 式的代数方程组存在唯一的极限分布解的充要条件. 进一步有以下结论.

定理 6.4.2 设 $X=\{X(t),t\geqslant 0\}$ 为生灭过程，$\lambda_i>0,\ i\geqslant 0,\ \mu_i>0,\ i\geqslant 1$ $(\mu_0=0)$, 则 X 存在唯一的平稳分布 (它等于极限分布) 的充要条件为 (6.4.7) 式成立，即

$$\sum_{k=1}^{\infty}\frac{\lambda_0\lambda_1\cdots\lambda_{k-1}}{\mu_1\mu_2\cdots\mu_k}<\infty,$$

且 $P_0=\left(1+\sum_{k=1}^{\infty}\frac{\lambda_0\lambda_1\cdots\lambda_{k-1}}{\mu_1\mu_2\cdots\mu_k}\right)^{-1}$, $P_k=\frac{\lambda_0\lambda_1\cdots\lambda_{k-1}}{\mu_1\mu_2\cdots\mu_k}P_0(k\geqslant 1)$.

证明 注意到当 $\lambda_i>0, i\geqslant 0, \mu_i>0, i\geqslant 1$ 时，此过程为不可约链. 再由定理 6.1.1 可知，它是正常返链的充要条件是存在平稳分布，且就等于极限分布，而 (6.4.7) 式成立是 (6.4.6) 式代数方程存在唯一极限分布的充要条件. □

通常在排队论中，若存在极限分布，且等于平稳分布，称此时系统处于**统计平衡**, 简称**稳态**.

例 1 $M/M/1$ 排队系统，即顾客到达流是参数为 λ 的泊松流，每个顾客的服务时间独立同分布，服从参数为 μ 的指数分布且与顾客到达时间相互独立，另外只有一个服务员. 记 $X(t)$ 表示系统 t 时刻顾客数，易知 $\{X(t),t\geqslant 0\}$ 为生灭过程，$\lambda_i=\lambda(i\geqslant 0)$, $\mu_i=\mu(i\geqslant 1,\mu_0=0)$. 显然，当 $\rho=\frac{\lambda}{\mu}<1$ 时，$0<P_0=1-\frac{\lambda}{\mu}<1$, $0<P_k=\left(\frac{\lambda}{\mu}\right)^k\left(1-\frac{\lambda}{\mu}\right)<1$, 因此得出：对于 $M/M/1$ 排队系统，当 $\rho=\frac{\lambda}{\mu}<1$ 时，过程存在唯一平稳分布 $\{P_j,j\in S\}$; 当 $t\to+\infty$ 时，$P_j(t)\to P_j$. 以下求稳态下的几个数量指标：

(1) 系统的平均队长

$$L=\lim_{t\to\infty}E[X(t)]=\sum_{k=0}^{\infty}kP_k=\sum_{k=1}^{\infty}k\left(\frac{\lambda}{\mu}\right)^k\left(1-\frac{\lambda}{\mu}\right)=\frac{\lambda}{\mu-\lambda}=\frac{\rho}{1-\rho}.$$

由

$$\lim_{t\to\infty}E[X^2(t)]=\sum_{k=0}^{\infty}k^2P_k=\rho\left[\frac{2}{(1-\rho)^2}-\frac{1}{(1-\rho)}\right],$$

有

$$\lim_{t\to\infty}D[X(t)]=\frac{\rho}{(1-\rho)^2}.$$

(2) 平均等待的顾客数

$$L_g=\sum_{k=1}^{\infty}(k-1)P_k=\frac{\lambda^2}{\mu(\mu-\lambda)}=\frac{\rho^2}{(1-\rho)}.$$

(3) 等待时间分布与平均等待时间

以 T_g 表示稳态时 (如考虑初始分布等于平稳分布的系统，此时是一平稳过

程) 顾客排队等待的时间，记 $G(x)=P(T_g\leqslant x)$, 当 $x=0$ 时

$$G(0)=P(T_g=0)=P_0=1-\frac{\lambda}{\mu}.$$

当 $x>0$ 时，由全概公式

$$\begin{aligned}G(x)=&\sum_{n=0}^{\infty}P(X(s)=n)P(T_g\leqslant x\big|X(s)=n)\\=&P(T_g\leqslant x,X(s)=0)+\sum_{n=1}^{\infty}P_nP(T_g\leqslant x\big|X(s)=n).\end{aligned}$$

在 $X(s)=n$ 条件下，T_g 应等于 $n-1$ 个顾客服务时间之和再加上正在服务的顾客的剩余服务时间，再由指数分布的无记忆性，知 $P(T_g\leqslant x|X(s)=n)$ 应等于参数为 μ 的指数分布的 n 重卷积，即

$$P(T_g\leqslant x\big|X(s)=n)=\int_0^x\frac{\mu(\mu u)^{n-1}}{(n-1)!}\mathrm{e}^{-\mu u}\,\mathrm{d}u,$$

故

$$\begin{aligned}G(x)=&\left(1-\frac{\lambda}{\mu}\right)+\left(1-\frac{\lambda}{\mu}\right)\lambda\int_0^x\sum_{n=1}^{\infty}\frac{(\lambda u)^{n-1}}{(n-1)!}\mathrm{e}^{-\mu u}\,\mathrm{d}u\\=&\left(1-\frac{\lambda}{\mu}\right)+\frac{\lambda}{\mu}[1-\mathrm{e}^{-(\mu-\lambda)x}]\\=&1-\frac{\lambda}{\mu}\mathrm{e}^{-(\mu-\lambda)x}.\end{aligned}$$

平均等待时间 $W_g=ET_g=\dfrac{\lambda}{\mu(\mu-\lambda)}$.

(4) 费用最优的参数

考虑最优服务率 μ 的问题，设每一顾客在系统一小时损失 C_1 元，服务机构每小时费用正比于 μ, 比例系数为 C_2, 记 $R(\mu)$ 为每小时费用，则系统平均每小时费用损失为 $ER(\mu)=\dfrac{\lambda}{\mu-\lambda}C_1+C_2\mu$. 如何选取最优的 μ^*, 使 $ER(\mu^*)=\min ER(\mu)$. 显然由 $\dfrac{\mathrm{d}ER(\mu)}{\mathrm{d}\mu}=0$, 可得

$$\mu^*=\lambda+\sqrt{\frac{C_1\lambda}{C_2}}.$$ □

例 2　一台大型计算机系统，有 m 个终端，假定可能的用户有无限多. 在 $(t,t+h)$ 内又有一用户要求使用终端的概率为 $\lambda h+o(h)(\lambda>0,h$充分小),

并与正在使用的用户无关. 此时若有空闲终端, 则它占用一终端; 否则, 因终端占满, 请求使用的用户被取消. 又假定每一个在 t 时刻正在占用一终端, 在 $(t,t+h)$ 内使用完毕而空出的概率为 $\mu h+o(h)$. 各用户正在占用与结束之间相互独立. 设 $X(t)$ 表示 t 时刻正在占用的终端数, 易验证 $\{X(t),t\geqslant 0\}$ 为马尔可夫链, 且是有限状态生灭过程, $S=\{0,1,2,\cdots,m\}$. 依题意有

$$
\begin{aligned}
&P_{i,i+1}(h)=\lambda h+o(h),\ 0\leqslant i\leqslant m-1;\\
&P_{i,i-1}(h)=i\mu h+o(h),\ 1\leqslant i\leqslant m;\\
&P_{ii}(h)=1-(\lambda+i\mu)h+o(h),\ 0\leqslant i\leqslant m-1;\\
&P_{ij}(h)=o(h),\ |j-i|\geqslant 2;\\
&P_{mm}(h)=1-m\mu h+o(h).
\end{aligned}
$$

则相应的极限分布 $\{P_j,0\leqslant j\leqslant m\}$ 满足方程 (6.4.6)$(0\leqslant j\leqslant m)$. 解之得 $P_k=\dfrac{1}{k!}\left(\dfrac{\lambda}{\mu}\right)^k P_0$, 再由 $\sum\limits_{j=0}^{m}P_j=1$ 知

$$
P_0=\left(1+\sum_{k=1}^{m}\frac{1}{k!}\left(\frac{\lambda}{\mu}\right)^k\right)^{-1},
$$

$$
P_k=\frac{1}{k!}\left(\frac{\lambda}{\mu}\right)^k\left[\sum_{l=0}^{m}\frac{1}{l!}\left(\frac{\lambda}{\mu}\right)^l\right]^{-1},\quad 0\leqslant k\leqslant m. \qquad \square
$$

考虑几个特殊的生灭过程.

(1) 有迁入的线性增长模型

生灭过程 $X=\{X(t),t\geqslant 0\}$, 若 $\lambda_n=n\lambda+a$, $\mu_n=n\mu$, $\lambda>0$, $\mu>0$, $a>0$, 称 X 为有迁入线性增长模型. 它用于描述生物再生和人口增长过程. 假定群体中的每个个体以指数率 λ 出生, 同时, 群体由于从外界迁入的影响又以系数 a 增加, 而群体中每个个体以指数率 μ 死亡. 这时方程 (6.4.3) 化为

$$
\left\{\begin{aligned}
&P'_{i0}(t)=-aP_{i0}(t)+\mu P_{i1}(t),\\
&P'_{ij}(t)=[\lambda(j-1)+a]P_{i,j-1}(t)-[(\lambda+\mu)j+a]P_{ij}(t)+\\
&\qquad\quad \mu(j+1)P_{i,j+1}(t),\quad j\geqslant 1.
\end{aligned}\right. \tag{6.4.8}
$$

记 $M_i(t)=E[X(t)\big|X(0)=i]=\sum\limits_{j=1}^{\infty}jP_{ij}(t)$, 则由 (6.4.8) 式两边乘以 j, 再对 j

求和，可知 $(M_i(t), t \geqslant 0)$ 满足下列微分方程

$$\begin{cases} M_i'(t) = a + (\lambda - \mu) M_i(t), \\ M_i(0) = i. \end{cases}$$

解之得到

$$M_i(t) = \begin{cases} at + i, & \text{如}\lambda = \mu, \\ \dfrac{a}{\lambda - \mu}(\mathrm{e}^{(\lambda-\mu)t} - 1) + i\mathrm{e}^{(\lambda-\mu)t}, & \text{如}\lambda \neq \mu. \end{cases} \tag{6.4.9}$$

且

$$\lim_{t\to\infty} M_i(t) = \begin{cases} \infty, & \text{如}\lambda \geqslant \mu, \\ \dfrac{-a}{\lambda - \mu}, & \text{如}\lambda < \mu. \end{cases}$$

这在直观上的意义是很明显的.

(2) 纯生过程 (耶洛过程)

泊松过程是一个最简单的纯生过程，它是当 $\mu_n = 0, \lambda_n = \lambda$ 的生灭过程. 泊松过程的一个自然推广是在给定时刻一事件发生的可能性依赖于已发生的事件数，即对于充分小的 $h \geqslant 0$, 若 $P_{i,i+1}(h) = \lambda_i h + o(h)$, $P_{ii}(h) = 1 - \lambda_i h + o(h)$, 其他 $P_{ij}(h) = o(h), j > i+1$, $P_{ij}(h) = 0, j < i$, 这便是纯生过程. 纯生过程中一个特殊情形是：当 $\lambda_n = n\beta$ 时，称为耶洛 (yule) 过程. 耶洛过程在物理、生物中常会看到它的踪迹. 假定某群体的每一位个体在 h 时间长度内生出新的概率为 $\beta h + o(h)$, 且个体之间产生下一代的个体数也相互独立，那么

$$\begin{aligned} P_{i,i+1}(h) &= P(X(t+h) = i+1 \big| X(t) = i) \\ &= P(X(t+h) - X(t) = 1 \big| X(t) = i) \\ &= \mathrm{C}_i^1(\beta h + o(h))[1 - \beta h + o(h)]^{i-1} \\ &= i\beta h + o(h). \end{aligned}$$

当 $j > i+1$ 时, $P_{ij}(h) = o(h)$； $j < i$ 时, $P_{ij}(h) = 0$, $P_{ii}(h) = (1 - \beta h - o(h))^i = 1 - i\beta h + o(h)$. 以 $\lambda_n = n\beta$, $\mu_n = 0$ 代入 (6.4.5) 式得

$$P_n'(t) = -n\beta P_n(t) + (n-1)\beta P_{n-1}(t), \quad n \geqslant 1. \tag{6.4.10}$$

分两种情况讨论：

① 设 $X(0)=1$, 即 $P_1(0)=1$, $P_n(0)=0(n\geqslant 2)$ 为初始条件. 由 $n=1$, $P_1'(t)=-\beta P_1(t)$, $P_1(0)=1$, 得 $P_1(t)=\mathrm{e}^{-\beta t}$. 再由 (6.4.10) 式递推归纳得

$$P_n(t)=\exp(-\beta t)[1-\exp(-\beta t)]^{n-1},\quad n\geqslant 1.$$

记 $f_1(\rho,t)=\sum_{n=1}^{\infty}P_n(t)\rho^n$, 那么

$$f_1(\rho,t)=\frac{\rho\mathrm{e}^{-\beta t}}{1-(1-\mathrm{e}^{-\beta t})\rho}.$$

② 设 $X(0)=k$, 即 $P_k(0)=1$, $P_n(0)=0$, $n\neq k$ 的情形. 由于每个个体产生下一代相互独立, 因此我们可以设想: 这个 $X(0)=k$ 的耶洛过程可以看作是由 $X_i(0)=1$ 的 k 个耶洛过程 $X_i(t)(1\leqslant i\leqslant k)$ 的和构成, 即 $X(t)=\sum_{i=1}^{k}X_i(t)$. 令

$$P_{kn}(t)=P(X(t)=n\big|X(0)=k),$$

$$f_k(\rho,t)=\sum_{n=k}^{\infty}P_{kn}(t)\rho^n,$$

则有

$$\begin{aligned}f_k(\rho,t)=&[f_1(\rho,t)]^k\\=&\left[\frac{\rho\mathrm{e}^{-\beta t}}{1-(1-\mathrm{e}^{-\beta t})\rho}\right]^k\\=&(\rho\mathrm{e}^{-\beta t})^k\sum_{m=0}^{\infty}\mathrm{C}_{m+k-1}^{m}(1-\mathrm{e}^{-\beta t})^m\rho^m\\=&\sum_{n=k}^{\infty}\mathrm{C}_{n-1}^{n-k}(\mathrm{e}^{-\beta t})^k(1-\mathrm{e}^{-\beta t})^{n-k}\rho^n.\end{aligned}$$

与 $f_k(\rho,t)$ 的定义比较, 得

$$\begin{cases}P_{kn}(t)=\mathrm{C}_{n-1}^{n-k}\mathrm{e}^{-k\beta t}(1-\mathrm{e}^{-\beta t})^{n-k}, & n\geqslant k,\\ P_{kn}(t)=0, & n<k.\end{cases}$$

这说明, 对耶洛过程, 由初始分布及 Q 矩阵能够唯一确定 $\boldsymbol{P}(t)$.

6.5 强马尔可夫性与嵌入马尔可夫链

在马尔可夫链中，它的基本性质是它具有“马尔可夫性”，即在已知“现在”的情况下，“将来”与“过去”无关. 这里所指的“现在”时刻 t 是一个 T 中的数. 自然地要问：如果“现在”改为随机“停时”，其“马尔可夫性”是否还保持？例如，已知过程在第一次跳跃时刻τ_1(现在时刻是 τ_1) 的状态，那么过程在第一次跳跃后 (将来) 与过程在 τ_1 之前是否条件独立？这就是所谓“强马尔可夫性”问题. 强马尔可夫性概念是一个非常有用的概念，但它的严格定义需要测度论的知识. 本节力图用直观的、初等概率论的语言对“强马尔可夫性”与有关的重要结果作简要的介绍，以便读者应用.

记 $F_t=\sigma(X(u),0\leqslant u\leqslant t)$ 是由 $\{X(u),0\leqslant u\leqslant t\}$ 生成的事件的 σ 域，即由过程 X 在 $[0,t]$ 内可能提供的全部信息 (参见 4.3 节). 一个非负随机变量 τ, 若对于 $\forall t\geqslant 0$ 有 $(\tau\leqslant t)\in F_t$, 即事件 $\{\tau\leqslant t\}$ 发生与否, 完全由过程 X 在 t 时刻之前 (包括 t 时刻) 的状态 $\{X(u),0\leqslant u\leqslant t\}$ 决定，则称 τ 关于 $X=\{X(t),t\geqslant 0\}$ 是停时 (或马尔可夫时间). 显然，任意常数 $t\geqslant 0$ 是停时. 若 τ,θ 是停时，则 $\tau+\theta, \tau\wedge\theta, \tau\vee\theta$ 亦是停时.

定义 6.5.1 设马尔可夫过程 $X=\{X(t),t\geqslant 0\}$, 状态空间 $S=\{0,1,2,\cdots\}$, ρ_n 关于 X 是停时 $(n\geqslant 1)$, $0\leqslant\rho_1\leqslant\rho_2\leqslant\cdots\leqslant\rho_n$ 及 $t\geqslant 0$. 若对 $\forall j,i_k\in S$ $(0\leqslant k\leqslant n)$ 有

$$\begin{aligned}&P\{X(\rho_n+t)=j\big|X(0)=i_0,X(\rho_k)=i_k,(1\leqslant k\leqslant n)\}\\&=P\{X(\rho_n+t)=j\big|X(\rho_n)=i_n\},\end{aligned}$$

则称 $\{X(t),t\geqslant 0\}$ 关于 $\{\rho_k,0\leqslant k\leqslant n\}(n\geqslant 1)$ 具有**强马尔可夫性**.

令 $\tau_0=0$ 及

$$\tau_n=\inf\{t\colon\ t>\tau_{n-1},X(t)\neq X(\tau_{n-1})\}(n\geqslant 1),\quad \theta_n=\tau_n-\tau_{n-1}(n\geqslant 1).$$

τ_n 表示 X 的第 n 次跳跃时刻, θ_n 表示第 n 次与第 $n-1$ 次跳跃的时间间隔. 令 $Y^{(n)}(t)=X(\tau_n+t)$, $Y^{(n)}=\{X(\tau_n+t),t\geqslant 0\}(n\geqslant 1)$, $\tau_0^{(1)}=0$, $\tau_n^{(1)}=\inf\{t\colon\ t>\tau_{n-1}^{(1)},Y^{(1)}(t)\neq Y^{(1)}(\tau_{n-1}^{(1)})\}$.

本章以下几节总假定时齐马尔可夫链 $X=\{X(t),t\geqslant 0\}$ 轨道右连续, $\boldsymbol{Q}=(q_{ij})$ 为保守 Q 矩阵, 且 $0<q_i<+\infty$, $\lim\limits_{n\to\infty}\tau_n=+\infty$(a.e.), $i\in S$. 本节并着重讨论 X 关于跳跃时刻的强马尔可夫性问题.

定理 6.5.1 $\forall s,t\geqslant 0, j\neq i$, 有

$$P\{\tau_1\leqslant s, X(\tau_1+v)=j, 0\leqslant v\leqslant t\big|X(0)=i, X(\tau_1)=j\}$$
$$=[1-\exp(-q_is)]\exp(-q_jt). \tag{6.5.1}$$

证明 由定理 6.2.4 的推论知, $\forall \mu\geqslant 0$

$$\begin{aligned}P(\tau_1\leqslant u\big|X(0)=i, X(\tau_1)=j)=&P(\tau_1\leqslant u\big|X(0)=i)\\ =&1-\exp(-q_iu).\end{aligned}$$

故 $\forall s,t\geqslant 0$

$$\begin{aligned}&P(\tau_1\leqslant s, X(\tau_1+v)=j, 0\leqslant v\leqslant t\big|X(0)=i, X(\tau_1)=j)\\
=&\int_0^s P\{\tau_1\leqslant s, X(\tau_1+v)=j, 0\leqslant v\leqslant t\big|X(0)=i, \tau_1=u, X(u)=j\}\times\\
&\mathrm{d}P\{\tau_1\leqslant u\big|X(0)=i, X(\tau_1)=j\}\\
=&\int_0^s P\{X(u+v)=j, 0\leqslant v\leqslant t\big|X(z)=i, 0\leqslant z<u, X(u)=j\}q_i\exp(-q_iu)\,\mathrm{d}u\\
=&\lim_{n\to\infty}\int_0^s P\{X(u+v)=j, 0\leqslant v\leqslant t\big|X(ku/2^n)=i, 0\leqslant k<2^n, X(u)=j\}\times\\
&q_i\exp(-q_iu)\,\mathrm{d}u\quad(\text{轨道右连续及概率连续性})\\
=&\int_0^s P[X(u+v)=j, 0\leqslant v\leqslant t\big|X(u)=j]q_i\exp(-q_iu)\,\mathrm{d}u\quad(\text{马氏性})\\
=&\int_0^s P[X(v)=j, 0\leqslant v\leqslant t\big|X(0)=j]q_i\exp(-q_iu)\,\mathrm{d}u\quad(\text{时齐性})\\
=&P[X(v)=j, 0\leqslant v\leqslant t\big|X(0)=j][1-\exp(-q_is)]\\
=&[1-\exp(-q_is)]\exp(-q_jt)\quad(\text{由 (6.2.5) 式}).\end{aligned}$$

命题得证. □

推论 $\forall s,t\geqslant 0, j\neq i$ 有

(1)

$$P(\theta_1\leqslant s, \theta_2\leqslant t\big|X(0)=i, X(\tau_1)=j)=[1-\exp(-q_is)][1-\exp(-q_jt)]. \tag{6.5.2}$$

(2) 给定 $X(0)$, $X(\tau_1)$, θ_1 与 θ_2 条件独立.

(3) $X=\{X(t), t\geqslant 0\}$ 关于 τ_1 具有强马尔可夫性.

证明略, 留给有兴趣的读者作为练习.

定理 6.5.2 $Y^{(1)}=\{X(\tau_1+t),t\geqslant 0\}$ 是时齐马尔可夫链，且与 $X=\{X(t),t\geqslant 0\}$ 有相同的 $\boldsymbol{P}(t)=(P_{ij}(t))$ 和 Q 矩阵 $\boldsymbol{Q}=(q_{ij})$.

证明略，留给有兴趣的读者作为练习.

推论 $Y^{(n)}=\{X(\tau_n+t),t\geqslant 0\}$ 是时齐马尔可夫链且与 $X=\{X(t),t\geqslant 0\}$ 具有相同的 $\boldsymbol{P}(t)=(P_{ij}(t))$ 与 Q 矩阵 $\boldsymbol{Q}=(q_{ij})$.

证明略，留给有兴趣的读者作为练习.

定理 6.5.3 马尔可夫链 $X=\{X(t),t\geqslant 0\}$ 关于跳跃时刻 $\{\tau_k,0\leqslant k\leqslant n\}$ $(n\geqslant 1)$ 具有强马尔可夫性, 即 $\forall t\geqslant 0, i_k\in S, i_{k-1}\neq i_k, 1\leqslant k\leqslant n-1, i_{n-1}\neq i, j\in S$, 则

$$\begin{aligned}&P\{X(\tau_n+t)=j\big|X(0)=i_0,X(\tau_1)=i_1,\cdots,X(\tau_{n-1})=i_{n-1},X(\tau_n)=i\}\\&=P\{X(\tau_n+t)=j\big|X(\tau_n)=i\}\\&=P_{ij}(t).\end{aligned}\tag{6.5.3}$$

证明 用数学归纳法. 当 $n=1$ 时，由定理 6.5.1 知结论成立.

现设 (6.5.3) 式对 n 成立，往下证对 $n+1$ 的情形. 由定理 6.5.2 知 $Y^{(1)}$ 在 $X(\tau_1)$ 下与 $X(0)$ 无关，于是

$$\begin{aligned}&P\{X(\tau_{n+1}+t)=j\big|X(0)=l,X(\tau_1)=i_0,X(\tau_2)=i_1,\cdots,X(\tau_{n+1})=i\}\\&=P\{Y^{(1)}(\tau_n^{(1)}+t)=j\big|Y^{(1)}(0)=i_0,Y^{(1)}(\tau_1^{(1)})=i_1,\cdots,Y^{(1)}(\tau_n^{(1)})=i\}\\&=P\{Y^{(1)}(\tau_n^{(1)}+t)=j\big|Y^{(1)}(\tau_n^{(1)})=i\}\quad(\text{由归纳假设})\\&=P_{ij}(t).\quad(\text{定理 6.5.2})\end{aligned}$$

从而结论对任意 $n\geqslant 1$ 均成立. □

由以上定理，不难有以下推论.

推论

(1) $\forall i_k\in S, i_k\neq i_{k+1}, 0\leqslant k\leqslant n-1, i\neq i_{n-1}, t\geqslant 0$

$$\begin{aligned}&P\{\theta_{n+1}\leqslant t\big|X(0)=i_0,X(\tau_1)=i_1,\cdots,X(\tau_{n-1})=i_{n-1},X(\tau_n)=i\}\\&\qquad=1-\exp(-q_i t).\end{aligned}\tag{6.5.4}$$

(2) $\theta_1,\theta_2,\cdots,\theta_n,\theta_{n+1}$ 关于 $X(0),X(\tau_1),\cdots,X(\tau_n)$ 条件独立.

(3)

$$P\{X(\tau_{n+1})=j\big|X(0)=i_0,\cdots,X(\tau_{n-1})=i_{n-1},X(\tau_n)=i\}=\begin{cases}\dfrac{q_{ij}}{q_i} & j\neq i,\\ 0 & j=i.\end{cases}$$

证明 仅证 (3).

$$
\begin{aligned}
&P\{X(\tau_{n+1})=j\big|X(0)=i_0,\cdots,X(\tau_{n-1})=i_{n-1},X(\tau_n)=i\}\\
&=P\{X(\tau_n+\theta_{n+1})=j\big|X(0)=i_0,\cdots,X(\tau_n)=i\}\\
&=\int_0^{\infty}P\{X(\tau_n+t)=j\big|X(0)=i_0,\cdots,X(\tau_n)=i,\theta_{n+1}=t\}\times\\
&\quad \mathrm{d}P\{\theta_{n+1}\leqslant t\big|X(0)=i_0,\cdots,X(\tau_n)=i\}\\
&=\int_0^{\infty}P\{X(\tau_n+u)=i,0\leqslant u<t,X(\tau_n+t)=j\big|\\
&\quad X(0)=i_0,\cdots,X(\tau_n)=i,\theta_{n+1}=t\}\cdot\mathrm{d}P\{\theta_{n+1}\leqslant t\big|X(\tau_n)=i\}\\
&=\int_0^{\infty}P\{X(u)=i,0\leqslant u<t,X(t)=j\big|X(0)=i,\theta_1=t\}\,\mathrm{d}P\{\theta_1\leqslant t\big|X(0)=i\}\\
&=P\{X(\tau_1)=j\big|X(0)=i\}\quad(\text{全概率公式})\\
&=\frac{q_{ij}}{q_i}.
\end{aligned}
$$

□

若令 $\tilde{X}_n=X(\tau_n)$, 称 $\tilde{X}=\{\tilde{X}_n,n\geqslant 0\}$ 为**嵌入马尔可夫链**.

定理 6.5.4 $\tilde{X}=\{\tilde{X}_n,n\geqslant 0\}$ 是离散参数马尔可夫链, 其一步转移概率 $\tilde{P}_{ij}$ 为

$$
\tilde{P}_{ij}=\begin{cases}\dfrac{q_{ij}}{q_i}, & j\neq i,\\ 0, & j=i.\end{cases}\tag{6.5.5}
$$

$$
\tilde{\boldsymbol{P}}=(\delta_{ij}+q_{ij}q_i^{-1}).
$$

证明 由定理 6.5.3 推论即得. □

以上说明: 对于连续参数马尔可夫链 $X=\{X(t),t\geqslant 0\}$, 如果只考虑跳跃时刻 $\{\tau_n,n\geqslant 0\}$ 的状态 $\tilde{X}_n=X(\tau_n)$, 则 $\tilde{X}=\{\tilde{X}_n,n\geqslant 0\}$ 仍是马尔可夫链, 其转移矩阵为 $\tilde{\boldsymbol{P}}=(\delta_{ij}+q_{ij}q_i^{-1})$.

6.6 连续参数马尔可夫链的随机模拟

从上节讨论知道, 对于连续参数马尔可夫链 $X=\{X(t),t\geqslant 0\}$, 当给定 $X(\tau_n)=i_n(n\geqslant 0)$ 时, 停留在 i_n 状态的时间 $\{\theta_n,n\geqslant 1\}$ 条件独立, 且 θ_n 服从参数为 q_{i_n} 的指数分布. 而状态转移概率 $P\{X(\tau_{n+1}=i_{n+1}\big|X(\tau_n)=i_n\}=q_{i_n,i_{n+1}}/q_{i_n}$, 故 X 的轨道可形象表示如图 6.1.

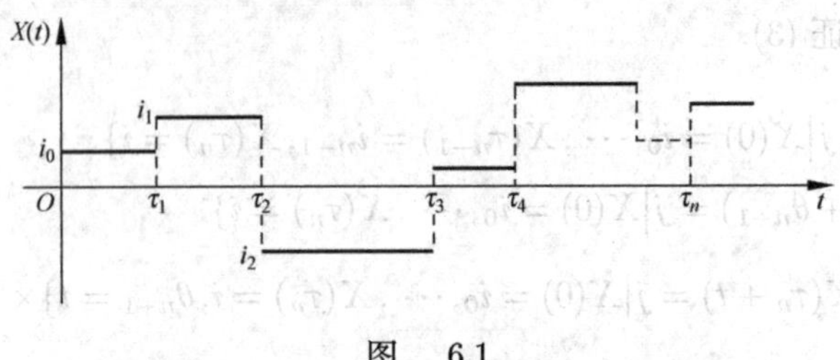

图 6.1

因此对于初始分布为 $\{P_j(0), j \in S\}$, Q 矩阵 $\boldsymbol{Q} = (q_{ij})$ 为保守的马尔可夫链 $X = \{X(t), t \geqslant 0\}$ 轨道的模拟可分为以下 3 部分:

(1) 初始分布 $P_i(0)$ 的模拟;

(2) 停留时间 $\{\theta_n, n \geqslant 1\}$ 的模拟;

(3) 状态转移 $\tilde{P}_{ij} = P(X(\tau_{n+1}) = j \big| X(\tau_n) = i) = \delta_{ij} + q_{ij}q_i^{-1}$ 的模拟.

具体模拟步骤如下:

(1) 取两串相互独立的同为 $(0,1)$ 上的均匀分布随机变量序列 $\{U_n, n \geqslant 0\}$ 及 $\{V_n, n \geqslant 1\}$;

(2) 若 U_0 满足

$$\sum_{k=0}^{i_0-1} P_k(0) \leqslant U_0 < \sum_{k=0}^{i_0} P_k(0),$$

则取 $X(0) = i_0$ 作为初始状态;

(3) 取出 U_1, 令 $\theta_1 = -q_{i_0}^{-1} \ln U_1$ 作为 $X(t)$ 停留在 $X(0) = i_0$ 的时间;

(4) 取出 V_1, 若 $i_1 \in S$ 使 V_1 满足

$$\sum_{k=0}^{i_1-1} \frac{q_{i_0k}}{q_{i_0}} \leqslant V_1 < \sum_{k=0}^{i_1} \frac{q_{i_0k}}{q_{i_0}},$$

则取 $X(\tau_1) = X(\theta_1) = i_1$;

(5) 取出 U_2, 令 $\theta_2 = -q_{i_1}^{-1} \ln U_2$ 作为 $X(t)$ 停留在 $X(\tau_1) = i_1$ 状态的停留时间, 再取 $\tau_2 = \theta_1 + \theta_2$, 作为第二次跳跃时刻;

(6) 取出 V_2, 若 $i_2 \in S$ 使 V_2 满足

$$\sum_{k=0}^{i_2-1} \frac{q_{i_1k}}{q_{i_1}} \leqslant V_2 < \sum_{k=0}^{i_2} \frac{q_{i_1k}}{q_{i_1}}$$

则取 $X(\tau_2) = i_2$;

……

继续以上步骤

(7) 取出 U_n, 令 $\theta_n = -q_{i_{n-1}}^{-1}\ln U_n$ 作为 $X(t)$ 停留在 $X(\tau_{n-1}) = i_{n-1}$ 状态的停留时间，再取 $\tau_n = \sum_{k=1}^{n}\theta_k$;

(8) 取出 V_n, 若 $i_n \in S$ 使 V_n 满足

$$\sum_{k=0}^{i_n-1}\frac{q_{i_{n-1},k}}{q_{i_{n-1}}} \leqslant V_n < \sum_{k=0}^{i_n}\frac{q_{i_{n-1},k}}{q_{i_{n-1}}},$$

则取 $X(\tau_n) = i_n$.

如此继续重复如上步骤，就可模拟 X 的一条轨道，它满足已给的条件：首先

$$P(X(0)=i_0) = P\left(\sum_{k=0}^{i_0-1}P_k(0) \leqslant U_0 < \sum_{k=0}^{i_0}P_k(0)\right) = P_{i_0}(0);$$

其次

$$P\{\theta_{n+1}\leqslant t\big|X(\tau_n)=i_n\} = P\{-q_{i_n}^{-1}\ln U_{n+1}\leqslant t\} = 1-\exp(-q_{i_n}t);$$

最后

$$P\{X(\tau_{n+1})=i_{n+1}\big|X(\tau_n)=i_n\} = P\left[\sum_{k=0}^{i_{n+1}-1}\frac{q_{i_n,k}}{q_{i_n}} \leqslant V_{n+1} < \sum_{k=0}^{i_{n+1}}\frac{q_{i_n,k}}{q_{i_n}}\right]$$

$$= \frac{q_{i_n,i_{n+1}}}{q_{i_n}}.$$

6.7 可逆马尔可夫链

对于一个随机过程，有时沿时间逆向来考察它的概率特性也是很有意义的，下面先给出一随机过程可逆性的定义.

定义 6.7.1 随机过程 $\{X(t), t\geqslant 0\}$, 对于任意 $0\leqslant t_1 < t_2 < \cdots < t_n$, 记 $t_k' = t_1 + t_n - t_k$, 如果 $X(t_1), X(t_2), \cdots, X(t_n)$ 与 $X(t_1'), X(t_2'), \cdots, X(t_n')$ 具有相同的联合概率分布，即正向过程与逆向过程具有相同的概率特性，则称该过程 $\{X(t), t\geqslant 0\}$ 是**时间可逆的**.

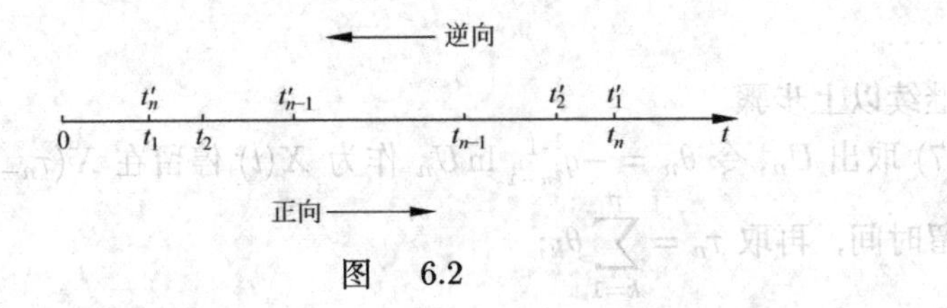

图　6.2

可以借助于图 6.2 更好地理解时间可逆的概念. 正向时间序列的起点 t_1 与终点 t_n, 正好是逆向时间的终点 t'_n 与起点 t'_1, 且沿正向看的相邻时间间隔与沿逆向看的时间间隔依次相同.

本节只讨论可逆马尔可夫链的有关问题, 对于马尔可夫链, 如何判断它是时间可逆的呢? 以下定理给出回答.

定理 6.7.1　设马尔可夫链 $X=\{X(t),t\geqslant 0\}$, $\boldsymbol{P}(t)=(P_{ij}(t))$, 具有平稳分布 $\{P_j,j\in S\}$, 初始分布为 $\{P_j(0),j\in S\}$, X 为时间可逆马尔可夫链的充分必要条件是它是平稳过程 (即 $P_j=P_j(0),j\in S$), 且 $\forall t\geqslant 0,i,j\in S$ 有

$$P_iP_{ij}(t)=P_jP_{ji}(t). \tag{6.7.1}$$

证明　必要性　设 X 是可逆马尔可夫链, 取 $n=2,0<t_1<t_2=t_1+t$, 由可逆定义有

$$P\{X(t_1)=i,X(t_1+t)=j\}=P\{X(t_1+t)=i,X(t_1)=j\}. \tag{a}$$

上式两边对 j 求和, 得 $P(X(t_1)=i)=P(X(t_1+t)=i)$, 知 X 为平稳过程, 记 $P_j=P(X(t))=j)$. 由 (a) 式可得 (6.7.1) 式.

充分性　设 (6.7.1) 式成立. $\forall 0<t_1<t_2<\cdots<t_n$, 记 $t'_k=t_1+t_n-t_k$, $1\leqslant k\leqslant n,\forall i_k\in S,1\leqslant k\leqslant n$.

$$\begin{aligned}
&P\{X(t_1)=i_1,X(t_2)=i_2,\cdots,X(t_n)=i_n\}\\
&=P_{i_1}P_{i_1,i_2}(t_2-t_1)P_{i_2,i_3}(t_3-t_2)\cdots P_{i_{n-1},i_n}(t_n-t_{n-1})\\
&=P_{i_2,i_1}(t_2-t_1)P_{i_3,i_2}P(t_3-t_2)\cdots P_{i_n,i_{n-1}}(t_n-t_{n-1})P_{i_n}\\
&=P_{i_n}P_{i_n,i_{n-1}}(t_n-t_{n-1})\cdots P_{i_3,i_2}(t_3-t_2)P_{i_2,i_1}(t_2-t_1)\\
&=P\{X(t_n+t_1-t_n)=i_n,X(t_n+t_1-t_n+t_n-\\
&\quad t_{n-1})=i_{n-1},\cdots,X(t_n+t_1-t_1)=i_1\}\\
&=P\{X(t'_1)=i_1,X(t'_2)=i_2,\cdots,X(t'_n)=i_n\}.
\end{aligned}$$

因此, X 为可逆马尔可夫链. □

推论 1 对于马尔可夫链 $X=\{X(t),t\geqslant 0\}$, 若存在分布 $\boldsymbol{\pi}=(\pi_j,j\in S)$ 满足 (6.7.1) 式, 则 $\boldsymbol{\pi}$ 是平稳分布, 若以 $\boldsymbol{\pi}$ 为初始分布, 则 X 是平稳过程.

证明 对 (6.7.1) 式两边对 j 求和, 得

$$\pi_i=\sum_j \pi_i P_{ij}(t)=\sum_j \pi_j P_{ji}(t),$$

故 $\boldsymbol{\pi}=\{\pi_j,j\in S\}$ 为平稳分布. 如 $\pi_j=P_j(0)$, 则 $P_j(0)=P\{X(t)=j\}=\sum_i \pi_i P_{ij}(t)=\pi_j$, 即 X 为平稳过程. □

推论 2 离散参数马尔可夫链 $X=\{X_n,n\geqslant 0\}$, $\boldsymbol{P}=(P_{ij})$, $\pi_i=P(X_0=i)$, $i\in S$, 则 X 可逆的充分必要条件为

$$\pi_i P_{ij}=\pi_j P_{ji}. \tag{6.7.2}$$

证明 必要性显然, 仅需证 (6.7.2) 式是可逆的充分条件. 用归纳法证明对 $n\geqslant 1$ 均有

$$\pi_i P_{ij}^{(n)}=\pi_j P_{ji}^{(n)}. \tag{b}$$

当 $n=1$ 时, (b) 式即为 (6.7.2) 式. 现设 (b) 对 n 成立, 那么对 $n+1$ 有

$$\begin{aligned}\pi_i P_{ij}^{(n+1)} &=\pi_i\sum_k P_{ik}^{(1)}P_{kj}^{(n)}=\sum_k P_{ki}\pi_k P_{kj}^{(n)}\\ &=\sum_k P_{ki}\pi_j P_{jk}^{(n)}=\pi_j\sum_k P_{jk}^{(n)}P_{ki}\\ &=\pi_j P_{ji}^{(n+1)}.\end{aligned}$$

从而 (b) 式对所有 $n\geqslant 1$ 成立. 再由推论 1, 知 $\boldsymbol{\pi}$ 是平稳分布, 且 X 是平稳过程. 再由定理 6.7.1 的充分性, 得 X 可逆. □

对于连续参数马尔可夫链 $X=\{X(t),t\geqslant 0\}$, 若给定的是密度矩阵 Q 矩阵, 自然希望将可逆性的条件用 Q 矩阵来描述.

定理 6.7.2 设平稳马尔可夫链 X 的 Q 矩阵为 $\boldsymbol{Q}=(q_{ij})$, 若满足向前向后微分方程的解唯一, 则 X 可逆的充要条件是平稳分布 $\boldsymbol{\pi}=\{\pi_i,i\in S\}$ 满足

$$\pi_i q_{ij}=\pi_j q_{ji},\quad \forall i,j\in S. \tag{6.7.3}$$

证明 必要性显然, 下证充分性. 由 $\boldsymbol{Q}$ 满足

$$P_{ij}'(t)=\sum_k q_{ik}P_{kj}(t)=\sum_k P_{ik}(t)q_{kj},$$

令

$$\tilde{P}_{ij}(t) = \frac{\pi_j P_{ji}(t)}{\pi_i},$$

则

$$\begin{aligned}\tilde{P}'_{ij}(t) =& \frac{\pi_j}{\pi_i} P'_{ji}(t) = \sum_k \frac{\pi_j}{\pi_i} P_{jk}(t) q_{ki} \\ =& \sum_k \frac{\pi_j}{\pi_k} P_{jk}(t) \ \frac{\pi_k}{\pi_i} q_{ki} = \sum_k q_{ik} \tilde{P}_{kj}(t).\end{aligned}$$

可知 $(\tilde{P}_{ij}(t)) = \tilde{\boldsymbol{P}}(t)$ 满足向后方程. 由解唯一性条件 $P_{ij}(t) = \tilde{P}_{ij}(t)$, 得

$$\pi_i P_{ij}(t) = \pi_j P_{ji}(t), \quad \forall i, j \in S, t \geqslant 0.$$

由定理 6.7.1 知 X 可逆.

推论 若 X 为有限状态不可约平稳链, 则可逆的充要条件是 (6.7.3) 式成立.

对于生灭过程, 有如下重要定理.

定理 6.7.3 对于给定生灭 Q 矩阵 (6.4.2), 若 $\lambda_k > 0 (k \geqslant 0)$, $\mu_k > 0$, $k \geqslant 1$, $\mu_0 = 0$, 则存在可逆生灭 Q 过程的充要条件是

$$\sum_{k=1}^{\infty} \frac{\lambda_0 \lambda_1 \cdots \lambda_{k-1}}{\mu_1 \mu_2 \cdots \mu_k} < \infty. \tag{6.7.4}$$

证明从略, 有兴趣的读者可看 [24].

可逆马尔可夫链在物理、生物、排队网络中有广泛的应用, 以下仅举两个在排队论中的例子.

例 1 $M/M/s$ 排队系统

定理 6.7.4 在 $M/M/s$ 排队系统中, 设顾客到达率为 $\lambda > 0$, 每个服务员的服务率为 $\mu > 0$, 若 $\lambda < s\mu$, 则顾客离开系统的输出过程在稳态下是参数为 λ 的泊松流.

证明 设 $X(t)$ 表示 t 时刻系统的顾客数, 显见 $X = \{X(t), t \geqslant 0\}$ 是生灭过程, 且由 $\dfrac{\lambda}{\mu s} < 1$ 知满足 (6.7.4) 式, 故 X 在稳态下是时间可逆的. 现沿时间正向看, $X = \{X(t), t \geqslant 0\}$ 过程增加 1 的时间点构成一参数为 λ 的泊松过程, 这正是顾客相继到达时刻. 由过程可逆性, 当沿时间逆向看, $X(t)$ 增加 1 的时间点亦构成参数为 λ 的泊松过程. 但这时间点恰是顾客相继离开的时刻, 从而顾客离开时间点构成速率为 λ 的泊松过程 (如图 6.3 所示). □

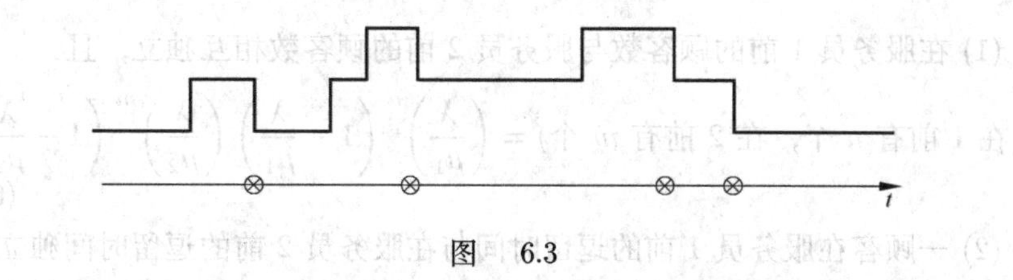

图 6.3

例 2 串联排队系统

考虑一个具有两个服务台的排队串联系统. 设顾客以具有参数 λ 的泊松流到达服务员 1 前, 经服务员 1 服务后, 它们加入到服务员 2 前的队列. 假设两个服务员前有无限的等待空间, 第 i 个服务员对每个顾客的服务时间是参数为 μ_i 的指数分布 $(i=1,2)$, 此系统称为串联排队系统, 如图 6.4 所示.

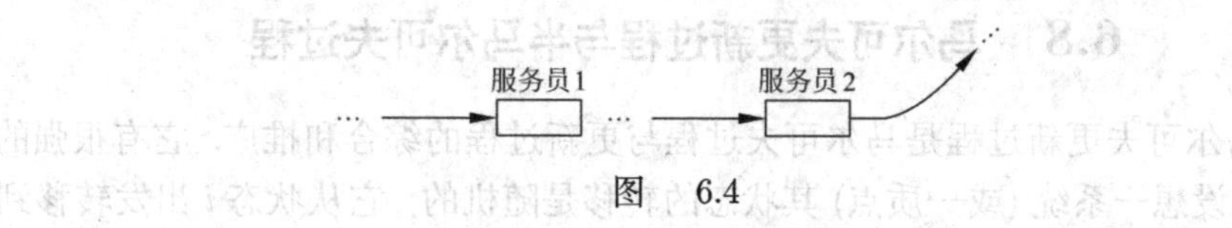

图 6.4

若 $\dfrac{\lambda}{\mu_1}<1$, 则由定理 6.7.4 知服务员 1 的输出 (即服务员 2 前的到达) 过程是参数为 λ 的泊松流, 故对第 2 个服务员而言, 也是 $M/M/1$ 排队系统. 如若应用过程可逆性, 可得到进一步的结果. 先看下面的定理.

定理 6.7.5 在稳态遍历的 $M/M/1$ 排队系统中, 则

(1) 系统中现有顾客数与过去离开过程独立;

(2) 顾客在系统的停留时间 (包括排队等待加上服务时间) 与它离开前的离去过程独立.

证明 (1) 因到达是泊松流, 故以后到达的过程与现有系统的人数相互独立. 由过程时间可逆性, 逆向时间的 "未来到达过程" 与系统的现有人数相互独立, 即正向时间看的 "过去离开过程" 与现有人数独立.

(2) 设一顾客 T_1 时刻到, T_2 时刻离去, 由于顾客到达是泊松流, 故顾客在系统的逗留时间 T_2-T_1 与 T_1 后到达的过程独立. 但逆向时间看, 等于一顾客 T_2 时间到, T_1 时间离开, 由过程时间可逆性, T_2-T_1 应独立于 T_2"后"(逆向者)"到达过程". 而这恰是正向时间 T_2 前的离开过程. □

定理 6.7.6 若 $\dfrac{\lambda}{\mu_i}<1(i=1,2)$, 则串联排队系统在稳态下有:

(1) 在服务员 1 前的顾客数与服务员 2 前的顾客数相互独立，且

$$P(\text{在 1 前有 } n \text{ 个，在 2 前有 } m \text{ 个}) = \left(\frac{\lambda}{\mu_1}\right)^n \left(1-\frac{\lambda}{\mu_1}\right)\left(\frac{\lambda}{\mu_2}\right)^m \left(1-\frac{\lambda}{\mu_2}\right). \tag{6.7.5}$$

(2) 一顾客在服务员 1 前的逗留时间与在服务员 2 前的逗留时间独立.

证明　(1) 由定理 6.7.5 知，服务员 1 前的顾客数独立于对 1 已往的离去过程，这正是对 2 的到达过程，从而两服务员前的顾客数独立，于是 (6.7.5) 式得证.

(2) 由定理 6.7.5 知，一个顾客在服务员 1 前的逗留时间独立于它离开 1 前的离开过程，而这恰是该顾客到达 2 前的到达过程 (对 2 而言)，从而每个顾客在 2 前的等待时间与服务员 2 对这些顾客的服务时间均独立于在服务员 1 的逗留时间．故 (2) 得证.　□

6.8　马尔可夫更新过程与半马尔可夫过程

马尔可夫更新过程是马尔可夫过程与更新过程的综合和推广．它有很强的背景：设想一系统 (或一质点) 其状态的转移是随机的，它从状态 i 出发转移到 (另一) 状态 j 的概率是 $Q(i,j)$，相继到达 (访问) 的状态组成一马尔可夫链．同时，它在每一状态的逗留时间是随机的，其分布依赖于当前所处的状态及下一个将要到达的状态．确切定义如下.

定义 6.8.1　设 $X=\{X_n, n\geqslant 0\}$，对固定的 $n\geqslant 0$，X_n 是取值于状态空间 $S=\{0,1,2,\cdots\}$ 的随机变量．$T=\{T_n, n\geqslant 0\}$，T_n 是取值非负的随机变量，且 $0=T_0\leqslant T_1\leqslant T_2\leqslant\cdots\leqslant T_{n-1}\leqslant T_n\leqslant\cdots$．称过程 $\{X,T\}=\{(X_n,T_n), n\geqslant 0\}$ 为**马尔可夫更新过程**，如若对 $\forall n\geqslant 0, j\in S, t\geqslant 0$ 满足

$$\begin{aligned} &P\{X_{n+1}=j, T_{n+1}-T_n\leqslant t \mid X_0,T_0,X_1,T_1,\cdots,X_n,T_n\} \\ &\quad = P\{X_{n+1}=j, T_{n+1}-T_n\leqslant t \mid X_n\}. \end{aligned} \tag{6.8.1}$$

(6.8.1) 式表明，已知现在状态 X_n，将来状态 X_{n+1} 与停留在 X_n 的时间 $T_{n+1}-T_n$ 的联合分布与过去的历史 $X_0,T_0,\cdots,X_{n-1},T_{n-1}$ 独立．称 (6.8.1) 式为半马尔可夫性．本节讨论总假定 (T,X) 是时齐的，即对任意 $i,j\in S, t\geqslant 0$，

$$P(X_{n+1}=j, T_{n+1}-T_n\leqslant t \mid X_n=i)=Q(i,j,t)$$

与 n 无关，称矩阵族 $\{\boldsymbol{Q}(t)=(Q(i,j,t)), t\geqslant 0\}$ 为半马尔可夫核．显然 $Q(i,j,t)$ 关于 t 是单调不减函数且右连续，故

$$Q(i,j) \triangleq \lim_{t\to\infty} Q(i,j,t) = Q(i,j,\infty)$$

存在，且 $Q(i,j) \geqslant 0, \sum\limits_{j\in S} Q(i,j) = 1, i \in S$, 即 $\boldsymbol{Q} = (Q(i,j))$ 是一随机矩阵.

以下几个命题反映马尔可夫更新过程的基本特性.

设 $\{X,T\} = \{(X_n,T_n), n \geqslant 0\}$ 为马尔可夫更新过程，$\{\boldsymbol{Q}(t) = (Q(i,j,t), t \geqslant 0\}$ 为其半马尔可夫核.

命题 6.8.1 $X = \{X_n, n \geqslant 0\}$ 是 S 上转移矩阵为 $\boldsymbol{Q} = (Q(i,j))$ 的马尔可夫链.

证明 由定义，对 $\forall i,j \in S$, 易知

$$P\{X_{n+1} = j \big| X_0, X_1, \cdots, X_n = i\} = P\{X_{n+1} = j \big| X_n = i\} = Q(i,j).$$

令 $G(i,j,t) = Q(i,j,t)/Q(i,j)$, 显然

$$P\{T_{n+1} - T_n \leqslant t \big| X_n = i, X_{n+1} = j\} = G(i,j,t). \qquad \square$$

上式表明在 $X_n = i$ 的停留时间分布不仅与现在时刻 i 而且与下一步转移到的状态 $X_{n+1} = j$ 有关. 可见连续参数马尔可夫链是它的特殊情形.

命题 6.8.2 $\forall n > 1, t_1, t_2, \cdots, t_n \geqslant 0$, 则

$$\begin{aligned} &P(T_1 - T_0 \leqslant t_1, T_2 - T_1 \leqslant t_2, \cdots, T_n - T_{n-1} \leqslant t_n \big| X_0, X_1, \cdots, X_n) \\ &= G(X_0, X_1, t_1) G(X_1, X_2, t_2) \cdots G(X_{n-1}, X_n, t_n), \end{aligned} \tag{6.8.2}$$

即给定 $\{X_n, n \geqslant 0\}$ 时，逗留时间序列 $\{\theta_n = T_n - T_{n-1}, n \geqslant 1\}$ 条件独立. 特别地，若 S 只有一个状态时，则 $\{\theta_n, n \geqslant 1\}$ 独立同分布.

证明 用数学归纳法. $\square$

推论 若 S 只由一个状态组成，则 $T = \{T_n, n \geqslant 1\}$ 是一更新过程.

可见，马尔可夫更新过程是更新过程的推广.

有时，人们关心的是到达某状态的性态. 设 $j \in S$ 固定，令

$$\begin{aligned} S_0^j &= \min\{n : n \geqslant 0, X_n = j\}, \\ S_n^j &= \min\{n : n > S_{n-1}^j, X_n = j\}, \quad n \geqslant 1. \end{aligned}$$

S_n^j 是第 n 次访问 j 的时刻，$S_n^j - S_{n-1}^j$ 是第 n 次与第 $n-1$ 次访问 j 的时间间隔.

命题 6.8.3　令 $j \in S$ 固定，则 $S^j = \{S_n^j, n \geqslant 0\}$ 是延时更新过程，即 S_0^j, $S_1^j - S_0^j, \cdots, S_{n+1}^j - S_n^j, \cdots$ 相互独立，且 $\{S_n^j - S_{n-1}^j, n \geqslant 1\}$ 同分布.

其证明由命题 6.8.2 的推论及下面命题 6.8.4 即得.

在马尔可夫更新过程中，允许 $T_n = +\infty$, $X_\infty = \infty$. 为使状态空间 S 紧化，在 S 中增加一新的状态，记为 ∞. 设对状态子集 $H \subset S$, 记

$$\begin{aligned}\tau_0 &= \min\{n: n \geqslant 0, X_n \in H\},\\ \tau_n &= \min\{n: n > \tau_{n-1}, X_n \in H\},\ n \geqslant 1,\\ \tilde{X}_n &= X_{\tau_n}, \tilde{T}_n = T_{\tau_n}, (\tilde{X}, \tilde{T}) = \{(\tilde{X}_n, \tilde{T}_n), n \geqslant 0\}.\end{aligned}$$

命题 6.8.4　$(\tilde{X}, \tilde{T}) = \{(\tilde{X}_n, \tilde{T}_n), n \geqslant 0\}$ 是状态空间为 $H \bigcup \{+\infty\}$ 的马尔可夫更新过程.

证明从略.

给定马尔可夫更新过程 $(X, T) = \{(X_n, T_n), n \geqslant 0\}$. $\forall t \geqslant 0$, 令

$$Y(t) = \begin{cases} X_n, & T_n \leqslant t < T_{n+1},\\ \infty, & t > \sup\limits_n T_n.\end{cases}$$

称 $Y = \{Y(t), t \geqslant 0\}$ 为由马尔可夫更新过程 (X, T) 产生的 (最小) 半马尔可夫过程.

显然，Y 是连续参数随机过程，是否是马尔可夫过程呢？一般情况下回答是否定的. 但是在其更新点 $\{T_n, n \geqslant 0\}$ 上 $\{Y(T_n) = X_n, n \geqslant 0\}$ 是一马尔可夫链，故称 $Y = \{Y(t), t \geqslant 0\}$ 为半马尔可夫过程.

例 1　$M/G/1$ 排队系统，即顾客到达流是参数为 λ 的泊松流，服务员对每位顾客的服务时间独立同分布，分布函数为 $G(x)$, 且与到达流独立. 令 $T_0 = 0$, T_n 表示第 n 个顾客离开时刻 $(n \geqslant 1)$, X_n 为第 n 个顾客离开时刻 T_n^+ 系统中的顾客数. 先证 $(X, T) = \{(X_n, T_n), n \geqslant 0\}$ 是状态空间 $S = \{0, 1, 2, \cdots\}$ 的马尔可夫更新过程.

证明

$$\begin{aligned}&P(X_{n+1} = j, T_{n+1} - T_n \leqslant t | X_0, T_0, \cdots, X_n, T_n)\\ =& \int_0^t P(X_{n+1} = j | X_0, T_0, \cdots, X_n, T_n, T_{n+1} - T_n = u) \times\\ &\mathrm{d}P(T_{n+1} - T_n \leqslant u | X_0, T_0, \cdots, X_n, T_n)\ (\text{对 } T_{n+1} - T_n \text{ 使用全概率公式})\end{aligned}$$

$$=\int_0^t P(X_{n+1}=j\big|X_n,T_{n+1}-T_n=u)\,\mathrm{d}G(u)$$

(X_{n+1} 只与 X_n 时数目和间隔 u 有关，服务时间相互独立，且与到达过程独立.)

$$=\int_0^t P(X_{n+1}=j,T_{n+1}-T_n\leqslant t\big|X_n,T_{n+1}-T_n=u)\,\mathrm{d}P(T_{n+1}-T_n\leqslant u\big|X_n)$$

$$=P(X_{n+1}=j,T_{n+1}-T_n\leqslant t\big|X_n).$$ □

(X,T) 的半马尔可夫核 $\boldsymbol{Q}(t)=(Q(i,j,t))$ 如下：

$$\boldsymbol{Q}(t)=\begin{pmatrix} P_0(t) & P_1(t) & P_2(t) & P_3(t) & \cdots \\ q_0(t) & q_1(t) & q_2(t) & q_3(t) & \cdots \\ 0 & q_0(t) & q_1(t) & q_2(t) & \cdots \\ 0 & 0 & q_0(t) & q_1(t) & \cdots \\ \vdots & \vdots & \ddots & \ddots & \cdots \end{pmatrix},$$

这里

$$q_n(t)=\int_0^t \frac{(\lambda x)^n}{n!}\mathrm{e}^{-\lambda x}\,\mathrm{d}G(x),$$

$$P_n(t)=\int_0^t \lambda\mathrm{e}^{-\lambda x}q_n(t-x)\,\mathrm{d}x,\ n=0,1,2,\cdots.$$

推导如下：记 $\theta_n=T_n-T_{n-1}$，则 $Q(i,j,t)=P(X_n=j,\theta_n\leqslant t\big|X_{n-1}=i)$. 当 $i\geqslant 1,\ j\geqslant i-1$ 时，利用全概率公式

$$\begin{aligned}Q(i,j,t)&=\int_0^t P\{X_n=j,\theta_n\leqslant t\big|X_{n-1}=i,\theta_n=x\}\,\mathrm{d}G(x)\\ &=\int_0^t P\{\text{在}[0,x]\text{上恰好到达}j-i+1\text{个顾客}\big|X_{n-1}=i,\theta_n=x\}\,\mathrm{d}G(x)\\ &=\int_0^t \frac{(\lambda x)^{j-i+1}}{(j-i+1)!}\mathrm{e}^{-\lambda x}\,\mathrm{d}G(x)=q_{j-i+1}(t).\end{aligned}$$

当 $i=1$ 时，$Q(1,j,t)=q_j(t)$. 显然，当 $i\geqslant 1, j<i-1$ 时，$Q(i,j,t)=0$.

$Q(i,j,t)=q_j(t)$ 的直观意义：不妨设 T_{n-1}^+ 时 $X_{n-1}=i=1$, 这表示 T_{n-1}^+ 时刻第 $n-1$ 个顾客离开之前第 n 个顾客已经到达，因而在 T_{n-1}^+ 时立即被服务，而第 $n+1$ 个顾客在 T_{n-1}^+ 之后才到达. 于是 $q_j(t)=Q(i,j,t)$ 表示在 T_{n-1}^+

时, 第 n 顾客开始被服务的条件下, 该顾客在 t 时刻之前 (包括 t 时刻) 被服务完毕离去且离去时刻 T_n^+ 时系统的顾客数恰为 j 个 (即 $X_n=j$) 的概率.

若 $X_{n-1}=i=0$, 表示系统在 T_{n-1}^+ 开始空闲, 且第 n 个顾客是在 T_{n-1}^+ 之后的某时刻到达, 记 S_n 为第 n 个顾客到达时刻与时刻 T_{n-1} 的时间间隔, 则

$$\begin{aligned}Q(0,j,t)=&P\{X_n=j,\theta_n\leqslant t\big|X_{n-1}=i\}\\=&\int_0^t P\{X_n=j,\theta_n\leqslant t\big|X_{n-1}=0,S_n=x\}\lambda\mathrm{e}^{-\lambda x}\,\mathrm{d}x\\=&\int_0^t Q(1,j,t-x)\lambda\mathrm{e}^{-\lambda x}\,\mathrm{d}x\\=&\int_0^t q_j(t-x)\lambda\mathrm{e}^{-\lambda x}\,\mathrm{d}x\\=&P_j(t).\end{aligned}$$

6.9　连续时间与离散时间的马尔可夫链首达目标模型间的关系

在连续时间马尔可夫链的理论与应用中, 往往对其过程的不同性质指标感兴趣. 已有的研究表明, 求解这些性能指标, 大都可以化为求解某些意义等价的离散时间首达目标可加泛函的一阶矩问题. 这为连续参数马尔可夫链的离散化提供了新的途径.

设连续参数马尔可夫链 $X=\{X(t),t\geqslant 0\}$, 状态空间 $\tilde{S}=\{1,2,\cdots,m,0\}=S\bigcup S_0$, $S=\{1,2,\cdots,m\}$, $S_0=\{0\}$, 转移率矩阵 $\tilde{\boldsymbol{Q}}=(q_{ij})$, $i,j\in\tilde{S}$ 为保守 Q 矩阵. $r{:}\,S\to\mathbb{R}^+$, r 为性能函数 (或费用函数), $r(i)=r_i$ 表示过程在 i 状态的性能 (或费用), 不失一般性, 设当 $i\in S$ 时, $r_i>0$, 当 $i\in S_0$ 时, $r_i=0$. 令 $\tau_1=\inf\{t{:}\,t>0,X(t)\neq X(0)\}$ 为第一次跳跃时间. $\tau=\inf\{t{:}\,t>0,X(t)\in S_0\}$, 规定: $\inf\varnothing=+\infty$. 若 $X(0)\in S_0$, $\tau=0$. τ 表示过程从 S 到 S_0 的首达时间.

试举几种问题加以讨论.

(1) 首达时间与首达目标积分型泛函

令 $W=\displaystyle\int_0^\tau \mathrm{e}^{-\alpha t}r(X(t))\,\mathrm{d}t$(其中 $\alpha>0$ 为折扣率因子)$\mu_k(i)=E(W^k\big|X(0)=i)$, $k\geqslant 0$, $i\in\tilde{S}$, $M=\max\limits_{i\in S}r_i$. 显然, 当 $i\in S_0$ 时, $\mu_k(i)=0$；当 $i\in S$, $q_i=0$ 时, $\mu_k(i)=\left(\displaystyle\int_0^\infty \mathrm{e}^{-\alpha t}r(i)\,\mathrm{d}t\right)^k=(\alpha^{-1}r_i)^k$. 下面仅讨论 $i\in S$ 的情形, 记

$W_{\tau_1} = \int_{\tau_1}^{\tau} \mathrm{e}^{-\alpha(t-\tau_1)} r(X(t))\,\mathrm{d}t$, 易知，$X(0) \in S$ 时，有

$$W = \begin{cases} \alpha^{-1} r(X(0))(1-\mathrm{e}^{-\alpha\tau_1}), & X(\tau_1) \in S_0, \\ \alpha^{-1} r(X(0))(1-\mathrm{e}^{-\alpha\tau_1}) + \mathrm{e}^{-\alpha\tau_1} W_{\tau_1}, & X(\tau_1) \in S. \end{cases} \tag{6.9.1}$$

记 $P_{ij} \triangleq P(X(\tau_1) = j | X(0) = i) = \delta_{ij} + q_{ij}/q_i$, $\boldsymbol{P} = (P_{ij}), i, j \in S$; $\beta_k(i) = q_i(k\alpha + q_i)$, $\beta_k \circ \boldsymbol{P} = (\beta_k(i) P_{ij}), i, j \in S$; $R_k(i) = (k\alpha + q_i)^{-1} k r(i) \mu_{k-1}(i)$, $\boldsymbol{R}_k = (R_k(i), i \in S)^{\mathrm{T}}$, $\boldsymbol{\mu}_k = (\mu_k(i), i \in S)^{\mathrm{T}}$. 易知，$0 < \beta_1(i) < 1$, $0 < \sum\limits_{j \in S} \beta_k(i) P_{ij} \leqslant \beta_1(i) < 1$. 有下面的定理.

定理 6.9.1

$$\mu_1(i) = R_1(i) + \beta_1(i) \sum_{j \in S} P_{ij} \mu_1(j), \quad i \in S, \tag{6.9.2}$$

即

$$\boldsymbol{\mu}_1 = \boldsymbol{R}_1 + \beta_1 \circ \boldsymbol{P} \cdot \boldsymbol{\mu}_1, \tag{6.9.3}$$

$$\boldsymbol{\mu}_1 = \sum_{n=0}^{\infty} (\beta_1 \circ \boldsymbol{P})^n \boldsymbol{R}_1. \tag{6.9.4}$$

证明 对 $\forall i \in S$

$$\begin{aligned} \mu_1(i) =& E(\alpha^{-1} r(X(0))(1-\mathrm{e}^{-\alpha\tau_1}) | X(0) = i) + \\ & \sum_{j \in S} P_{ij} E(\mathrm{e}^{-\alpha\tau_1} W_{\tau_1} | X(0) = i, X(\tau_1) = j) \\ =& \alpha^{-1} r_i \alpha(\alpha + q_i)^{-1} + \sum_{j \in S} P_{ij} E(\mathrm{e}^{-\alpha\tau_1} | X(0) = i, X(\tau_1) = j) \times \\ & E(W_{\tau_1} | X(0) = i, X(\tau_1) = j) \\ & \qquad (\text{由强马氏性，} \mathrm{e}^{-\alpha\tau_1} \text{与} W_{\tau_1} \text{关于} X(0) = i, X(\tau_1) = j \text{条件独立}) \\ =& R_1(i) + \sum_{j \in S} P_{ij} E(\mathrm{e}^{-\alpha\tau_1} | X(0) = i) E(W_{\tau_1} | X(\tau_1) = j) \\ & (\text{由于} \tau_1 \text{与} X(\tau_1) \text{关于} X(0) = i \text{条件独立及强马氏性}) \\ =& R_1(i) + E(\mathrm{e}^{-\alpha\tau_1} | X(0) = i) \sum_{j \in S} P_{ij} \mu_1(j) \\ & (\text{因为} E(W_{\tau_1} | X(\tau_1) = j) = E(W | X(0) = j)) \end{aligned}$$

$$= R_1(i) + q_i(\alpha + q_i)^{-1} \sum_{j\in S} P_{ij}\mu_1(j).$$

从而得 $\mu_1(i) = R_1(i) + \beta_1(i) \sum_{j\in S} P_{ij}\mu_1(j)$, 写成向量形式, 即有 (6.9.3) 式. 注意到, $\beta_1 \circ \boldsymbol{P}$ 的谱半径满足 $0 < \rho(\beta_1 \circ \boldsymbol{P}) \leqslant \max\limits_{i\in S} [q_i/(\alpha + q_i)] < 1$, 故由 (6.9.3) 式逐次迭代, 有

$$\begin{aligned}
\boldsymbol{\mu}_1 =& \boldsymbol{R}_1 + \beta_1 \circ \boldsymbol{P}(\boldsymbol{R}_1 + \beta_1 \circ \boldsymbol{P} \cdot \boldsymbol{\mu}_1) \\
=& \boldsymbol{R}_1 + (\beta_1 \circ \boldsymbol{P})\boldsymbol{R}_1 + (\beta_1 \circ \boldsymbol{P})^2 \boldsymbol{\mu}_1 \\
=& \cdots = \sum_{k=0}^{n} (\beta_1 \circ \boldsymbol{P})^k \boldsymbol{R}_1 + (\beta_1 \circ \boldsymbol{P})^{n+1} \boldsymbol{\mu}_1.
\end{aligned}$$

因为 $n \to +\infty$, $(\beta_1 \circ \boldsymbol{P})^{n+1} \boldsymbol{\mu}_1 \to \boldsymbol{0}$, 即得 (6.9.4) 式. □

为了讨论 $k \geqslant 2$ 的情形, 先给出两个引理.

引理 6.9.1　$\forall k \geqslant 1$, $i \in S$, 当 $q_i > 0$ 时有

$$\begin{aligned}
\mu_k(i) =& (\alpha^{-1} r_i)^k \sum_{m=0}^{k} \mathrm{C}_k^m (-1)^m q_i (m\alpha + q_i)^{-1} + \\
& \sum_{l=1}^{k-1} \left\{ \mathrm{C}_k^l (\alpha^{-1} r_i)^{k-l} \sum_{m=0}^{k-l} \mathrm{C}_{k-l}^m (-1)^m q_i ((m+l)\alpha + q_i)^{-1} \sum_{j\in S} P_{ij} \mu_l(j) \right\} + \\
& q_i (k\alpha + q_i)^{-1} \sum_{j\in S} P_{ij} \mu_k(j).
\end{aligned} \tag{6.9.5}$$

证明　注意到当 $X(0) = i \in S$, $X(\tau_1) = j \in S_0$ 时, 有

$$\begin{aligned}
W^k =& \left[\alpha^{-1} r_i (1 - \mathrm{e}^{-\alpha\tau_1}) + \mathrm{e}^{-\alpha\tau_1} W_{\tau_1}\right]^k \quad (\text{二项式展开}) \\
=& (\alpha^{-1} r_i)^k \sum_{m=0}^{k} \mathrm{C}_k^m (-1)^m \mathrm{e}^{-\alpha m \tau_1} + \\
& \sum_{l=1}^{k-1} \mathrm{C}_k^l (\alpha^{-1} r_i)^{k-l} \left[\sum_{m=0}^{k-l} \mathrm{C}_{k-l}^m (-1)^m \mathrm{e}^{-\alpha m \tau_1} \right] \mathrm{e}^{-\alpha l \tau_1} W_{\tau_1}^l + \mathrm{e}^{-\alpha k \tau_1} W_{\tau_1}^k,
\end{aligned}$$

于是, 类似于定理 6.9.1 中对 $k = 1$ 的证明, 有

$$\begin{aligned}
\mu_k(i) =& E(W^k | X(0) = i) \\
=& (\alpha^{-1} r_i)^k \sum_{m=0}^{k} \mathrm{C}_k^m (-1)^m q_i (m\alpha + q_i)^{-1} +
\end{aligned}$$

$$\sum_{l=1}^{k-1}\Big\{\mathrm{C}_k^l(\alpha^{-1}r_i)^{k-l}\sum_{m=0}^{k-l}\mathrm{C}_{k-l}^m(-1)^m E[\mathrm{e}^{-\alpha(m+l)\tau_1}\big|X(0)=i]\times$$
$$\sum_{j\in S}P_{ij}E(W_{\tau_1}^l\big|X(0)=i,X(\tau_1)=j)\Big\}+q_i(k\alpha+q_i)^{-1}\sum_{j\in S}P_{ij}\mu_k(j).$$

即得 (6.9.5) 式. □

引理 6.9.2 $\forall k\geqslant 1$, 有

$$\sum_{m=0}^{k}\mathrm{C}_k^m(-1)^m(m\alpha+q_i)^{-1}=k!\alpha^k\prod_{m=0}^{k}(m\alpha+q_i)^{-1}. \tag{6.9.6}$$

证明 用归纳法可证. □

定理 6.9.2 $\forall k\geqslant 1$, $q_i>0$, 有

$$\mu_k(i)=(k\alpha+q_i)^{-1}kr_i\mu_{k-1}(i)+q_i(k\alpha+q_i)^{-1}\sum_{j\in S}P_{ij}\mu_k(j). \tag{6.9.7}$$

即

$$\mu_k(i)=R_k(i)+\beta_k(i)\sum_{j\in S}P_{ij}\mu_k(j), \tag{6.9.8}$$

且

$$\boldsymbol{\mu}_k=\sum_{n=0}^{\infty}(\beta_k\circ\boldsymbol{P})^n\boldsymbol{R}_k. \tag{6.9.9}$$

证明 利用归纳法及引理 6.9.1, 引理 6.9.2.

当 $k=1$ 时, 公式 (6.9.7) 即为 (6.9.2) 式. 现设 (6.9.7) 式对 $1\leqslant k\leqslant n$ 均成立, 即对 $1\leqslant l\leqslant n$, 有

$$q_i\sum_{j\in S}P_{ij}\mu_l(j)=(l\alpha+q_i)\mu_l(i)-lr_i\mu_{l-1}(i). \tag{6.9.10}$$

以 (6.9.10) 式及 (6.9.6) 式代入 (6.9.5) 式, 对 $k=n+1$ 的情形 (并注意到 $\mathrm{C}_{n+1}^{l+1}\mathrm{C}_{l+1}^{l}=\mathrm{C}_{n+1}^{l}(n+1-l)$, $\mu_0(i)=1$), 有

$$\mu_{n+1}(i) = r_i^{n+1}(n+1)!\prod_{m=0}^{n+1}(m\alpha+q_i)^{-1} + \sum_{l=1}^{n+1-l} \mathrm{C}_{n+1}^{l} r_i^{n+1-l}(n+1-l)!\times$$

$$\prod_{m=0}^{n+1-l}((m+l)\alpha+q_i)^{-1}[(l\alpha+q_i)\mu_l(i) - lr_i\mu_{l-1}(i)]+$$

$$q_i((n+1)\alpha+q_i)^{-1}\sum_{j\in S}P_{ij}\mu_{n+1}(j)$$

$$=[(n+1)\alpha+q_i]^{-1}(n+1)r_i\mu_n(i) + q_i[(n+1)\alpha+q_i]^{-1}\sum_{j\in S}P_{ij}\mu_{n+1}(j).$$

故 (6.9.7) 式对 $k \geqslant 1$ 均成立．由 (6.9.7) 式即得 (6.9.8) 式．　□

通过比较 (6.9.8) 式与 (6.9.2) 式知，$\boldsymbol{\mu}_k$ 与 $\boldsymbol{\mu}_1$ 有相同的代数结构．

(2) 折扣积分型泛函

当 S 为闭集时，则当 $\forall X(0)=i\in S$ 时，$P(\tau=+\infty|X(0)=i)=1$. 此时，$W=\int_0^{\infty}\mathrm{e}^{-\alpha t}r(X(t))\,\mathrm{d}t$ 化为折扣积分型泛函．不难看出，$\mu_k(i)=E(W^k|X(0)=i), i\in S$ 仍满足定理 6.9.2.

(3) 首达时间与首达目标积分型泛函

当取 $\alpha=0$，则 $W=\int_0^{\tau}r(X(t))\,\mathrm{d}t$ 是首达目标 (非折扣) 积分型泛函．当取 $r(i)=1$ 时，$W=\tau$ 就是从 S 到 S_0 的首达时间．这一类问题在理论与应用上更有意义．在下面更详细地讨论它们．

连续时间积分型泛函 k 阶矩可以化为离散时间首达目标一阶矩问题．以上几种连续时间积分型泛函求解 k 阶矩问题，均可转化为求解离散时间首达目标可加泛函的一阶矩问题．确切叙述如下：

设马尔可夫链 $\tilde{X}=\{\tilde{X}_n, n\geqslant 0\}$，状态空间 $\tilde{S}=S\bigcup S_0$，其中，$S=\{1,2,\cdots,m\}$，$S_0=\{\delta\}$．一步转移概率矩阵 $\tilde{\boldsymbol{P}}=(\tilde{P}_{ij}), i,j\in S$．$R(i)$ 表示系统在 i 状态的性能指标，称 $\boldsymbol{R}: \tilde{S}\to\mathbb{R}$ 为性能函数，$T=\inf\{n: n\geqslant 0, X(n)=\delta\}$ 为从 S 到 S_0 的首达时间．令 $W_0=\sum_{n=0}^{T}R(X_n)$，$\tilde{\mu}_1(i)=E(W_0|X_0=i)$，由 3.6 节的内容知，当 S 为瞬时态集时，$\tilde{\boldsymbol{\mu}}=(\boldsymbol{I}-\tilde{\boldsymbol{P}})^{-1}\boldsymbol{R}$ 是方程 $\boldsymbol{y}=\boldsymbol{R}+\tilde{\boldsymbol{P}}\boldsymbol{y}$ 的唯一解 (非负最小解)．一般地，对求解 $\boldsymbol{\mu}_k(k\geqslant 1)$ 有以下定理：当取 $\tilde{R}(i)=R_k(i)$，$\tilde{P}_{ij}\triangleq\beta_k(i)P_{ij}, i,j\in S$，$\tilde{P}_{i\delta}=1-\sum_{j\in S}\tilde{P}_{ij}$，$\tilde{P}_{\delta\delta}=1$，$\tilde{P}_{\delta j}=0, j\in S$，则 $\tilde{\boldsymbol{\mu}}_1=\boldsymbol{\mu}_k$．这说明求连续时间的积分型泛函的 k 阶矩可以转化为离散时间首达目标可加

泛函的一阶矩问题. 类似的情形很多, 这里不一一列举.

6.10 首达时间与首达目标积分型泛函的特性及其反问题

连续时间马尔可夫链的首达时间及首达目标积分型泛函有其广泛的应用背景, 例如系统的使用寿命, 人工神经网络训练达到要求的时间, 排队系统中的队长与忙期, 通讯中信号的堵塞时间, 水坝水位超过警戒线的时刻等, 无不与首达时间或首达目标相联系. 本节着重讨论首达时间的分布、生成函数及其矩的关系, 及马尔可夫链的反问题.

考虑连续时间马尔可夫链 $X=\{X(t),t\geqslant 0\}$, 在状态空间 $\tilde{S}=\{1,2,\cdots,m,m+1,m+2,\cdots\}=S\bigcup S_0$ (其中 $S=\{1,2,\cdots,m\}$, $S_0=\tilde{S}-S=\{m+1,m+2,\cdots\}$), 其转移率矩阵 $\tilde{\boldsymbol{Q}}=(q_{ij}),i,j\in S$($\tilde{\boldsymbol{Q}}$ 亦称为无穷小生成算子), $\tilde{\boldsymbol{Q}}=\begin{pmatrix}\boldsymbol{Q} & \boldsymbol{q}_0\\ \boldsymbol{0} & \boldsymbol{0}\end{pmatrix}$, 其中 $\boldsymbol{Q}$ 是 $m\times m$ 矩阵, $q_{ij}\geqslant 0, j\neq i$, $q_i=-q_{ii}\geqslant 0$, $0\leqslant\sum\limits_{j\neq i}q_{ij}\leqslant q_i<\infty$, 且 $\boldsymbol{q}_0+\boldsymbol{Q}\boldsymbol{e}=\boldsymbol{0}$, $\boldsymbol{e}=(1,1,\cdots,1)^{\mathrm{T}}$, $\boldsymbol{0}=(0,0,\cdots,0)^{\mathrm{T}}$ 分别是 S 上的单位列向量, 零列向量. $\tau_1=\inf\{t\colon t>0,X(t)\neq X(0)\}$, $\tau=\inf\{t\colon t>0,X(t)\in S_0\}$, 易知 τ 是从状态集 S 到 S_0 的首达时间. 规定 $\inf\varnothing=+\infty$, $\tau=0$(若 $X(0)\in S_0$). $\boldsymbol{r}\colon\tilde{S}\to\mathbb{R}^+$, $r(i)$ 表示系统在 i 状态对应的性能指标, 不失一般性, 设 $r(i)>0$, 若 $i\in S$; $r(i)=0$, 若 $i\in S_0$. 取 $S_0=\{0\}$, 此时 $\tilde{\boldsymbol{Q}}=(q_{ij})(i,j\in\tilde{S})$ 保守. 记 $W=\displaystyle\int_0^{\tau}r(X(t))\,\mathrm{d}t$ 为首达目标积分泛函.

本节将研究 τ 与 W 的矩与它们的分布函数, 及其 Laplace-Stieltjes 变换 (亦称生成函数) 的关系. 为避免平凡情况, 在本节设马尔可夫链 X 从 S 到 S_0 以概率 1 可达, 即设

$$P(\tau<+\infty\big|X(0)=i)=1,\quad\forall i\in S \tag{6.10.1}$$

成立. 为了便于检验 (6.10.1) 式是否成立, 先给出以下几个引理.

引理 6.10.1 从 S 出发以概率 1 可达 S_0 的必要条件是 S 中没有吸收状态, 即 (6.10.1) 式成立的必要条件是 $\forall i\in S,q_i>0$.

证明 记 $\tau_1=\inf\{t\colon t>0,X(t)\neq X(0)\}$, 用反证法. 若 $\exists i\in S$ 使 $q_i=0$, 则 $P(\tau_1=+\infty\big|X(0)=i)=1$, 因为 $\{\tau_1=+\infty,X(0)=i\}\subset\{\tau=+\infty,X(0)=i\}$, 得 $1=P\{\tau_1=+\infty\big|X(0)=i\}\leqslant P(\tau=+\infty\big|X(0)=i)\leqslant 1\to P(\tau=+\infty\big|X(0)=i)=1$, 这与假设 $\forall i\in S$, $P(\tau<\infty\big|X(0)=1)$ 相矛盾. □

引理 6.10.2　(6.10.1) 式成立的充要条件是限制在 S 上的 Q 矩阵 $\boldsymbol{Q}=(q_{ij})(i,j\in S)$ 非奇异.

证明　记 $f_i=P(\tau<\infty|X(0)=i), i\in S$, $\boldsymbol{f}=(f_i,i\in S)^{\mathrm{T}}$, $P_{i0}=q_i^{-1}q_{i0}$, $\boldsymbol{q}_0\triangleq(q_{i0},i\in S)^{\mathrm{T}}$. 由全概率公式及强马尔可夫性，有 $f_i=q_i^{-1}q_{i0}+\sum\limits_{j\neq i,j\in S}q_i^{-1}q_{ij}f_j$, $i\in S$, 写成向量形式，并注意到 $\boldsymbol{q}_0=-\boldsymbol{Q}\boldsymbol{e}$, $\boldsymbol{e}=(1,1,\cdots,1)^{\mathrm{T}}$, 即有

$$\boldsymbol{Q}\boldsymbol{f}=\boldsymbol{Q}\boldsymbol{e}. \tag{6.10.2}$$

若 $\boldsymbol{Q}$ 非奇异，即 $\boldsymbol{Q}^{-1}$ 存在，则 $\boldsymbol{f}=\boldsymbol{e}$ 是方程 (6.10.2) 的唯一解，即 $f_i=P(\tau<\infty|X(0)=i)=1, \forall i\in S$.

下证当 $\boldsymbol{f}=\boldsymbol{e}$ 时，$\boldsymbol{Q}$ 非奇异. 用反证法，假设 $\boldsymbol{Q}$ 奇异，则存在一非负、非零的行向量 $\boldsymbol{v}$, $\boldsymbol{v}\boldsymbol{Q}=\boldsymbol{0}$. 故对所有 $t\geqslant 0$, 有 $\boldsymbol{v}\mathrm{e}^{\boldsymbol{Q}t}\boldsymbol{e}=\boldsymbol{v}\boldsymbol{e}>0$, 且向量 $\boldsymbol{u}\triangleq\lim\limits_{t\to\infty}\mathrm{e}^{\boldsymbol{Q}t}\boldsymbol{e}\neq\boldsymbol{0}$, 从而 $\boldsymbol{v}\boldsymbol{u}=\boldsymbol{v}\boldsymbol{e}>0$. 这表明至少存在一状态 $i\in S$, 使得 $f_i=1-u_i<1$, 矛盾. 故 $\boldsymbol{Q}$ 非奇异. □

令 $P_{ij}=\delta_{ij}+q_i^{-1}q_{ij}$, $\boldsymbol{P}=(P_{ij}), i,j\in S$, $\rho_0=\rho(\boldsymbol{P})$ 为 $\boldsymbol{P}$ 的谱半径. 进一步有下面的结论.

引理 6.10.3　下面命题等价：

(1) $\boldsymbol{f}=\boldsymbol{e}$；

(2) $\boldsymbol{Q}^{-1}$ 存在;

(3) X 在 S 中无任何闭子集;

(4) $\rho_0<1$；

(5) $J_1<+\infty$.

证明略. 有兴趣的读者可以作为练习自己证明.

记

$$\boldsymbol{M}_k(i_1,i_2,\cdots,i_k)=\begin{pmatrix} q_{i_1i_1} & q_{i_1i_2} & \cdots & q_{i_1i_k}\\ q_{i_2i_1} & q_{i_2i_2} & \cdots & q_{i_2i_k}\\ \vdots & \vdots & & \vdots\\ q_{i_ki_2} & q_{i_ki_2} & \cdots & q_{i_ki_k}\end{pmatrix}$$

为由矩阵 $\boldsymbol{Q}=(q_{ij})$ 的第 $i_1,i_2,\cdots,i_k$ 行与第 $i_1,i_2,\cdots,i_k$ 列的交叉元素构成的 k 阶子矩阵，$1\leqslant k\leqslant m$, $1\leqslant i_1<i_2\cdots<i_k\leqslant n$, $d_k(i_1,i_2,\cdots,i_k)=(-1)^k\det\boldsymbol{M}_k(i_1,i_2,\cdots,i_k)$.

引理 6.10.4 当 (6.10.1) 式成立时，有 $(-1)^k\ d_k(i_1,i_2,\cdots,i_k)>0$, $\forall 1\leqslant k\leqslant m$, $1\leqslant i_1<i_2<i_3<\cdots<i_k\leqslant m$, 即 $\boldsymbol{M}_k$ 是 Minkoski 矩阵.

证明 注意到当 (6.10.1) 式成立时，S 中没有任何闭子集，故任取 $S_k=\{i_1,i_2,\cdots,i_k\}\subset S$, 对 $\forall 1\leqslant k\leqslant m$, $1\leqslant i_1<i_2<\cdots<i_k\leqslant m$, 则从 S_k 必以概率 1 到达 $S_k^0=\tilde{S}-S_k$. 这表明 $\boldsymbol{Q}$ 的主子矩阵 $\boldsymbol{M}_k(i_1,i_2,\cdots,i_k)$ 为对角占优不可约矩阵，且至少有一行严格对角占优，可知 $\boldsymbol{M}_k$ 非奇异. 再由有关矩阵分析及行列式性质即得 $-\boldsymbol{M}_k$ 是 Minkoski 矩阵，且 $(-1)^k d_k(i_1,i_2,\cdots,i_k)=\det(-\boldsymbol{M}_k(i_1,i_2,\cdots,i_k))>0$. 本节以下均在 (6.10.1) 式成立下讨论. 令 $\boldsymbol{Q}_d=\mathrm{diag}(q_i,i\in S)$, $M_0=\max\limits_{i\in S}r(i)$.

令 $J_k(i)=E(\tau^k|X(0)=i)$, $\bar{J}_k(i)=E(W^k|X(0)=i)$, $i\in S$, $\boldsymbol{J}_k=(J_k(i),i\in S)^{\mathrm{T}}$, $\bar{\boldsymbol{J}}_k=(\bar{J}_k(i),i\in S)^{\mathrm{T}}$, $J_k=\boldsymbol{\alpha}\boldsymbol{J}_k$, $\bar{J}_k=\boldsymbol{\alpha}\bar{\boldsymbol{J}}_k$, 则有下面的结论.

定理 6.10.1

(1) $\forall k\geqslant 1,\boldsymbol{J}_k,\bar{\boldsymbol{J}}_k$ 满足方程

$$\boldsymbol{J}_k=k\boldsymbol{Q}_d^{-1}\boldsymbol{J}_{k-1}+\boldsymbol{Q}_d^{-1}(\boldsymbol{Q}+\boldsymbol{Q}_d)\boldsymbol{J}_k,\quad \bar{\boldsymbol{J}}_k=k\boldsymbol{Q}_d^{-1}\bar{\boldsymbol{J}}_{k-1}+\boldsymbol{Q}_d^{-1}(\boldsymbol{Q}+\boldsymbol{Q}_d)\bar{\boldsymbol{J}}_k. \tag{6.10.3}$$

(2)

$$\boldsymbol{J}_k=(-1)^k k!\boldsymbol{Q}^{-1}\boldsymbol{e},\quad \bar{\boldsymbol{J}}_k=-kQ^{-1}(\bar{\boldsymbol{J}}_{k-1}\circ\boldsymbol{r}),\text{其中}\bar{\boldsymbol{J}}_k\circ\boldsymbol{r}=(\bar{J}_k(i)r(i),i\in S)^{\mathrm{T}}. \tag{6.10.4}$$

(3)

$$|\boldsymbol{J}_k|\leqslant k!\rho_0^{-k},\quad |\bar{\boldsymbol{J}}_k|\leqslant k!\rho_0^{-k}M_0^k. \tag{6.10.5}$$

证明 (1) 注意定理 6.9.2 的 (6.9.7) 式，当 $\alpha=0$ 时，即得 (6.10.3) 式.

(2),(3) 由 (6.10.3) 式立得 (6.10.4) 式及 (6.10.5) 式. □

令 $F_i(x)=P(\tau\leqslant x|X(0)=i)$, $\bar{F}_i(x)=P(W\leqslant x|X(0)=i)$, $i\in S$, $x\geqslant 0$. $F(x)=\sum\limits_{i=1}^m\alpha_iF_i(x)$, $\bar{F}(x)=\sum\limits_{i=1}^m\alpha_i\bar{F}_i(x)$.

记 $G_i(x)=P(\tau_1\leqslant x|X(0)=i)=(1-\mathrm{e}^{-q_ix})I_{(x\geqslant 0)}$, $r_i\triangleq r(i)$. 对 $F_i(x),F_i(x)$ 有如下定理.

定理 6.10.2

$$F_i(x)=q_i^{-1}q_{i0}G_i(x)+q_i^{-1}\sum_{j\neq i,j\in S}q_{ij}\int_0^x F_j(x-u)\,\mathrm{d}G_i(u), \tag{6.10.6}$$

$$\bar{F}_i(x) = q_i^{-1} q_{i0} G_i(xr_i^{-1}) + q_i^{-1} \sum_{j\neq i, j\in S} q_{ij} \int_0^{xr_i^{-1}} \bar{F}_j(x - ur_i)\,\mathrm{d}G_i(u). \tag{6.10.7}$$

证明　令 $\tau' = \inf\{t: t > 0, X(\tau_1 + t) \in S_0\}$, $X'(t) = X(\tau_1 + t)$, 则 $\tau = \tau_1 + \tau'$. 注意到 τ_1 与 $X(\tau_1)$ 关于 $X(0) = i$ 条件独立, τ_1 与 $X(\tau_1 + t)$ 关于 $X(0) = i$ 条件独立. 再由全概率公式与强马尔可夫性, 即可得 (6.10.6) 式及 (6.10.7) 式 (可参考上节定理 6.9.1 的证明). □

注意到, 若令 $\bar{q}_{ij} = q_{ij} r_i^{-1}$, $\bar{G}_i(x) = G_i(xr_i^{-1}) = (1 - \mathrm{e}^{-q_i r_i^{-1} x}) I_{(x\geqslant 0)}$, $\bar{\boldsymbol{Q}} = (\bar{q}_{ij})$ 仍为 Q 矩阵, 且 $\bar{\boldsymbol{Q}}^{-1}$ 存在, 则 (6.10.7) 式化为

$$\bar{F}_i(x) = \bar{q}_i^{-1} \bar{q}_{i0} \bar{G}_i(x) + \bar{q}_i^{-1} \sum_{j\in S} \bar{q}_{ij} \int_0^x \bar{F}_j(x - u)\,\mathrm{d}\bar{G}(u). \tag{6.10.8}$$

由 (6.10.8) 式说明, 首达目标积分型泛函问题可化为首达时间问题 (要求 $r(i) > 0, i \in S$). 故下面只需讨论首达时间的问题.

设 $S = \{1, 2, \cdots, p\}$ 有限,$S_0 = \{0\}$, 且 (6.10.1) 式总成立, 并设过程的初始分布为: $\boldsymbol{\alpha} = (\alpha_1, \cdots, \alpha_m, 0)$, $\alpha_i \geqslant 0, i \in S, \sum\limits_{i\in S} \alpha_i = 1$. 记 $\Phi_i(s) = \int_0^\infty \mathrm{e}^{-sx}\,\mathrm{d}F_i(x)$, $\bar{\Phi}_i(s) = \int_0^\infty \mathrm{e}^{-sx}\,\mathrm{d}\bar{F}_i(x)$, $i \in S$, $x \geqslant 0$, $s \geqslant 0$. $\Phi(s) = \sum\limits_{i=1}^m \alpha_i \Phi_i(s)$, $\bar{\Phi}(s) = \sum\limits_{i=1}^m \alpha_i \bar{\Phi}_i(s)$. $\boldsymbol{F}(x) = (F_i(x), i \in S)^{\mathrm{T}}$, $\boldsymbol{\Phi}(s) = (\Phi_i(s), i \in S)^{\mathrm{T}}$.

定义 6.10.1　称从 S 到 S_0 的首达时间 τ 的分布 $F(x) = P(\tau \leqslant x)$ 为 Phase-Type 分布, 简记为 PH 分布. 称 $\boldsymbol{\Phi}(s) = \int_0^\infty \mathrm{e}^{-sx}\,\mathrm{d}\boldsymbol{F}(x) (s \geqslant 0)$ 为 PH 分布的生成函数, 即 $\boldsymbol{\Phi}(s)$ 是 $\boldsymbol{F}(x)$ 的 Laplace-Stieltjes 变换.

定理 6.10.3

$$\Phi_i(s) = (s + q_i)^{-1} q_{i0} + (s + q_i)^{-1} \sum_{j\in S} q_{ij} \Phi_j(s), \tag{6.10.9}$$

$$\boldsymbol{\Phi}(s) = (s\boldsymbol{I} - \boldsymbol{Q})^{-1} \boldsymbol{q}_0, \quad s > 0. \tag{6.10.10}$$

证明　对 (6.10.6) 式两边取 Laplace-Stieltjes 变换, 即得 (6.10.9) 式. 再注意到当 $s > 0$ 时, 矩阵 $s\boldsymbol{I} - \boldsymbol{Q}$ 是严格对角占优矩阵, 故 $(s\boldsymbol{I} - \boldsymbol{Q})^{-1}$ 存在. 从而方程 (6.10.9) 有唯一解, 即 (6.10.10) 式成立. □

由 (6.10.10) 式可知 $\boldsymbol{F}(x),\boldsymbol{\Phi}(s)$ 完全由过程在 S 上的无穷小生成子 $\boldsymbol{Q}$ 唯一决定, 而 $\Phi(s)=\boldsymbol{\alpha\Phi}(s)$ 及 $F(x)=\boldsymbol{\alpha F}(x)$ 由初始分布 $\boldsymbol{\alpha}$ 及 $\boldsymbol{Q}$ 唯一决定. 因此, 可用 $(\boldsymbol{\alpha},\boldsymbol{Q})$ 表示 $F(x)$, 记为 $F(x)\sim(\boldsymbol{\alpha},\boldsymbol{Q})$, 称 $(\boldsymbol{\alpha},\boldsymbol{Q})$ 是 $F(x)$ 的一个表示.

对于首达时间的分布函数 $F(x)$、生成函数 $\Phi(s)$ 及矩 $\{J_k,k\geqslant 0\}$, 有以下定理.

定理 6.10.4 $\Phi(s)$ 由其矩 $\{J_k,k\geqslant 0\}$ 唯一确定, 即存在 $s_0>0$, 使当 $|s|<s_0$ 时, 有

$$\Phi(s)=\sum_{k=0}^{\infty}\frac{(-1)^k}{k!}J_k s^k. \tag{6.10.11}$$

证明从略.

令 $\boldsymbol{a}_k=\dfrac{(-1)^k}{k!}\boldsymbol{J}_k=(a_k(l),l\in S)^{\mathrm{T}}$, 其中 $a_k(l)=(-1)^k\cdot J_k(l)/k!$, $\forall l\in S$, 则 $a_k=\boldsymbol{\alpha a}_k$, $\Phi(s)=\boldsymbol{\alpha\Phi}(s)$, $k\geqslant 0$, 且

$$\boldsymbol{\Phi}(s)=\sum_{n=0}^{\infty}\boldsymbol{a}_n s^n. \tag{6.10.12}$$

记 $\boldsymbol{B}(k,r)=(\boldsymbol{a}_k,\boldsymbol{a}_{k+1},\cdots,\boldsymbol{a}_{k+r-1}),k\geqslant 0,r\geqslant 1$.

引理 6.10.5 $\mathrm{rank}\boldsymbol{B}(k,p)=\mathrm{rank}\boldsymbol{B}(0,p),\forall k\geqslant 0$.

证明 因为 $\boldsymbol{a}_k=\boldsymbol{Q}^{-k}\boldsymbol{e}$, $\mathrm{rank}\boldsymbol{Q}^{-1}=p$, 所以 $\forall k\geqslant 1$, 有

$$\begin{aligned}\boldsymbol{B}(k,p)&=(\boldsymbol{Q}^{-k}\boldsymbol{e},\boldsymbol{Q}^{-(k+1)}\boldsymbol{e},\cdots,\boldsymbol{Q}^{-(k+p-1)}\boldsymbol{e})\\&=\boldsymbol{Q}^{-k+1}(\boldsymbol{Q}^{-1}\boldsymbol{e},\boldsymbol{Q}^{-2}\boldsymbol{e},\cdots,\boldsymbol{Q}^{-p}\boldsymbol{e})\\&=\boldsymbol{Q}^{-k+1}\boldsymbol{B}(1,p),\end{aligned}$$

即 $\mathrm{rank}\boldsymbol{B}(k,p)=\mathrm{rank}\boldsymbol{B}(0,p)$.

定理 6.10.5 (1) $\forall k\geqslant 1$, 有

$$\boldsymbol{a}_k=\boldsymbol{Q}^{-k}\boldsymbol{e}=\boldsymbol{Q}^{-1}\boldsymbol{a}_{k-1}, \tag{6.10.13}$$

$$\boldsymbol{Q}\boldsymbol{a}_k=\boldsymbol{a}_{k-1}.$$

(2) $\forall k\geqslant 1$, 有

$$\boldsymbol{Q}(\boldsymbol{a}_k,\boldsymbol{a}_{k+1},\cdots,\boldsymbol{a}_{k+p-1})=(\boldsymbol{a}_{k-1},\boldsymbol{a}_k,\cdots,\boldsymbol{a}_{k+p-2}), \tag{6.10.14}$$

$$\boldsymbol{Q}\boldsymbol{B}(k,p)=\boldsymbol{B}(k-1,p). \tag{6.10.15}$$

(3) 若 $\mathrm{rank}\boldsymbol{B}(1,p)=p$, 则

$$\boldsymbol{Q}=\boldsymbol{B}(0,p)\boldsymbol{B}^{-1}(1,p)=\boldsymbol{B}(k-1,p)\boldsymbol{B}^{-1}(k,p), \tag{6.10.16}$$

$$\boldsymbol{q}_0=-\boldsymbol{Q}\boldsymbol{e}=-\boldsymbol{B}(0,p)\boldsymbol{B}^{-1}(1,p)\boldsymbol{e}, \tag{6.10.17}$$

且 $F(x)\sim(\boldsymbol{\alpha},\boldsymbol{B}(0,p)\boldsymbol{B}^{-1}(1,p))$, 即条件分布 $(F_i(x),i\in S)$ 由 τ 的前 p 阶条件矩唯一确定.

$\forall k\geqslant 1$, 有

$$\boldsymbol{a}_k=\boldsymbol{B}(1,p)\boldsymbol{B}^{-1}(0,p)\boldsymbol{a}_{k-1}=\left[\boldsymbol{B}(1,p)\boldsymbol{B}^{-1}(0,p)\right]^k\boldsymbol{e}. \tag{6.10.18}$$

(4) 若 $\mathrm{rank}\boldsymbol{B}(1,p)=p$, 则 $\{\boldsymbol{a}_k,k\geqslant 0\}$ 由 $\boldsymbol{B}(1,p)$ 唯一决定, 且是最小阶为 p 的差分序列.

证明　由 6.10.4 式可得 (1),(2) 和 (3), (4) 可以由差分序列的性质得到.

以上结果说明, 当 $\det\boldsymbol{B}(1,p)\neq 0$ 时, 可由 $\boldsymbol{B}(1,p)$ 反求其无穷小生成元 $\boldsymbol{Q}$. 这就是马尔可夫链中的一类反问题.

当 $\boldsymbol{B}(1,p)$ 不满秩时, 有以下定理.

定理 6.10.6　若 $\mathrm{rank}\boldsymbol{B}(1,p)=r, 1\leqslant r\leqslant p$, 则经过重新排列可得 $\mathrm{rank}\boldsymbol{B}(1,r)=r$. 记 $S_{(1,2,\cdots,r)}=\{1,2,\cdots,r\}$, $\tilde{S}_{(1,2,\cdots,r)}=S_{(1,2,\cdots,r)}\bigcup S_0$, 则

$$\boldsymbol{Q}_{(1,2,\cdots,r)}=\boldsymbol{B}(0,r)\boldsymbol{B}^{-1}(1,r) \tag{6.10.19}$$

是状态空间为 $\tilde{S}_{(1,2,\cdots,r)}$ 的马尔可夫链的最小生成子, 且其条件生成函数为

$$F_l(x)\sim(\boldsymbol{e}_l,\boldsymbol{Q}_{(1,2,\cdots,r)}), l\in S_{(1,2,\cdots,r)}. \tag{6.10.19a}$$

证明　类似于定理 6.10.5 的证明. □

由定理 6.10.6 可知, 若 $\mathrm{rank}\boldsymbol{B}(1,r)=r$, 就可以用状态空间 $\tilde{S}_{(1,2,\cdots,r)}$ 上的条件矩来计算 $\boldsymbol{Q}_{(1,2,\cdots,r)}$. 但是 $\boldsymbol{Q}_{(1,2,\cdots,r)}$ 只能表示状态集 $\tilde{S}_{(1,2,\cdots,r)}$ 的性质, 对于其他状态的性质, 这个定理没能给出一个令人满意的答案. 下面的两个定理就对 $\boldsymbol{B}(1,p)$ 不满秩的情形做了补充, 首先给出两个不同状态集上最小生成子的关系.

以 $\boldsymbol{b}_l(k,r)$ 记 $(a_k(l),a_{k+1}(l),\cdots,a_{k+r-1}(l))$, $\forall l\in S$, 即 $\boldsymbol{B}(k,r)$ 矩阵的第 l 行.

由 $\text{rank}\boldsymbol{B}(1,p)=r$, 可以假定 $\text{rank}\boldsymbol{B}(1,r)=r$, 则 (6.10.19) 式可写为

$$\boldsymbol{Q}_{(1,2,\cdots,r)}=\begin{pmatrix}\boldsymbol{b}_1(0,r)\\ \vdots\\ \boldsymbol{b}_r(0,r)\end{pmatrix}\begin{pmatrix}\boldsymbol{b}_1(1,r)\\ \vdots\\ \boldsymbol{b}_r(1,r)\end{pmatrix}^{-1}. \tag{6.10.20}$$

由于 $\boldsymbol{B}(1,r)$ 的前 r 行是线性无关的，其他 $p-r$ 行可以被前 r 行线性表示．因此有

$$\boldsymbol{b}_k(1,r)=\beta_k^1\boldsymbol{b}_1(1,r)+\cdots+\beta_k^r\boldsymbol{b}_r(1,r)=\sum_{l=1}^{r}\beta_k^l\boldsymbol{b}_l(1,r),r+1\leqslant k\leqslant p. \tag{6.10.21}$$

由差分性可知，对 $\boldsymbol{B}(0,r)$ 同样有

$$\boldsymbol{b}_k(0,r)=\beta_k^1\boldsymbol{b}_1(0,r)+\cdots+\beta_k^r\boldsymbol{b}_r(0,r)=\sum_{l=1}^{r}\beta_k^l\boldsymbol{b}_l(0,r),r+1\leqslant k\leqslant p. \tag{6.10.21a}$$

因为 $\boldsymbol{b}_k(0,r)$ 的第一个元素为 1, 所以有 $\sum\limits_{l=1}^{r}\beta_k^l=1$.

对 $\forall k_1\in S$, 都可以找到 $\boldsymbol{B}(0,r)$ 的 $r-1$ 行使得这 r 行线性无关. 这是因为一定存在 $i\in\{1,\cdots,r\}$ 使得 $\beta_{k_1}^i\neq 0$, 不妨假定 $\beta_{k_1}^1\neq 0$, 则 $\boldsymbol{b}_{k_1}(1,r),\boldsymbol{b}_2(1,r),\cdots,\boldsymbol{b}_r(1,r)$ 线性无关．可以假定 $\text{rank}\begin{pmatrix}\boldsymbol{b}_{k_1}(1,r)\\ \vdots\\ \boldsymbol{b}_{k_r}(1,r)\end{pmatrix}=r$, 于是有下面的结论.

定理 6.10.7 若 $\text{rank}\begin{pmatrix}\boldsymbol{b}_{k_1}(1,r)\\ \vdots\\ \boldsymbol{b}_{k_r}(1,r)\end{pmatrix}=r$, 状态空间

$$\tilde{S}_{(k_1,k_2,\cdots,k_r)}=S_{(k_1,k_2,\cdots,k_r)}\bigcup S_0$$

上的最小生成子 $\boldsymbol{Q}_{(k_1,k_2,\cdots,k_r)}$ 满足

$$\boldsymbol{Q}_{(k_1,k_2,\cdots,k_r)}=\begin{pmatrix}\beta_{k_1}^1 & \cdots & \beta_{k_1}^r\\ \vdots & \ddots & \vdots\\ \beta_{k_r}^1 & \cdots & \beta_{k_r}^r\end{pmatrix}\boldsymbol{Q}_{(1,2,\cdots,r)}\begin{pmatrix}\beta_{k_1}^1 & \cdots & \beta_{k_1}^r\\ \vdots & \ddots & \vdots\\ \beta_{k_r}^1 & \cdots & \beta_{k_r}^r\end{pmatrix}^{-1}. \tag{6.10.22}$$

证明 由于

$$\boldsymbol{Q}_{(k_1,k_2,\cdots,k_r)} = \begin{pmatrix} \boldsymbol{b}_{k_1}(0,r) \\ \vdots \\ \boldsymbol{b}_{k_r}(0,r) \end{pmatrix} \begin{pmatrix} \boldsymbol{b}_{k_1}(1,r) \\ \vdots \\ \boldsymbol{b}_{k_r}(1,r) \end{pmatrix}^{-1}, \tag{6.10.23}$$

$$\begin{pmatrix} \boldsymbol{b}_{k_1}(0,r) \\ \vdots \\ \boldsymbol{b}_{k_r}(0,r) \end{pmatrix} = \begin{pmatrix} \beta^1_{k_1} & \cdots & \beta^r_{k_1} \\ \vdots & \ddots & \vdots \\ \beta^1_{k_r} & \cdots & \beta^r_{k_r} \end{pmatrix} \begin{pmatrix} \boldsymbol{b}_1(0,r) \\ \vdots \\ \boldsymbol{b}_r(0,r) \end{pmatrix}, \tag{6.10.24}$$

$$\begin{pmatrix} \boldsymbol{b}_{k_1}(1,r) \\ \vdots \\ \boldsymbol{b}_{k_r}(1,r) \end{pmatrix}^{-1} = \begin{pmatrix} \boldsymbol{b}_1(1,r) \\ \vdots \\ \boldsymbol{b}_r(1,r) \end{pmatrix} \begin{pmatrix} \beta^1_{k_1} & \cdots & \beta^r_{k_1} \\ \vdots & \ddots & \vdots \\ \beta^1_{k_r} & \cdots & \beta^r_{k_r} \end{pmatrix}^{-1}. \tag{6.10.25}$$

则 (6.10.22) 式可以很容易得到.

再给出 $\boldsymbol{Q}_{(1,2,\cdots,r)}$ 与原来 PH 分布的最小生成子 $\boldsymbol{Q}$ 之间的关系.

定理 6.10.8　对任意给定的初始分布 $\tilde{\boldsymbol{\alpha}} = (\boldsymbol{\alpha}, 0) = (\alpha_1, \alpha_2, \cdots, \alpha_p, 0)$, 做变换

$$\boldsymbol{\gamma} = (\gamma_1, \cdots, \gamma_r) = \Big(\alpha_1 + \sum_{k=r+1}^{p} \beta^1_k \alpha_k, \cdots, \alpha_r + \sum_{k=r+1}^{p} \beta^r_k \alpha_k\Big),$$

把 $\tilde{\gamma} = (\boldsymbol{\gamma}, 0)$ 当作新的拟初始分布, 就有 $(\boldsymbol{\alpha}, \boldsymbol{Q})$ 和 $(\boldsymbol{\gamma}, \boldsymbol{Q}_{(1,2,\cdots,r)})$ 表示的 PH 分布相同.

证明　由于 $(\gamma_1, \cdots, \gamma_r) = \Big(\alpha_1 + \sum\limits_{k=r+1}^{p} \beta^1_k \alpha_k, \cdots, \alpha_r + \sum\limits_{k=r+1}^{p} \beta^r_k \alpha_k\Big)$, 及 $\sum\limits_{l=1}^{r} \beta^l_k = 1$, 可以得到 $\sum\limits_{k=1}^{r} \gamma_k = 1$, 把 $\tilde{\gamma}$ 看作一个新的拟初始分布, 有

$$(a_1, \cdots, a_r) = (\alpha_1, \cdots, \alpha_p) \begin{pmatrix} \boldsymbol{b}_1(1,r) \\ \vdots \\ \boldsymbol{b}_p(1,r) \end{pmatrix} = (\gamma_1, \cdots, \gamma_r) \begin{pmatrix} \boldsymbol{b}_1(1,r) \\ \vdots \\ \boldsymbol{b}_r(1,r) \end{pmatrix}. \tag{6.10.26}$$

而 $\begin{pmatrix} \boldsymbol{b}_1(1,r) \\ \vdots \\ \boldsymbol{b}_r(1,r) \end{pmatrix}$ 即为以 $\boldsymbol{Q}_{(1,2,\cdots,r)}$ 为最小生成子的 PH 分布的条件矩矩阵, 所以由 (6.10.26) 式可知 $(\boldsymbol{\alpha}, \boldsymbol{Q})$ 和 $(\boldsymbol{\gamma}, \boldsymbol{Q}_{(1,2,\cdots,r)})$ 所表示的 PH 分布的前 r 阶矩相

等. 由于这两个 PH 分布的矩序列都是 r 阶的差分序列, 前 r 项相等则整个序列相等, 即这两个 PH 分布的各阶矩都相等. 由定理 6.10.3 可知, PH 分布的有限阶矩可以决定分布函数和生成函数. 所以它们表示的是同一个 PH 分布 (有兴趣的读者可以自己证明).

这里研究条件矩向量, 避免了由初始分布 $\boldsymbol{\alpha}$ 带来的复杂性. 因为 q_{ij} 是转移率, 而首达时间的条件矩恰恰就描述了马尔可夫链中各状态转移的性质, 所以可以从条件矩求得 $\boldsymbol{Q}$. 另一方面, 如果用分布函数或是生成函数, 就把初始分布和 $\boldsymbol{Q}$ 的信息混杂在一起.

这样就会得到有至少 p^2 个未知数的 p 个非线性方程, 很难从中得到 $\boldsymbol{Q}$. 前面的几个定理说明, 从条件矩的角度出发, 如果 $\boldsymbol{B}(1,p)$ 满秩, 则 $\boldsymbol{Q}$ 被唯一决定, $\boldsymbol{Q}$ 和 $\boldsymbol{\Phi}$ 可以被显式表出; 而当 $\boldsymbol{B}(1,p)$ 不满秩时, 就可以找到一个更小的有限状态的模型来刻画整个马尔可夫链. 在要求条件分布向量相等的条件下, 可以构造一个新的 r 阶的 $\boldsymbol{Q}_{(1,\cdots,r)}$ 代替原来 p 阶的 $\boldsymbol{Q}$, 再对初始分布进行变换, 使变换后的初始分布和 $\boldsymbol{Q}_{(1,\cdots,r)}$ 表示的就是原来的 PH 分布. 可以说这在一定意义上把 PH 分布最小表示的问题推进了一大步.

以上结果有广泛的应用背景, 因为有时一个马尔可夫链 $\{X(t),t\geqslant 0\}$ 常常不知道转移矩阵 $\tilde{\boldsymbol{Q}}=(q_{ij})$, 也不知道 $\Phi(s)$, $F(x)$, 但其首达时间是可测量的, 这样就可以应用以上结果求其 $\Phi(s)$ 及 $F(x)$, 甚至可构造一马尔可夫链, 使其首达时间的概率特性为已给定的.

练 习 题

6.1 设 $\{N(t),t\geqslant 0\}$ 是参数为 λ 的泊松过程, 过程 $\{X(t),t\geqslant 0\}$ 定义为 $\{X(t)=1\}=\bigcup\limits_{n=0}^{\infty}(N(t)=2n)$, $\{X(t)=0\}=\bigcup\limits_{n=0}^{\infty}(N(t)=2n+1)$, 试证 $\{X(t),t\geqslant 0\}$ 为马尔可夫链, 并求 $\boldsymbol{P}(t)$ 与 $\boldsymbol{Q}=(q_{ij})$.

6.2 设 $\{X(t),t\geqslant 0\}$ 为马尔可夫链, $S=\{0,1\}$, $\boldsymbol{Q}=\begin{pmatrix}-\lambda & \lambda\\ \mu & -\mu\end{pmatrix}$, $P_0(0)=1$, $\tau_1=\inf\{t\colon t>0, X(t)\neq X(0)\}$. 求:

$$E(X(t)),\ E(\tau_1\big|X(0)=0),\ \operatorname{cov}(X(s),X(t)),\ E\{X(s+t)\big|X(s)=1\}.$$

6.3 设 $\{N(t),t\geqslant 0\}$ 是参数为 λ 的泊松过程, 且设每次到达被登记上的概率为 p, 并与其他到达独立. 记 $\{N_p(t),t>0\}$ 为登记到达的过程. 证 $\{N_p(t),t\geqslant 0\}$ 是参数为 $p\lambda$ 的泊松流.

6.4 设 $\{N_i(t), t \geqslant 0\}$ 是参数为 λ_i 的泊松过程且相互独立 $(i = 1, 2)$. $X(t) = N_1(t) - N_2(t)$, $P_n(t) = P(X(t) = n)$, $n \in \mathbb{N} = \{0, \pm 1, \pm 2, \cdots\}$, $T_i = \inf\{t \colon t > 0, N_i(t) = k\}$. 试证

$$\sum_{n=-\infty}^{\infty} P_n(t) z^n = \mathrm{e}^{-(\lambda_1+\lambda_2)t} \cdot \mathrm{e}^{(\lambda_1 z + \lambda_2/z)t},$$

并求 $E[X(t)]$, $E(X(t)^2)$ 及 $P(T_1 < T_2 | N(0) = N_2(0) = 0)$.

6.5 下列 3 个生灭过程的参数分别为

(1) $\lambda_n = \lambda q^n$, $0 < q < 1$, $\lambda > 0$, $n \geqslant 0$, $\mu_n = \mu$, $n > 1$, $\mu_0 = 0$;

(2) $\lambda_n = \lambda(n+1)^{-1}$, $\lambda > 0 (n \geqslant 0)$, $\mu_n = \mu$, $(n \geqslant 1)$, $\mu_0 = 0$;

(3) 有迁入的线性增长模型: $\lambda_n = n\lambda + a$, $\mu_n = n\mu$, $\lambda > 0$, $\mu > 0$, $a > 0$ $\left(\text{不妨设 } \dfrac{(\lambda + a)}{\mu} < 1\right)$.

试求相应的平稳分布.

6.6 设 $\{X(t), t \geqslant 0\}$ 是纯生耶洛过程 $\{\lambda_n = n\lambda, \mu_n = 0, \lambda > 0\}$, 证明

$$P(X(t) \geqslant n | X(0) = N) = \sum_{k=n-N}^{n-1} \mathrm{C}_k^{n-1} p^k q^{n-1-k}, n > N,$$

$$q = 1 - p = \mathrm{e}^{-\lambda t},$$

及

$$E[X(t)] = \mathrm{e}^{\lambda t}, \quad \mathrm{var} X(t) = \mathrm{e}^{2\lambda t}(1 - \mathrm{e}^{-\lambda t}).$$

6.7 设 $\{X(t), t \geqslant 0\}$ 为纯灭过程 $(\lambda_n = 0, \mu_n = n\mu, \mu > 0, n \geqslant 1)$, $X(0) = i$. 求

$$P_n(t) = P(X(t) = n), \ E[X(t)], \ \mathrm{var}[X(t)].$$

$$\{P_n(t) = \mathrm{C}_n^i \mathrm{e}^{-n\mu t}(1 - \mathrm{e}^{-\mu t})^{(i-n)}, \ E[X(t)] = i\mathrm{e}^{-\mu t},$$

$$\mathrm{var}[X(t)] = i\mathrm{e}^{-\mu t}(1 - \mathrm{e}^{-\mu t})\}.$$

6.8 设 $\{X_i(t), t \geqslant 0\} (i = 1, 2)$ 是两个互相独立、有相同参数 λ 的耶洛过程, $X_i(0) = n_i$, $N \geqslant n_1 + n_2$, 给定 $X_1(t) + X_2(t) = N$, 试求 $X_1(t)$ 的条件分布律.

6.9 考虑 $M/M/s$ 排队系统, 顾客按照参数为 λ 的泊松流到达一个有 s 个服务员的服务站. 每个顾客一到来, 如果有服务员空闲, 则直接进入服务,

否则加入排队行列等待. 当一个服务员结束对一位顾客服务时, 顾客即离开系统, 排队中的下一顾客立即被服务(若有顾客等待). 假定相继的服务时间是相互独立, 且参数为 μ 的指数分布的随机变量, 如果以 $X(t)$ 表时刻 t 系统的顾客数, 则 $\{X(t), t \geqslant 0\}$ 是生灭过程.

$$\mu_n = \begin{cases} n\mu, & 1 \leqslant n \leqslant s, \\ s\mu, & n > s. \end{cases} \qquad \lambda_n = \lambda, n \geqslant 0.$$

设 $\rho = \dfrac{\lambda}{\mu s} < 1$, $Q(t) = \max(X(t) - s, 0)$ 是 t 时等待的顾客数.

(1) 求系统的平稳分布;

(2) 证明在稳态下

$$\begin{aligned} r =& P(Q(t) = 0) \\ =& \Big(\sum_{i=0}^{s} \frac{(s\rho)^i}{i!}\Big)\Big\{\sum_{i=0}^{s} \frac{(\rho s)^i}{i!} + \frac{(s\rho)^s \rho}{s!(1-\rho)}\Big\}, E[Q(t)] = (1-r)(1-\rho)^{-1}. \end{aligned}$$

6.10　一家由一个理发员营业的小理发店, 至多能容纳两个顾客, 顾客到达是速率为每小时 3 人的泊松流, 相继服务时间是均值为 1/4 小时的指数随机变量. 求

(1) 店中顾客的平均数是多少?

(2) 进店的顾客比例;

(3) 若理发员能加快一倍地工作, 他会多做多少生意?

6.11　若 $\{X_i(t), t \geqslant 0\} (i = 1, 2)$ 是两个相互独立的可逆马尔可夫链, 证明 $\{X_1(t), X_2(t), t \geqslant 0\}$ 也是可逆链.

6.12　考虑参数分别为 λ_i, μ_i 的两个 $M/M/1$ 排队系统, 其中 $\lambda_i < \mu_i (i = 1, 2)$. 假设它们共同使用一个容纳 n 个人的候客室(即每当候客室占满时如再来客都自行离去消失), 计算在第一个系统中有 k 人(当 $k > 0$ 时 1 人在接受服务而 $k-1$ 在候客室等待)而 l 人在第二个系统的极限概率(提示: 利用 6.11 习题的结果).

6.13　考虑一个 $M/M/\infty$ 排队系统, 具有编号为 1,2,$\cdots$ 的通道(服务员)顾客一来就挑选编号为最小的通道接受服务. 于是可以认为一切来到全部发生在 1 号通道, 当发现 1 号通道忙着的顾客就溢出而变成 2 号通道, 当发现 1 号与 2 号通道都忙着的顾客就溢出变成 3 号通道, 等等. 在稳态下

(1) 1 号通道忙时占多少比例?

(2) 通过考虑相应的 $M/M/2$ 消失系统，确定 2 号通道忙时的比例.

(3) 对任意第 C 号通道忙时比例是多少？

(4) 从 C 号通道到 $C+1$ 号通道的溢出率是多少？相应的溢出过程是泊松流？并加以解释.

6.14　一排队系统在任一时刻的工作量定义为该时刻系统中全体顾客的剩余服务时间之和，试求稳态时的 $M/G/1$ 排队系统工作量的期望值与方差.

6.15　设 $X=\{X(t),t\geqslant 0\}$ 为稳态下的遍历马尔可夫链, $\boldsymbol{Q}=(q_{ij}),(P_j,j\geqslant 0)$ 为平稳分布，把状态空间 S 分为两个子集 $S=B\bigcup B^c$, $B^c=G$, $\forall i\in B$ 令

$$T_i=\inf\{t\colon t>0,X(0)=i,X(t)\in G\}.$$

记

$$\tilde{F}_i(s)=E\{\mathrm{e}^{-ST_i}\big|X(0)=i\},\ \ P_{ij}=q_{ij}\Big/\sum_{j\neq i}q_{ij},$$

$$T_v=\inf\{s\colon s>0,X(t)\in G,X(t)\in B,X(t+s)\notin B\},$$

$$T_v=\inf\{s\colon s>0,X(t)\in B,X(t+s)\notin B\}.$$

(1) 求 $P\{X(t)=i\big|X(t)\in B\},i\in B$.

(2) 求 $P\{X(t)=i\big|X(t)\in B,X(t^-)\in G\}$.

(3) 证明：

$$\tilde{F}_i(s)=q_i(q_i+s)^{-1}\Big[\sum_{j\in B}\tilde{F}_j(s)P_{ij}+\sum_{j\in G}P_{ij}\Big].$$

(4) 证明：

$$\sum_{i\in G}\sum_{j\in B}P_iq_{ij}=\sum_{i\in B}\sum_{j\in G}P_iq_{ij}.$$

(5) 利用 (3) 及 (4), 证明：

$$s\sum_{i\in B}P_i\tilde{F}_i(s)=\sum_{i\in G}\sum_{j\in B}P_iq_{ij}(1-\tilde{F}_j(s)).$$

(6) 利用 (2) 试推导：

$$E[\mathrm{e}^{-ST_v}\big|X(t^-)\in G,X(t)\in B]=\Big(\sum_{i\in B}\sum_{j\in G}\tilde{F}_i(s)P_jq_{ji}\Big)\Big[\sum_{j\in G}\sum_{k\in B}P_jq_{jk}\Big]^{-1}.$$

(7) 利用 (5) 及 (6), 证明:

$$\sum_{j\in B} P_j = \Big[\sum_{i\in G}\sum_{j\in B} P_i q_{ij}\Big] E\{T_v \big| X(t^-)\in G, X(t)\in B\}.$$

(8) 利用 (1),(5),(6) 及 (7), 证明:

$$E\{\mathrm{e}^{-ST_v}\big|X(t)\in B\} = [1 - E(\mathrm{e}^{-ST_v}\big|X(t^-)\in G, X(t)\in B)]\times \{sE[T_v\big|X(t)\in G, X(t)\in B]\}^{-1}.$$

(9) 利用 (8) 与拉普拉斯变换的唯一性, 证明:

$$P\{T_x \leqslant s\big|X(t)\in B\} = \Big[\int_t^{t+s} P\{T_v > u\big|X(t^-)\in G, X(t)\in G\}\,\mathrm{d}u\Big]\times \{E[T_v\big|X(t^-)\in G, X(t)\in B]\}^{-1}.$$

(10) 利用 (9) 证明:

$$\begin{aligned} &E\{T_x\big|X(t)\in B\}\\ =&E[T_v^2\big|X(t^-)\in G, X(t)\in B][2E(T_v\big|X(t^-)\in G, X(t)\in B)]^{-1}\\ \geqslant&\frac{1}{2}E[T_v\big|X(t^-)\in G, X(t)\in B]. \end{aligned}$$

6.16 设 $\{X(t), t\geqslant 0\}$ 是纯生过程, $\lambda_n = n\lambda+\delta, n\geqslant 0, \lambda,\delta>0$, 求 $\boldsymbol{P}(t) = (P_{ij}(t))$.

6.17 设 $\{X(t), t\geqslant 0\}$ 是生灭过程, $\lambda_n = n\lambda+\delta, n\geqslant 0, \lambda,\delta>0, \mu_0 = n\mu, n\geqslant 1, \mu>0$, 证明:

(1) 当 $\lambda>\mu$ 或 $\lambda=\mu<\delta$ 时, 链为非常返的;

(2) 当 $\lambda=\mu\geqslant\delta$ 时, 链为零常返的;

(3) 当 $\lambda<\mu$ 时, 链为正常返的, 且这时平稳分布为

$$\pi_0 = \Big(1-\frac{\lambda}{\mu}\Big)^{\frac{\delta}{\lambda}},\quad \pi_n = \frac{1}{n!}\frac{\delta}{\lambda}\Big(\frac{\delta}{\lambda}+1\Big)\cdots\Big(\frac{\delta}{\lambda}+n-1\Big)\Big(\frac{\lambda}{\mu}\Big)\Big(1-\frac{\lambda}{\mu}\Big)^{\delta/\lambda}, n\geqslant 1.$$

6.18 一个汽车加油站只能给一辆汽车加油, 加油时间服从参数为 μ 的指数分布, 各辆汽车的加油时间相互独立, 加油的汽车按参数为 λ 的泊松过程到达, 当一辆汽车来到加油站发现站中已有 n 辆汽车时, 以概率 $\dfrac{n}{n+1}$ 立即

离去，以概率 $\dfrac{1}{n+1}$ 留下来排队. 记 $X(t)$ 为时刻 t 加油站中汽车的数目，证 $\{X(t), t \geqslant 0\}$ 为正常返不可约链并求其平稳分布.

6.19 一个系统由 n 个不同的部件串联构成，n 个部件的寿命分别服从参数为 λ_i 的指数分布，失效后的修理时间分别服从参数为 μ_i 的指数分布. 若 n 个部件都正常工作，则系统处于工作状态；若有某个部件失效，则系统失效，这时修理工立即对失效部件进行处理，其余部件停止工作，若失效部件修复，所有部件立即进入工作状态，从而系统处于工作状态. 假设各部件的失效与否相互独立，求系统处于工作状态的概率.

6.20 设马尔可夫链 $\{X(t), t \geqslant 0\}$, $S = \{0, 1, 2\}$, $\boldsymbol{\pi}(0) = (0, \alpha_1, \alpha_2), \alpha_i \geqslant 0$, $\sum\limits_{i=1}^{2} \alpha_i = 1$,

$$\boldsymbol{Q} = \begin{pmatrix} 0 & 0 & 0 \\ 1 & -4 & 3 \\ 1 & 2 & -3 \end{pmatrix},$$

$T = \inf\{t\colon t \geqslant 0, X(t) = 0\}$, 求:

(1) τ_2 的分布及 $E\tau_2$;

(2) T 的分布及 ET.

6.21 设 $\{X(t), t \geqslant 0\}$ 为马尔可夫链，$S = \{0, 1, 2\}, S_{12} = \{1, 2\}, \boldsymbol{\pi}_0 = (0, 2/3, 1/3)$.

$$\boldsymbol{Q} = \begin{pmatrix} -5 & 3 & 2 \\ 1 & -4 & 3 \\ 2 & 4 & -6 \end{pmatrix},$$

$\tau_0 = T_0 = 0, \tau_n = \inf\{t\colon t > \tau_{n-1}, X(t) \neq X(\tau_{n-1})\}, n \geqslant 1, T_1 = \inf\{t\colon t > 0, X(t) = 0\}, T_2 = \inf\{t\colon t > T_1, X(t) \in S_{12}\}, \cdots, T_{2k+1} = \inf\{t\colon t > T_{2k}, X(t) = 0\}, T_{2k+2} = \inf\{t\colon t > T_{2k+1}, X(t) \in S_{12}\}, k \geqslant 0, \forall\, t \geqslant 0, N_1(t) = \sum\limits_{k=1}^{\infty} I_{(T_{2k+1} \leqslant t)}$,

$N_2(t) = \sum\limits_{k=1}^{\infty} I_{(T_{2k} \leqslant t)}, \widetilde{X}_n = X(\tau_n), N(t) = \sum\limits_{n=1}^{\infty} I_{(\tau_n \leqslant t)}, W(t) = \tau_{N(t)+1} - t$.

(1) 求 $\{\widetilde{X}_n, n \geqslant 0\}$ 的一步转移矩阵，$P(N(t) = 1) = ?$;

(2) 求 $ET_1, ET_1^k, 1 \leqslant k \leqslant 4$;

(3) 求 ET_2 及 $P(X(T_2) = 2)$;

(4) 求 $EN_1(t), EN_2(T_1)$;

(5) 求 $P\left(\lim\limits_{t\to\infty} N_1(t)=\infty\right)$;

(6) 求 $EW(t)$.

6.22 设 $\{T_{2k}, k\geqslant 0\}$ 同上题定义, 记 $\phi(\lambda)=E\left(\mathrm{e}^{-\lambda T_2}\right), \lambda>0$. 令 $Z_0=1, Z_n=\phi^{-n}(\lambda)\exp(-\lambda T_{2n})$. 试问 $\{Z_n, n\geqslant 0\}$ 关于 $\{T_{2n}, n\geqslant 0\}$ 是否是鞅? 并证明你的猜想.

6.23 证明: 对 $\forall i, j\in S$, 存在极限 $\lim\limits_{t\to\infty} P_{ij}(t)=\pi_{ij}$.(提示: 由第 3 章离散时间的马尔可夫链的结果可知, 对 $\forall h>0$, 存在极限 $\lim\limits_{n\to\infty} P_{ij}(nh)$).

6.24 设 $j\neq i$, 若存在 $t_0>0$ 使 $P_{ij}(t_0)>0$. 证明对 $\forall t\geqslant t_0$, 有 $P_{ij}(t)>0$.

6.25 证明下列命题等价: (1) 由 i 可达 j; (2) 对任意的 h 骨架, 由 i 可达 j; (3) 对某个 h 骨架, 由 i 可达 j.

6.26 证明对 $\forall i\in S$, 若

$$\int_0^\infty P_{ii}(t)\,\mathrm{d}t=\infty, \tag{*}$$

则对所有 $h>0$,

$$\sum_{n=1}^\infty P_{ii}(nh)=\infty. \tag{**}$$

反之, 若对某一个 $h>0$, (**) 式成立, 则 (*) 式成立.

6.27 考虑一个 $G/M/1$ 排队系统, 即顾客到达服务台是一个更新过程, 相邻到达顾客的时间间隔的分布为 $G(x)$, 服务台对每一位顾客的服务时间是独立同指数分布, 其参数为 $\mu>0$, 且与到达流独立. 令 $T_0=0, T_n$ 表示第 n 个顾客到达的时刻, X_n 表示第 n 个顾客到达服务台时刻 (T_n) 系统内的顾客数 (包括该顾客). 证明 $\{(X_n, T_n), n\geqslant 1\}$ 是马尔可夫更新过程, 并求其半马尔可夫核.

第 7 章　随机微分方程

7.1　H 空间和均方收敛

在许多情况下，人们关心的是一个过程的一阶矩、二阶矩特征，这是比较容易得到的随机变量的“外部”数字特征. 因此，研究二阶矩存在的随机变量是一个重要的方向，通过深入分析，探知这类随机变量有哪些共同的性质.

首先，给出复随机变量的定义. 设 (X,Y) 为实随机变量，称 $Z=X+\mathrm{i}Y$ 为复随机变量，其中 $\mathrm{i}=\sqrt{-1}$. $|Z|^2\triangleq Z\overline{Z}=(X+\mathrm{i}Y)(\overline{X+\mathrm{i}Y})=X^2+Y^2$.

对于复随机变量 Z , 有

$$EZ\triangleq EX+\mathrm{i}EY,$$

$$E|Z|^2\triangleq E(Z\overline{Z}).$$

为了对存在二阶矩的随机变量的全体进行统一考察, 引出 H 空间的概念. 为研究这一类随机变量提供数学框架与几何直观解释.

定义 7.1.1　$H\triangleq\{X: E|X|^2<\infty\}$, 即 H 是由二阶矩存在的随机变量全体构成的集合，称作 **H 空间**.

H 空间具有以下良好性质.

H 空间是线性空间，即：$\forall X_1,X_2\in H$ 及常数 $\alpha_i\in\mathbb{R}(i=1,2)$, 都有 $\alpha_1X_1+\alpha_2X_2\in H$ 成立. 这是因为

$$E|\alpha_1X_1+\alpha_2X_2|^2\leqslant|\alpha_1|^2E|X_1|^2+|\alpha_2|^2E|X_2|^2+2|\alpha_1\alpha_2|E|X_1X_2|.$$

而由 Schwartz 不等式 $E|X_1X_2|\leqslant(E|X_1|^2\cdot E|X_2|^2)^{\frac{1}{2}}$, 因 $X_1,X_2\in H$, 则 $E|X_1|^2<\infty, E|X_2|^2<\infty$, 所以 $E|\alpha_1X_1+\alpha_2X_2|^2<\infty$, 即 $\alpha_1X_1+\alpha_2X_2\in H$. □

我们所熟悉的 n 维欧几里得空间是线性空间，在该空间中引进了内积，范数，距离与极限等概念. 受此启发，若能在 H 空间中引入类似的量，那么这些量就可以赋予它们相应的几何意义，从而可借用几何的观点与方法来刻画和研究 H 空间的性质. 不失一般性，以下设 $EX=EY=0$.

$\forall X,Y\in H$, 定义 $(X,Y)=E(X\overline{Y})$. 由定义，易知 (X,Y) 满足以下性质：

(1) $(Y,X)=\overline{(X,Y)}$ (即 (X,Y) 共轭反对称);

(2) $(cX,Y)=c(X,Y)$, 其中 c 为常数;

(3) $(X_1+X_2,Y)=(X_1,Y)+(X_2,Y)$, 其中 $X_i\in H,(i=1,2)$;

(4) $(X,X)=E|X|^2\geqslant 0$, 且 $(X,X)=0\Leftrightarrow X=0$ (a.e.).

称 (X,Y) 为 H 空间中 X,Y 的**内积**.

若 $(X,Y)=0$ (因为 $EX=EY=0$, 所以 $\text{cov}(X,Y)=0$, 即 X,Y 不相关), 称 X 与 Y **正交**, 记作 $X\perp Y$. 这样，对两个随机变量 X,Y 不相关 $\Leftrightarrow X\perp Y$, 赋予了几何上的直观意义.

对 $\forall X\in H$, 记 $\|X\|=(X,X)^{\frac{1}{2}}$, 即 $\|X\|=(E|X|^2)^{\frac{1}{2}}$. 显然 H 空间中 $\|\cdot\|$ 满足：

(1) $\|X\|\geqslant 0$, 且 $\|X\|=0\Leftrightarrow X=0$ (a.e.);

(2) $\|cX\|=|c|\ \|X\|$, 其中 c 为常数;

(3) $\|X_1+X_2\|\leqslant\|X_1\|+\|X_2\|$ (三角不等式), 其中 $X_i\in H(i=1,2)$.

称 $\|X\|$ 为 H 中 X 的**范数**.

易证

$$|EX|\leqslant E|X|\leqslant\|X\|. \tag{7.1.1}$$

证明 由 Jenson 不等式，对凸函数 $g(x)$, 有 $g(EX)\leqslant E(g(x))$. 取 $g(x)=|x|$, 则有 $|EX|\leqslant E|X|$.

由 Schwartz 不等式，$(E|X|)^2\leqslant E|X|^2\cdot 1^2\Rightarrow E|X|\leqslant\|X\|$. 所以 $|EX|\leqslant E|X|\leqslant\|X\|$. □

记 $d(X,Y)=\|X-Y\|$, 显然：

(1) $d(X,Y)\geqslant 0$, 且 $d(X,Y)=0\Leftrightarrow X=Y$ (a.e.);

(2) $d(X,Y)=d(Y,X)$;

(3) $d(X,Z)\leqslant d(X,Y)+d(Y,Z)$.

称 $d(X,Y)$ 为 H 中 X 与 Y 之间的**距离**.

这样，在 H 空间中定义了两个元素的内积、距离和一个元素的范数，它们与 n 维欧几里得空间中两个元素 (向量) 的内积、距离和一个元素的范数相类似. 并且，在此基础上，可以在 H 空间中定义极限和收敛的概念.

定义 7.1.2 设 $\{X,X_n,n\geqslant 1\}\subset H$.

(1) 若 $\lim\limits_{n\to\infty}d(X_n,X)=0$, 即 $\lim\limits_{n\to\infty}\|X_n-X\|=\lim\limits_{n\to\infty}(E|X_n-X|^2)^{\frac{1}{2}}=0$, 则

称 X 为序列 $\{X_n, n \geqslant 1\}$ 的**均方极限**, 记作

$$\lim_{n\to\infty} X_n \overset{\text{m.s.}}{=\!=} X \qquad (\text{m.s.: mean square})$$

简记 $\lim\limits_{n\to\infty} X_n = X$, 或 $X_n \overset{\text{m.s.}}{\Longrightarrow} X\,(n\to\infty)$, 即序列 $\{X_n, n\geqslant 1\}$ 均方收敛于 X.

(2) 若 $\lim\limits_{n\to\infty, m\to\infty} d(X_n, X_m) = 0$, 则称 $\{X_n, n\geqslant 1\}$ 是柯西 (Cauchy) 序列.

例 1　对于布朗运动 $\{B(t), t\geqslant 0\}$, $B(0)=0$, $\forall 0=t_0<t_1<t_2<\cdots<t_n=t$, $\Delta t_k = t_k - t_{k-1}(1\leqslant k\leqslant n)$, 令 $\delta = \max\limits_{1\leqslant k\leqslant n}\Delta t_k$, $\Delta B_k = B(t_k)-B(t_{k-1})$, 则由定理 5.2.3, 有

$$\begin{aligned}0 \leqslant \lim_{\delta\to 0} E\Big(\sum_{k=1}^{n}(\Delta B_k)^2 - t\Big)^2 &= \lim_{\delta\to 0} E\Big[\sum_{k=1}^{n}((\Delta B_k)^2 - \Delta t_k)\Big]^2\\ &= \lim_{\delta\to 0}\sum_{k=1}^{n}[E((\Delta B_k)^2) - (\Delta t_k)^2]^2\\ &= \lim_{\delta\to 0} 2\Big(\sum_{k=1}^{n}(\Delta t_k)^2\Big) \leqslant 0,\end{aligned}$$

故

$$\lim_{\delta\to 0}\sum_{k=1}^{n}(\Delta B_k)^2 \overset{\text{m.s.}}{=\!=} t. \qquad \square$$

命题 7.1.1　设 $(X_n, n\geqslant 1)$ 为 H 空间中的柯西序列, 则必存在随机变量 $X\in H$, 使得

$$X_n \overset{\text{m.s.}}{\longrightarrow} X.$$

此命题证明要用到测度论, 此处从略.

注　这说明 H 空间是一个完备的赋范线性空间.

命题 7.1.1 给出了均方极限存在的一个充分条件.

均方极限具有与一般极限相类似的运算规则.

命题 7.1.2　设 $X_n, X, Y_n, Y \in H$, 且 $X_n \overset{\text{m.s.}}{\longrightarrow} X$, $Y_n \overset{\text{m.s.}}{\longrightarrow} Y$, 则:

(1) $\lim\limits_{n\to\infty} EX_n = EX = E\lim\limits_{n\to\infty} X_n$, $\lim\limits_{n\to\infty} E|X_n|^2 = E|X|^2$;

(2) $\lim\limits_{m\to\infty, n\to\infty}(X_m, Y_n) = (X, Y)$;

(3) $\lim\limits_{n\to\infty}(\alpha X_n + \beta Y_n) = \alpha X + \beta Y$, $\forall \alpha, \beta\in\mathbb{R}$.

证明　(1) 因 $|EX_n - EX| \leqslant E|X_n - X| \leqslant \|X_n - X\|$, 则 $\lim\limits_{n\to\infty}|EX_n - EX| = 0$, 所以 $\lim\limits_{n\to\infty} EX_n = EX$.

同理，由 $\big|\|X_n\|-\|X\|\big|\leqslant\|X_n-X\|$ 可得 $\lim\limits_{n\to\infty}E|X_n|^2=E|X|^2$.

(2) 因

$$\begin{aligned}
&|(X_m,Y_n)-(X,Y)|\\
&\qquad=|(X,Y_n-Y)+(X_m-X,Y)+(X_m-X,Y_n-Y)|\\
&\qquad\leqslant|(X,Y_n-Y)|+|(X_m-X,Y)|+|(X_m-X,Y_n-Y)|\\
&\qquad\leqslant\|X\|\,\|Y_n-Y\|+\|X_m-X\|\,\|Y\|+\|X_m-X\|\,\|Y_n-Y\|.
\end{aligned}$$

当 $n\to\infty$ 时，$\|Y_n-Y\|\to 0$; 当 $m\to\infty$ 时，$\|X_m-X\|\to 0$. 所以 $\lim\limits_{n\to\infty,m\to\infty}|(X_m,Y_n)-(X,Y)|=0$, 即 $\lim\limits_{m\to\infty,n\to\infty}(X_m,Y_n)=(X,Y)$.

(3) 显然. □

命题 7.1.3 $\lim\limits_{n\to\infty}X_n\overset{\text{m.s.}}{=\!=}X$ 的充要条件是：$\lim\limits_{n\to\infty,m\to\infty}(X_m,X_n)=C$ 存在，且此时 $\lim\limits_{n\to\infty,m\to\infty}(X_m,X_n)=E|X|^2=\|X\|^2$.

证明 必要性由命题 7.1.2 的 (2) 可得，下面证明充分性.

设 $\lim\limits_{n\to\infty,m\to\infty}(X_m,X_n)=C$. 先证 $\{X_n,n\geqslant 1\}$ 是柯西序列.

$$\begin{aligned}
\|X_m-X_n\|^2=&(X_m-X_n,X_m-X_n)\\
=&(X_m,X_m)-(X_m,X_n)-(X_n,X_m)+(X_n,X_n)\xrightarrow{n\to\infty,m\to\infty}0,
\end{aligned}$$

所以 $\{X_n,n\geqslant 1\}$ 是柯西序列. 由命题 7.1.1 知，$\exists X\in H$, 使得 $\lim\limits_{n\to\infty}X_n\overset{\text{m.s.}}{=\!=}X$. □

命题 7.1.4 若 $\lim\limits_{n\to\infty}X_n\overset{\text{m.s.}}{=\!=}X$, 则：

(1) $\lim\limits_{n\to\infty}X_n\overset{P}{=}X$;

(2) $\lim\limits_{n\to\infty}P(X_n\leqslant x)=P(X\leqslant x)$ 成立，其中 $x\in\mathbb{R}$ 是 $P(X\leqslant x)$ 的连续点 (即 $X_n\overset{d}{\to}X(n\to\infty)$).

证明 (1) 由切比雪夫不等式得，

$$\forall\varepsilon>0,0\leqslant P(|X_n-X|\geqslant\varepsilon)\leqslant\frac{E|X_n-X|^2}{\varepsilon^2}\to 0,$$

故 $\forall\varepsilon>0$, $\lim\limits_{n\to\infty}P(|X_n-X|<\varepsilon)=1$, 即 $\lim\limits_{n\to\infty}X_n\overset{P}{=}X$.

(2) 由 (1) 知，只需证明：若 $\lim\limits_{n\to\infty}X_n\overset{P}{=}X$, 则有 $X_n\overset{d}{\to}X(n\to\infty)$.

设 $F_n(x)=P(X_n\leqslant x)$, $F(x)=P(X\leqslant x)$, 并设 x 是 $F(x)$ 的连续点，取 $\forall y<x$, 则

$$
\begin{aligned}
(X \leqslant y) &= (X \leqslant y, X_n \leqslant x) \bigcup (X \leqslant y, X_n > x) \\
&\subset (X_n \leqslant x) \bigcup (|X_n - X| > x - y),
\end{aligned}
$$

从而得

$$
F(y) \leqslant F_n(x) + P(|X_n - X| \geqslant x - y), \qquad \forall n \geqslant 1.
$$

当 $n \to \infty$ 时，取下极限，由概率收敛，$F(y) \leqslant \varliminf_{n\to\infty} F_n(x) + 0$ (因为正实数序列的下极限总存在，所以 $\varliminf_{n\to\infty} F_n(x)$ 存在).

同理取 $\forall z > x$, 则

$$
\begin{aligned}
(X_n \leqslant x) &= (X_n \leqslant x, X \leqslant z) \bigcup (X_n \leqslant x, X > z) \\
&\subset (X \leqslant z) \bigcup (|X - X_n| > z - x),
\end{aligned}
$$

从而得

$$
F_n(x) \leqslant F(z) + P(|X_n - X| \geqslant z - x), \qquad \forall n \geqslant 1.
$$

当 $n \to \infty$ 时，取上极限，$\varlimsup_{n\to\infty} F_n(x) \leqslant F(z)$, 则 $\forall y < x < z$, 有 $F(y) \leqslant \varliminf_{n\to\infty} F_n(x) \leqslant \varlimsup_{n\to\infty} F_n(x) \leqslant F(z)$.

令 $y \uparrow x, z \downarrow x$, 有

$$
\lim_{y\uparrow x} F(y) = F(x), \qquad \lim_{z\downarrow x} F(z) = F(x).
$$

所以 $\lim_{n\to\infty} F_n(x) = \varliminf_{n\to\infty} F_n(x) = \varlimsup_{n\to\infty} F_n(x) = F(x)$. □

7.2　均方分析

在引出均方极限之后，就可以对过程的均方分析特性展开深入的讨论. 类似于数学分析中的概念，本节介绍均方分析 (随机微积分), 即均方连续性，均方可导，均方积分.

设 $\{X(t), t \geqslant 0\}$ 为一随机过程，若 $\forall t \geqslant 0, X(t) \in H$, 则称 $\{X(t), t \geqslant 0\}$ 为**二阶矩过程**.

(1) 均方连续性

定义 7.2.1　设二阶矩过程 $\{X(t), t \in T\}$, 对 $\forall t_0 \geqslant 0$ 有 $\lim_{t\to t_0} X(t) \overset{\text{m.s.}}{=\!=} X(t_0)$, 即 $\lim_{t\to t_0} \|X(t) - X(t_0)\| = 0$, 则称 $X(t)$ 在 t_0 **均方连续**.

若 $X(t)$ 对 $\forall t \in T$ 都均方连续，则称 $\{X(t), t \in T\}$ 在 T 上均方连续.

例 1　对于泊松过程 $\{N(t), t \geqslant 0\}$, 可以证明 $N(t)$ 在 $t \geqslant 0$ 上均方连续. 由关系式 $E(N(t+h) - N(t))^2 = (\lambda h)^2 + \lambda h$ 即可立刻得到.

又例如布朗运动 $\{B(t), t \geqslant 0\}$, 因为 $E(B(t+h)-B(t))^2 = |h| \to 0$ (当 $h \to 0$), 所以 $\lim\limits_{t \to t_0} B(t) \overset{\text{m.s.}}{=\!=} B(t_0)$, 即 $B(t)$ 在 $t \geqslant 0$ 上均方连续.

为了判别 $X(t)$ 的均方连续性，除了利用定义，还可以利用以下定理.

定理 7.2.1 记 $R(s,t) = E(X(s) \cdot \overline{X(t)}) = (X(s), X(t))$, 则 $\{X(t), t \geqslant 0\}$ 在 t_0 点均方连续的充要条件是 $R(s,t)$ 在 (t_0, t_0) 点连续.

证明 由命题 7.1.2 的 (2) 即可得. □

推论 1 $\{X(t), t \in T\}$ 在 T 上均方连续的充要条件是 $R(s,t)$ 在 $\{(t,t), t \in T\}$ 上二元连续.

推论 2 若 $R(s,t)$ 在 $\{(t,t), t \in T\}$ 上连续，则它在 $T \times T$ 上连续.

即对协方差 $R(s,t)$ 而言，它在整个区域 $T \times T$ 上连续与它在 $T \times T$ 的对角线上连续是等价的.

证明 必要性显然，只证充分性.

由定理 7.2.1,$R(s,t)$ 在 $(t,t), t \in T$ 连续 $\Leftrightarrow \forall s_0 \in T$, $\lim\limits_{s \to s_0} X(s) = X(s_0)$. 由命题 7.1.3, 有 $\lim\limits_{s \to s_0, t \to t_0} (X(s), X(t)) = (X(s_0), X(t_0)) = R(s_0, t_0)$, 即 $R(s,t)$ 在 $T \times T$ 上连续. □

(2) 均方可导 (微)

定义 7.2.2 称二阶矩过程 $\{X(t), t \in T\}$ 在 $t_0 \in T$ 点上均方可导，若

$$\lim_{h \to 0} \frac{X(t_0+h) - X(t_0)}{h} \overset{\text{m.s.}}{=\!=} X'(t_0)$$

存在. 此时称 $X'(t_0) = \left.\dfrac{\mathrm{d}X(t)}{\mathrm{d}t}\right|_{t_0}$ 与 $X'(t_0)\,\mathrm{d}t$ 分别为 $X(t)$ 在 t_0 点的**均方导数**与**均方微分**.

若 $X(t)$ 对 $\forall t \in T$ 均方可导，则称 $\{X(t), t \in T\}$ 在 T 上是均方可导的. 此时记

$$\lim_{h \to 0} \frac{X(t+h) - X(t)}{h} = X'(t).$$

$\dfrac{\mathrm{d}X(t)}{\mathrm{d}t}$ 或 $(\dot{X}(t))$ 与 $X'(t)\,\mathrm{d}t$ 分别称为 $X(t)$ 在 T 上的均方导数与均方微分.

下面给出均方可导的判定定理.

定理 7.2.2(均方可导准则) $\{X(t), t \in T\}$ 在 t 点均方可导的充要条件是

$$\lim_{h \to 0, l \to 0} \frac{R(t+h, t+l) - R(t+h, t) - R(t, t+l) + R(t,t)}{h\,l}$$

存在，即要求 $R(s,t)$ 在 (t,t) 上广义二次可微.

证明　由

$$\frac{R(t+h,t+l)-R(t+h,t)-R(t,t+l)+R(t,t)}{h\,l}$$

$$=\left(\frac{X(t+h)-X(t)}{h},\frac{X(t+l)-X(t)}{l}\right)$$

和命题 7.1.3 可得

$$\lim_{h\to 0}\frac{X(t+h)-X(t)}{h}\text{ 存在 }\Leftrightarrow\lim_{\substack{h\to 0\\ l\to 0}}\left(\frac{X(t+h)-X(t)}{h},\frac{X(t+l)-X(t)}{l}\right)\text{ 存在 }.$$

□

关于均方可导，有以下几个性质.

定理 7.2.3　若 $\{X(t),t\in T\}$, $\{X_k(t),t\in T\}(k=1,2)$ 在 T 上均方可导，$f(t)$ 为一般函数，且在 T 上可导，则:

① $X_k(t)$ 在 T 上均方连续;

② 对 $\forall C_1,C_2\in\mathbb{R}$, $C_1X_1(t)+C_2X_2(t)$ 在 T 上均方可导，且

$$(C_1X_1(t)+C_2X_2(t))'=C_1X_1'(t)+C_2X_2'(t);$$

③ $\dfrac{\mathrm{d}}{\mathrm{d}t}(f(t)X(t))=\dfrac{\mathrm{d}f(t)}{\mathrm{d}t}X(t)+f(t)\dfrac{\mathrm{d}X(t)}{\mathrm{d}t}$;

④ $EX'(t)=\dfrac{\mathrm{d}EX(t)}{\mathrm{d}t}$;

⑤ $(X'(s),X'(t))=\dfrac{\partial^2}{\partial s\partial t}R(s,t)$,　其中 $R(s,t)=E(X(s)\overline{X(t)})$.

证明　① 由均方可导定义得 $\forall t_0\in T,\lim\limits_{h\to 0}(X(t_0+h)-X(t_0))=0\Rightarrow\lim\limits_{h\to 0}X(t_0+h)=\lim\limits_{t\to t_0}X(t_0)$ 存在，即 $X(t)$ 在 $\forall t_0\in T$ 上均方连续.

② 显然.

③ 左 $=\lim\limits_{h\to 0}\dfrac{f(t+h)X(t+h)-f(t)X(t)}{h}$;

$$\begin{aligned}\text{右}&=\lim_{h\to 0}\left(\frac{f(t+h)-f(t)}{h}\right)X(t)+\lim_{h\to 0}\left(\frac{X(t+h)-X(t)}{h}\right)f(t)\\&=\lim_{h\to 0}\frac{[f(t+h)-f(t)]X(t)}{h}+\lim_{h\to 0}\frac{[X(t+h)-X(t)]f(t+h)}{h}\\&=\lim_{h\to 0}\frac{f(t+h)X(t+h)-f(t)X(t)}{h}=\text{左}.\end{aligned}$$

④ 由命题 7.1.2 可得.

⑤ 由命题 7.1.2 可得. □

(3) 均方积分

定义 7.2.3 设 $\{X(t), t\in T\}$ 为二阶矩过程, $f(t), t\in T$ 为定义在 T 上的函数, $[a,b]\subset T$. 任取分点 $a=t_0<t_1<t_2<\cdots<t_n=b$, $\Delta t_k=t_k-t_{k-1}$. 令 $\lambda=\max\limits_{1\leqslant k\leqslant n}\Delta_k$, 任取 $u_k\in[t_{k-1},t_k]$. 若

$$\lim_{\lambda\to 0}\sum_{k=1}^{n} f(u_k)X(u_k)\Delta t_k \overset{\text{m.s.}}{=\!=} \int_a^b f(t)X(t)\,\mathrm{d}t,$$

均方极限存在, 则称 $\int_a^b f(t)X(t)\,\mathrm{d}t$ 为 $f(t)X(t)$ 在 $[a,b]$ 上的 R-**均方积分**.

若 $\lim\limits_{b\to+\infty,a\to-\infty}\int_a^b f(t)X(t)\,\mathrm{d}t \overset{\text{m.s.}}{=\!=} \int_{-\infty}^{+\infty} f(t)X(t)\,\mathrm{d}t$ 均方极限存在, 则称上述极限为 $f(t)X(t)$ 在 $(-\infty,+\infty)$ 上的 R- 均方积分.

均方可积的判定定理如下.

定理 7.2.4(充分条件) 若 $\int_a^b\int_a^b f(s)\overline{f(t)}R(s,t)\,\mathrm{d}s\,\mathrm{d}t$ 存在, 则 $\int_a^b f(t)X(t)\,\mathrm{d}t$ 存在.

证明 由命题 7.1.3 可知, $f(t)X(t)$ 在 $[a,b]$ 上均方可积, 即

$$\int_a^b f(t)X(t)\,\mathrm{d}t=\lim_{\lambda\to 0}\sum_{k=1}^{n} f(u_k)X(u_k)\Delta t_k$$

存在的充要条件是

$$\lim_{\lambda\to 0}E\Big\{\Big[\sum_{k=1}^{n} f(u_k)X(u_k)\Delta t_k\Big]\overline{\Big[\sum_{l=1}^{m} f(u_l)X(u_l)\Delta t_l'\Big]}\Big\} \qquad (*)$$

存在. 根据期望的性质: 有限个随机变量线性组合的期望等于各随机变量的期望的线性组合, 则

$$\begin{aligned}(*)&=\lim_{\lambda\to 0}\Big\{\sum_{k=1}^{n}\sum_{l=1}^{m} f(u_k)\overline{f(u_l)}E[X(u_k)\overline{X(u_l)}]\Delta t_k\Delta t_l'\Big\}\\&=\lim_{\lambda\to 0}\Big[\sum_{k=1}^{n}\sum_{l=1}^{m} f(u_k)\overline{f(u_l)}R(u_k,u_l)\Delta t_k\Delta t_l'\Big].\end{aligned}$$

所以当 $\int_a^b\int_a^b f(s)\overline{f(t)}R(s,t)\,\mathrm{d}s\,\mathrm{d}t$ 存在时, $(*)$ 存在, 即 $\int_a^b f(t)X(t)\,\mathrm{d}t$ 存在. □

推论 $\int_{-\infty}^{+\infty} f(t)X(t)\,\mathrm{d}t$ 存在的充分条件是二重积分

$$\int_{-\infty}^{+\infty}\int_{-\infty}^{+\infty} f(s)\overline{f(t)}R(s,t)\,\mathrm{d}s\,\mathrm{d}t$$

存在.

下面来讨论均方积分的性质.

定理 7.2.5 设 $f(t)X(t), f_k(t)X_k(t)(k=1,2)$ 在 $[a,b]$ 上均方可积, 则:

(1) $E\int_a^b f(t)X(t)\,\mathrm{d}t = \int_a^b f(t)EX(t)\,\mathrm{d}t$,

$$E\left(\int_a^b f(s)X(s)\,\mathrm{d}s\overline{\int_a^b f(t)X(t)\,\mathrm{d}t}\right) = \int_a^b\int_a^b f(s)\overline{f(t)}R(s,t)\,\mathrm{d}s\,\mathrm{d}t;$$

(2) $\forall C_k \in \mathbb{R}$, $k=1,2$, 有

$$\int_a^b \sum_{k=1}^{2} C_k f_k(t)X_k(t)\,\mathrm{d}t = \sum_{k=1}^{2}\int_a^b C_k f_k(t)X_k(t)\,\mathrm{d}t \quad (\text{线性性质});$$

(3) $\int_a^c f(t)X(t)\,\mathrm{d}t + \int_c^b f(t)X(t)\,\mathrm{d}t = \int_a^b f(t)X(t)\,\mathrm{d}t, \qquad \forall c \in [a,b].$

证明 (1) 由 Fubini 定理易得; 而 (2),(3) 的证明与数学分析中的证明相类似. □

更进一步, 可以得到均方连续与均方积分的关系.

定理 7.2.6 设 $X(t)$ 在 $[a,b]$ 上均方连续, 则:

(1) $X(t)$ 在 $[a,b]$ 均方可积, 即 $\int_a^b X(t)\,\mathrm{d}t$ 存在;

(2) $\left\|\int_a^b X(t)\,\mathrm{d}t\right\| \leqslant \int_a^b \|X(s)\|\,\mathrm{d}s$;

(3) 记 $Y(t) \triangleq \int_a^t X(u)\,\mathrm{d}u\ (a \leqslant t \leqslant b)$, 则 $\{Y(t), t \geqslant 0\}$ 在 $[a,b]$ 上均方连续, 均方可导, 且 $Y'(t) = X(t)$.

证明 (1) 由定理 7.2.1 及其推论知, $X(t)$ 在 $[a,b]$ 均方连续 $\Leftrightarrow R(s,t)$ 在 $T\times T$ 上连续 $\Rightarrow \int_a^b\int_a^b R(s,t)\,\mathrm{d}s\,\mathrm{d}t$ 存在. 由定理 7.2.4 得 $X(t)$ 在 $[a,b]$ 均方可积.

(2) 由 (1) 得 $\int_a^b X(t)\,\mathrm{d}t$ 一定存在. 因为

$$\|X(t)\| = (X(t),X(t))^{\frac{1}{2}} = [E(X(t)\overline{X(t)})]^{\frac{1}{2}} = R(t,t)^{\frac{1}{2}},$$

由定理 7.1 得 $\|X(t)\|$ 连续，从而 $\int_a^b \|X(s)\|\,\mathrm{d}s$ 存在. 因为

$$\left\|\int_a^b X(t)\,\mathrm{d}t\right\| = \left\|\lim_{\lambda\to 0}\sum_{k=1}^n X(u_k)\Delta t_k\right\| = \lim_{\lambda\to 0}\left\|\sum_{k=1}^n X(u_k)\Delta t_k\right\|,$$

且

$$\left\|\sum_{k=1}^n X(u_k)\Delta t_k\right\| \leqslant \sum_{k=1}^n \|X(u_k)\|\Delta t_k \qquad (\text{距离不等式}),$$

所以 $\left\|\int_a^b X(t)\,\mathrm{d}t\right\| \leqslant \lim_{\lambda\to 0}\sum_{k=1}^n \|X(u_k)\|\Delta t_k = \int_a^b \|X(t)\|\,\mathrm{d}t.$

(3) 由条件得 $Y(t)$ 在 $[a,b]$ 上均方连续显然. 只需再证 $Y(t)$ 均方可导.

$$\begin{aligned}\left\|\frac{Y(t+h)-Y(t)}{h} - X(t)\right\| &= \left\|\frac{1}{h}\int_t^{t+h} X(u)\,\mathrm{d}u - X(t)\right\| \\ &= \left\|\frac{1}{h}\int_t^{t+h}(X(s)-X(t))\,\mathrm{d}s\right\|.\end{aligned}$$

由 (2) 得

$$\begin{aligned}\left\|\frac{1}{h}\int_t^{t+h}(X(s)-X(t))\,\mathrm{d}s\right\| &\leqslant \frac{1}{h}\int_t^{t+h}\|X(s)-X(t)\|\,\mathrm{d}s \\ &\leqslant \max_{|t-s|\leqslant h}\|X(s)-X(t)\| \xrightarrow{h\to 0} 0,\end{aligned}$$

所以 $\lim_{h\to 0}\dfrac{Y(t+h)-Y(t)}{h} = X(t)$, 即 $Y(t)$ 在 $[a,b]$ 上均方可导, 且 $Y'(t) = X(t)$. □

推论 设 $X'(t)$ 在 $[a,b]$ 上均方连续，则

$$X(t) - X(a) = \int_a^t X'(s)\,\mathrm{d}s, \qquad a \leqslant t \leqslant b.$$

证明 因 $X(t) = \int_0^t X'(s)\,\mathrm{d}s$, $X(a) = \int_0^a X'(s)\,\mathrm{d}s$, 则

$$X(t) - X(a) = \int_0^t X'(s)\,\mathrm{d}s - \int_0^a X'(s)\,\mathrm{d}s = \int_a^t X'(s)\,\mathrm{d}s. \qquad □$$

例 2 布朗运动 $\{B(t), t \geqslant 0\}$ 按定义对 $\forall\omega \in \Omega$, 它是 t 的连续函数，因此第 5 章中定义的布朗运动的积分 $S(t) = \int_0^t B(u)\,\mathrm{d}u$ 对每一个 $\omega \in \Omega$ 都有

定义的，且 $\{S(t), t \geqslant 0\}$ 仍是正态过程．另一方面，前面已说明 $\{B(t), t \geqslant 0\}$ 均方连续，故它均方可积，记为 $Y(t) = \int_0^t B(u)\,\mathrm{d}u$．由均方收敛唯一性得，$S(t) = Y(t)$(a.e.)，且 $\{Y(t), t \geqslant 0\}$ 仍是正态过程，均方连续，其均方导数亦为 $B(t)$．

7.3 伊藤随机积分

本节引入伊藤 (Itö) 积分的确切定义，并分析它的主要性质．

在第 5 章中，我们已初步认识到由质点在直线上作随机游动引入的随机微分方程，为此研究形式如下的积分

$$\int_0^T g(t,w)\,\mathrm{d}B(t,w).$$

粗略的说，这是 $g(t,w)$ 关于 $B(t,w)$ 的 R-S 均方积分．然而我们已经知道，布朗运动的轨道性质很特殊，即几乎任一条轨道的任一点都没有有限的导数，任意两点之间也不是有限的变差函数，因此必须对关于 $B(t,w)$ 的 R-S 积分给出与这些性质相对应的定义．

在这一节中，要对这一形式的积分给出确切的数学定义，在此基础上再研究其重要性质．

设标准布朗运动 $\{B(t), t \geqslant 0\}$ 是定义在概率空间 $(\Omega, \mathcal{F}, \mathcal{P})$ 上的随机过程．

设 $(\mathcal{F}_t, t \geqslant 0)$ 是一族单调递增的 $\mathcal{F}$ 的子 $-\sigma$ 域，即 $\mathcal{F}_{t_1} \subset \mathcal{F}_{t_2} \subset \mathcal{F}$ $(\forall t_1 < t_2)$, $\forall \mathcal{F}_t$ 是 $\mathcal{F}$ 的子 $-\sigma$ 域，且对 $\forall 0 \leqslant s \leqslant t$, $B(s)$ 关于 $\mathcal{F}_t$ 可测，$E(B(t)\big|\mathcal{F}_s) = B(s)$, $E(B(t) - B(s)\big|\mathcal{F}_s) = 0$.

假设 7.3.1 设随机过程 $\{g(t,w), t \geqslant 0\}$, 对 $T > 0$ 满足以下条件：

(1) $g(t,w)$ 关于 $[0,T] \times \Omega$ 可测；

(2) $\forall t \geqslant 0, g(t,\cdot)$ 关于 $\mathcal{F}_t$ 可测，即 $\forall x \in R, (w\colon g(t,w) \leqslant x) \in \mathcal{F}_t$;

(3) $\int_0^T E(g(t,w))^2\,\mathrm{d}t < \infty$, $E(g(t,w))^2 < \infty$, $\forall t \geqslant 0$.

满足假设 7.3.1 的函数全体记作 $\mathcal{L}_T^2$.

注 关于 "可测" 的一点说明

在第 1 章中，已经提到了可测空间 $(\Omega, \mathcal{F})$ 与概率空间 $(\Omega, \mathcal{F}, P)$ 的概念．对于某一特定的概率空间 $(\Omega, \mathcal{F}, P)$, 要求随机变量 X 是从 $(\Omega, \mathcal{F})$ 到 $(\mathbb{R}, \mathcal{B})$($\mathcal{B}$ 是定义在 $\mathbb{R}$ 上的博雷尔集) 的可测函数 (或可测映射)，其一个主要目的是使对于 $\forall B \in \mathcal{B}, (w\colon X(w) \in B) \in \mathcal{F}$ 成立．这样就使得在 $(\Omega, \mathcal{F}, P)$ 中事件 $(w\colon X(w) \in$

$B)$ 可以定义其概率 (测度), 即 $P(w: X(w) \in B)$ 有意义.

在伊藤积分中, 可测性同样具有重要的前提意义. 首先, 对于给定的概率空间 $(\Omega, \mathcal{F}, P)$, 二元函数 $\{g(t,w), 0 \leqslant t \leqslant T\}$ 关于可测空间 $([0,T]\times\Omega, \mathcal{B}[0,T]\times\mathcal{F})$ 可测, 是使得积分 $\int_0^T g(t,w)\,\mathrm{d}B(t,w)$ 有意义的基础. 同时对于给定的 T, $\int_0^T g(t,w)\,\mathrm{d}B(t,w)$ 也是关于 $(\Omega, \mathcal{F})$ 可测的, 即概率测度

$$P\Big(w: \int_0^T g(t,w)\,\mathrm{d}B(t,w) \leqslant x\Big)$$

是有意义的. 从而对于变化的 $0 \leqslant t \leqslant T$, $\int_0^t g(s,w)\,\mathrm{d}B(s,w)$ 构成一个随机过程. 其次, 对 $\forall 0 \leqslant t \leqslant T$, $g(t,\cdot)$ 关于 $\mathcal{F}_t$ 可测 (即 $\forall x \in R, (w: g(t,w) \leqslant x) \in \mathcal{F}_t$) 使得 $E(g(t)\big|\mathcal{F}_t) = g(t)$ 成立. 正是这个事实, 赋予了伊藤积分许多重要而简洁的性质. 以下的内容, 将不断说明这一点.

定义 7.3.1 设 $(B(t), t \geqslant 0)$ 为标准布朗运动, $\{g(t,w), t \geqslant 0\}$ 满足假设 7.3.1, 即 $g \in \mathcal{L}_T^2$, $[0,t] \subset [0,T]$. 任取 $\forall 0 \leqslant t_0 < t_1 < t_2 < \cdots < t_n \leqslant t$, 令 $\Delta t_k = t_k - t_{k-1}$ $(1 \leqslant k \leqslant n)$, $\lambda = \max\limits_{1\leqslant k\leqslant n} \Delta t_k$. 若

$$\lim_{\lambda\to 0}\sum_{k=1}^{n} g(t_{k-1})(B(t_k) - B(t_{k-1})) \overset{\text{m.s.}}{=\!=} Ig(t), \tag{7.3.1}$$

均方极限存在, 则称

$$Ig(t) = \int_0^t g(s,w)\,\mathrm{d}B(s,w)$$

为 $\{g(t,w), t \geqslant 0\}$ 关于 $\{B(t), t \geqslant 0\}$ 在 $[0,t]$ 的**伊藤积分**.

注 伊藤积分的定义中, 求极限项中 $g(t)$ 取的是左端点. 一般地取其他端点会导致极限值不同, 甚至不存在.

例 1 布朗运动的轨道性质表明 (见定理 5.2.4)

$$\lim_{\lambda\to 0}\sum_{k=1}^{n} B(t_{k-1})(B(t_k) - B(t_{k-1})) \overset{\text{m.s.}}{=\!=} \frac{1}{2}B^2(t) - \frac{t}{2},$$

$$\lim_{\lambda\to 0}\sum_{k=1}^{n} B(t_k)(B(t_k) - B(t_{k-1})) \overset{\text{m.s.}}{=\!=} \frac{1}{2}B^2(t) + \frac{t}{2}.$$

为了研究伊藤积分的性质，我们从简单入手. 设 $\{g(t,w),t\geqslant 0\}$ 是 $[0,t]$ 上的台阶形函数(即 $g(t,w)$ 是示性函数的线性组合，又称为简单函数),即对 $0=t_0<t_1<\cdots<t_n=t$, 有 $g(t)=\sum\limits_{k=1}^{n}g_{k-1}(w)\ I_{(t_{k-1}\leqslant t\leqslant t_k)}(t)$ ($g_{k-1}(w)$ 关于 $\mathcal{F}_{t_{k-1}}$ 可测). 不妨设 $\mathcal{F}_t=\sigma(B(s),0\leqslant s\leqslant t)=\sigma(B(t_k),1\leqslant k\leqslant n,t_k\leqslant t,n\geqslant 1)$, 则 $g(t,w)$ 关于 $B(t)$ 的伊藤积分为

$$I_g(t)=\sum_{k=1}^{n}g_{k-1}(B(t_k)-B(t_{k-1})).$$

因此

$$\begin{aligned}EI_g(t)&=\sum_{k=1}^{n}E[g_{k-1}(B(t_k)-B(t_{k-1}))]\\&=\sum_{k=1}^{n}E[g_{k-1}\ E(B(t_k)-B(t_{k-1}))\big|B(t_{k-1})]=0,\end{aligned}$$

$$\begin{aligned}E(I_g(t)^2)=&E\Big\{\sum_{k=1}^{n}g_{k-1}[B(t_k)-B(t_{k-1})]\Big\}^2\\=&E\Big\{\sum_{k=1}^{n}g_{k-1}^2(B(t_k)-B(t_{k-1}))^2+\\&2\sum_{i=1}^{n-1}\sum_{j=i+1}^{n}g_{i-1}g_{j-1}(B(t_i)-B(t_{i-1}))(B(t_j)-B(t_{j-1}))\Big\}\\=&\sum_{k=1}^{n}E\{E[g_{k-1}^2(B(t_k)-B(t_{k-1}))^2\big|B(t_{k-1})]\}+\\&2\sum_{i=1}^{n-1}\sum_{j=i+1}^{n}E\{E[g_{i-1}g_{j-1}(B(t_i)-B(t_{i-1}))(B(t_j)-B(t_{j-1}))\big|\\&\quad B(t_1),B(t_2),\cdots,B(t_{j-1})]\}\end{aligned}$$

(注意第二项中，因 $i+1\leqslant j$, 故 $t_{i-1}<t_i\leqslant t_{j-1}<t_j$)

$$\begin{aligned}=&\sum_{k=1}^{n}E\{g_{k-1}^2E[B(t_k)-B(t_{k-1})]^2\}+\\&2\sum_{i=1}^{n-1}\sum_{j=i+1}^{n}E\{g_{i-1}g_{j-1}(B(t_i)-B(t_{i-1}))E[B(t_j)-B(t_{j-1})]\}\end{aligned}$$

$$= \sum_{k=1}^{n} E g_{k-1}^2 (t_k - t_{k-1})$$
$$= \int_0^t E(g^2(s))\,\mathrm{d}s,$$

即

$$E\Big(\int_0^t g(s)\,\mathrm{d}B(s)\Big)^2 = \int_0^t E(g^2(s))\,\mathrm{d}s.$$

对于简单函数的伊藤积分，还可以很简便地得到下面的性质. 若 $\alpha_i \in \mathbb{R}$，$g_i(i=1,2)$ 都是满足上述条件的简单函数，则有

$$I(\alpha_1 g_1 + \alpha_2 g_2) = \alpha_1 I(g_1) + \alpha_2 I(g_2) \qquad \text{(线性关系)}.$$

若记 $S(t) = \int_0^t g(s)\,\mathrm{d}B(s)$(其中 $g(t)$ 为台阶形函数), 则对 $\forall t_1 < t_2$, 容易验证

$$E(S(t_2) - S(t_1) \big| B(t_1)) = 0,$$

即 $E(S(t_2)\big|B(t_1)) = E(S(t_1)\big|B(t_1)) = S(t_1)$, 这就意味着 $S(t) = \int_0^t g(s)\,\mathrm{d}B(s)$ 关于 $\{B(t), t \geqslant 0\}$ 是鞅.

另外, $I_g(t)$ 的可加性质也很显然. 记 $I_g(0,t) = \int_0^t g(s)\,\mathrm{d}B(s)$, 则

$$I_g(0,t) = I_g(0,t_1) + I_g(t_1,t,) \qquad \forall 0 \leqslant t_1 \leqslant t.$$

一般地, 对 $\forall g(t) \in \mathcal{L}_T^2$, $I_g(t) \triangleq I_g(0,t) \triangleq \int_0^t g(s)\,\mathrm{d}B(s)$. 由概率论随机变量分解可知, 存在 $\{g_n(t), n \geqslant 1\}$, $g_n(t) \in \mathcal{L}_T^2$ 为台阶形函数 (简单函数), 当 $n\uparrow$ 时 $\{g_n(t), t \geqslant 1\}$ 是单调不减序列, 且 $g_n(t) \uparrow g(t)$, 故由勒贝格控制收敛定理知

$$I_g(t) = \lim_{n\to\infty} \int_0^t g_n(s)\,\mathrm{d}B(s) = \lim_{n\to\infty} I_{g_n}(t).$$

因此, 由 $I_{g_n}(t)$ 的性质, 可以推广到对一般满足假设 7.3.1 条件的伊藤积分有如下的性质:

$\forall g, g_1, g_2 \in \mathcal{L}_T^2$, 记 $I_g(t) = I_g(0,t)$, 有

(1) $EI_g(t) = 0$; (7.3.2)

(2) $$\begin{cases} EI_g^2(t)=\int_0^t Eg^2(s)\,\mathrm{d}s, \\ (I_g(s),I_g(t))=\int_0^s Eg^2(u)\,\mathrm{d}u \quad (\forall 0\leqslant s\leqslant t); \end{cases} \tag{7.3.3}$$

(3) $I_{\alpha_1 g_1+\alpha_2 g_2}(t)=\alpha_1 I_{g_1}(t)+\alpha_2 I_{g_2}(t) \quad (\forall \alpha_1,\alpha_2\in\mathbb{R})$; (7.3.4)

(4) $I_g(0,t)=I_g(0,t_1)+I_g(t_1,t) \quad (\forall 0\leqslant t_1\leqslant t)$; (7.3.5)

(5) $\left\{I_g(t)=\int_0^t g(s)\,\mathrm{d}B(s), t\geqslant 0\right\}$ 关于 $\mathcal{F}_t$ 是鞅;

(6) (**Doob 极大值不等式**) 令 $X(t)=\int_0^t g(s)\,\mathrm{d}B(s)$, 则 $\forall t\geqslant 0,\lambda>0$, $p\geqslant 1$ 有

$$P\Big(\max_{0\leqslant u\leqslant t}|X(u)|>\lambda\Big)\leqslant \frac{E(X(t))^p}{\lambda^p}. \tag{7.3.6}$$

证明 注意到性质 (5), $\{X(t),t\geqslant 0\}$ 是鞅, 再应用鞅最大值不等式即得.

注 性质 (5) 说明了由伊藤积分定义的过程一定是鞅. 事实上, 其逆命题也成立, 即若 $\{X(t),t\geqslant 0\}$ 是鞅, $X(t)\in\mathcal{L}_T^2$, 则必存在唯一的自适应过程 $\{g(t),t\geqslant 0\}$ (即 $g(t)\in\mathcal{L}_T^2$), 满足 $0\leqslant t_0\leqslant t\leqslant T$,

$$X(t)-X(t_0)=\int_{t_0}^t g(s)\,\mathrm{d}B(s).$$

这就是著名的**鞅表示定理**.

例 2 求 $\int_0^t B(s)\,\mathrm{d}B(s)$ (设 $B(0)=0$).

求解可以根据定义完成: 显然 $B(t)\in\mathcal{L}_T^2, \forall 0=t_0<t_1<\cdots<t_n=t, \Delta t_k=t_k-t_{k-1}$, 令 $\lambda=\max\limits_{1\leqslant k\leqslant n}\Delta t_k$, 记 $B_k=B(t_k)$, $\Delta B_k=B(t_k)-B(t_{k-1})$, 则

$$\begin{aligned}\Delta(B_k^2)=B_k^2-B_{k-1}^2=&(B_k-B_{k-1})^2+2B_{k-1}(B_k-B_{k-1})\\ =&(\Delta B_k)^2+2B_{k-1}\Delta B_k.\end{aligned}$$

所以

$$B^2(t)=\sum_{k=1}^n\Delta(B_k^2)=\sum_{k=1}^n(\Delta B_k)^2+2\sum_{k=1}^n B_{k-1}\Delta B_k,$$

即 $\sum\limits_{k=1}^n B(t_{k-1})\Delta B_k=\frac{1}{2}B^2(t)-\frac{1}{2}\sum\limits_{k=1}^n(\Delta B_k)^2$.

在第 5 章中，已知布朗运动的轨道性质

$$E\Big(\sum_{k=1}^{n}(\Delta B_k)^2-t\Big)^2=E\Big(\sum_{k=1}^{n}[(\Delta B_k)^2-\Delta t_k]\Big)^2\xrightarrow{\text{m.s.}}0\ \ (\lambda\to 0),$$

即 $\sum\limits_{k=1}^{n}(\Delta B_k)^2\xrightarrow{\text{m.s.}}t\ \ (\lambda\to 0)$，所以

$$\int_0^t B(s)\,\mathrm{d}B(s)=\lim_{\lambda\to 0}\sum_{k=1}^{n}B(t_{k-1})(B(t_k)-B(t_{k-1}))\overset{\text{m.s.}}{=\!=}\frac{1}{2}B^2(t)-\frac{t}{2}.$$

同理，还可以得到 $\displaystyle\int_a^b B(s)\,\mathrm{d}B(s)=\frac{1}{2}(B^2(b)-B^2(a))-\frac{1}{2}(b-a)$.

7.4 伊藤随机过程与伊藤公式

上一节定义了伊藤积分的概念，但是它应该怎么计算呢？通常用伊藤积分的定义直接计算是相当困难的．为此，在本书中，介绍伊藤积分的一个重要法则——伊藤公式．它可以看作是与通常微积分中的复合函数求微分相对应的法则，但伊藤公式与通常的复合函数求导法则在形式上有很大不同．

定义 7.4.1 设随机过程 $X=\{X(t),t\geqslant 0\}$ 满足如下的伊藤积分：对 $\forall 0\leqslant t_0<t<T$ 有

$$X(t)-X(t_0)=\int_{t_0}^{t}b(s,X(s))\,\mathrm{d}s+\int_{t_0}^{t}\sigma(s,X(s))\,\mathrm{d}B(s). \tag{7.4.1}$$

或等价地写作伊藤微分形式

$$\mathrm{d}X(t)=b(t,X(t))\,\mathrm{d}t+\sigma(t,X(t))\,\mathrm{d}B(t), \tag{7.4.2}$$

其中 $b(t,x),\sigma(t,x)$ 是二元连续函数，且对 $\forall x\in\mathbb{R},|b(t)|^{\frac{1}{2}},\sigma(t)\in\mathcal{L}_T^2$ (即满足假设 7.3.1)，则称 X 为**伊藤随机过程**(简称**伊藤过程**)．称 (7.4.1) 式为伊藤随机积分方程(7.4.2) 式为伊藤随机微分方程．

在伊藤随机过程的定义式 (7.4.1) 中，$\displaystyle\int_{t_0}^{t}b(s,X(s))\,\mathrm{d}s$ 是一般的均方积分，而 $\displaystyle\int_{t_0}^{t}\sigma(s,X(s))\,\mathrm{d}B(s)$ 则是伊藤积分．

本节中所讨论的问题就是：若一随机过程 $Y=\{Y(t),t\geqslant 0\}$ 是伊藤过程 X 的函数，如何求它的伊藤微分形式 $\mathrm{d}Y(t)$? 即 $Y(t)$ 是否可以表示为伊藤积分？如果可以，则又需要哪些条件？下面介绍的伊藤公式就是回答这些问题的．

定理 7.4.1 设 $X=\{X(t),t\geqslant 0\}$ 满足等式 (7.4.1), $y=f(t,x)$ 是二元函数, 且具有连续偏导数 $\dfrac{\partial f}{\partial t}$, $\dfrac{\partial f}{\partial x}$, $\dfrac{\partial^2 f}{\partial x^2}$. 令 $Y(t)\triangleq f(t,X(t))$, 则过程 $Y=\{Y(t),t\geqslant 0\}$ 也是随机过程, 且对 $\forall 0\leqslant t_0<t$ 满足如下的伊藤积分方程:

$$Y(t)-Y(t_0)=\int_{t_0}^{t}\left[\frac{\partial f}{\partial t}+b\,\frac{\partial f}{\partial x}+\frac{\sigma^2}{2}\frac{\partial^2 f}{\partial x^2}\right](s,X(s))\,\mathrm{d}s+\int_{t_0}^{t}\sigma\frac{\partial f}{\partial x}(s,X(s))\,\mathrm{d}B(s), \tag{7.4.3}$$

或等价的伊藤微分形式

$$\mathrm{d}Y(t)=\left(\frac{\partial f}{\partial t}+b\frac{\partial f}{\partial x}+\frac{\sigma^2}{2}\frac{\partial^2 f}{\partial x^2}\right)(t,X(t))\,\mathrm{d}t+\sigma\frac{\partial f}{\partial x}(t,X(t))\,\mathrm{d}B(t)\quad\text{(a.e.)}. \tag{7.4.4}$$

证明略.

(7.4.3) 式或 (7.4.4) 式即是伊藤公式. 伊藤公式有非常广泛的应用, 下面举例说明之.

例 1 用伊藤公式求 $\displaystyle\int_0^t B(s)\,\mathrm{d}B(s)$.

令 $X(t)=B(t)$, 则 $\mathrm{d}X(t)=0\times\mathrm{d}t+1\times\mathrm{d}B(t)$. 令 $f(t,x)=\dfrac{1}{2}x^2$, $Y(t)=f(t,B(t))=\dfrac{1}{2}B^2(t)$, 所以 $b=0,\sigma=1,\dfrac{\partial f}{\partial t}=0,\dfrac{\partial f}{\partial x}=x,\dfrac{\partial^2 f}{\partial x^2}=1$. 于是

$$\begin{aligned}\mathrm{d}Y(t)=&\sigma\frac{\partial f}{\partial x}\,\mathrm{d}B(t)+\left[\frac{\partial f}{\partial t}+b\frac{\partial f}{\partial x}+\frac{\sigma^2}{2}\frac{\partial^2 f}{\partial x^2}\right]\mathrm{d}t\\=&B(t)\,\mathrm{d}B(t)+\left(0+0+\frac{1}{2}\right)\mathrm{d}t,\end{aligned}$$

即

$$\mathrm{d}\left(\frac{1}{2}B^2(t)\right)=B(t)\,\mathrm{d}B(t)+\frac{1}{2}\,\mathrm{d}t.$$

写成积分形式为

$$\int_0^t\mathrm{d}\left(\frac{1}{2}B^2(s)\right)=\int_0^t B(s)\,\mathrm{d}B(s)+\frac{1}{2}\int_0^t\mathrm{d}s.$$

于是得

$$\int_0^t B(s)\,\mathrm{d}B(s)=\frac{1}{2}B^2(t)-\frac{t}{2}. \qquad\square$$

将例 1 与上一节利用伊藤积分定义求 $\displaystyle\int_0^t B(s)\,\mathrm{d}B(s)$ 比较可发现, 伊藤公式提供了一个更简捷的工具.

例 2 人口增长模型：设 $N(t)$ 为 t 时刻的人口数，且 $\{N(t), t \geqslant 0\}$ 满足

$$\mathrm{d}N(t) = \gamma N(t)\,\mathrm{d}t + \alpha N(t)\,\mathrm{d}B(t),$$

其中 γ, α 为常数. 试用伊藤公式求 $N(t)$ 的显式表达式.

令 $B(0) = 0$, 得 $\displaystyle\int_0^t \frac{\mathrm{d}N(t)}{N(t)} = \gamma t + \alpha B(t)$. 令 $f(t,x) = \ln x$, $Y(t) = \ln N(t)$, 则 $\dfrac{\partial f}{\partial t} = 0$, $\dfrac{\partial f}{\partial x} = \dfrac{1}{x}$, $\dfrac{\partial^2 f}{\partial x^2} = -\dfrac{1}{x^2}$. 由 (7.4.4) 式，有

$$\mathrm{d}Y(t) = \mathrm{d}\ln N(t) = \left[\gamma N(t)\,\frac{1}{N(t)} + 0 + \frac{\alpha^2 N^2(t)}{-2N^2(t)}\right]\mathrm{d}t + \alpha N(t)\frac{1}{N(t)}\,\mathrm{d}B(t),$$

即

$$\mathrm{d}(\ln N(t)) = \left(\gamma - \frac{\alpha^2}{2}\right)\mathrm{d}t + \alpha\,\mathrm{d}B(t).$$

当 $B(0) = 0$ 时，得

$$\ln\frac{N(t)}{N(0)} = \left(\gamma - \frac{\alpha^2}{2}\right)t + \alpha B(t),$$

所以

$$N(t) = N(0)\mathrm{e}^{(\gamma - \frac{\alpha^2}{2})t} \cdot \mathrm{e}^{\alpha B(t)}.$$

可见 $N(t)$ 是几何布朗运动的变形.

讨论：当 $2\gamma > \alpha^2$ 时，$t \to \infty$, 则 $N(t) \xrightarrow{\text{a.e.}} +\infty$;

当 $2\gamma < \alpha^2$ 时，$t \to \infty$, 则 $N(t) \xrightarrow{\text{a.e.}} 0$;

当 $2\gamma = \alpha^2$ 时，$N(t) = N(0)\mathrm{e}^{\alpha B(t)}$ 为随机波动.

$$\begin{aligned} EN(t) = E\left[N(0)\mathrm{e}^{(\gamma - \frac{\alpha^2}{2})t} \cdot \mathrm{e}^{\alpha B(t)}\right] &= N(0)\mathrm{e}^{(\gamma - \frac{\alpha^2}{2})t} E\mathrm{e}^{\alpha B(t)} \\ &= N(0)\mathrm{e}^{(\gamma - \frac{\alpha^2}{2})t}\int_{-\infty}^{+\infty} \mathrm{e}^{\alpha x}\frac{1}{\sqrt{2\pi t}}\mathrm{e}^{-\frac{x^2}{2t}}\,\mathrm{d}x \\ &= \frac{1}{\sqrt{2\pi t}} N(0)\mathrm{e}^{(\gamma - \frac{\alpha^2}{2})t}\int_{-\infty}^{+\infty} \mathrm{e}^{(\alpha x - \frac{x^2}{2t})}\,\mathrm{d}x. \end{aligned}$$

注 伊藤公式证明. 这里只给出简要梗概，详细证明参见参考书 [23].

引理 7.4.1 设 $y = f(t,x)$ 是 $[0,T] \times \mathbb{R} \to \mathbb{R}$ 的二元函数，它有连续的偏导数 $\dfrac{\partial f}{\partial t}$, $\dfrac{\partial f}{\partial x}$, $\dfrac{\partial^2 f}{\partial x^2}$, 则对 $\forall [t, t+\Delta t] \subset [0,T]$, $(x, x+\Delta x) \in \mathbb{R}$, 由微分中值定理

得存在常数 $0 \leqslant \alpha, \beta \leqslant 1$, 满足

$$f(t+\Delta t, x+\Delta x) - f(t,x) = \frac{\partial f}{\partial t}(t+\alpha\Delta t, x)\Delta t + \frac{\partial f(t,x)}{\partial x}\Delta x + \frac{1}{2}\frac{\partial^2 f(t, x+\beta\Delta x)}{\partial x^2}(\Delta x)^2.$$

记 $\Delta X(t) = X(t+\Delta t) - X(t)$, 于是

$$\begin{aligned}\Delta Y(t) &= f(t+\Delta t, X(t+\Delta t)) - f(t, X(t)) \\ &= \frac{\partial f}{\partial t}(t+\alpha\Delta t, X(t))\,\Delta t + \frac{\partial f}{\partial x}(t, X(t))\Delta X(t) + \\ &\quad \frac{1}{2}\frac{\partial^2 f}{\partial x^2}(t, X(t)+\beta\Delta X(t))(\Delta X(t))^2 \\ &\triangleq A + B + C.\end{aligned}$$

由 $\dfrac{\partial f}{\partial t}, \dfrac{\partial f}{\partial x}, \dfrac{\partial^2 f}{\partial x^2}$ 连续, $\mathrm{d}X(t) = \sigma(t)\,\mathrm{d}B(t) + b(t)\,\mathrm{d}t$, 即

$$\Delta X(t) - (b(t)\Delta t + \sigma(t)\Delta B(t)) \overset{\text{m.s.}}{=\!=} o(\Delta t),$$

所以

$$\begin{aligned}A &= \frac{\partial f}{\partial t}(t, X(t))(\Delta t + o(\Delta t)), \\ B &\overset{\text{m.s.}}{=\!=} \frac{\partial f(t, X(t))}{\partial x}(\sigma(t)\Delta B(t) + b(t)\Delta t + o(\Delta t)) \\ &\overset{\text{m.s.}}{=\!=} \sigma(t)\frac{\partial f(t, X(t))}{\partial x}\,\mathrm{d}B(t) + b(t)\frac{\partial f(t, X(t))}{\partial x}\Delta t + o(\Delta t), \\ C &\overset{\text{m.s.}}{=\!=} \frac{1}{2}\frac{\partial^2}{\partial x^2}f(t, X(t))[\sigma^2(t)(\Delta B(t))^2 + b^2(s)(\Delta t)^2 + 2\sigma(t)\Delta B(t)b(t)\Delta t + o(\Delta t)] \\ &\overset{\text{m.s.}}{=\!=} \frac{1}{2}\frac{\partial^2}{\partial x^2}\sigma^2(t)\Delta t + o(\Delta t).\end{aligned}$$

故

$$\Delta Y(t) \overset{\text{m.s.}}{=\!=} \sigma(t)\frac{\partial f(t, X(t))}{\partial x}\,\mathrm{d}B(t) + \left(\frac{\partial f}{\partial t} + b(t)\frac{\partial f}{\partial x} + \frac{\sigma^2}{2}\frac{\partial^2 f}{\partial x^2}\right)(t, X(t))\Delta t + o(\Delta t),$$

所以

$$\mathrm{d}Y(t) = \sigma(t)\frac{\partial f}{\partial x}(t, X(t))\,\mathrm{d}B(t) + \left(\frac{\partial f}{\partial t} + b(t)\frac{\partial f}{\partial x} + \frac{\sigma^2}{2}\frac{\partial^2 f}{\partial x^2}\right)(t, X(t))\,\mathrm{d}t. \quad \square$$

将上述伊藤积分，推广到向量空间，可得向量伊藤积分.

令 $\boldsymbol{B}(t)=(B_1(t),\cdots,B_m(t))^{\mathrm{T}}$ 是 m 维标准布朗运动，即 $\{\boldsymbol{B}(t),t\geqslant 0\}$ 满足：

(1) $\boldsymbol{B}(t)$ 是 m 维独立增量过程；

(2) $\forall s,t\geqslant 0$, $\boldsymbol{B}(s+t)-\boldsymbol{B}(s)\sim N(0,t\boldsymbol{I})$, 其中 $\boldsymbol{I}$ 为 m 维单位矩阵，即它的概率密度函数为

$$f(t,\boldsymbol{x})=\frac{1}{(2\pi t)^{\frac{m}{2}}}\exp\Big(-\frac{\boldsymbol{x}^2}{2t}\Big),\quad (t,\boldsymbol{x})\in[0,t]\times\mathbb{R}^m.$$

其中 $\boldsymbol{x}=(x_1,\cdots,x_m)\in\mathbb{R}^m$, $\boldsymbol{x}^2=\sum\limits_{i=1}^{m}x_i^2$.

设 $b(t)=(b_1(t),\cdots,b_n(t))^{\mathrm{T}}$,

$$\boldsymbol{\Sigma}(t)=(\sigma_{ij}(t))=\begin{pmatrix}\sigma_{11}(t) & \cdots & \sigma_{1m}(t)\\ \vdots & & \vdots\\ \sigma_{n1}(t) & \cdots & \sigma_{nm}(t)\end{pmatrix},$$

对 $\forall 1\leqslant i\leqslant n$, $1\leqslant j\leqslant m$, $|b_i(t)|^{\frac{1}{2}}$, $\sigma_{ij}(t)\in\mathcal{L}_T^2$, 且是 $\mathcal{F}_t$ 可测的，其中 $\mathcal{F}_t=\sigma(B_i(s_i),s_i\leqslant t,1\leqslant i\leqslant m)$. 若 $\{\boldsymbol{X}(t)=(X_1(t),\cdots,X_n(t))^{\mathrm{T}},t\geqslant 0\}$ 满足

$$\begin{cases}\mathrm{d}X_1(t)=b_1(t)\,\mathrm{d}t+\sigma_{11}(t)\,\mathrm{d}B_1(t)+\sigma_{12}(t)\,\mathrm{d}B_2(t)+\cdots+\sigma_{1m}(t)\,\mathrm{d}B_m(t),\\ \mathrm{d}X_2(t)=b_2(t)\,\mathrm{d}t+\sigma_{21}(t)\,\mathrm{d}B_1(t)+\sigma_{22}(t)\,\mathrm{d}B_2(t)+\cdots+\sigma_{2m}(t)\,\mathrm{d}B_m(t),\\ \quad\cdots\\ \mathrm{d}X_n(t)=b_n(t)\,\mathrm{d}t+\sigma_{n1}(t)\,\mathrm{d}B_1(t)+\sigma_{n2}(t)\,\mathrm{d}B_2(t)+\cdots+\sigma_{nm}(t)\,\mathrm{d}B_m(t).\end{cases}\tag{7.4.5}$$

或写成向量形式

$$\mathrm{d}\boldsymbol{X}(t)=\boldsymbol{b}(t)\,\mathrm{d}t+\boldsymbol{\Sigma}(t)\,\mathrm{d}\boldsymbol{B}(t),\tag{7.4.6}$$

称 $X=\{\boldsymbol{X}(t),t\geqslant 0\}$ 为 n 维**伊藤随机过程**.

定理 7.4.2(多元伊藤公式) 设 $\{\boldsymbol{X}(t),t\geqslant 0\}$ 是 n 维伊藤过程，满足 $\mathrm{d}\boldsymbol{X}(t)=\boldsymbol{b}(t)\,\mathrm{d}t+\boldsymbol{\Sigma}(t)\,\mathrm{d}\boldsymbol{B}(t)$, $\boldsymbol{f}(t,\boldsymbol{x})=(f_1(t,\boldsymbol{x}),\cdots,f_d(t,\boldsymbol{x}))^{\mathrm{T}}$ 是 $[0,\infty)\times\mathbb{R}^n\to\mathbb{R}^d$ 上的函数，其中 $\boldsymbol{x}=(x_1,\cdots,x_n)$, 且偏导数 $\dfrac{\partial f_k}{\partial t}$, $\dfrac{\partial f_k}{\partial x}$, $\dfrac{\partial^2 f_k}{\partial x_i\partial x_j}$ 连续，$1\leqslant k\leqslant d$,

$1 \leqslant i,j \leqslant n$. 则随机过程 $\{\boldsymbol{Y}(t)=f(t,\boldsymbol{X}(t)),t\geqslant 0\}$ 是 d 维伊藤随机过程，且

$$\mathrm{d}Y_k(t)=\Big(\frac{\partial f_k}{\partial t}+\sum_{i=1}^{n}b_i\frac{\partial f_k}{\partial x_i}+\frac{1}{2}\sum_{i=1}^{n}\sum_{j=1}^{n}\sum_{l=1}^{m}\frac{\partial^2 f_k}{\partial x_i\partial x_j}\sigma_{il}\sigma_{jl}\Big)(t,\boldsymbol{X}(t))\,\mathrm{d}t+ \sum_{l=1}^{m}\Big(\sum_{i=1}^{n}\frac{\partial f_k}{\partial x_i}\sigma_{il}\Big)(t,\boldsymbol{X}(t))\,\mathrm{d}B_l(t),1\leqslant k\leqslant d. \tag{7.4.7}$$

多元伊藤公式的证明类似于一维伊藤公式的证明，故此处从略.

例 3 二元伊藤公式的举例

设 $\boldsymbol{X}(t)=(X_1(t),X_2(t))$ 满足

$$\begin{pmatrix}\mathrm{d}X_1(t)\\ \mathrm{d}X_2(t)\end{pmatrix}=\begin{pmatrix}b_1(t)\\ b_2(t)\end{pmatrix}\mathrm{d}t+\begin{pmatrix}b_1(t) & 0\\ 0 & b_2(t)\end{pmatrix}\begin{pmatrix}\mathrm{d}B_1(t)\\ \mathrm{d}B_2(t)\end{pmatrix}.$$

令 $f(t,\boldsymbol{x})=x_1\ x_2$, $Y(t)=X_1(t)\ X_2(t)$, 则

$$\mathrm{d}Y(t)=(b_1(t)X_2(t)+b_2(t)X_1(t))\,\mathrm{d}t+b_1(t)X_2(t)\,\mathrm{d}B_1(t)+b_2(t)X_1(t)\,\mathrm{d}B_2(t). \tag{7.4.8}$$

7.5 伊藤随机微分方程

前面在伊藤公式中我们接触了随机微分方程，那么，给定一个随机微分方程，它的解是否存在？如果存在，是否唯一？有什么性质？因此如何求解一个随机微分方程成为解答这些问题的基础. 这一节中，先讨论一些简单随机微分方程的求解方法.

1. 常系数的线性随机微分方程

例 1 设 $\{X(t),t\geqslant 0\}$ 满足 Ornstein-Uhlenbeck 方程

$$\mathrm{d}X(t)=-\mu X(t)\,\mathrm{d}t+\sigma\,\mathrm{d}B(t)\qquad(\mu,\sigma\ \text{为常数}), \tag{7.5.1}$$

求解 $X(t)$.

解 将方程化为 $\mathrm{d}X(t)+\mu X(t)\,\mathrm{d}t=\sigma\,\mathrm{d}B(t)$, 两边同乘上 $\mathrm{e}^{\mu t}$, 即

$$\mathrm{e}^{\mu t}(\,\mathrm{d}X(t)+\mu X(t)\,\mathrm{d}t)=\sigma\mathrm{e}^{\mu t}\,\mathrm{d}B(t),$$

亦即

$$\mathrm{d}(X(t)\mathrm{e}^{\mu t})=\sigma\mathrm{e}^{\mu t}\,\mathrm{d}B(t).$$

两边从 t_0 到 t 积分 ($\forall 0 \leqslant t_0 < t \leqslant T$), 有

$$X(t)\mathrm{e}^{\mu t} - X(t_0)\mathrm{e}^{\mu t_0} = \int_{t_0}^{t} \sigma \mathrm{e}^{\mu s}\,\mathrm{d}B(s),$$

于是得

$$X(t) = X(t_0)\mathrm{e}^{-\mu(t-t_0)} + \int_{t_0}^{t} \sigma \mathrm{e}^{-\mu(t-s)}\,\mathrm{d}B(s). \tag{7.5.2}$$

□

2. 简单的线性齐次随机微分方程

例 2 人口增长模型 (见 7.4 节例 2)

用伊藤公式求解积分 $\displaystyle\int_0^t \frac{\mathrm{d}N(t)}{N(t)}$, 得

$$N(t) = N(0)\mathrm{e}^{(\gamma - \frac{\alpha^2}{2})t + \alpha B(t)}. \tag{7.5.3}$$

例 3 Black-Scholes 模型

设 $S(t)$ 为 t 时刻某种股票 (证券) 价格, 在某些条件下它满足以下随机微分方程:

$$\begin{cases} \mathrm{d}S(t) = S(t)(\mu\,\mathrm{d}t + \sigma\,\mathrm{d}B(t)), \\ S(0) = S_0, \qquad\qquad \text{其中 } \mu, \sigma \text{ 为常数}. \end{cases} \tag{7.5.4}$$

该模型与上例人口模型类似, 用相同方法即可求得

$$S(t) = S_0\mathrm{e}^{(\mu - \frac{\sigma^2}{2})t + \sigma B(t)} \tag{7.5.5}$$

是它的解. 它也是一个几何布朗运动.

3. 一般的线性非齐次随机微分方程

设 $\{X(t), t \geqslant 0\}$ 满足

$$\begin{cases} \mathrm{d}X(t) = (a_1(t)X(t) + a_2(t))\,\mathrm{d}t + (b_1(t)X(t) + b_2(t))\,\mathrm{d}B(t), \\ X(t_0) = x. \qquad\qquad \text{(初始条件)} \end{cases} \tag{7.5.6}$$

其中 $\{B(t), t \geqslant 0\}$ 是一维标准布朗运动, $a_1(t), a_2(t), b_1(t), b_2(t)$ 是 t 的一般函数 (也可以是常数). 设它们在 $[0, t]$ 上博雷尔可测 [1] 且有界, 设 $0 \leqslant t_0 < t \leqslant T$, 初始值 $X(t_0)$ 关于 $\mathcal{F}_{t_0}$ 可测. 求解 $X(t)$ 的显示表达式.

[1] 容易验证, 单调函数, 逐段单调函数及连续函数均是博雷尔可测函数.

在 (7.5.6) 式中若 $a_2(t) \equiv b_2(t) \equiv 0$, 则称方程

$$\mathrm{d}X(t) = a_1(t)X(t)\,\mathrm{d}t + b_1(t)X(t)\,\mathrm{d}B(t) \tag{7.5.7}$$

为**齐次线性随机微分方程**.

在 (7.5.6) 式中若 $b_1(t) \equiv 0$, 则称方程

$$\mathrm{d}X(t) = (a_1(t)X(t) + a_2(t))\,\mathrm{d}t + b_2(t)\,\mathrm{d}B(t) \tag{7.5.8}$$

为**狭义下的线性随机微分方程**. 下面考虑狭义随机微分方程 (简记为 SDE) 的解法.

(1) 先求解 (7.5.8) 式对应的齐次方程，即

$$\mathrm{d}X(t) = a_1(t)X(t)\,\mathrm{d}t, \tag{7.5.9}$$

亦即 $\dfrac{\mathrm{d}X(t)}{X(t)} = a_1(t)\,\mathrm{d}t$.

上式中变量已经分离，两边从 t_0 到 t 积分 ($\forall 0 \leqslant t_0 < t < T$), 可得到它的一个解为 $\rho_{t_0}(t) = \exp\Big(\displaystyle\int_{t_0}^{t} a_1(u)\,\mathrm{d}u\Big)\ X(t_0)\Big)$, 不妨取 $X(t_0) = 1$ 作为一个特解.

(2) 求解 (7.5.8) 式所示狭义随机微分方程

令 $y = f(t,x) = \rho_{t_0}^{-1}(t)x$, 则 $\dfrac{\partial f}{\partial t} = -\rho_{t_0}^{-1}(t)a_1(t)x$, $\dfrac{\partial f}{\partial x} = \rho_{t_0}^{-1}(t)$, $\dfrac{\partial^2 f}{\partial x^2} = 0$.

对于 $X(t)$ 所满足的 (7.5.8) 式有 $b(t) \triangleq a_1(t)X(t) + a_2(t)$, $\sigma(t) \triangleq b_2(t)$, 即 $\mathrm{d}X(t) = b(t)\,\mathrm{d}t + \sigma(t)\,\mathrm{d}B(t)$. 令 $Y(t, X(t)) = \rho_{t_0}^{-1}(t)X(t)$, 于是利用伊藤公式有

$$\begin{aligned}\mathrm{d}Y(t,X(t)) =& \,\mathrm{d}(\rho_{t_0}^{-1}(t)X(t)) \\ =& \,\sigma(t)\rho_{t_0}^{-1}(t)\,\mathrm{d}B(t) + [(a_1(t)X(t) + a_2(t))\rho_{t_0}^{-1}(t) - \rho_{t_0}^{-1}(t)a_1(t)X(t)]\,\mathrm{d}t.\end{aligned}$$

所以 $\mathrm{d}(\rho_{t_0}^{-1}(t)X(t)) = a_2(t)\rho_{t_0}^{-1}(t)\,\mathrm{d}t + \sigma(t)\rho_{t_0}^{-1}(t)\,\mathrm{d}B(t)$, 注意到 $\rho_{t_0}(t_0) = 1$, 对上式两边积分，有

$$\rho_{t_0}^{-1}(t)X(t) = X(t_0) + \int_{t_0}^{t} a_2(s)\rho_{t_0}^{-1}(s)\,\mathrm{d}s + \int_{t_0}^{t} \sigma(s)\rho_{t_0}^{-1}(s)\,\mathrm{d}B(s).$$

所以 $X(t) = \rho_{t_0}(t)\Big[X(t_0) + \displaystyle\int_{t_0}^{t} a_2(s)\rho_{t_0}^{-1}(s)\,\mathrm{d}s + \int_{t_0}^{t} \sigma(s)\rho_{t_0}^{-1}(s)\,\mathrm{d}B(s)\Big]$ 是方程 (7.5.8) 的一个解.

注 当 $a_1(t) \equiv b_1(t) \equiv 0, \sigma(t) = b, a_2(t) = -a$ 时，(7.5.8) 式即转化为郎之万 (Langevin) 方程

$$\mathrm{d}X(t) = -a\,\mathrm{d}t + b\,\mathrm{d}B(t).$$

由上述求解过程得到的解与前面的结果完全一致.

现在，来讨论求解一般的线性随机微分方程，仍然从它相对应的齐次随机微分方程开始.

(1) 求解齐次随机微分方程 (7.5.7)

令 $y(t) = \ln x$, 即 $\dfrac{\partial f}{\partial t} = 0, \dfrac{\partial f}{\partial x} = \dfrac{1}{x}, \dfrac{\partial^2 f}{\partial x^2} = -\dfrac{1}{x^2}$. 令 $Y(t) = \ln X(t)$, 对方程 (7.5.7) 利用伊藤公式有

$$\begin{aligned}\mathrm{d}Y(t) &= \mathrm{d}\ln X(t)\\ &= \left[a_1(t)X(t)\cdot\frac{1}{X(t)} + \frac{b_1^2(t)X^2(t)}{2}\left(-\frac{1}{X^2(t)}\right)\right]\mathrm{d}t + b_1(t)X(t)\cdot\frac{1}{X(t)}\,\mathrm{d}B(t),\end{aligned}$$

所以

$$\mathrm{d}\ln X(t) = \left[a_1(t) - \frac{1}{2}b_1^2(t)\right]\mathrm{d}t + b_1(t)\,\mathrm{d}B(t).$$

两边积分得

$$\ln X(t) - \ln X(t_0) = \int_{t_0}^{t}\left(a_1(s) - \frac{b_1^2(s)}{2}\right)\mathrm{d}s + \int_{t_0}^{t} b_1(s)\,\mathrm{d}B(s).$$

不妨取 $X(t_0) = 1$ (作为特解), 则 $\ln X(t_0) = 0$, 所以

$$\ln X(t) = \int_{t_0}^{t}\left(a_1(s) - \frac{b_1^2(s)}{2}\right)\mathrm{d}s + \int_{t_0}^{t} b_1(s)\,\mathrm{d}B(s).$$

故取

$$\rho_{t_0}(t) = \exp\left[\int_{t_0}^{t}\left(a_1(s) - \frac{b_1^2(s)}{2}\right)\mathrm{d}s + \int_{t_0}^{t} b_1(s)\,\mathrm{d}B(s)\right] \tag{7.5.10}$$

作为方程 (7.5.7) 的一个基本解，即它满足

$$\mathrm{d}\rho_{t_0}(t) = a_1(t)\rho_{t_0}(t)\,\mathrm{d}t + b_1(t)\rho_{t_0}(t)\,\mathrm{d}B(t). \tag{7.5.10a}$$

(2) 求解一般线性随机微分方程 (7.5.6)

先利用定理 7.4.2 给出一个特殊的多元伊藤公式, 设 $\{X_i(t), t \geqslant 0\}(i = 1,2)$ 满足

$$\mathrm{d}X_i(t) = b_i(t)\,\mathrm{d}t + \sigma_i(t)\,\mathrm{d}B(t), \qquad i = 1,2.$$

令 $f(t,x_1,x_2)=x_1\ x_2, Y(t)=X_1(t)X_2(t)$, 则

$$\begin{aligned}\mathrm{d}(X_1(t)X_2(t))=&(\sigma_1(t)X_2(t)+\sigma_2(t)X_1(t))\,\mathrm{d}B(t)+\\&(b_1(t)X_2(t)+b_2(t)X_1(t)+\sigma_1(t)\sigma_2(t))\,\mathrm{d}t.\end{aligned}\tag{7.5.11}$$

对于一般线性随机微分方程 (7.5.6), 设 $(X(t),t\geqslant 0)$ 满足方程 (7.5.6), 令 $Y(t)=\rho_{t_0}^{-1}(t)X(t)$, 其中 $\rho_{t_0}(t)$ 由等式 (7.5.10) 定义, 即

$$\mathrm{d}\rho_{t_0}(t)=a_1(t)\rho_{t_0}(t)\,\mathrm{d}t+b_1(t)\rho_{t_0}(t)\,\mathrm{d}B(t).$$

令 $f(t,x)=\dfrac{1}{x}$, 则 $\dfrac{\partial f}{\partial t}=0, \dfrac{\partial f}{\partial x}=-\dfrac{1}{x^2}, \dfrac{\partial^2 f}{\partial x^2}=\dfrac{2}{x^3}$. 由伊藤公式可得

$$\begin{aligned}\mathrm{d}\rho_{t_0}^{-1}(t)=&\Big[0-a_1(t)\rho_{t_0}(t)\rho_{t_0}^{-2}(t)+\frac{1}{2}b_1(t)\rho_{t_0}^2(t)2\rho_{t_0}^{-3}(t)\Big]\,\mathrm{d}t+\\&b_1(t)\rho_{t_0}(t)(-\rho_{t_0}^{-2}(t))\,\mathrm{d}B(t),\end{aligned}$$

所以

$$\begin{cases}\mathrm{d}\rho_{t_0}^{-1}(t)=\rho_{t_0}^{-1}(t)(-a_1(t)+b_1^2(t))\,\mathrm{d}t-b_1(t)\rho_{t_0}^{-1}(t)\,\mathrm{d}B(t),\\ \mathrm{d}X(t)=(a_1(t)X(t)+a_2(t))\,\mathrm{d}t+(b_1(t)X(t)+b_2(t))\,\mathrm{d}B(t).\end{cases}\tag{7.5.12}$$

由 (7.5.12) 式与 (7.5.11) 式, 可知

$$\begin{aligned}\mathrm{d}(\rho_{t_0}^{-1}(t)X(t))=&[(a_1(t)X(t)+a_2(t))\rho_{t_0}^{-1}(t)+(-a_1(t)+b_1^2(t))\rho_{t_0}^{-1}(t)X(t)+\\&(b_1(t)X(t)+b_2(t))(-b_1(t)\rho_{t_0}^{-1}(t))]\,\mathrm{d}t+\\&[-b_1(t)\rho_{t_0}^{-1}(t)X(t)+(b_1(t)X(t)+b_2(t))\rho_{t_0}^{-1}(t)]\,\mathrm{d}B(t).\end{aligned}$$

于是得

$$\mathrm{d}(\rho_{t_0}^{-1}(t)X(t))=(a_2(t)-b_1(t)b_2(t))\rho_{t_0}^{-1}(t)\,\mathrm{d}t+b_2(t)\rho_{t_0}^{-1}(t)\,\mathrm{d}B(t).$$

对上式两边积分, 并注意到特解 $\rho_{t_0}^{-1}(t_0)=1$, 有

$$\rho_{t_0}^{-1}(t)X(t)=X(t_0)+\int_{t_0}^t[a_2(s)-b_1(s)b_2(s)]\rho_{t_0}^{-1}(s)\,\mathrm{d}s+\int_{t_0}^t b_2(s)\rho_{t_0}^{-1}(s)\,\mathrm{d}B(s).$$

故

$$X(t)=\rho_{t_0}(t)\Big[X(t_0)+\int_{t_0}^t(a_2(s)-b_1(s)b_2(s))\rho_{t_0}^{-1}(s)\,\mathrm{d}s+\int_{t_0}^t b_2(s)\rho_{t_0}^{-1}(s)\,\mathrm{d}B(s)\Big]\tag{7.5.13}$$

是方程 (7.5.6) 的解，其中 $\rho_{t_0}(t)$ 由 (7.5.10) 式定义，它是方程 (7.5.7) 的一个基本解.

例 4 设 $\{X(t), t \geqslant 0\}$ 满足伊藤方程

$$\mathrm{d}X(t) = \left(\frac{2}{1+t}X(t)+b(1+t^2)^2\right)\mathrm{d}t+b(1+t)^2\,\mathrm{d}B(t) \quad (b>0 \text{ 为常数}), \tag{7.5.14}$$

则对应的齐次线性方程的基本解为 $\rho_{t_0}(t) = \exp\left(\int_{t_0}^{t}\frac{2}{1+u}\,\mathrm{d}u\right) = \left(\frac{1+t}{1+t_0}\right)^2$. 所以方程 (7.5.14) 的一般解为

$$\begin{aligned}
X(t) =& \left(\frac{1+t}{1+t_0}\right)^2\Big[X(t_0) + \int_{t_0}^{t} b(1+s)^2\left(\frac{1+t_0}{1+s}\right)^2\mathrm{d}s + \\
& \int_{t_0}^{t} b(1+s)^2\left(\frac{1+t_0}{1+s}\right)^2\mathrm{d}B(s)\Big] \\
=& \left(\frac{1+t}{1+t_0}\right)^2[X(t_0) + b(1+t_0)^2(B(t)-B(t_0)+t-t_0)] \\
=& \left(\frac{1+t}{1+t_0}\right)^2 X(t_0) + b(1+t)^2(B(t)-B(t_0)+t-t_0), 0 \leqslant t_0 \leqslant t.
\end{aligned}$$

例 5 C-R-L 电路. 设某 C-R-L 电路上，$Q = Q(t)$ 为 t 时刻的电荷量，它满足以下微分方程

$$\begin{cases} LQ''(t) + RQ'(t) + \dfrac{Q(t)}{C} = U(t) = G(t) + \alpha W(t), \\ Q(0) = Q_0, Q'(0) = I_0, \end{cases} \tag{7.5.15}$$

其中 L, R, C 分别为电感，电阻与电容，$U(t)$ 为电压，包含两部分，其一为 $G(t)$，是 t 的一般函数 (非随机项)，而 α 为常数，其二为 $(W(t), t \geqslant 0)$ 代表白噪声 (随机波动)，有 $W(t) = \dfrac{\mathrm{d}B(t)}{\mathrm{d}t}, t \geqslant 0$, 即 $W(t)$ 是布朗运动的形式导数.

为求解方程 (7.5.15)，引入向量 $\boldsymbol{X}(t) = (X_1(t), X_2(t))^{\mathrm{T}} = (Q(t), Q'(t))^{\mathrm{T}}$，则

$$\begin{cases} X_1'(t) = X_2(t), \\ LX_2'(t) = -RX_2(t) - \dfrac{X_1(t)}{C} + G(t) + \alpha W(t), \end{cases}.$$

其向量形式为

$$\mathrm{d}\boldsymbol{X}(t) = \boldsymbol{A}\boldsymbol{X}(t)\,\mathrm{d}t + \boldsymbol{H}(t)\,\mathrm{d}t + \boldsymbol{K}\,\mathrm{d}B(t), \tag{7.5.16}$$

其中 $\mathrm{d}\boldsymbol{X}(t)=(\mathrm{d}X_1(t),\mathrm{d}X_2(t))^{\mathrm{T}}$, $\{B(t),t\geqslant 0\}$ 为一维标准布朗运动，而

$$\boldsymbol{A}=\begin{pmatrix}0 & 1\\ -\dfrac{1}{CL} & -\dfrac{R}{L}\end{pmatrix},\qquad \boldsymbol{H}(t)=\begin{pmatrix}0\\ \dfrac{G(t)}{L}\end{pmatrix},\qquad \boldsymbol{K}=\begin{pmatrix}0\\ \dfrac{\alpha}{L}\end{pmatrix}.$$

(7.5.16) 式是一个二维线性随机微分方程.

对 (7.5.16) 式适当移项，两边同乘以积分因子 $\mathrm{e}^{-\boldsymbol{A}t}$, 得

$$\mathrm{e}^{-\boldsymbol{A}t}\,\mathrm{d}\boldsymbol{X}(t)-\mathrm{e}^{-\boldsymbol{A}t}\boldsymbol{A}\boldsymbol{X}(t)\,\mathrm{d}t=\mathrm{e}^{-\boldsymbol{A}t}[\boldsymbol{H}(t)\,\mathrm{d}t+\boldsymbol{K}\,\mathrm{d}B(t)].\tag{7.5.17}$$

其中 $\mathrm{e}^{-\boldsymbol{A}t}=\sum\limits_{n=0}^{\infty}\dfrac{(-1)^n}{n!}\boldsymbol{A}^n t^n$. 令

$$g\colon(0,+\infty)\times\mathbb{R}^2\to\mathbb{R}^2,\ g(t,x_1,x_2)=\begin{pmatrix}g_1(t,x_1,x_2)\\ g_2(t,x_1,x_2)\end{pmatrix}=\mathrm{e}^{-\boldsymbol{A}t}\begin{pmatrix}x_1\\ x_2\end{pmatrix},$$

(7.5.17) 式写成

$$\mathrm{d}(\mathrm{e}^{-\boldsymbol{A}t}\boldsymbol{X}(t))=\mathrm{e}^{-\boldsymbol{A}t}[\boldsymbol{H}(t)\,\mathrm{d}t+\boldsymbol{K}\,\mathrm{d}B(t)].\tag{7.5.17a}$$

利用伊藤公式，可得

$$\mathrm{d}(\mathrm{e}^{-\boldsymbol{A}t}\boldsymbol{X}(t))=(-\boldsymbol{A})\mathrm{e}^{-\boldsymbol{A}t}\boldsymbol{X}(t)\,\mathrm{d}t+\mathrm{e}^{-\boldsymbol{A}t}\,\mathrm{d}\boldsymbol{X}(t).$$

将上式代入 (7.5.17a) 式得

$$\boldsymbol{X}(t)=\mathrm{e}^{\boldsymbol{A}t}\Big[\boldsymbol{X}(0)+\mathrm{e}^{-\boldsymbol{A}t}\boldsymbol{K}B(t)+\int_0^t\mathrm{e}^{-\boldsymbol{A}s}[\boldsymbol{H}(s)+\boldsymbol{A}\boldsymbol{K}B(s)]\,\mathrm{d}s\Big],\tag{7.5.18}$$

其中 $\boldsymbol{X}(0)=(Q_0,I_0)^{\mathrm{T}}$.

7.6　解的存在性和唯一性问题

前面着重讨论了线性随机微分方程的解的显式表达式. 对于更广泛的一般随机微分方程，首先要解决其解的存在唯一性问题，且通常很难得到它们的显式解. 但是，研究表明，在保证方程解的存在唯一性条件下，总是可以找到它们的渐近解. 本节给出随机微分方程解的存在和唯一性定理及其渐近解.

定理 7.6.1　设随机过程 $X=\{X(t),t\geqslant 0\}$ 满足伊藤微分方程

$$\mathrm{d}X(t)=b(t,X(t))\,\mathrm{d}t+\sigma(t,X(t))\,\mathrm{d}B(t)\quad(\forall 0\leqslant t\leqslant T),\tag{7.6.1}$$

或

$$X(t)=X(0)+\int_0^t b(s,X(s))\,\mathrm{d}s+\int_0^t \sigma(s,X(s))\,\mathrm{d}B(s). \tag{7.6.2}$$

若 $b(t,x),\sigma(t,x)$: $[0,T]\times\mathbb{R}\to\mathbb{R}$ 满足以下假设条件:

A1(可测性) $b(t,x),\sigma(t,x)$ 二元可测, $|b(t,x)|^{\frac{1}{2}},\sigma(t,x)\in\mathcal{L}^2_{[T\times\mathbb{R}]}$;

A2(Lipschitz 条件) 存在常数 K, 满足对 $\forall t\in[0,T]$, $\forall x,y\in\mathbb{R}$

$$|b(t,x)-b(t,y)|+|\sigma(t,x)-\sigma(t,y)|<K|x-y|;$$

A3(线性增长有界条件) 存在常数 $C>0$ 使得

$$|b(t,x)|+|\sigma(t,x)|\leqslant C(1+|x|),\qquad \forall t\in[0,T],x\in\mathbb{R};$$

A4(初始条件) $X(t_0)$ 关于 $\mathcal{F}_{t_0}$ 可测, 且 $EX^2(t_0)<\infty$.

则存在唯一的过程 $\{X(t),t\geqslant 0\}$ 满足 (7.5.1) 式, 且 $X(t)$ 是自适应的, 关于 $\mathcal{F}_t$ 可测, 对 $\forall t\in[0,T]$, $EX^2(t)<\infty$.

证明从略.

7.7 解的基本特性与扩散过程

在介绍伊藤随机微分方程解的基本特性之前, 先引出扩散过程的概念. 扩散过程在物理学、生物学、信息科学、金融与经济以及社会科学中都有着广泛的应用. 例如描述微小粒子的运动规律, 具有白噪声的信息系统, 完全市场中的股票价格的波动, 生物群体的变化等等, 因此研究扩散过程意义重大.

定义 7.7.1 设连续参数马尔可夫过程 $X=\{X(t),t\geqslant 0\}$, 状态空间 $S=\mathbb{R}$ (或 $\mathbb{R}^n$), 且满足对 $\forall x\in\mathbb{R},t\geqslant 0,\varepsilon>0$ 有

(1) $\lim\limits_{h\to 0}\dfrac{1}{h}P(|X(t+h)-x|>\varepsilon\big|X(t)=x)=0;$ (7.7.1)

(2) $\lim\limits_{h\to 0}\dfrac{1}{h}E[(X(t+h)-x)\big|X(t)=x]=\mu(t,x)<\infty;$ (7.7.2)

(3) $\lim\limits_{h\to 0}\dfrac{1}{h}E[(X(t+h)-x)^2\big|X(t)=x]=\sigma^2(t,x)<\infty.$ (7.7.3)

其中 $\mu(t,x),\sigma(t,x)$ 是二元函数, 且 $0\leqslant|a(t,x)|,|b(t,x)|<\infty$, 则称 $\{X(t),t\geqslant 0\}$ 是**扩散过程**,$\mu(t,x),\sigma(t,x)$ 分别称为扩散过程 $\{X(t),t\geqslant 0\}$ 的**漂移系数**与**扩散系数**.

例 1 漂移布朗运动 $\{X(t)=\mu t+\sigma B(t),t\geqslant 0\}$(其中 μ,σ 为常数) 是连续参数马尔可夫过程, 其微分形式为 $\mathrm{d}X(t)=\mu\,\mathrm{d}t+\sigma\,\mathrm{d}B(t)$. 易知漂移布朗运动满足 (1),(2),(3).

由增量独立得

$$\lim_{h\to 0}\frac{1}{h}P\{|X(t+h)-x|>\varepsilon\big|X(t)=x\}=\lim_{h\to 0}\frac{1}{h}P\{|\mu h+\sigma(B(t+h)-B(t))|>\varepsilon\}.$$

因为布朗运动均方连续，即 $B(t+h)\xrightarrow{\text{m.s}}B(t)\quad(h\to 0)$，故 $|\mu h+\sigma(B(t+h)-B(t))|\xrightarrow{\text{m.s}}0$，可得 $|\mu h+\sigma(B(t+h)-B(t))|\xrightarrow{P}0$，所以 $\lim\limits_{h\to 0}\frac{1}{h}P\{|\mu h+\sigma(B(t+h)-B(t))|>\varepsilon\}=0$，满足 (7.7.1) 式.

$$\begin{aligned}\lim_{h\to 0}\frac{1}{h}E[X(t+h)-x\big|X(t)=x]&=\lim_{h\to 0}\frac{1}{h}E[\mu h+\sigma(B(t+h)-B(t))]\\&=\lim_{h\to 0}\frac{1}{h}[\mu h+\sigma EB(h)]=\mu,\end{aligned}$$

满足 (7.7.2) 式.

$$\begin{aligned}\lim_{h\to 0}\frac{1}{h}E[(X(t+h)-x)^2\big|X(t)=x]&=\lim_{h\to 0}\frac{1}{h}E[\mu h+\sigma(B(t+h)-B(t))]^2\\&=\lim_{h\to 0}\frac{1}{h}[\mu^2h^2+2\mu h\sigma EB(h)+\\&\quad\sigma^2E(B(t+h)-B(t))^2]\\&=\sigma^2,\end{aligned}$$

满足 (7.7.3) 式.

因此漂移布朗运动是扩散运动，其中 μ 是它的漂移系数，σ 是它的扩散系数. 事实上，μ 是漂移布朗运动 $\{X(t),t\geqslant 0\}$ 在单位时间上的平均漂移，即过程的系统性漂移，而 σ^2t 则是过程在 t 时刻的方差. 正是基于这一物理意义，使它们被称作漂移系数和扩散系数.

例 2 设 $\{X(t),t\geqslant 0\}$ 满足奥伦斯坦－乌伦贝克 (Ornslein-Uhrenbeck) 方程 (或称之为郎之万方程)

$$\mathrm{d}X(t)=-\mu X(t)\,\mathrm{d}t+\sigma\,\mathrm{d}B(t).\tag{7.7.4}$$

设 $X(t_0)=X_0\sim N(0,\sigma_0^2)$，且与 $\{B(t),t\geqslant 0\}$ 独立，其中 μ,σ 为常数，则其解 $\{X(t),t\geqslant 0\}$ 是扩散过程.

首先，由伊藤随机微分方程求得，解的显式表达式为

$$X(t)=X_0\mathrm{e}^{-\mu t}+\sigma\int_0^t\mathrm{e}^{-\mu(t-s)}\,\mathrm{d}B(s).$$

由表达式易知 $\{X(t), t \geqslant 0\}$ 是正态过程, 且 $\forall t \geqslant 0, EX(t) = 0, \forall 0 < s < t$,

$$\begin{aligned}
&\operatorname{cov}(X(s), X(t)) = EX(s)X(t) \qquad (EX(t) = 0)\\
=&\mathrm{e}^{-\mu(s+t)}\sigma_0^2 + \sigma^2 E\Big[\int_0^s\int_0^t \mathrm{e}^{-\mu(s-u)}\mathrm{e}^{-\mu(t-v)}\,\mathrm{d}B(u)B(v)\Big] \quad (X_0 \text{ 与 } B(t) \text{ 独立})\\
=&\mathrm{e}^{-\mu(s+t)}\sigma_0^2 + \sigma^2 \int_0^s\int_0^t \mathrm{e}^{-\mu(s-u)}\mathrm{e}^{-\mu(t-v)} E\,\mathrm{d}B(u)\,\mathrm{d}B(v)\\
=&\mathrm{e}^{-\mu(s+t)}\sigma_0^2 + \sigma^2\mathrm{e}^{-\mu(s+t)}\int_0^s \mathrm{e}^{2\mu u}\,\mathrm{d}u\\
&(u \neq v \Rightarrow E\,\mathrm{d}B(u)\,\mathrm{d}B(v) = 0, u = v \Rightarrow E\,\mathrm{d}B(u)\,\mathrm{d}B(v) = \mathrm{d}u)\\
=&\mathrm{e}^{-\mu(s+t)}\sigma_0^2 + \frac{\sigma^2}{2\mu}(\mathrm{e}^{-\mu(t-s)} - \mathrm{e}^{-\mu(s+t)}).
\end{aligned}$$

同理 $DX(t) = \sigma_0^2\mathrm{e}^{-2\mu t} + \dfrac{\sigma^2}{2\mu}(1 - \mathrm{e}^{-2\mu t})$.

下面证它是马尔可夫过程.

$\forall 0 \leqslant t_1 < \cdots < t_n < t_{n+1}, x_k \in \mathbb{R}, 1 \leqslant k \leqslant n$, 则

$$\begin{aligned}
&E(X(t_{n+1})\big|X(t_1) = x_1, \cdots, X(t_n) = x_n)\\
=&E\Big[\Big(\mathrm{e}^{-\mu(t_{n+1}-t_n)}X_n + \sigma\int_{t_n}^{t_{n+1}} \mathrm{e}^{-\mu(t_{n+1}-u)}\,\mathrm{d}B(u)\Big)\Big|X(t_1) = x_1, \cdots, X(t_n) = x_n\Big]\\
=&x_n\mathrm{e}^{-\mu(t_{n+1}-t_n)}.
\end{aligned}$$

同理 $E[(X(t_{n+1}) - \mathrm{e}^{-\mu(t_{n+1}-t_n)}X(t_n))^2\big|X(t_1) = x_1, \cdots, X(t_n) = x_n] = \dfrac{\sigma^2}{2\mu}(1 - \mathrm{e}^{-2\mu(t_{n+1}-t_n)})$.

这就说明, $X(t_{n+1})$ 关于 $X(t_1) = x_1, \cdots, X(t_n) = x_n$ 的条件期望与条件方差仅与 x_n 和 $t_{n+1} - t_n$ 有关, 而与 $X(t_1) = x_1, \cdots, X(t_{n-1}) = x_{n-1}$ 无关. 由正态过程的性质, 可得 $X(t_{n+1})$ 关于 $X(t_1), \cdots, X(t_n)$ 的条件概率密度函数是正态概率密度, 为

$$\begin{aligned}
P(t_1, x_1, \cdots, t_n, x_n; t_{n+1}, x) =&P(t_n, x_n; t_{n+1}, x)\\
=&\frac{1}{\left(\sigma^2\frac{\pi}{\mu}(1 - \mathrm{e}^{-2\mu(t_{n+1}-t_n)})\right)^{\frac{1}{2}}}\mathrm{e}^{-\frac{\left(x - x_n\mathrm{e}^{-\mu(t_{n+1}-t_n)}\right)^2}{\sigma^2\frac{1}{\mu}\left[1 - \mathrm{e}^{-2\mu(t_{n+1}-t_n)}\right]}}.
\end{aligned}$$

故 $\{X(t),t\geqslant 0\}$ 是马尔可夫过程，其转移概率密度为

$$P(s,x;t,y)=\left(\frac{\mu}{\pi}\right)^{\frac{1}{2}}\left(1-\mathrm{e}^{-2\mu(t-s)}\right)^{-\frac{1}{2}}\mathrm{e}^{-\mu\frac{\left(y-x\mathrm{e}^{-\mu(t-s)}\right)^2}{1-\mathrm{e}^{-2\mu(t-s)}}}.$$

下面来验证 (7.7.1)~(7.7.3) 式，对 $\forall x\in\mathbb{R},t\geqslant 0,\varepsilon\geqslant 0$, 求

$$\lim_{h\to 0}\frac{1}{h}P(|X(t+h)-x|>\varepsilon\big|X(t)=x),$$

$$\lim_{h\to 0}\frac{1}{h}E[(X(t+h)-x)\big|X(t)=x],$$

$$\lim_{h\to 0}\frac{1}{h}E[(X(t+h)-x)^2\big|X(t)=x].$$

因为由切比雪夫不等式和 $\{X(t),t\geqslant 0\}$ 的性质，有

$$0\leqslant P(|X(t+h)-x|\geqslant\varepsilon\big|X(t)=x)\leqslant\frac{3h^2}{\varepsilon^4},$$

故

$$\lim_{h\to 0}\frac{1}{h}P(|X(t+h)-x|>\varepsilon\big|X(t)=x)=0,$$

$$\begin{aligned}\lim_{h\to 0}\frac{1}{h}E[(X(t+h)-x)\big|X(t)=x]&=\lim_{h\to 0}\frac{1}{h}\Big[x\mathrm{e}^{-\mu h}-x+\\&\qquad\int_t^{t+h}\mathrm{e}^{-\mu(t+h-u)}\,\mathrm{d}B(u)\big|X(t)=x\Big]\\&=-\mu x,\\\lim_{h\to 0}\frac{1}{h}E[(X(t+h)-x)^2\big|X(t)=x]&=\lim_{h\to 0}\frac{1}{h}\Big[x^2(\mathrm{e}^{-\mu h}-1)^2+\\&\qquad\sigma^2E\Big(\int_t^{t+h}\mathrm{e}^{-\mu(2t+h)}\mathrm{e}^{-2\mu u}\,\mathrm{d}u\Big)\big|X(t)=x\Big]\\&=\sigma^2.\end{aligned}$$

以上便说明了 Ornslein-Uhrenbeck 过程是漂移系数与扩散系数分别为 μx 与 σ^2 的扩散过程，而且例 1, 例 2 都表明了扩散过程的系数与伊藤随机微分方程的系数紧密相连. 那么对于一般的伊藤过程，它的解是否有类似的性质呢？有下面的定理.

定理 7.7.1 设伊藤过程 $\{X(t),t\geqslant 0\}$ 满足

$$\begin{cases} \mathrm{d}X(t)=\mu(t,X(t))\,\mathrm{d}t+\sigma(t,X(t))\,\mathrm{d}B(t), \\ X(t_0)=x_0. \end{cases} \tag{7.7.5}$$

其中 $\{B(t),t\geqslant 0\}$ 是一维标准布朗运动 $\mu(t,x),\sigma(t,x),X(t_0)$ 满足假设 A1−A4, 且 $\mu(t,x),\sigma(t,x)$ 是二元连续函数, 则方程存在唯一解 $\{X(t),t\geqslant 0\}$, 且 $X(t)$ 是扩散过程, 而

$$\lim_{h\to 0}\frac{1}{h}E[(X(t+h)-x)\big|X(t)=x]=\mu(t,x),$$

$$\lim_{h\to 0}\frac{1}{h}E[(X(t+h)-x)^2\big|X(t)=x]=\sigma^2(t,x).$$

证明从略.

练 习 题

7.1 设 $\Omega=[0,1]$, $\mathcal{F}=\mathcal{B}[0,1]$ ($\mathcal{B}[0,1]$ 为一维博雷尔 $\sigma-$ 域限制在 $[0,1]$ 上的 $\sigma-$ 域). $\forall A=(a,b)\in\mathcal{F}$, $(a,b)\subset[0,1]$, $P(A)=b-a$, 令 $X_n(w)=\sqrt{n}\,I_{\left(0\leqslant w\leqslant\frac{1}{n}\right)}$, $n\geqslant 1$.

(1) $\forall\varepsilon>0$, 求 $P(X_n\geqslant\varepsilon)$, 证明 $\lim\limits_{n\to\infty}X_n\overset{P}{=}0$;

(2) 问 $\lim\limits_{n\to\infty}X_n$ 在均方收敛的意义上是否存在？说明其理由.

7.2 设 $\{N(t),t\geqslant 0\}$ 是时齐参数为 λ 的泊松过程. $\forall t\geqslant 0$, $N(t)$ 是否均方连续？并证明你的结论.

7.3 设 $(X,Y)\sim N(0,0,\sigma_1^2,\sigma_2^2,\rho)$. 令 $X(t)=X+tY$, $Y(t)=\displaystyle\int_0^t X(u)\,\mathrm{d}u$, $Z(t)=\displaystyle\int_0^t X^2(u)\,\mathrm{d}u$. $\forall 0\leqslant s\leqslant t$.

(1) 求 $EX(t),\mathrm{cov}(X(s),X(t))$;

(2) 求 $EY(t),EZ(t),\mathrm{cov}(Y(s),Y(t)),\mathrm{cov}(Z(s),Z(t))$;

(3) 证明 $X(t)$ 在 $t>0$ 上均方连续，均方可导;

(4) 求 $Y(t)$ 及 $Z(t)$ 的均方导数.

7.4 (1) 证明标准布朗运动 $\{B(t),t\geqslant 0\}$ 均方连续;

(2) 证明 $B(t)$, 对 $\forall t>0$, 几乎对所有轨道，没有有限导数.

7.5 设 $X\sim N(u,\sigma^2)$, Y 满足参数为 p 的几何分布, 即 $P(Y=k)=(1-p)^{k-1}\,p(0<p<1,k=1,2,\cdots)$. X 与 Y 独立. 令 $X(t)=X+\mathrm{e}^{-t}Y$,

$Y(t)=\int_0^t X(u)\,\mathrm{d}u.$

(1) 求 $X(t)$ 在 $t>0$ 的概率密度函数;

(2) 求 $EX(t),\operatorname{cov}(X(s),X(t))(\forall 0\leqslant s\leqslant t)$;

(3) 求 $EY(t),\operatorname{cov}(Y(s),Y(t))$.

7.6 设 $\{X(t),t\geqslant 0\}$ 的均方导数存在,$EX(t)=0$, $R(s,t)=E(X(s),X(t))$, 证明:

(1) $E\Big(\dfrac{\mathrm{d}X(t)}{\mathrm{d}t}\Big)=\dfrac{\mathrm{d}EX(t)}{\mathrm{d}t}$;

(2) $E\Big(X(t)\dfrac{\mathrm{d}X(t)}{\mathrm{d}t}\Big)=\dfrac{\partial R(s,t)}{\partial s}\Big|_{s=t}$.

7.7 设 $\{B(t),t\geqslant 0\}$ 为标准布朗运动 $B(0)=0$, $\forall t>0$, 固定取 $0=t_0<t_1<\cdots<t_n=t$, $\Delta t_k=t_k-t_{k-1}$, $\delta_n=\max\limits_{1\leqslant k\leqslant n}\Delta t_k$, $\Delta B_k=B(t_k)-B(t_{k-1})$, $B_k=B(t_k)$, 已知 $EB^4(t)=3t^2$. 证明

(1) $\lim\limits_{\delta_n\to 0}\sum\limits_{k=1}^n(\Delta B_k)^2\overset{\text{m.s.}}{=\!=}t$;

(2) $P\Big(\lim\limits_{\delta_n\to 0}\sum\limits_{k=1}^n(\Delta B_k)^2=t\Big)=1$;

(3) $P\Big(\lim\limits_{\delta_n\to 0}\sum\limits_{k=1}^n|\Delta B_k|=\infty\Big)=1$;

(4) $\lim\limits_{\delta_n\to 0}\sum\limits_{k=1}^n B_{k-1}\Delta B_k=\dfrac{B^2(t)-t}{2}$; (m.s.)

(5) $\lim\limits_{\delta_n\to 0}\sum\limits_{k=1}^n B_k\Delta B_k=\dfrac{B^2(t)+t}{2}$; (m.s.)

(6) $\lim\limits_{\delta_n\to 0}\Big[\sum\limits_{k=1}^n B(t_{k-1}+\theta\Delta t_k)(B(t_k)-B(t_{k-1}))\Big]=\dfrac{B^2(t)+t(1-2\theta)}{2}$, 其中 $\theta\in[0,1]$ 为固定.

7.8 设 $\{X(t),t\in\mathbb{R}\}$ 是平稳过程且 $EX(t)=0$, $R(\tau)=\mathrm{e}^{-2|\tau|}$.

(1) 证明 $\forall t\geqslant 0$, 均方连续;

(2) 证明 $\forall t>0$, 均方可导;

(3) 记 $Y(t)=\int_0^t X(s)\,\mathrm{d}s$, 求 $EY(t),\operatorname{cov}(Y(s),Y(t))$.

7.9 设 $h(u)$ 是一般的连续函数,$u\geqslant 0$, 记 $Y(t)=\int_0^t h(s)\,\mathrm{d}B(s)$ $(B(0)=0)$.

(1) 证明 $\{Y(t), t \geqslant 0\}$ 是鞅;

(2) $\forall t \geqslant 0, \lambda \in \mathbb{R}$, 证明:

$$E\Big[\exp\Big(\lambda \int_0^t h(s)\,\mathrm{d}B(s)\Big)\Big] = \exp\Big(\frac{\lambda^2}{2}\int_0^t h^2(s)\,\mathrm{d}s\Big).$$

7.10 $h(u)$ 同题 7.9, 且是有界变差函数, 证明:

$$\int_0^t h(s)\,\mathrm{d}B(s) = h(t)B(t) - \int_0^t B(s)\,\mathrm{d}h(s).$$

7.11 用伊藤积分定义证明 $\displaystyle\int_0^t s\,\mathrm{d}B(s) = tB(t) - \int_0^t B(s)\,\mathrm{d}s.$

$\Big($提示: $\displaystyle\sum_k \Delta(s_k B_k) = \sum_k s_k \Delta B_k + \sum_k B_k \Delta s_k\Big)$

7.12 用伊藤积分定义证明:

(1) $\displaystyle\int_0^t B(s)\,\mathrm{d}B(s) = \frac{B^2(t) - t}{2}$;

$\Big($提示: $\Delta(B_k^2) = B_k^2 - B_{k-1}^2 = \Delta^2 B_k + 2B_{k-1}(\Delta B_k)$, $B^2(t) = \displaystyle\sum_k \Delta(B_k^2) = \sum_k \Delta^2 B_k + 2\sum_k B_{k-1}\Delta B_k\Big)$

(2) $\displaystyle\int_0^t B^2(s)\,\mathrm{d}B(s) = \frac{B^3(t)}{3} - \int_0^t B(s)\,\mathrm{d}s.$

7.13 设 $\{X_k(t), t \geqslant 0\}$ 满足 $\mathrm{d}X_k(t) = b_k(t)\,\mathrm{d}t + \sigma_k(t)\,\mathrm{d}B(t)$, $1 \leqslant k \leqslant 2$, 其中 b_k, σ_k 满足伊藤公式的条件, 证明:

$$\mathrm{d}(X_1(t)X_2(t)) = X_1(t)\,\mathrm{d}X_2(t) + X_2(t)\,\mathrm{d}X_1(t) + \mathrm{d}X_1(t)\ \mathrm{d}X_2(t).$$

7.14 利用伊藤公式, 求以下诸过程所满足的伊藤随机微分方程:

(1) $X(t) = B^3(t)$;

(2) $X(t) = \alpha + t + \mathrm{e}^{B(t)}$;

(3) $X(t) = \mathrm{e}^{ut + \alpha B(t)}$;

(4) $X(t) = \mathrm{e}^{\frac{t}{2}} \cos B(t)$.

7.15 求下列伊藤随机微分方程的特解 (若给出初始条件) 或一般解 (其中 $t \geqslant 0$):

(1) $\mathrm{d}X(t) = uX(t)\,\mathrm{d}t + \sigma\,\mathrm{d}B(t)$, $u, \sigma > 0$ 为常数 (Ornstein-Uhlenbeck 方程), $X(0) \sim N(0, \sigma^2)$ 且与 $\{B(t), t \geqslant 0\}$ 独立;

(2) $\mathrm{d}X(t)=-X(t)\,\mathrm{d}t+\mathrm{e}^{-t}\,\mathrm{d}B(t)$;

(3) $\mathrm{d}X(t)=\gamma\,\mathrm{d}t+\alpha X(t)\,\mathrm{d}B(t)$, γ,α 为常数;

(4) $\mathrm{d}X(t)=(m-X(t))\,\mathrm{d}t+\sigma\,\mathrm{d}B(t)$, $m,\sigma>0$ 为常数;

(5) $\mathrm{d}X(t)=(\mathrm{e}^{-t}+X(t))\,\mathrm{d}t+\sigma X(t)\,\mathrm{d}B(t)$, $\sigma>0$ 为常数.

7.16 设 $V(t)=\mathrm{e}^{-\alpha t}B(\mathrm{e}^{2\alpha t})$, $\alpha>0$ 为常数, $\forall t>0$.

(1) 求 $\lim\limits_{h\to 0}\dfrac{1}{h}E[(V(t+h)-V(t))\big|V(t)]$;

(2) 求 $\lim\limits_{h\to 0}\dfrac{1}{h}E[(V(t+h)-V(t))^2\big|V(t)]$.

7.17 设 $\{X(t),t\in R\}$ 满足伊藤方程. $\mathrm{d}X(t)=b(t)X(t)\,\mathrm{d}t+\sigma(t)\,\mathrm{d}B(t)$, 其中 $b(t),\sigma(t)$ 为 t 的连续函数.

(1) 求 $\lim\limits_{h\to 0}\dfrac{1}{h}E[(X(t+h)-X(t))\big|X(t)]$;

(2) 求 $\lim\limits_{h\to 0}\dfrac{1}{h}E[(X(t+h)-X(t))^2\big|X(t)]$.

7.18 设 $\{B(t),t\in(-\infty,+\infty)\}$ 为标准布朗运动二阶矩过程 $\{X(t),t\in(-\infty,+\infty)\}$ 满足伊藤方程: $\mathrm{d}X(t)=-\alpha X(t)\,\mathrm{d}t+\,\mathrm{d}B(t)$, $X(-\infty)=0$, $\alpha>0$.

(1) $\forall s,t\geqslant 0$, 求 $X(s+t)$ 在 $X(s)=x$ 下的条件概率密度函数;

(2) $\forall 0<t_1<t_2<\cdots<t_n<t_{n+1}$, 求 $X(t_{n+1})$ 在 $X(t_k)=x_k$ $(1\leqslant k\leqslant n)$ 下的条件概率密度函数;

(3) 试问 $\{X(t),t\in(-\infty,+\infty)\}$ 是否是平稳过程? 马尔可夫过程? 鞅? 证明你的结论.

7.19 设 $\{X(t),t\in(-\infty,+\infty)\}$ 同题 7.18,$\{Y(t),t\in(-\infty,+\infty)\}$ 满足方程: $\mathrm{d}Y(t)=-\beta Y(t)\,\mathrm{d}t+\,\mathrm{d}X(t)$, $\beta>0$.

(1) $\forall s,t\geqslant 0$, 求 $Y(s+t)$ 在 $Y(s)=y$ 下的条件概率密度函数;

(2) $\forall t>0$, 求 $\lim\limits_{h\to 0}\dfrac{1}{h}E[(Y(t+h)-Y(t))\big|Y(t)]$, $\lim\limits_{h\to 0}\dfrac{1}{h}E[(Y(t+h)-Y(t))^2\big|Y(t)]$.

7.20 设 $X=\{X(t),t\geqslant 0\}$ 是满足题 7.15(1) 的特解.

(1) 试问 X 是否是马尔可夫过程? 试证明你的结论;

(2) 若 $X=\{X(t),t\geqslant 0\}$ 是马尔可夫过程, 试求它的转移概率密度函数 $f(s,x;t,y)$, 即 $f(s,x;t,y)$ 满足: 对 $\forall 0\leqslant s<t$, $x,y\in\mathbb{R},B\in\mathcal{B}$, 有

$$P(X(s+t)\in B\big|X(s)=x)=\int_{y\in B}f(s,x;t,y)\,\mathrm{d}y.$$

第 8 章　宽平稳过程

所谓平稳过程，粗略地说，就是指它的概率特性不随时间推移而变化的随机过程．这类过程在工程技术中比较常见，本章着重介绍其中的宽平稳过程．

以下各节中，设 $X_T=\{X(t),t\in T\}$ 为随机过程，并且记

$$m(t)=EX(t),D(t)=DX(t),R(s,t)=\operatorname{cov}(X(s),X(t)),\rho(s,t)=\frac{R(s,t)}{\sqrt{D(s)D(t)}}.$$

8.1　宽平稳过程的定义和举例

定义 8.1.1　设随机过程 $X_T=\{X(t),t\in T\}$, $E|X(t)|^2<\infty$(即 X_T 为二阶矩过程). 若 $EX(t)=m$ 为常数, $\operatorname{cov}(X(t),X(s))=E[(X(t)-m)\overline{(X(s)-m)}]=R(s-t)$, 则称 X_T 为**宽平稳过程**, 或**协方差平稳过程**.

当 $T=\mathbb{Z}=\{0,\pm1,\pm2,\cdots\}$ 时，称 X_T 为**平稳序列**.

下面举一些宽平稳过程 (序列) 的例子.

例 1　(1) 设 $\xi=\{\xi_n,n\in\mathbb{Z}\}$ 为实的 (或复的) 随机序列，且 $E\xi_n=0$, $E|\xi_n|^2=\sigma^2<\infty$, $E\xi_n\xi_m=\delta_{nm}\,\sigma^2$, 其中

$$\delta_{nm}=\begin{cases}1, & n=m,\\ 0, & n\neq m.\end{cases}$$

可见 $\xi=\{\xi_n,n\in\mathbb{Z}\}$ 是宽平稳过程，人们常称 $\xi=\{\xi_n,n\in\mathbb{Z}\}$ 为**白噪声** .

(2) 设 $X_n=\sum\limits_{k=-\infty}^{+\infty}a_k\xi_{n-k}$, 其中 $\{\xi_n,n\in\mathbb{Z}\}$ 为白噪声, $\sum\limits_{k=-\infty}^{+\infty}|a_k|^2<\infty$. 为了说明 X_n 是宽平稳过程，先来证明 $\sum\limits_{k=-\infty}^{+\infty}a_k\xi_{n-k}$ 是有意义的.

令 $X_n^N=\sum\limits_{k=-N}^{N}a_k\xi_{n-k}$, 则对 $\forall\,n$, $(X_n^N,N\geqslant0)$ 均方收敛. 这是因为 $\forall n\in\mathbb{Z}$ 固定，当 $N>M$ 时

$$E\big|X_n^N-X_n^M\big|^2=E\Big|\sum_{M\leqslant|k|\leqslant N}a_k\xi_{n-k}\Big|^2=\sigma^2\sum_{M\leqslant|k|\leqslant N}|a_k|^2\xrightarrow{N,M\to\infty}0,$$

即 $\{X_n^N, N \geqslant 0\}$ 关于 N 是柯西序列，所以

$$\exists X_n \overset{\text{m.s.}}{=\!=} \lim_{N\to\infty} X_n^N = \sum_{k=-\infty}^{\infty} a_k \xi_{n-k}.$$

现在来考察 X_n 的概率特征. 显然 $EX_n = 0$, 而

$$\begin{aligned} R(n, n+r) &= E(X_n \overline{X_{n+r}}) = E\Big[\Big(\sum_{k=-\infty}^{\infty} a_k \xi_{n-k}\Big)\overline{\Big(\sum_{l=-\infty}^{\infty} a_l \xi_{n+r-l}\Big)}\Big] \\ &= \Big(\sum_{k=-\infty}^{\infty} a_k \overline{a_{k+r}}\Big)\sigma^2 \triangleq R(r). \end{aligned}$$

上式只与时间差 r 有关，所以 $X_T = \{X_n, n \in \mathbb{Z}\}$ 为宽平稳过程 (序列).

例 2 随机简谐运动的叠加

(1) $X_n = \xi \cos nw + \eta \sin nw, n \in \mathbb{Z}$, 其中 $w \in [0, \pi]$ 为角频率, $E\xi = E\eta = 0$, $E\xi^2 = E\eta^2 = \sigma^2$, 且 $E(\xi\eta) = 0$, 即 ξ, η 互不相关，称 X_n 为**随机简谐运动**.显然 $EX_n = 0$, 而

$$\begin{aligned} R(n, n+r) &= E(X_n \overline{X_{n+r}}) \\ &= E[(\xi \cos nw + \eta \sin nw)(\xi \cos(n+r)w + \eta \sin(n+r)w)] \\ &= \sigma^2(\cos(n+r)w \cos nw + \sin(n+r)w \sin nw) \\ &= \sigma^2 \cos rw \triangleq R(r). \end{aligned}$$

上式只与时间差 r 有关，所以 X_n 是宽平稳过程.

(2) $X_n = \sum_{k=0}^{m} (\xi_k \cos nw_k + \eta_k \sin nw_k), n \in \mathbb{Z}$, 其中 $w_k \in [0, \pi]$ 为角频率, $E\xi_k = E\eta_k = 0$, $E\xi_k^2 = E\eta_k^2 = \sigma_k^2$, $E(\xi_k \xi_l) = E(\eta_k \eta_l) = 0\ (k \neq l)$, $\forall 0 \leqslant k, l \leqslant m$, $E(\xi_k \eta_l) = 0$. 于是可得 $EX_n = 0$, 而

$$\begin{aligned} R(n, n+r) &= E(X_n \overline{X_{n+r}}) \\ &= E\Big[\sum_{k=0}^{m} (\xi_k \cos nw_k + \eta_k \sin nw_k) \sum_{l=0}^{m} (\xi_l \cos(n+r)w_l + \eta_l \sin(n+r)w_l)\Big] \\ &= \sum_{k=0}^{m} \sigma_k^2 [\cos(n+r)w_k \cos nw_k + \sin(n+r)w_k \sin nw_k] \\ &= \sum_{k=0}^{m} \sigma_k^2 \cos rw_k. \end{aligned}$$

上式只与 r 有关，所以 X_n 为宽平稳过程.

(3) $X_n = \sum_{k=0}^{\infty} \xi_k \mathrm{e}^{\mathrm{i}nw_k}$, 其中 ξ_k 性质同上，且 $\sum_{k=0}^{\infty} \sigma_k^2 < \infty$ $n \in \mathbb{Z}$, 则由 $X_n = \sum_{k=0}^{\infty} \xi_k(\cos nw_k + \mathrm{i}\sin nw_k)$, 可得 $EX_n = 0$.

$$R(n+r,n) = E(X_{n+r}\overline{X_n}) = E\Big(\sum_{k=0}^{\infty} \xi_k \mathrm{e}^{\mathrm{i}(n+r)w_k} \sum_{l=0}^{\infty} \xi_l \mathrm{e}^{-\mathrm{i}nw_l}\Big)$$

$$= \sum_{k=0}^{\infty} \sigma_k^2 \mathrm{e}^{\mathrm{i}rw_k} \triangleq R(-r).$$

上式仅与 r 有关，所以复随机序列X_n 为宽平稳过程.

若令 $\sigma^2 = \sum_{k=0}^{\infty} \sigma_k^2$, $p_k = \sigma_k^2/\sigma^2$, $\forall \omega \in [0,\pi]$ 记 $F(\omega) = \sum_{k:\ \omega_k \leqslant \omega} p_k$, 易知, $F(\omega)$ 是 $[0,\pi]$ 上的单调不减，右连续的台阶形函数，$F(0)=0$, $F(\pi)=1$, 即 $F(\omega)$ 是 $[0,\pi]$ 上的一分布函数. 它是刻画不同频率电流分量的分配，通常称 $F(\omega)$ 为电流 X_n 的功率谱函数 (详见本章第 4 节), 则相关系数为

$$\rho(r) = \frac{R(r)}{R(0)} = \sum_{k=0}^{\infty} p_k \mathrm{e}^{\mathrm{i}rw_k} = \sum_{k=0}^{\infty} p_k(\cos rw_k + \mathrm{i}\sin rw_k)$$

$$= \sum_{k=0}^{\infty} p_k \mathrm{e}^{\mathrm{i}r\omega_k} = \int_0^{\pi} \mathrm{e}^{\mathrm{i}r\omega}\,\mathrm{d}F(\omega),$$

即 $\rho(r)$ 可看作是 $F(\omega)$ 的傅里叶变换.

这说明, 当角频率不同对应的随机振幅互不相关的可列 (或有限) 个随机简谐运动的叠加是一平稳序列.

这样，如果将 X_n 看作是 n 时刻的电流，那么它可以看作是由不同角频率 w_k 电流分量按 w_k 对应的 ξ_k 为随机振幅叠加而成，则 p_k 表示电流在不同频率上的功率分配.

推而广之，是否任意的平稳随机序列都可以得到如上述相关函数类似的分解呢？或者说，是否它们都对应一个如 $\rho(r)$ 的功率谱函数呢？这个问题将在后面第 4 节中回答.

宽平稳过程的基本特征，是协方差函数只与时间差有关，并不随时间推移而改变. 因此在宽平稳过程中，协方差函数非常重要. 下面就介绍协方差函数

的几个基本性质. 设 $R(s,t)$ 是 $\{X(t), t\in T\}$ 的协方差函数, $m(t)$ 是其均值函数.

(1) 实随机过程的协方差函数是对称的; 复随机过程的协方差函数是共轭反对称的. 即当 $X(t)$ 是实的, $R(s,t)=R(t,s)$; 当 $X(t)$ 是复的, $R(s,t)=\overline{R(t,s)}$.

证明 由定义 $R(s,t)=\mathrm{cov}(X(s),X(t))=E[(X(s)-m(s))(\overline{X(t)-m(t)})]$, 易得上述结论. □

(2) 协方差函数是非负定的, 即对 $\forall n\geqslant 1, \forall \tau_1,\tau_2,\cdots,\tau_n\in T, \forall z_1,\cdots,z_n\in \mathbb{C}$ 有 $\sum\limits_{k=1}^{n}\sum\limits_{j=1}^{n}R(\tau_k,\tau_j)z_k\overline{z_j}\geqslant 0$.

证明 由定义

$$
\begin{aligned}
\sum_{k=1}^{n}\sum_{j=1}^{n}R(\tau_k,\tau_j)z_k\overline{z_j}=&\sum_{k=1}^{n}\sum_{j=1}^{n}E[(X(\tau_k)-m(\tau_k))(\overline{X(\tau_j)-m(\tau_j)})]z_k\overline{z_j}\\
=&E\Big[\sum_{k=1}^{n}(X(\tau_k)-m(\tau_k))z_k\overline{\sum_{j=1}^{n}(X(\tau_j)-m(\tau_j))z_j}\Big]\\
=&E\Big[\big|\sum_{k=1}^{n}(X(\tau_k)-m(\tau_k))z_k\big|^2\Big]\geqslant 0.
\end{aligned}
$$
□

(3) 宽平稳过程的协方差函数 $R(s,t)=R(s-t)$, 它具有以下性质:

① $R(0)=D(t)$ (由定义易得);

② $|R(z)|\leqslant R(0)$ (由 Schwartz 不等式易得);

③ $R(z)=\overline{R(-z)}$;

④ $R(z)$ 是 z 的非负函数.

因此实平稳过程的协方差函数是偶函数.

8.2 正 态 过 程

1. 正态过程

正态过程在工程技术与管理中有广泛的应用, 同时它也是随机过程中一个重要的分支. 一方面, 它是二阶矩过程的代表和典型, 另一方面它在理论上又具有许多良好的性质, 特别是它的概率特性仅由它的均值函数与协方差函数唯一决定. 本节将进一步讨论它的几个特性. 为此, 先回顾 n 维正态随机向量的定义, 然后, 进一步推广.

定义 8.2.1 设 $\boldsymbol{X}=(X_k, 1\leqslant k\leqslant n)^{\mathrm{T}}$ 是 n 维随机向量, 称它是 n 维正态

随机向量，若它的概率密度函数为

$$f(\boldsymbol{x})=(2\pi)^{-\frac{n}{2}}|\boldsymbol{\Sigma}|^{-\frac{1}{2}}\exp\Big[-\frac{1}{2}(\boldsymbol{x}-\boldsymbol{\mu})^{\mathrm{T}}\boldsymbol{\Sigma}^{-1}(\boldsymbol{x}-\boldsymbol{\mu})\Big], \tag{8.2.1}$$

其中 $\boldsymbol{x}=(x_k,1\leqslant k\leqslant n)^{\mathrm{T}}\in\mathbb{R}^n$, $\boldsymbol{\mu}=(\mu_k,1\leqslant k\leqslant n)^{\mathrm{T}}$, $\boldsymbol{\Sigma}$ 是 n 阶正定对称矩阵，此时记作 $\boldsymbol{X}\sim N(\boldsymbol{\mu},\boldsymbol{\Sigma})$.

易知,$EX_k=\mu_k,1\leqslant k\leqslant n,\boldsymbol{\Sigma}$ 是 $\boldsymbol{X}$ 的协方差矩阵, 即: $\boldsymbol{\Sigma}=E(\boldsymbol{X}-\boldsymbol{\mu})(\boldsymbol{X}-\boldsymbol{\mu})^{\mathrm{T}}$, 且 $\boldsymbol{X}\sim N(\boldsymbol{\mu},\boldsymbol{\Sigma})$ 的特征函数为 $\varphi(\boldsymbol{t})\triangleq E\mathrm{e}^{\mathrm{i}\boldsymbol{t}^{\mathrm{T}}\boldsymbol{X}}=\exp\Big(\mathrm{i}\boldsymbol{\mu}^{\mathrm{T}}\boldsymbol{t}-\dfrac{1}{2}\boldsymbol{t}^{\mathrm{T}}\boldsymbol{\Sigma}\boldsymbol{t}\Big)$, 其中 $\boldsymbol{t}=(t_k,1\leqslant k\leqslant n)^{\mathrm{T}}\in\mathbb{R}^n$. 证明可见参考书 [5].

在 (8.2.1) 中，要求 $\boldsymbol{\Sigma}$ 是正定对称阵，以保证 $\boldsymbol{\Sigma}^{-1}$ 存在，否则该表达式没有意义. 可用特征函数推广多维正态分布.

定义 8.2.2 $\varphi(\boldsymbol{t})=\exp\Big(\mathrm{i}\boldsymbol{\mu}^{\mathrm{T}}\boldsymbol{t}-\dfrac{1}{2}\boldsymbol{t}^{\mathrm{T}}\boldsymbol{\Sigma}\boldsymbol{t}\Big)$ 是 d 维随机向量 $\boldsymbol{X}=(X_k,1\leqslant k\leqslant d)$ 的特征函数， 其中 $\boldsymbol{t}\in\mathbb{R}^d,\boldsymbol{\mu}\in\mathbb{R}^d,\boldsymbol{\Sigma}$ 是 d 阶非负定对称矩阵，则称 $\boldsymbol{X}$ 为 d 维正态分布随机向量，记为 $\boldsymbol{X}\sim N(\boldsymbol{\mu},\boldsymbol{\Sigma})$.

注意，此时对 $\det\boldsymbol{\Sigma}=|\boldsymbol{\Sigma}|=0$ 的情形仍有意义，但其概率密度函数无法表示. 可以证明若 $\mathrm{rank}\boldsymbol{\Sigma}=r\ (r<d)$, 则其概率密度函数集中在一个 r 维子空间上，这时称为退化正态分布.

引理 8.2.1 若 d 维随机向量 $\boldsymbol{X}^{(n)}$, $\boldsymbol{X}$ 的特征函数分别为 $\varphi_n(\boldsymbol{t}),\varphi(\boldsymbol{t})$, 且 $\lim\limits_{n\to\infty}\boldsymbol{X}^{(n)}\overset{\text{m.s.}}{=\!=}\boldsymbol{X}$, 则对 $\forall\boldsymbol{t}\geqslant\boldsymbol{0},\varphi_n(\boldsymbol{t})\to\varphi(\boldsymbol{t})$.

证明 仅证当 $\boldsymbol{X}^{(n)}$ 与 $\boldsymbol{X}$ 都是一维随机变量的情形.

$\forall t\geqslant 0$ 固定，因为 $|\mathrm{e}^{\mathrm{i}tX^{(n)}}-\mathrm{e}^{\mathrm{i}tX}|^2\leqslant t^2|X^{(n)}-X|^2$, 则 $|\varphi_n(t)-\varphi(t)|^2\leqslant\|\mathrm{e}^{\mathrm{i}tX^{(n)}}-\mathrm{e}^{\mathrm{i}tX}\|^2\leqslant t^2|X^{(n)}-X|^2$, 得 $\lim\limits_{n\to\infty}\varphi_n(t)=\varphi(t)$.

当 $\boldsymbol{X}^{(n)}$ 与 $\boldsymbol{X}$ 为多维时，类似可证. □

对于正态随机序列，它们具有以下的性质：

命题 8.2.1 若 $\boldsymbol{X}^{(n)}=(X_k^{(n)},1\leqslant k\leqslant d)$ 为 d 维正态随机向量,且 $\boldsymbol{X}^{(n)}$ 均方收敛于 $\boldsymbol{X}=(X_k,1\leqslant k\leqslant d)$, 即对 $\forall 1\leqslant k\leqslant d,\|X_k^{(n)}-X_k\|^2=E|X_k^{(n)}-X_k|^2\to 0(n\to\infty)$, 则 $\boldsymbol{X}=(X_k,1\leqslant k\leqslant d)$ 也是 d 维正态随机向量.

证明 记 $E\boldsymbol{X}^{(n)}=\boldsymbol{\mu}^{(n)}=(\mu_k^{(n)},1\leqslant k\leqslant d)^{\mathrm{T}}$, $E\boldsymbol{X}=\boldsymbol{\mu}=(\mu_k,1\leqslant k\leqslant d)$, $\boldsymbol{\Sigma}^{(n)}=E(\boldsymbol{X}^{(n)}-\boldsymbol{\mu}^{(n)})(\boldsymbol{X}^{(n)}-\boldsymbol{\mu}^{(n)})^{\mathrm{T}}=(\sigma_{ij}^{(n)})$, $\boldsymbol{\Sigma}=E(\boldsymbol{X}-\boldsymbol{\mu})(\boldsymbol{X}-\boldsymbol{\mu})^{\mathrm{T}}=(\sigma_{ij})$. 则由 $X_k^{(n)}\xrightarrow{\text{m.s.}}X_k,1\leqslant k\leqslant d$, 有

$$\lim_{n\to\infty}\mu_k^{(n)}=\mu_k,\qquad 1\leqslant k\leqslant d, \tag{8.2.2}$$

及

$$\lim_{n\to\infty}\sigma_{kj}^{(n)}=\sigma_{kj},\qquad 1\leqslant k\leqslant d,1\leqslant j\leqslant d. \tag{8.2.3}$$

则由 $\boldsymbol{X}^{(n)}$ 为 d 维正态随机变量，有

$$\varphi_n(\boldsymbol{t})=\exp\left(\mathrm{i}\boldsymbol{t}^{\mathrm{T}}\boldsymbol{\mu}^{(n)}-\frac{1}{2}\boldsymbol{t}^{\mathrm{T}}\boldsymbol{\Sigma}^{(n)}\boldsymbol{t}\right).$$

由 (8.2.2) 式及 (8.2.3) 式得 $\lim\limits_{n\to\infty}\varphi_n(\boldsymbol{t})=\exp\left(\mathrm{i}\boldsymbol{t}^{\mathrm{T}}\boldsymbol{\mu}-\dfrac{1}{2}\boldsymbol{t}^{\mathrm{T}}\boldsymbol{\Sigma}\boldsymbol{t}\right)$. 由引理 8.2.1, 有 $\boldsymbol{X}$ 的特征函数 $\varphi(\boldsymbol{t})=\lim\limits_{n\to\infty}\varphi_n(\boldsymbol{t})=\exp\left(\mathrm{i}\boldsymbol{t}^{\mathrm{T}}\boldsymbol{\mu}-\dfrac{1}{2}\boldsymbol{t}^{\mathrm{T}}\boldsymbol{\Sigma}\boldsymbol{t}\right)$.

所以 $\boldsymbol{X}$ 也是 d 维正态随机向量. □

命题 8.2.2 设 $X_T=\{X(t),t\in T\}$ 为均方可导（可微）的正态过程, 则均方导数过程 $\{X'(t),t\in T\}$ 也是正态过程.

证明 由正态随机向量对线性变换的封闭性和定理 8.2.1 知, 若 X'_T 存在, 则 $\left\{X'(t_k)=\lim\limits_{h\to0}\dfrac{X(t_k+h)-X(t_k)}{h},1\leqslant k\leqslant d\right\}$ 是正态过程. □

命题 8.2.3 设 $X_T=\{X(t),t\in T\}$ 为均方可积的正态过程, 令 $Y(t)=\displaystyle\int_a^t X(u)\,\mathrm{d}u(a,t\in T)$, 则 $\{Y(t),t\in T\}$ 也是正态过程.

证明 对 $\forall t_k\in T$, 由均方可积的定义知

$$Y(t_k)\overset{\text{m.s.}}{=\!=}\sum_{l=1}^{n}X(s_l)\Delta s_l,$$

其中 $a=s_0<s_1<\cdots<s_n=t_k$, 由正态过程对线性组合的封闭性和定理 8.2.1 得 $\{Y(t),t\in T\}$ 是正态过程. □

引理 8.2.2 设 (实) 二阶矩过程 $X_T=\{X(t),t\in T\}$ 是平稳过程且均方可微, 则对 $\forall t\in T$ 有

$$E(X(t)X'(t))=0.$$

证明 由 X_T 是平稳过程 (实), 则 $R(\tau)=R(-\tau)$, 故 $\rho(\tau)=\rho(-\tau)$, 又因为 X_T 均方可微, 所以 $R(s,t)=R(t-s)=\mathrm{cov}(X(s),X(t))$ 广义二次可导, 故 $\rho(\tau)=\dfrac{R(\tau)}{R(0)}$ 存在二阶导数, 因此 $\rho'(\tau)=-\rho'(-\tau)$. 令 $\tau=0$, 则 $R'(0)=-R'(0)$,

故 $R'(0)=0$, 由命题 7.1.2 有

$$\begin{aligned}E(X(s)\ X'(t))&=\lim_{h\to 0}E\Big[X(s)\ \frac{X(t+h)-X(t)}{h}\Big]\\&=\lim_{h\to 0}\frac{R(s,t+h)-R(s,t)}{h}\\&=\frac{\partial R(s,t)}{\partial t}.\end{aligned}$$

由此知

$$E(X(t)\ X'(t))=-R'(0)=0. \qquad \square$$

由引理 8.2.2 很容易推导出正态过程的以下性质.

命题 8.2.4 设 $X_T=\{X(t),t\in T\}$ 是平稳正态过程且均方可导 (可微), 则 $\forall t\in T$, $X(t)$ 与 $X'(t)$ 相互独立, 且若 $R(s,t)=R(s-t)$ 是 X_T 的协方差, 则

$$DX'(t)=\frac{\partial^2 R(s,t)}{\partial s\partial t}\Big|_{s=t}=-R''(0).$$

基于正态过程独立与不相关的等价性, 可以得到正态过程和马尔可夫过程之间的联系.

2. 马尔可夫正态过程

定义 8.2.3 设马尔可夫过程 $X_T=\{X(t),t\in\mathbb{R}\}$ 又是正态过程, 则称 X_T 为**马尔可夫正态过程**.

为讨论马尔可夫正态过程的重要性质, 先给出 n 维正态分布的条件概率密度函数, 设 $\boldsymbol{X}=\{X_1,X_2,\cdots,X_n\}$ 是 n 维正态过程, 其联合概率密度为

$$f(x_1,\cdots,x_n)=((2\pi)^{-n/2}|\boldsymbol{A}|^{-1/2})\exp\Big[-\frac{1}{2}\sum_{i=1}^{n}\sum_{j=1}^{n}a_{ij}x_ix_j\Big],$$

其中 $\boldsymbol{A}^{-1}=(a_{ij})$ 为对称正定矩阵. 现考虑 X_n 在给定 $X_1=x_1,\cdots,X_{n-1}=x_{n-1}$ 下的条件概率密度函数, 记为 $f(x_n|x_1,\cdots,x_{n-1})$, 它等于

$$\frac{f(x_1,\cdots,x_n)}{\displaystyle\int_{-\infty}^{+\infty}f(x_1,\cdots,x_n)\,\mathrm{d}x_n}=\frac{\exp\Big[-\dfrac{1}{2}\displaystyle\sum_{i=1}^{n}\sum_{j=1}^{n}a_{ij}x_ix_j\Big]}{\displaystyle\int_{-\infty}^{+\infty}\exp\Big[-\frac{1}{2}\sum_{i=1}^{n}\sum_{j=1}^{n}a_{ij}x_ix_j\Big]\,\mathrm{d}x_n}. \qquad (*)$$

由 $\sum_{i=1}^{n}\sum_{j=1}^{n}a_{ij}x_ix_j=\sum_{i=1}^{n-1}\sum_{j=1}^{n-1}a_{ij}x_ix_j+a_{nn}x_n^2+2x_n\sum_{i=1}^{n-1}a_{in}x_i$, 从 (*) 式的分子分母中消去与 x_n 无关的因子后，有

$$\begin{aligned}f(x_n|x_1,\cdots,x_{n-1})&=\frac{\exp\Big(-\dfrac{1}{2}a_{nn}x_n^2-x_n\displaystyle\sum_{i=1}^{n-1}a_{in}x_i\Big)}{\displaystyle\int_{-\infty}^{+\infty}\exp\Big(-\dfrac{1}{2}a_{nn}x_n^2-x_n\sum_{i=1}^{n-1}a_{in}x_i\Big)\mathrm{d}x_n}\\&=\frac{\exp\Big\{-\dfrac{1}{2}a_{nn}\Big[x_n+\displaystyle\sum_{i=1}^{n-1}(a_{in}/a_{nn})x_i\Big]^2\Big\}}{\displaystyle\int_{-\infty}^{+\infty}\exp\Big\{-\dfrac{1}{2}a_{nn}\Big[x_n+\sum_{i=1}^{n-1}(a_{in}/a_{nn})x_i\Big]^2\Big\}\mathrm{d}x_n}\\&=c\,\exp\Big\{-\frac{1}{2}a_{nn}\Big[x_n+\sum_{i=1}^{n-1}\frac{a_{in}}{a_{nn}}\,x_i\Big]^2\Big\},\end{aligned}\tag{8.2.4}$$

其中 c 为规一化的常数，与 $(x_1,\cdots,x_{n-1})$ 无关，(8.2.4) 式是一正态概率密度函数，其均值为 $-\sum_{i=1}^{n-1}\frac{a_{in}}{a_{nn}}\,x_i$. 于是

$$E(X_n\big|X_1=x_1,\cdots,X_{n-1}=x_{n-1})=-\sum_{i=1}^{n-1}\frac{a_{in}}{a_{nn}}\,x_i,\tag{8.2.5}$$

$$E(X_n\big|X_{n-1}=x_{n-1})=-\frac{a_{n-1,n}}{a_{nn}}\,x_{n-1}.\tag{8.2.5a}$$

设 $\{X(t),t\geqslant 0\}$ 为正态过程，不失一般性，设 $EX(t)=0$. 记 $R(s,t)=E(X(s)X(t)),\rho(s,t)=R(s,t)/(R(s,s)R(t,t))^{\frac{1}{2}}$.

命题 8.2.5 设 $\{X(t),t\in\mathbb{R}\}$ 是正态过程，$EX(t)=0$, 则它也是马尔可夫过程的充要条件是对 $\forall 0\leqslant t_1<t_2<\cdots<t_n,n\geqslant 2$, 有

$$E\{X_{t_n}\big|X_{t_1}=x_1,\cdots,X_{t_{n-1}}=x_{n-1}\}=E\{X_{t_n}\big|X_{t_{n-1}}=x_{n-1}\}.\tag{8.2.6}$$

证明 必要性显然. 为证充分性，注意到 (8.2.5) 式及 (8.2.5a) 式可得 $a_{1n}=a_{2n}=\cdots=a_{n-2,n}=0$, 故由 (8.2.4) 式有

$$f(x_n|x_1,\cdots,x_{n-1})=c\,\exp\Big\{-\frac{1}{2}a_{nn}\Big[x_n+\frac{a_{n-1,n}}{a_{nn}}\,x_{n-1}\Big]^2\Big\}$$

与

$$f(x_n|x_{n-1}) = c\ \exp\Big\{-\frac{1}{2}a_{nn}\Big[x_n + \frac{a_{n-1,n}}{a_{nn}}\ x_{n-1}\Big]^2\Big\}.$$

故而充分性得证. □

命题 8.2.6 设 $\{X(t), t\in\mathbb{R}\}$ 是正态过程, $EX(t)=0$, 则它也是马尔可夫过程的充要条件是对 $\forall 0\leqslant t_1<t_2<t_3$, 有

$$\rho(t_1,t_3) = \rho(t_1,t_2)\rho(t_2,t_3). \tag{8.2.7}$$

证明 充分性. 设 $X(t)$ 是马尔可夫过程, 则由 (8.2.5) 式得对任意 $0<s<t$, 有

$$E(X(t)\big|X(s)=x) = -\left(\frac{a_{n-1,n}}{a_{nn}}\right)x. \tag{8.2.8}$$

为求 $\dfrac{a_{n-1,n}}{a_{nn}}$ 考虑 $(X(s),X(t))$ 的联合概率密度函数

$$f_{s,t}(x_1,x_2) = (2\pi)^{-1}|\boldsymbol{A}^{-1}|^{1/2}\exp\Big(-\frac{1}{2}\boldsymbol{x}^{\mathrm{T}}\boldsymbol{A}\boldsymbol{x}\Big),$$

其中

$$\begin{aligned}\boldsymbol{A}^{-1} &= \begin{pmatrix} R(s,s) & -R(s,t)\\ -R(t,s) & R(t,t)\end{pmatrix}^{-1}\\ &= \frac{1}{R(s,s)R(t,t)-R(s,t)^2}\begin{pmatrix} R(t,t) & -R(t,s)\\ -R(s,t) & R(s,s)\end{pmatrix}.\end{aligned}$$

由上及 (8.2.8) 式得

$$E(X(t)\big|X(s)=x) = \left(\frac{R(s,t)}{R(s,s)}\right)x. \tag{8.2.9}$$

再由马尔可夫性, 得

$$\begin{aligned}R(t_1,t_3) = E(X(t_1)X(t_3)) &= E\{E[X(t_1)X(t_3)\big|X(t_2)]\}\\ &= E\{E[X(t_1)\big|X(t_2)]E[X(t_3)\big|X(t_2)]\},\end{aligned}$$

由 (8.2.9) 式得

$$R(t_1,t_3) = E\Big\{\frac{R(t_1,t_2)}{R(t_2,t_2)}X(t_2)\frac{R(t_2,t_3)}{R(t_2,t_2)}X(t_2)\Big\} = \frac{R(t_1,t_2)R(t_2,t_3)}{R(t_2,t_2)}.$$

由上式可得 (8.2.7) 式.

必要性. 由 (8.2.7) 式, 可得对 $\forall 1 \leqslant k \leqslant n-1$ 有

$$\rho(t_k, t_n) = \rho(t_k, t_{n-1})\rho(t_{n-1}, t_n),$$

即

$$R(t_k, t_n) = \frac{R(t_k, t_{n-1})R(t_{n-1}, t_n)}{R(t_{n-1}, t_{n-1})}.$$

从而对 $\forall 0 \leqslant k \leqslant n-1$, 有

$$E\left\{\left[X(t_n) - \frac{R(t_{n-1}, t_n)}{R(t_{n-1}, t_{n-1})}X(t_{n-1})\right]X(t_k)\right\} = 0,$$

这就意味着正态随机变量 $X(t_n) - \dfrac{R(t_{n-1}, t_n)}{R(t_{n-1}, t_{n-1})}X(t_{n-1})$ 与 $X(t_1), \cdots, X(t_{n-1})$ 相互独立, 故

$$E\left\{X(t_n) - \frac{R(t_{n-1}, t_n)}{R(t_{n-1}, t_{n-1})}X(t_{n-1})\middle|X(t_1) = x_1, \cdots, X(t_{n-1}) = x_{n-1}\right\} = 0.$$

即

$$\begin{aligned}E\{X(t_n)\big|X(t_1) = x_1, \cdots, X(t_{n-1}) = x_{n-1}\} &= \frac{R(t_{n-1}, t_n)}{R(t_{n-1}, t_{n-1})}x_{n-1} \\ &= E\{X(t_n)\big|X(t_{n-1}) = x_{n-1}\}. \quad \square\end{aligned}$$

3. 平稳正态过程

平稳正态过程是平稳过程中的一个重要代表. 这里给出它的一些主要特性.

设 $\{X(t), t \in T\}$ 为实正态过程. 不失一般性, 设 $EX(t) = 0$, $R(s,t) = E(X(s)X(t))$. 有如下的结论.

命题 8.2.7 一实正态过程 $\{X(t), t \in \mathbb{R}\}$ 是严平稳过程的充要条件是对 $\forall s < t$, 有

$$R(s,t) = R(t-s). \tag{8.2.10}$$

证明 设 $\{X(t), t \in \mathbb{R}\}$ 是严平稳过程, 则 $\forall s < t$ 及 $\tau \geqslant 0$, 有

$$R(s,t) = E(X(s)X(t)) = E(X(s+\tau)X(t+\tau)) = R(s+\tau, t+\tau).$$

上式中取 $\tau = -s$ 得 $R(s,t) = R(0, t-s) \triangleq R(t-s)$.

反之，若 $R(s,t)=R(t-s)$, 则 $\forall 0\leqslant t_1<t_2<\cdots<t_n,(X(t_1),\cdots,X(t_n))$ 的特征函数为

$$\varphi(u_1,\cdots,u_n)=\exp\Big\{-\frac{1}{2}\sum_{i=1}^{n}\sum_{j=1}^{n}u_iu_jR(t_i-t_j)\Big\}.$$

而这也是 $(X(t_1+\tau),\cdots,X(t_n+\tau))$ 的特征函数，故 $\{X(t),t\geqslant 0\}$ 为严平稳过程. □

推论 宽平稳正态过程也是严平稳过程.

什么时候一个平稳正态过程也是马尔可夫过程？Doob 给出了这个问题的回答.

命题 8.2.8 一个均方连续的平稳正态过程 $\{X(t),t\in\mathbb{R}\}$, $EX(t)=0$ 也是马尔可夫过程的充要条件是相关函数

$$\rho(\tau)=\mathrm{e}^{-\mu|\tau|}, \tag{8.2.11}$$

其中 $\mu>0$ 为常数.

证明 因 $\{X(t),t\in\mathbb{R}\}$ 均方连续，且是平稳正态过程，则由命题 8.2.6 有

$$R(s+t)=R(s)R(t), \tag{8.2.12}$$

即 $\rho(s+t)=\rho(s)\rho(t)$, 且 $\rho(t)$ 在 $\rho(0)$ 连续. 但 $\rho(0)=1$, 可得当 $h\to 0$ 时, $\rho(t+h)-\rho(t)=\rho(t)(\rho(h)-1)\to 0$, 于是得 $\rho(t)$ 对 $\forall t\in\mathbb{R}$ 均方连续. 又由 (8.2.12) 式得方程 $\rho(s+t)=\rho(s)\rho(t)$, 知 $\rho(\tau)=\mathrm{e}^{-\mu\tau}$, 其中 $\mu>0$ 为常数. 又 $\rho(\tau)=\rho(-\tau)$, 得 $\rho(\tau)=\mathrm{e}^{-\mu|\tau|}$.

反之，若 $\rho(\tau)=\mathrm{e}^{-\mu|\tau|}$, 则可得 $\rho(s,t)=\rho(t-s)$, $\rho(s+t)=\rho(s)\rho(t)$. 于是 $\forall 0\leqslant t_1<t_2<t_3$, 有 $\rho(t_3-t_1)=\rho(t_2-t_1)\rho(t_3-t_2)$, 即 $\rho(t_1,t_3)=\rho(t_1,t_2)\rho(t_2,t_3)$. 由命题 8.2.6 可得 $\{X(t),t\geqslant 0\}$ 为马尔可夫过程.

8.3 ARMA 过程

所谓 ARMA 过程，即 Autoregressive Moving Average Process, 亦即自回归滑动和过程，其数学定义如下.

定义 8.3.1 设 $\{\xi_n,n\in\mathbb{Z}\}$ 为白噪声序列，若 $\{X_n,n\in\mathbb{Z}\}$ 是满足下列方程的平稳过程:

$$\sum_{k=0}^{p}a_kX_{n-k}=\sum_{l=0}^{q}b_l\xi_{n-l}, \tag{8.3.1}$$

其中 $a_0 = 1, a_k, b_l, 0 \leqslant k \leqslant p, 0 \leqslant l \leqslant q$ 均为常数，且 $\alpha(z) \triangleq \sum_{k=0}^{p} a_k z^k$ 与 $\beta(z) \triangleq \sum_{l=0}^{q} b_l z^l$ 的根都在单位圆外, 则称 $\{X_n, n \in \mathbb{Z}\}$ 为 ARMA 过程 (或 ARMA 模型).

ARMA 模型在工程技术, 自动控制等领域具有重要意义. 我们仍然由简入繁来讨论 ARMA 模型的性质.

1. 一阶自回归模型 AR(1)

以下讨论均假设 $\{\xi_n, n \in \mathbb{Z}\}$ 为白噪声，即 $E\xi_n = 0, E\xi_n\xi_m = \delta_{nm}\sigma^2$.

设 $\{X_n, n \in \mathbb{Z}\}$ 是二阶矩过程，若它是满足下列方程的平稳序列：

$$\begin{cases} X_n - aX_{n-1} = \xi_n, \quad |a| < 1, \\ \quad X_{-\infty} = 0. \end{cases} \tag{8.3.2}$$

则称它为 AR(1) 模型.

(1) 先看 $X_0 = 0$ 时的情形

此时有 $X_n = \sum_{k=0}^{n-1} a^k \xi_{n-k} + a^n X_0 = \sum_{k=0}^{n-1} a^k \xi_{n-k}$, 且对于 $r \geqslant 0$ 有

$$\begin{aligned} E(X_n X_{n+r}) &= E\left[\sum_{k=0}^{n-1} a^k \xi_{n-k} \sum_{l=0}^{n+r-1} a^l \xi_{n+r-l}\right] \\ &= E\left[\sum_{k=0}^{n-1} \sum_{l=0}^{n+r-1} a^k a^l \xi_{n-k} \xi_{n+r-l}\right] \\ &= \sigma^2 \sum_{k=0}^{n-1} (a^k a^{k+r}) = \sigma^2 a^r \ \frac{1 - a^{2n}}{1 - a^2}. \end{aligned}$$

(2) 当 $X_{-\infty} = 0$ 时，有 $X_n = \sum_{k=0}^{\infty} a^k \xi_{n-k}$. 类似于 (1) 可得到 $E(X_n X_{n+r}) = \frac{\sigma^2 a^r}{1 - a^2} (r \geqslant 0)$, 即当 $r \geqslant 0$ 时，$R(r) = \frac{a^r \sigma^2}{1 - a^2}$. 而 $R(0) = \frac{\sigma^2}{1 - a^2}$, 故 $\rho(r) = a^r$. 一般地，当 $r \in \mathbb{Z}$ 时， $\rho(r) = a^{|r|}$.

于是可以得到 $\rho(r)$ 的图形如图 8.1 所示.

因为差分方程 $X_n - aX_{n-1} = 0$ 的一般解是 $\bar{X}_n = ca^n$(c 为常数), 显然对于方程 (8.3.2), 它有一般解 $\hat{X}_n = ca^n + \sum_{k=0}^{\infty} a^k \xi_{n-k}$($c$ 为常数), 则当 $|a|$ 使 X_n 均方

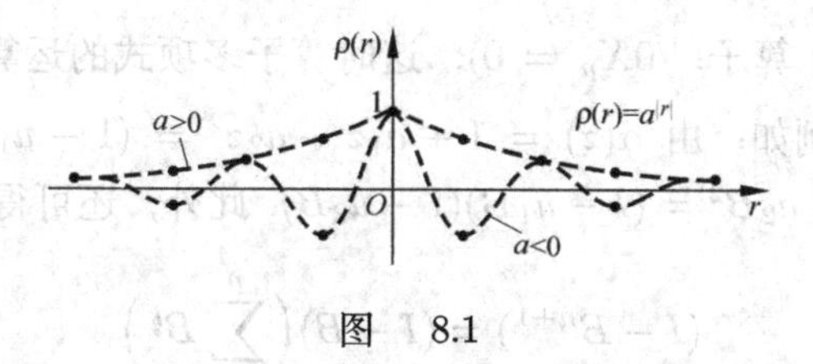

图 8.1

有意义 (即 $|a|<1$) 时，方程 (8.3.2) 一定存在一个特解是平稳解，即

$$X_n=\sum_{k=0}^{\infty}a^k\xi_{n-k}.$$

注 X_n 可由 n 时刻 (包括 n 时刻) 之前的噪声 $\xi_n,\xi_{n-1},\cdots$ 的线性组合表示，故 $\forall k\geqslant 1,\ \mathrm{cov}(\xi_{n+k},X_n)=0$，即 $\xi_{n+k}\perp X_n,\forall n\in\mathbb{Z},k\geqslant 1$.

2. 高阶自回归模型 AP(p)($p\geqslant 2$)

$$\sum_{k=0}^{p}a_kX_{n-k}=\xi_n.$$

例当 $p=2$ 时，AR(2) 模型为满足下述条件的平稳序列 $\{X_n,n\in\mathbb{Z}\}$：

$$X_n+a_1X_{n-1}+a_2X_{n-2}=\xi_n,\tag{8.3.3}$$

其中 a_1,a_2 是常数．令 $\alpha(z)=1+a_1z+a_2z^2$ 是方程 (8.3.3) 的系数多项式，且 $f(z)=z^2+a_1z+a_2=(z-u_1)(z-u_2)$ 满足 $|u_i|<1$(不妨设 $u_1\neq u_2$).

为了进一步研究方便，引进向后推移算子B，即 $BX_n\triangleq X_{n-1},B^2X_n=B(BX_n)=X_{n-2},\cdots,B^kX_n=B(B^{k-1}X_n)=X_{n-k},\cdots$，设 B^{-1} 是 B 的逆，记 $B^{-1}B=I$，有 $B^{-1}(BX_n)=IX_n=X_n,B^{-1}X_n=X_{n+1}$.

设多项式 $\alpha(z)=\sum\limits_{k=0}^{p}a_kz^k$，则它相应的 B 算子多项式为

$$\alpha(B)=\sum_{k=0}^{p}a_kB^k.$$

规定 $\alpha(B)X_n\triangleq\sum\limits_{k=0}^{p}a_kX_{n-k}$，将 $\alpha(B)$ 的逆记为 $\alpha(B)^{-1}\triangleq\dfrac{1}{\alpha(B)}$，不失一般性，以下均假定 $X_{-\infty}=0$. 这样 $\lim\limits_{k\to\infty}B^kX_n=\lim\limits_{k\to\infty}X_{n-k}=X_{-\infty}=0$，故可约

定 $\lim\limits_{k\to\infty} B^k = 0$(0 算子：$0X_n = 0$). 这时算子多项式的运算规则与通常多项式的运算一样，例如：由 $\alpha(z) = 1 + a_1 z + a_2 z^2 = (1 - u_1 z)(1 - u_2 z)$, 可得 $\alpha(B) = I + a_1 B + a_2 B^2 = (I - u_1 B)(I - u_2 B)$. 此外，还可得到

$$(I - B^{n+1}) = (I - B)\Big(\sum_{k=0}^{n} B^k\Big),$$

令 $n \to \infty$, 则 $I = (I - B)\Big(\sum\limits_{k=0}^{\infty} B^k\Big)$, 即

$$(I - B)^{-1} \triangleq \frac{1}{I - B} = \sum_{k=0}^{\infty} B^k.$$

同理 $(I - aB)^{-1} = \sum\limits_{k=0}^{\infty} a^k B^k, |a| < 1$.

这样就可以利用 B 算子解方程 (8.3.2). 由 $X_n - aX_{n-1} = \xi_n$, 有 $(I - aB)X_n = \xi_n$, 故

$$X_n = \frac{1}{I - aB}\xi_n = \Big(\sum_{k=0}^{\infty} a^k B^k\Big)\xi_n = \sum_{k=0}^{\infty} a^k \xi_{n-k}.$$

当 $|a| < 1$ 时，X_n 有意义. 利用 B 算子求解方程 (8.3.2), 其简便性一目了然.

以下，利用 B 算子求解方程 (8.3.3).

差分方程 (8.3.3) 的解的结构与一般差分方程类似, 即它的一般解是其对应齐次方程

$$X_n + a_1 X_{n-1} + a_2 X_{n-2} = 0 \tag{8.3.3a}$$

的一般解加上方程 (8.3.3) 的一个特解.

由 $f(z) = (z - u_1)(z - u_2)$ 易得方程 (8.3.3a) 的一般解为 $c_1 u_1^n + c_2 u_2^n$. 而方程 (8.3.3) 的一个特解可借助于 B 算子求出.

由 $\alpha(z) = 1 + a_1 z + a_2 z^2 = (1 - u_1 z)(1 - u_2 z)$ 可知

$$\alpha(B) = I + a_1 B + a_2 B^2 = (I - u_1 B)(I - u_2 B),$$

则方程 (8.3.3) 可写成 $\alpha(B)X_n = \xi_n$, 故 $X_n = \alpha^{-1}(B)\xi_n$. 而

$$\alpha^{-1}(B) = \frac{1}{\alpha(B)} = \frac{1}{(I - u_1 B)(I - u_2 B)} = \frac{1}{u_1 - u_2}\Big(\frac{u_1}{I - u_1 B} - \frac{u_2}{I - u_2 B}\Big),$$

因此

$$X_n=\frac{1}{u_1-u_2}\left(\frac{u_1}{I-u_1B}-\frac{u_2}{I-u_2B}\right)\xi_n=\frac{1}{u_1-u_2}\sum_{k=0}^{\infty}(u_1^{k+1}-u_2^{k+1})\xi_{n-k}. \tag{8.3.4}$$

当 $|u_i|<1(i=1,2)$ 时，$c_1u_1^n+c_2u_2^n\overset{n\to\infty}{\longrightarrow}0$. 若取 $c_1=c_2=0$, 易验证由方程 (8.3.3) 表示的过程 $X_T=\{X_n,n\in\mathbb{Z}\}$ 是平稳过程. 因此称 $X_n=\dfrac{1}{u_1-u_2}\sum\limits_{k=0}^{\infty}(u_1^{k+1}-u_2^{k+1})\xi_{n-k}$ 是方程 (8.3.3) 的平稳解.

由 (8.3.4) 式可知, X_n 可表为 n 时刻 (包括 n 时刻) 之前的噪声 $\xi_n,\xi_{n-1},\cdots$ 的线性组合表示，故 $\forall k\geqslant 1$, $\mathrm{cov}(\xi_{n+k},X_n)=0$, 即 $\xi_{n+k}\perp X_n,\forall n\in\mathbb{Z},k\geqslant 1$.

下面来看一看 X_n 的概率特性，求 X_T 的相关函数 $\rho(r)$. 注意到 $E\xi_nX_n=\sigma^2$. 在方程 (8.3.3) 的两边同乘以 X_n, 然后取数学期望，则有

$$\rho(0)+a_1\rho(1)+a_2\rho(2)=\frac{\sigma^2}{\sigma_X^2}.$$

同理，在方程 (8.3.3) 的两边同乘以 $X_{n-r}(r\geqslant 1)$, 然后取期望，则

$$\rho(r)+a_1\rho(r-1)+a_2\rho(r-2)=0. \tag{8.3.5}$$

显然, (8.3.5) 式的一般解为 $\rho(r)=e_1u_1^r+e_2u_2^r$.

当 $r=0$ 时，$\rho(0)=1$, 则

$$e_1+e_2=1. \tag{8.3.6a}$$

当 $r=1$ 时，$\rho(1)+a_1\rho(0)+a_2\rho(1)=0\Longrightarrow\rho(1)=\dfrac{-a_1}{1+a_2}=\dfrac{u_1+u_2}{1+u_1u_2}$, 故

$$e_1u_1+e_2u_2=\frac{u_1+u_2}{1+u_1u_2}. \tag{8.3.6b}$$

由 (8.3.6a) 式与 (8.3.6b) 式可解得

$$e_1=\frac{(1-u_2^2)u_1}{(u_1-u_2)(1+u_1u_2)},\qquad e_2=\frac{(1-u_1^2)u_2}{(u_1-u_2)(1+u_1u_2)},$$

所以

$$\rho(r)=\frac{1}{(u_1-u_2)(1+u_1u_2)}[(1-u_2^2)u_1^{r+1}-(1-u_1^2)u_2^{r+1}]\qquad(r\geqslant 0).$$

当 $r<0$ 时，$\rho(r)=\rho(-r)$.

注 当 $u_1=u_2=u$ 时，易知方程 (8.3.3a) 的一般解为 $c_1nu^n+c_2u^n$.

类似的，对于 AR(p), $\{X_n, n\in\mathbb{Z}\}$ 是满足方程

$$X_n+a_1X_{n-1}+\cdots+a_pX_{n-p}=\xi_n \tag{8.3.7}$$

的平稳解．系数多项式为

$$\alpha(z)=1+a_1z+a_2z^2+\cdots+a_pz^p,$$

$$f(z)=z^p+a_1z^{p-1}+\cdots+a_{p-1}z+a_p.$$

设 $f(z)$ 的 p 个根为 $u_i, 1\leqslant i\leqslant p, |u_i|<1$(且不妨设两两不相等), 则相应的 B 算子多项式为

$$\alpha(B)=I+a_1B+a_2B^2+\cdots+a_pB^p=(I-u_1B)\cdots(I-u_pB),$$

于是 (8.3.7) 式化为 $\alpha(B)X_n=\xi_n$, 故 $X_n=\dfrac{1}{\alpha(B)}\xi_n$. 将 $\alpha^{-1}(B)$ 写成最简的一次分式和的形式，可有

$$\alpha^{-1}(B)=\sum_{i=1}^{p}\frac{d_i}{(I-u_iB)}.$$

于是

$$X_n=\left[\sum_{i=1}^{p}\frac{d_i}{(I-u_iB)}\right]\xi_n=\sum_{i=1}^{p}\left[d_i\Big(\sum_{l=0}^{\infty}u_i^l\xi_{n-l}\Big)\right].$$

也就是说 AR(p) 中的 X_n 是 $\{\xi_n, n\in\mathbb{Z}\}$ 在 n 时刻及之前的噪声的线性组合，故 $\forall k\geqslant 1, \operatorname{cov}(\xi_{n+k}, X_n)=0$, 即 $\xi_{n+k}\perp X_n, \forall n\in\mathbb{Z}, k\geqslant 1$.

与求 AR(2) 的相关系数类似，可得

$$\sigma_X^2=\sigma^2/[\rho(0)+a_1\rho(1)+\cdots+a_p\rho(p)], \tag{8.3.8}$$

$$\rho(r)+a_1\rho(r-1)+\cdots+a_p\rho(r-p)=0 \qquad (r\geqslant 1). \tag{8.3.9}$$

方程 (8.3.9) 的一般解为

$$\rho(r)=e_1u_1^r+e_2u_2^r+\cdots+e_pu_p^r. \tag{8.3.10}$$

而为了确定待定系数 $e_1,\cdots,e_p$, 可由下列条件:

$$\begin{cases}\rho(0)=1,\\ \rho(1)+a_1\rho(0)+\cdots+a_p\rho(p-1)=0,\\ \rho(2)+a_1\rho(1)+\cdots+a_p\rho(p-2)=0,\\ \cdots\\ \rho(p-1)+a_1\rho(p-2)+\cdots+a_p\rho(1)=0.\end{cases}$$

求出 $\rho(0),\cdots,\rho(p-1)$, 代入 (8.3.10) 式即可得

$$\begin{cases}e_1+e_2+\cdots+e_p=1,\\ e_1u_1+e_2u_2+\cdots+e_pu_p=\rho(1),\\ e_1u_2^2+e_2u_2^2+\cdots+e_pu_p^2=\rho(2),\\ \cdots\\ e_1u_1^{p-1}+e_2u_2^{p-1}+\cdots+e_pu_p^{p-1}=\rho(p-1).\end{cases} \tag{8.3.11}$$

解上述方程组即可求得 $e_1,\cdots,e_p$, 从而求出形如 (8.3.10) 式的 $\rho(r)$.

3. 平均滑动和模型 MA(q)

设二阶矩过程 $\{X_n,n\in\mathbb{Z}\}$ 满足

$$X_n=b_0\xi_n+b_1\xi_{n-1}+\cdots+b_q\xi_{n-q}, \tag{8.3.12}$$

其中 $b_0,\cdots,b_q$ 为常数, 则方程 (8.3.12) 的平稳解称为 q 阶平均滑动和模型.

令 $\beta(B)=\sum\limits_{l=0}^{q}b_lB^l$, 则 $X_n=\beta(B)\xi_n$, 得 $\xi_n=\beta^{-1}(B)X_n$, 即 ξ_n 可由 $X_n,X_{n-1},\cdots$ 的线性组合表示.

显然, 当 $|r|>q$ 时, $R(r)=0,\rho(r)=0$; 当 $|r|\leqslant q$ 时, 不妨先设 $0<r\leqslant q$, 则有

$$\begin{aligned}R(r)=&E(X_nX_{n+r})=E\Big[\Big(\sum_{k=0}^{q}b_k\xi_{n-k}\Big)\Big(\sum_{j=0}^{q}b_j\xi_{n+r-j}\Big)\Big]\\ =&\sum_{k=0}^{q-r}b_kb_{k+r}\sigma^2=\sum_{k=r}^{q}b_kb_{k-r}\sigma^2,\end{aligned}$$

得

$$\rho(r)=\begin{cases}0, & |r|>q,\\ \dfrac{\sum\limits_{k=|r|}^{q}b_kb_{k-|r|}}{\sum\limits_{k=0}^{q}b_k^2}, & |r|\leqslant q.\end{cases}$$

4. 自回归滑动和模型(过程), ARMA(p,q)

设二阶矩过程 $\{X_n, n\in\mathbb{Z}\}$ 满足

$$X_n+a_1X_{n-1}+\cdots+a_pX_{n-p}=b_0\xi_n+b_1\xi_{n-1}+\cdots+b_q\xi_{n-q}, \tag{8.3.13}$$

则上述方程的平稳解称为 ARMA(p,q).

令 $\alpha(z)=\sum\limits_{k=1}^{p}a_kz^k(a_0=0)$, $\beta(z)=\sum\limits_{l=0}^{q}b_lz^l$, 则方程 (8.3.13) 的算子表示式为 $\alpha(B)X_n=\beta(B)\xi_n$, 故 $X_n=\alpha^{-1}(B)\beta(B)\xi_n$.

设 $\alpha(z)$ 在 $|z|<1$ 为解析的, 即 $\alpha(z)$ 的根在单位圆外, 则 (8.3.13) 式有平稳解. 当 $r\geqslant\max(p,q+1)$ 时, 可得

$$\rho(r)+a_1\rho(r-1)+\cdots+a_p\rho(r-p)=0. \tag{8.3.14}$$

上式的一般解为

$$\rho(r)=e_1u_1^r+\cdots+e_pu_p^r. \tag{8.3.15}$$

在方程 (8.3.13) 的两边分别乘以 $\xi_{n-r}(0\leqslant r\leqslant p)$ 可求出 $E(X_n\xi_{n-r})$; 在方程 (8.3.13) 的两边分别乘以 $X_{n-r}(0\leqslant r\leqslant p)$ 可求出 $\rho(1),\cdots,\rho(p-1)$ 及 $\rho(0)=1$. 把它们代入 (8.3.15) 式即可求出待定系数 $e_1,\cdots,e_p$.

5. 一般线性过程

定义 8.3.2 若平稳过程 $\{X_n, n\in\mathbb{Z}\}$ 满足

$$X_n=\sum_{k=0}^{\infty}g_k\xi_{n-k}, \tag{8.3.16}$$

其中

$$\sum_{k=0}^{\infty}g_k^2<+\infty, \tag{8.3.17a}$$

$$G(z)=\sum_{k=0}^{\infty}g_kz^k \tag{8.3.17b}$$

在 $|z|<1$ 上解析，则称 X_n 是**一般线性过程**.

上述定义中，(8.3.17a) 式保证了 X_n 的存在性，(8.3.17b) 式保证了 X_n 是平稳的. 类似于 MA(q), 可得 X_n 的相关系数为

$$\rho(r)=\frac{\sum\limits_{k=0}^{\infty}g_kg_{r-k}}{\sum\limits_{k=0}^{\infty}g_k^2}.$$

显然，当 $g_k=a^k(|a|<1)$ 时，(8.3.16) 式化为 AR(1) 模型；

当 $g_k=\dfrac{1}{u_1-u_2}(u_1^{k+1}-u_2^{k+1})(u_1\neq u_2,|u_i|<1)$ 时，(8.3.16) 式化为 AR(2) 模型；

当 $g_k=\begin{cases}b_k, & 0\leqslant k\leqslant q\\ 0, & k>q\end{cases}$ 时，(8.3.16) 式化为 MA(q) 模型.

因此,$\{g_k,k\geqslant 0\}$ 刻画了系统的基本特性,它又被称为格林响应函数 (Green's function).

6. 连续参数 AR(p) 模型

这里只讨论一阶与二阶的简单模型.

(1) 连续参数 AR(1): 设二阶矩过程 $\{X(t),t\in\mathbb{R}\}$ 是满足下列方程的平稳解:

$$X'(t)+aX(t)=\frac{\mathrm{d}B(t)}{\mathrm{d}t}, \tag{8.3.18}$$

其中 $a>0$, $(B(t),t\in\mathbb{R})$ 是标准布朗运动，$\left\{\dfrac{\mathrm{d}B(t)}{\mathrm{d}t},t\in\mathbb{R}\right\}$ 是其形式导数，则 $\{X(t),t\in\mathbb{R}\}$ 是连续参数 AR(1) 过程.

由第 7 章可知 $\mathrm{d}X(t)+aX(t)\,\mathrm{d}t=\mathrm{d}B(t)$ 的平稳解是

$$X(t)=\int_{-\infty}^{t}\mathrm{e}^{-a(t-u)}\,\mathrm{d}B(u).$$

与之比较，引入微分算子 D, 即 $DX(t)=X'(t)$, 则方程 (8.3.18) 可化为

$$(D+aI)X(t)=\frac{\mathrm{d}B(t)}{\mathrm{d}t}.$$

由此可得

$$X(t)=\frac{1}{D+aI}\frac{\mathrm{d}B(t)}{\mathrm{d}t}=\int_{-\infty}^{t}\mathrm{e}^{-a(t-u)}\,\mathrm{d}B(u).$$

(2) 连续参数 AR(2): $\{X(t),t\in\mathbb{R}\}$ 是二阶矩过程，且是满足下列方程的平稳解

$$X''(t)+a_1X'(t)+a_2X(t)=\frac{\mathrm{d}B(t)}{\mathrm{d}t}. \tag{8.3.19}$$

设 $\alpha(z)=z^2+a_1z+a_2=(z+u_1)(z+u_2),u_1\neq u_2,u_i>0$, 则 $\alpha(D)=(D+u_1I)(D+u_2I)$, 故

$$\alpha^{-1}(D)=\frac{1}{(D+u_1I)(D+u_2I)}=\frac{1}{u_2-u_1}\left(\frac{1}{(D+u_1I)}-\frac{1}{(D+u_2I)}\right).$$

类似于 (1), 利用 D 算子，可得方程 (8.3.19) 的平稳解为

$$X(t)=\frac{1}{u_2-u_1}\int_{-\infty}^{t}(\mathrm{e}^{-u_1(t-u)}-\mathrm{e}^{-u_2(t-u)})\,\mathrm{d}B(u).$$

8.4 平稳过程的谱分解和协方差函数（相关函数）的谱分解

在 8.1 节中所举出的例 2(3) 中我们看到，一个由不同角频率的随机振幅互不相关的随机简谐运动的叠加构成的随机序列是宽平稳过程. 那么是否任一个宽平稳过程 (或序列) 都可以分解为由角频率互不相同，相应的随机振幅互不相关的随机简谐运动的线性叠加呢？其协方差函数是否也可以写成 8.1 节中例 2(3) 的协方差函数的类似形式呢？答案是肯定的.

为了从直观上理解随机过程谱分解的意义，先介绍正交增量过程及关于正交增量过程的均方积分的概念.

1. 正交增量过程

定义 8.4.1 称随机过程 $\{\xi(\lambda),\lambda\in(-\infty,+\infty)\}$ 为**正交增量过程**,若它满足:

(1) $\forall\lambda_1<\lambda_2,E(\xi(\lambda_2)-\xi(\lambda_1))=0$；

(2) $\forall\lambda_1<\lambda_2\leqslant\lambda_3<\lambda_4,E\{(\xi(\lambda_2)-\xi(\lambda_1))\overline{(\xi(\lambda_4)-\xi(\lambda_3))}\}=0$ (即不重叠区间上的增量相互正交 (不相关))；

(3) $\{\xi(\lambda),\lambda\in(-\infty,+\infty)\}$ 均方右连续，即 $\lim\limits_{h\to0^+}\xi(\lambda+h)\overset{\text{m.s.}}{=\!=}\xi(\lambda)$.

以下均假定 $\xi(-\infty)=0, E|\xi(+\infty)|^2<\infty$.

记 $G(\lambda)=E|\xi(\lambda)|^2$, 由 $\xi(\lambda)$ 均方右连续可知 $G(\lambda)$ 右连续. 又 $\forall\lambda_1<\lambda_2$, $E(\xi(\lambda_2)\overline{\xi(\lambda_1)})=E[(\xi(\lambda_2)-\xi(\lambda_1)+\xi(\lambda_1))\overline{\xi(\lambda_1)}]=E|\xi(\lambda_1)|^2=G(\lambda_1)$, 故 $G(\lambda_2)=E|\xi(\lambda_2)|^2=E|\xi(\lambda_2)-\xi(\lambda_1)+\xi(\lambda_1)|^2\geqslant G(\lambda_1)$, 即 $G(\lambda)$ 为单调不减函数.

若记 $F(\lambda)=G(\lambda)/G(+\infty)$, 则 $0=F(-\infty)\leqslant F(\lambda)\leqslant F(+\infty)=1$, 且 $F(\lambda)$ 也为单调不减右连续函数, 故 $F(\lambda)$ 可以看作是一个定义在 $(-\infty,+\infty)$ 上的分布函数. 显然, 独立增量过程都是正交增量过程, 如泊松过程, 布朗运动等.

与伊藤积分有些类似, 可以定义一种关于正交增量过程的 R-S 积分.

设 $f(\lambda,t)$ 是 (λ,t) 的二元函数, $\lambda\in(-\infty,+\infty), t\in T, \forall[a,b]\subset(-\infty,+\infty)$ 及 $a=\lambda_0<\lambda_1<\cdots<\lambda_{k-1}<\lambda_k<\cdots<\lambda_n=b$, 任取 $u_k\in[\lambda_{k-1},\lambda_k]$, 记 $\Delta\lambda_k=\lambda_k-\lambda_{k-1}, \delta=\max\limits_k\Delta\lambda_k, \Delta\xi_k=\xi(\lambda_k)-\xi(\lambda_{k-1})$. 若

$$\lim_{\delta\to0}\sum_{k=1}^{n}f(u_k,t)\Delta\xi_k\overset{\text{m.s.}}{=\!=}I_{[a,b]}(f)$$

存在, 则称 $I_{[a,b]}(f)$ 为 $f(\lambda,t)$ 关于 $\{\xi(\lambda),\lambda\in(-\infty,+\infty)\}$ 在 $[a,b]$ 上的 R-S 均方积分, 记作 $I_{[a,b]}(f)=\displaystyle\int_a^b f(\lambda,t)\,\mathrm{d}\xi(\lambda)$. 同样, 记广义积分

$$\int_{-\infty}^{+\infty}f(\lambda,t)\,\mathrm{d}\xi(\lambda)\overset{\text{m.s.}}{=\!=}\lim_{a\to-\infty,b\to+\infty}\int_a^b f(\lambda,t)\,\mathrm{d}\xi(\lambda).$$

若取 $f(\lambda,t)=\mathrm{e}^{\mathrm{i}\lambda t}(\mathrm{i}=\sqrt{-1})$, 则 $\displaystyle\int_a^b\mathrm{e}^{\mathrm{i}\lambda t}\,\mathrm{d}\xi(\lambda)$ 可看作是角频率不同, 对应的随机振幅不相关的简谐运动的叠加, 其中每一个分量为

$$\mathrm{e}^{\mathrm{i}tu_k}\Delta\xi_k=(\cos u_kt+\mathrm{i}\sin u_kt)\Delta\xi_k.$$

注 $\displaystyle\int_a^b\mathrm{e}^{\mathrm{i}\lambda t}\,\mathrm{d}\xi(\lambda)\triangleq\int_a^b\cos\lambda t\,\mathrm{d}\xi(\lambda)+\mathrm{i}\int_a^b\sin\lambda t\,\mathrm{d}\xi(\lambda)$.

若令 $X(t)=\displaystyle\int_{-\infty}^{+\infty}\mathrm{e}^{\mathrm{i}t\lambda}\,\mathrm{d}\xi(\lambda)$, 则 $\{X(t),t\in(-\infty,+\infty)\}$ 在 t 时刻的状态 $X(t)$ 是由角频率不同, 对应的随机振幅不相关的随机简谐运动叠加而成. 下面来证明这样的过程必是宽平稳过程.

显然 $EX(t)=0$, 对 $\forall\lambda_1\neq\lambda_2$(不妨设 $\lambda_1<\lambda_2$), 一定可以取到充分小的 $h_1,h_2>0$, 使得 $\lambda_1<\lambda_1+h_1<\lambda_2<\lambda_2+h_2$. 记 $\Delta\xi(\lambda_i)=\xi(\lambda_i+h_i)-\xi(\lambda_i), i=$

1, 2, 则 $\Delta\xi(\lambda_i)$ 互不相关, 即 $E(\Delta\xi(\lambda_1)\overline{\Delta\xi(\lambda_2)})=0$, 于是由 Fubini 定理有

$$R(t+\tau,t)=E(X(t+\tau)\overline{X(t)})=\int_{-\infty}^{+\infty}\int_{-\infty}^{+\infty}\mathrm{e}^{\mathrm{i}(t+\tau)\lambda_1}\mathrm{e}^{-\mathrm{i}t\lambda_2}E(\,\mathrm{d}\xi(\lambda_1)\overline{\mathrm{d}\xi(\lambda_2)}).$$

因为, 当 $\lambda_1=\lambda_2$ 时, $E(\,\mathrm{d}\xi(\lambda_1)\overline{\mathrm{d}\xi(\lambda_2)})=\mathrm{d}G(\lambda_1)$; 当 $\lambda_1\neq\lambda_2$ 时, $E(\,\mathrm{d}\xi(\lambda_1)\overline{\mathrm{d}\xi(\lambda_2)})=0$, 故 $R(t+\tau,t)=\int_{-\infty}^{+\infty}\mathrm{e}^{\mathrm{i}\tau\lambda}\,\mathrm{d}G(\lambda)$ 仅与 τ 有关, 所以 $\{X(t),t\in(-\infty,+\infty)\}$ 是宽平稳过程.

记 $R(\tau)=R(t+\tau,t)=\int_{-\infty}^{+\infty}\mathrm{e}^{\mathrm{i}\tau\lambda}\,\mathrm{d}G(\lambda)$, 则 $R(0)=G(+\infty)$. 因此, 分布函数 $F(\lambda)=G(\lambda)/G(+\infty)$ 的物理意义有如下解释: 若 $\Delta\xi(\lambda)$ 是角频率为 λ 的电流 (或电压), 则 $G(+\infty)=E|\xi(+\infty)|^2$ 表示信号平均总功率, $\mathrm{d}F(\lambda)=\mathrm{d}G(\lambda)/G(+\infty)$ 表示角频率为 λ 的电流 (或电压) 信号的平均功率在总功率中所占的比例. 于是, 通常将 $F(\lambda)$ 或 $G(\lambda)$ 称作为功率谱函数 (功率谱分布), 用它表示不同角频率信号的平均功率的分布.

同样的, $\rho(\tau)=R(\tau)/R(0)=\int_{-\infty}^{+\infty}\mathrm{e}^{\mathrm{i}\tau\lambda}\,\mathrm{d}F(\lambda)\Big($ 或 $R(\tau)=\int_{-\infty}^{+\infty}\mathrm{e}^{\mathrm{i}\tau\lambda}\,\mathrm{d}G(\lambda)\Big)$ 表示了相关函数 (或协方差函数) 的功率谱分解.

以上证明了由角频率不同, 对应的随机振幅不相关的随机简谐运动叠加而成的随机过程一定是宽平稳的. 那么反过来是否成立呢? 即是否所有平稳过程及其相关函数都可以作这样的谱分解呢? 以下的内容将说明这种谱分解是平稳过程的共性.

2. 相关函数 (或协方差函数) 的谱分解

相关函数之所以能够进行谱分解, 是因为它具有非负定性. 为了说明这一点, 先引述数学分析中的两个定理.

定理 8.4.1　Bochner-Khintchine 定理

设 $R(\tau)$ 是 $\tau\in(-\infty,+\infty)$ 的连续函数, 则它是非负定函数的充要条件是存在一个分布函数 $F(\lambda)(\lambda\in(-\infty,+\infty),F(-\infty)=0,F(+\infty)=1)$, 对 $\forall\tau\in\mathbb{R}$ 满足 $\dfrac{R(\tau)}{R(0)}=\int_{-\infty}^{+\infty}\mathrm{e}^{\mathrm{i}\tau\lambda}\,\mathrm{d}F(\lambda)$, 而且这种表示式是唯一的.

对于离散的情形, 有类似的结果, 表述如下.

定理 8.4.2　(Herglotz's 定理)

设 $\{C_n,n\in\mathbb{Z}\}$ 是一个序列, 它是非负定的序列的充要条件是存在一个分布函数 $F(\lambda)(\lambda\in(-\pi,+\pi),F(-\pi)=0,F(+\pi)=1)$, 对 $\forall n\in\mathbb{Z}$ 满足 $\dfrac{C_n}{C_0}=$

$\int_{-\pi}^{+\pi} \mathrm{e}^{\mathrm{i}n\lambda}\,\mathrm{d}F(\lambda)$.

以上两定理的证明从略，有兴趣的读者可参看 [5,20].

在 8.1 节中，我们已经说过相关函数 $\rho(\cdot)$ 是非负定的，因此，有以下定理.

定理 8.4.3 设 $\rho(r)$ 为平稳序列 $\{X_n, n\in\mathbb{Z}\}$ 的相关函数，则有如下表示:

$$\rho(r)=\int_{-\pi}^{+\pi} \mathrm{e}^{\mathrm{i}r\lambda}\,\mathrm{d}F(\lambda), \tag{8.4.1}$$

其中 $F(\lambda)$ 是 $[-\pi,\pi]$ 上的分布函数，称 $F(\lambda)$ 为 $\rho(r)$ 的功率谱函数.

若 X_n 为实随机变量，则

$$\rho(r)=2\int_{0}^{\pi} \cos r\lambda\,\mathrm{d}F(\lambda). \tag{8.4.2}$$

若 $\rho(r)$ 满足 $\sum\limits_{r\in\mathbb{Z}}|\rho(r)|<\infty$, 则 $F'(\lambda)=f(\lambda)$ 存在，且

$$f(\lambda)=\frac{1}{2\pi}\sum_{r=-\infty}^{+\infty}\rho(r)\mathrm{e}^{-\mathrm{i}\lambda r}, \tag{8.4.3}$$

$$\rho(r)=\int_{-\pi}^{+\pi} \mathrm{e}^{\mathrm{i}r\lambda} f(\lambda)\,\mathrm{d}\lambda. \tag{8.4.4}$$

此时 $\rho(r)$ 与 $f(\lambda)$ 可看作是互为傅里叶变换及其逆变换.

定理 8.4.4 设 $\rho(\tau)$ 是均方连续的平稳过程 $X_T=\{X(t), t\in(-\infty,+\infty)\}$ 的相关函数，则 $\rho(\tau)$ 可表示为

$$\rho(\tau)=\int_{-\infty}^{+\infty} \mathrm{e}^{\mathrm{i}\tau\lambda}\,\mathrm{d}F(\lambda), \tag{8.4.5}$$

其中 $F(\lambda)$ 是 $\lambda\in\mathbb{R}$ 上的分布函数，称 $F(\lambda)$ 为 $\rho(\tau)$ 的功率谱函数.

若 X_T 为实随机变量，则

$$\rho(\tau)=2\int_{0}^{\infty} \cos \tau\lambda\,\mathrm{d}F(\lambda). \tag{8.4.6}$$

若 $\rho(\tau)$ 满足 $\int_{-\infty}^{+\infty}|\rho(\tau)|\,\mathrm{d}\tau<\infty$, 则 $F'(\lambda)=f(\lambda)$ 存在，称 $f(\lambda)$ 是**功率谱密度函数**,且

$$f(\lambda)=\frac{1}{2\pi}\int_{-\infty}^{+\infty} \mathrm{e}^{-\mathrm{i}\lambda\tau}\rho(\tau)\,\mathrm{d}\tau, \tag{8.4.7}$$

$$\rho(\tau)=\int_{-\infty}^{+\infty}\mathrm{e}^{\mathrm{i}\tau\lambda}f(\lambda)\,\mathrm{d}\lambda. \tag{8.4.8}$$

(8.4.7) 式和 (8.4.8) 式可看作是连续参数情形下的傅里叶变换及其逆变换.

定理 8.4.3 和定理 8.4.4 所阐述的平稳序列 (过程) 的基本特性, 最初是由 N.Wiener 及 A.Khintchine 得到的, 因此通常称为 Wiener-Khintchine 定理.

例 1 设 $\{\xi_n, n\in\mathbb{Z}\}$ 为白噪声 (见 8.1 节例), 则

$$\rho(r)=\begin{cases}1, & r=0,\\ 0, & r\neq 0,\end{cases}\qquad \sum_{r\in\mathbb{Z}}|\rho(r)|<+\infty.$$

故 $f(\lambda)=F'(\lambda)$ 存在, 且易得

$$f(\lambda)=\frac{1}{2\pi}\sum_{r=-\infty}^{+\infty}\mathrm{e}^{-\mathrm{i}\lambda r}\rho(r)=\frac{1}{2\pi},$$

亦即白噪声的谱密度为常数. 这个性质与光学中的白光的性质相同, 这就是 “白噪声” 名称的由来. 这个性质说明了白噪声是角频率在 $[-\pi,\pi]$ 上均匀分布的不相关的随机简谐运动叠加而成的, 即其不同频率的平均功率是均匀的.

例 2 AR(1) 模型

由上一节知道 $\rho(r)=a^{|r|}$, $|a|<1$, 则有

$$\sum_{r=-\infty}^{+\infty}|\rho(r)|=\sum_{r=-\infty}^{-1}|a|^{-r}+1+\sum_{r=1}^{+\infty}|a|^{r}<+\infty,$$

故 $f(\lambda)$ 存在, 且

$$f(\lambda)=\frac{1}{2\pi}+\frac{1}{2\pi}\Big(\sum_{r=-\infty}^{-1}\mathrm{e}^{-\mathrm{i}\lambda r}a^{-r}+\sum_{r=1}^{+\infty}\mathrm{e}^{-\mathrm{i}\lambda r}a^{r}\Big)=\frac{1}{2\pi}\,\frac{1-a^2}{1-2a\cos\lambda+a^2}.$$

例 3 随机信号 (图像, 数据等) 的传送

在信号传输中, 信号是由不同的电流符号表示的, 电流的发送时间又有随机的持续时间. 设 $X(t)$ 代表 t 时刻的电流, 且 $\{X(t), t\in\mathbb{R}\}$ 是平稳过程, $P(X(t)=1)=P(X(t)=-1)=1/2$, $X(t)$ 在任一区间 $(t,t+h]$ 内发生跳变的次数是一个简单泊松流, 即令

$$\tau_1=\inf\{t\colon t>-\infty, X(t)\neq X(-\infty)\},$$

$$\tau_n = \inf\{t\colon t > \tau_{n-1}, X(t) \neq X(\tau_{n-1})\}, \qquad n \geqslant 1, \forall t > 0,$$

$$N(t) = \sup\{n\colon \tau_n \leqslant t\},$$

则对 $\forall t > 0, h \geqslant 0$ 有

$$P(N(t+h) - N(t) = k) = \frac{(\mu h)^k}{k!}\mathrm{e}^{-\mu h}, \qquad k = 0, 1, 2, \cdots.$$

其中 $\mu > 0$ 是常数. 对 $\forall t \in (-\infty, +\infty)$, 易知 $EX(t) = 0$, 故 $R(t+\tau, t) = E(X(t+\tau)X(t))(\tau \geqslant 0)$, 而

$$(X(t+\tau)X(t) = 1) = \bigcup_{k=0}^{+\infty}(N(t+\tau) - N(t) = 2k),$$

$$(X(t+\tau)X(t) = -1) = \bigcup_{k=0}^{+\infty}(N(t+\tau) - N(t) = 2k+1),$$

故

$$R(t+\tau, t) = 1 \times \sum_{k=0}^{\infty}\frac{(u\tau)^{2k}}{(2k)!}\mathrm{e}^{-u\tau} + (-1) \times \sum_{k=0}^{\infty}\frac{(u\tau)^{2k+1}}{(2k+1)!}\mathrm{e}^{-u\tau} = \mathrm{e}^{-2u\tau}.$$

又因为 X_T 为实随机变量, 故 $\rho(-\tau) = \rho(\tau)$, 有 $\rho(\tau) = \mathrm{e}^{-2u|\tau|}(\tau \in \mathbb{R})$, 所以 X_T 是宽平稳过程, 且 $\displaystyle\int_{-\infty}^{+\infty}|\rho(\tau)|\,\mathrm{d}\tau = \frac{1}{u} < \infty$, 由此可得

$$f(\lambda) = \frac{1}{2\pi}\int_{-\infty}^{+\infty}\mathrm{e}^{-\mathrm{i}\lambda\tau}\rho(\tau)\mathrm{d}\tau = \frac{2u}{\pi(\lambda^2 + 4u^2)}.$$

例 4 连续参数 AR(1) 模型, 见 (8.3.18) 式

由上一节已得 $X(t) = \displaystyle\int_{-\infty}^{t}\mathrm{e}^{-a(t-u)}\mathrm{d}B(u)$, 故 $EX(t) = 0$, 且 $\forall \tau \geqslant 0$, 从而有

$$\begin{aligned}
E(X(t+\tau)X(t)) &= E\int_{-\infty}^{t+\tau}\mathrm{e}^{-a(t+\tau-u)}\mathrm{d}B(u)\int_{-\infty}^{t}\mathrm{e}^{-a(t-v)}\mathrm{d}B(v) \\
&= \int_{-\infty}^{t}\int_{-\infty}^{t+\tau}\mathrm{e}^{-a(t+\tau-u)}\mathrm{e}^{-a(t-v)}E(\mathrm{d}B(u)\mathrm{d}B(v)) \\
&= \mathrm{e}^{-a\tau}\int_{-\infty}^{t}\mathrm{e}^{-2a(t-v)}\mathrm{d}v = \frac{\mathrm{e}^{-a\tau}}{2a} \qquad (\tau \geqslant 0),
\end{aligned}$$

故对 $\forall\tau\in\mathbb{R}$, 有 $R(\tau)=\dfrac{1}{2a}\mathrm{e}^{-a|\tau|}$, 由此得

$$\rho(\tau)=\mathrm{e}^{-a|\tau|}.$$

同例 3, 可知 $f(\lambda)=\dfrac{a}{\pi(\lambda^2+a^2)}$.

例 5　设

$$f(\lambda)=\frac{\lambda^2+4}{2\lambda(\lambda^4+10\lambda^2+9)},$$

求 $\rho(\tau)$.

解

$$\rho(\tau)=\int_{-\infty}^{+\infty}\mathrm{e}^{\mathrm{i}\tau\lambda}f(\lambda)\mathrm{d}\lambda=\frac{1}{48}\left(9\mathrm{e}^{|\tau|}+5\mathrm{e}^{-3|\tau|}\right).$$

3. 平稳过程的谱分解

谱分解是平稳过程 (序列) 的共同特性. 对于离散参数的平稳序列, 用以下的定理具体阐述这一特性.

定理 8.4.5　设 $X=\{X_n,n\in\mathbb{Z}\}$ 为宽平稳序列, $EX_n=0,R(r)=E(X_{n+r}\overline{X_n}),\rho(r)=R(r)/R(0),r\in\mathbb{Z}$, 则一定存在一个正交增量过程 $\{\xi(\lambda),\lambda\in[-\pi,\pi]\}$, 满足

$$X_n=\int_{-\pi}^{\pi}\mathrm{e}^{\mathrm{i}n\lambda}\mathrm{d}\xi(\lambda),\tag{8.4.9}$$

且

$$R(r)=R(0)\int_{-\pi}^{\pi}\mathrm{e}^{\mathrm{i}r\lambda}\mathrm{d}F(\lambda),\tag{8.4.10}$$

其中

(1) $\xi(\lambda)=\dfrac{1}{2\pi}\Big\{\lambda X_0-\displaystyle\sum_{n\neq0}\frac{\mathrm{e}^{-\mathrm{i}n\lambda}}{\mathrm{i}n}X_n\Big\},\qquad\lambda\in[-\pi,\pi],\qquad E\xi(\lambda)=0.$

(2) $F(\lambda)=E|\xi(\lambda)|^2/E|\xi(\pi)|^2,\lambda\in[-\pi,\pi]$ 为 X_n 的相关函数 $\rho(r)$ 的功率谱分布

$$F(\lambda_2)-F(\lambda_1)=E|\xi(\lambda_2)-\xi(\lambda_1)|^2/E|\xi(\pi)|^2,\qquad\forall-\pi\leqslant\lambda_1\leqslant\lambda_2\leqslant\pi,$$

即任一个宽平稳序列可分解为角频率在 $[-\pi,\pi]$ 上, 且角频率互不相同, 对应的随机振幅互不相关的一系列随机简谐运动的叠加.

对于连续参数的平稳过程, 则有下面的定理.

定理 8.4.6 设 $X_T=\{X(t),t\in(-\infty,+\infty)\}$ 为宽平稳过程且均方连续, $EX(t)=0$, $R(\tau)=E(X(t+\tau)\overline{X(t)})$, $\rho(\tau)=R(\tau)/R(0)$, 则必存在一个正交增量过程 $\{\xi(\lambda),\lambda\in(-\infty,\infty)\}$, 满足

$$X(t)=\int_{-\infty}^{+\infty}\mathrm{e}^{\mathrm{i}t\lambda}\mathrm{d}\xi(\lambda), \tag{8.4.11}$$

且

$$R(\tau)=R(0)\int_{-\infty}^{+\infty}\mathrm{e}^{\mathrm{i}\tau\lambda}\mathrm{d}F(\lambda), \tag{8.4.12}$$

其中

(1) $\xi(\lambda)\overset{\text{m.s.}}{=\!=}\lim\limits_{T\to\infty}\dfrac{1}{2\pi}\displaystyle\int_{-T}^{T}\dfrac{\mathrm{e}^{\mathrm{i}\lambda t}-1}{-\mathrm{i}t}X(t)\mathrm{d}t,\qquad \lambda\in(-\infty,+\infty).$

(2) $F(\lambda)=E|\xi(\lambda)|^2/E|\xi(+\infty)|^2$,

$$F(\lambda_2)-F(\lambda_1)=E|\xi(\lambda_2)-\xi(\lambda_1)|^2/E|\xi(+\infty)|^2,\qquad \forall\lambda_1\leqslant\lambda_2.$$

$F(\lambda)$ 称作 X_T 的相关函数 $\rho(r)$ 的功率谱分布. 这说明, 对平稳过程 (序列) 均可看作是随机简谐运动 (不同角频率对应的随机振幅不相关) 的叠加.

上述定理的证明见参考书 [5,15,20], 这里从略.

定理 8.4.5 和定理 8.4.6 不仅指出了宽平稳过程的谱分解的必然存在性, 同时指出了这种分解是唯一依赖于平稳过程本身的.

8.5 最佳均方预测与最佳线性均方预测

1. 最佳均方预测

预测所要解决的问题是: 已知一个时间序列现在与过去的数值 $X_1,X_2,\cdots,X_n$, 对将来的数据 $X_{n+k}(k\geqslant1)$ 进行估计和预测. 下面给出最佳均方预测的一般数学表述.

设有一可观测的随机序列 $X_T=\{X_n,n\in\mathbb{N}\}$(有限或无限均可) 及一个随机变量 Y, 若用 $X_1,X_2,\cdots,X_n$ 的某个函数 $f(X_1,X_2,\cdots,X_n)$ 作为 Y 的预测 (估计), 记作 $\hat{Y}=f(X_1,X_2,\cdots,X_n)$, 其误差为 $Y-\hat{Y}$. 在由 $X_1,X_2,\cdots,X_n$ 给出 Y 的估计 (或预测) 中的最佳均方预测 $\hat{Y}^*$ 满足

$$E|Y-\hat{Y}^*|^2=\inf_f E|Y-f(X_1,X_2,\cdots,X_n)|^2,$$

即在所有 $X_1,X_2,\cdots,X_n$ 的函数中, 寻找一个使均方预测误差达到最小的预测 (或估计)$\hat{Y^*}$.

根据定义，有以下的定理.

定理 8.5.1　若 $E(Y\big|X_1,X_2,\cdots,X_n)$ 存在，则取 $\hat{Y}^*=E(Y\big|X_1,X_2,\cdots,X_n)$，有

$$E|Y-E(Y\big|X_1,X_2,\cdots,X_n)|^2\equiv\inf_f E|Y-f(X_1,X_2,\cdots,X_n)|^2.$$

证明　$\forall f(X_1,\cdots,X_n)$，有

$$\begin{aligned}E|Y-f(X_1,\cdots,X_n)|^2&=E|(Y-E(Y\big|X_1,\cdots,X_n))+\\&\quad E(Y\big|X_1,\cdots,X_n)-f(X_1,\cdots,X_n)|^2\\&=E|Y-E(Y\big|X_1,X_2,\cdots,X_n)|^2+E|E(Y\big|X_1,\cdots,X_n)-f(X_1,\cdots,X_n)|^2+\\&\quad 2E[E(Y\big|X_1,\cdots,X_n)-f(X_1,\cdots,X_n)][Y-E(Y\big|X_1,X_2,\cdots,X_n)]\geqslant\\&\quad E|Y-E(Y\big|X_1,X_2,\cdots,X_n)|^2+\\&\quad 2E\{[E(Y\big|X_1,\cdots,X_n)-f(X_1,\cdots,X_n)][Y-E(Y\big|X_1,X_2,\cdots,X_n)]\}.\end{aligned}$$

下面证明上式第二项为零. 由条件数学期望的性质，有

$$\begin{aligned}&E\{[E(Y\big|X_1,\cdots,X_n)-f(X_1,\cdots,X_n)][Y-E(Y\big|X_1,X_2,\cdots,X_n)]\}\\&\quad=E\{E[(E(Y\big|X_1,\cdots,X_n)-f(X_1,\cdots,X_n))\times\\&\qquad(Y-E(Y\big|X_1,X_2,\cdots,X_n))\big|X_1,\cdots,X_n]\}\\&\quad=E[(E(Y\big|X_1,\cdots,X_n)-f(X_1,\cdots,X_n))\times\\&\qquad(E(Y\big|X_1,X_2,\cdots,X_n)-E(Y\big|X_1,X_2,\cdots,X_n))]\\&\quad=0,\end{aligned}$$

故

$$E|Y-f(X_1,X_2,\cdots,X_n)|^2\geqslant E|Y-E(Y\big|X_1,X_2,\cdots,X_n)|^2,\quad\forall f.$$ □

例 1　若 $(X,Y)\sim N(\mu_1,\mu_2,\sigma_1^2,\sigma_2^2,\rho)$，若已知 X，预测 Y，则由正态过程的性质及以上定理有

$$\hat{Y}^*=E(Y\big|X)=\mu_2+\rho\frac{\sigma_2}{\sigma_1}(X-\mu_1).$$

例 2　AR(1) 模型

设 $\xi_n\sim N(0,\sigma^2)$ 为正态白噪声，$\{X_n,n\in\mathbb{Z}\}$ 满足 $X_n-aX_{n-1}=\xi_n$.

(1) 用 $X_n, X_{n-1}, \cdots$ 预测 X_{n+1}, 求 $\hat{X}_{n+1}^*$.

因 ξ_n 为正态白噪声，故 $\{\xi_n, n \in \mathbb{Z}\}$ 相互独立，且 ξ_{n+1} 与 $X_n, X_{n-1}, \cdots$ 独立，再由 $X_{n+1} - aX_n = \xi_{n+1}$ 得

$$E(X_{n+1} \big| X_n, X_{n-1}, \cdots) - aE(X_n \big| X_n, X_{n-1}, \cdots) = E(\xi_{n+1} \big| X_n, X_{n-1}, \cdots) = 0,$$

即

$$\hat{X}_{n+1}^* = E(X_{n+1} \big| X_n, X_{n-1}, \cdots) = aX_n.$$

而其最佳均方误差为

$$E|X_{n+1} - \hat{X}_{n+1}^*|^2 = E(X_{n+1} - aX_n)^2 = E\xi_{n+1}^2 = \sigma^2.$$

(2) 用 $X_n, X_{n-1}, \cdots$ 预测 X_{n+m}(m 步预测, $m \geqslant 1$), 求最佳均方预测 $\hat{X}_{n+m}^*$.

在方程 $X_{n+m} - aX_{n+m-1} = \xi_{n+m}$ 两边对 $(X_n, X_{n-1}, \cdots)$ 取条件数学期望，并注意到 ξ_{n+1} 与 $X_n, X_{n-1}, \cdots$ 独立，有

$$E(X_{n+m} \big| X_n, X_{n-1}, \cdots) - aE(X_{n+m-1} \big| X_n, X_{n-1}, \cdots) = 0,$$

即 $E(X_{n+m} \big| X_n, X_{n-1}, \cdots) = aE(X_{n+m-1} \big| X_n, X_{n-1}, \cdots)$. 依次递推可得

$$E(X_{n+m} \big| X_n, X_{n-1}, \cdots) = a^m X_n = \hat{X}_{n+m}^*,$$

其均方误差为

$$\begin{aligned} \mu_{n+m} &= E|X_{n+m} - a^m X_n|^2 = E|\xi_{n+m} + a\xi_{n+m-1} + \cdots + a^{m-1}\xi_{n+1}|^2 \\ &= \sigma^2(1 + a^2 + \cdots + a^{2m-2}) = \sigma^2 \frac{1 - a^{2m}}{1 - a^2}, \qquad |a| < 1. \end{aligned}$$

显然，m 步预测误差随 m 的增大会增大，而且可以看到，对 AR(1) 模型，用 $X_n, X_{n-1}, \cdots$ 预测 $\hat{X}_{n+m}^*$ 与用 X_n 预测 $\hat{X}_{n+m}^*$ 的效果是一样的.

2. 线性均方最佳预测

用 Y 关于 $X_n, X_{n-1}, \cdots$ 的条件数学期望 $E(Y \big| X_n, X_{n-1}, \cdots)$ 作为 Y 的最佳均方预测. 在理论上是一个很漂亮的结果 (见定理 8.5.1). 但是在很多实际情况下，准确求出其条件数学期望往往是相当困难的，甚至有时根本无法求出. 于是，只能退而求其次. 一个很自然的想法便是放弃在一切函数范围内寻找最优的目标，而只限制在线性函数的范围内求最佳均方预测 (估计). 这就是下面要讨论的线性均方预测问题. 其确切叙述如下:

设 $\{Y, X_n, X_{n-1}, \cdots\} \in H$ 空间, $H_n = \{X_n, X_{n-1}, \cdots$ 的线性组合及其均方极限全体 $\}$, 称 H_n 为由 $X_n, X_{n-1}, \cdots$ 张成的线性空间.

若对于 $\hat{Y}^* = \sum_{k=0}^{\infty} \alpha_k X_{n-k} \in H_n$, 满足 $\forall \hat{Y} \in H_n$ 有

$$E|Y - \hat{Y}^*|^2 \leqslant E|Y - \hat{Y}|^2 \quad 或 \quad E|Y - \hat{Y}^*|^2 = \inf_{\hat{Y} \in H_n} E|Y - \hat{Y}|^2, \tag{8.5.1}$$

则称 $\hat{Y}^*$ 是 Y 的线性均方最佳预测.

可见, 线性均方最佳预测是以牺牲一定程度的预测精度, 来换得预测的可操作性. 下面可以深入考察这种预测的结果.

等式 (8.5.1) 表明 $\hat{Y}^*$ 满足

$$d(Y, \hat{Y}^*) = \inf_{\hat{Y} \in H_n} d(Y, \hat{Y}), \tag{8.5.2}$$

即要求 $\|Y - \hat{Y}^*\| = d(Y, \hat{Y}^*)$ 是 Y 到超平面 H_n 的最短距离. 故其几何表示如图 8.2 所示.

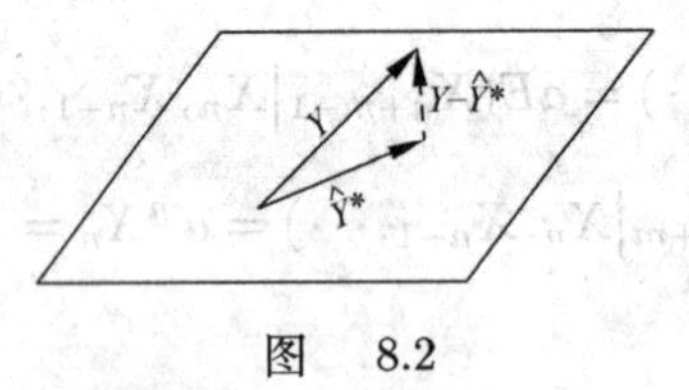

图 8.2

显然, $\hat{Y}^*$ 满足 (8.5.1) 式的充要条件是 $\hat{Y}^*$ 满足

$$(Y - \hat{Y}^*) \perp H_n, \tag{8.5.3}$$

即 $\hat{Y}^*$ 是 Y 在 H_n 上的投影. 又因 $\forall u, v \in H, u \perp v \Longleftrightarrow (u, v) = 0$, 故 $(Y - \hat{Y}^*) \perp H_n$ 的充要条件是: $\forall u \in H_n$, 满足

$$(Y - \hat{Y}^*, u) = E[(Y - \hat{Y}^*)\overline{u}] = 0, \tag{8.5.4}$$

即满足 (8.5.4) 式的 $\hat{Y}^*$ 是 Y 在 H_n 上的线性均方最佳预测.

定理 8.5.2 设 $\{Y, X_n, X_{n-1}, \cdots,\} \in H$ 空间, H_n 为由 $X_n, X_{n-1}, \cdots$ 张成的线性空间, 则 $\hat{Y}^*$ 是 Y 在 H_n 上的线性均方最佳预测的充要条件是: $\forall u \in H_n$, 满足

$$E[(Y - \hat{Y}^*)\overline{u}] = 0,$$

记作 $\hat{Y}^* = P_{H_n}Y$.

(1) 宽平稳过程的线性均方预测

设 $\{X_n, n \in \mathbb{Z}\}$ 是实宽平稳过程，其协方差函数、相关函数分别为

$$\{R(r), r \in Z\}, \quad \{\rho(r), r \in \mathbb{Z}\}.$$

已知 $X_n, X_{n-1}, \cdots, X_{n-p}$, 试求 X_{n+1} 的线性均方最佳预测 $\hat{X}_{n+1}^*$.

可令 $\hat{X}_{n+1}^* = \sum_{k=0}^{p} \alpha_k X_{n-k}$. 由 (8.5.4) 式得 $\forall X_l, l = n, n-1, \cdots, n-p$ 有

$$E\Big[\Big(X_{n+1} - \sum_{k=0}^{p} \alpha_k X_{n-k}\Big) X_l\Big] = 0, \qquad n-p \leqslant l \leqslant n, \tag{8.5.5}$$

亦即

$$\begin{cases} \alpha_0 R(0) + \alpha_1 R(1) + \alpha_2 R(2) + \cdots + \alpha_p R(p) = R(1), \\ \alpha_0 R(1) + \alpha_1 R(0) + \alpha_2 R(1) + \cdots + \alpha_p R(p-1) = R(2), \\ \cdots \\ \alpha_0 R(p) + \alpha_1 R(p-1) + \alpha_2 R(p-2) + \cdots + \alpha_p R(0) = R(p+1). \end{cases} \tag{8.5.6}$$

其向量形式为

$$\begin{pmatrix} R(0) & R(1) & \cdots & R(p) \\ R(1) & R(0) & \cdots & R(p-1) \\ \vdots & \vdots & \ddots & \vdots \\ R(p) & R(p-1) & \cdots & R(0) \end{pmatrix} \begin{pmatrix} \alpha_0 \\ \alpha_1 \\ \vdots \\ \alpha_p \end{pmatrix} = \begin{pmatrix} R(1) \\ R(2) \\ \vdots \\ R(p+1) \end{pmatrix}. \tag{8.5.7}$$

(8.5.7) 式称为 Yule-Walker 等式，左边的矩阵称为 Toeplilz 矩阵. 解方程组 (8.5.6), 求得 $\boldsymbol{\alpha} = (\alpha_0, \alpha_1, \cdots, \alpha_p)$, 代入 $\hat{X}_{n+1}^* = \sum_{k=0}^{p} \alpha_k X_{n-k}$, 即得到 X_{n+1} 的线性均方最佳预测.

(2) AR(p) 模型的线性均方最佳预测

设 $X_T = \{X_n, n \in \mathbb{Z}\}$ 满足

$$\sum_{k=0}^{p} a_k X_{n-k} = \xi_n, \tag{8.5.8}$$

其中，$a_0=1$, $\xi=\{\xi_n, n\in\mathbb{Z}\}$ 为白噪声，且 $a_k(k=1,2,\cdots,p)$ 满足 $\alpha(z)=\sum\limits_{k=0}^{p}a_kz^k$ 的根在单位圆内. 已知 $X_n,X_{n-1},\cdots$, 求 X_{n+1} 的线性均方最佳预测 $\hat{X}^*_{n+1}$.

记 $H_n(X), H_n(\xi)$ 分别为由 $X_n,X_{n-1},\cdots$ 和 $\xi_n,\xi_{n-1},\cdots$ 张成的线性空间. 因 $X_n=\sum\limits_{k=0}^{\infty}g_k\xi_{n-k}\in H_n(\xi)$, 故 $H_n(X)\subset H_n(\xi)$, 而由 (8.5.8) 式知, $\xi_n\in H_n(X)$, 即 $H_n(\xi)\subset H_n(X)$, 故有

$$H_n(X)=H_n(\xi),$$

且由白噪声的特点，有 $\forall k\geqslant 1$, $\xi_{n+k}\perp H_n(X)$. 又因 $X_{n+1}=-\sum\limits_{k=1}^{p}a_kX_{n+1-k}+\xi_{n+1}$, 故

$$\begin{aligned}\hat{X}^*_{n+1}&=P_{H_n}X_{n+1}=P_{H_n}\Big(-\sum_{k=1}^{p}a_kX_{n+1-k}\Big)+P_{H_n}(\xi_{n+1})\\&=-\sum_{k=1}^{p}a_kX_{n+1-k}+0=-(a_1X_n+a_2X_{n-1}+\cdots+a_pX_{n+1-p}).\end{aligned}\tag{8.5.9}$$

(3) 二阶矩过程中的线性均方最佳预测

设二阶矩过程 $X_T=\{X_n, n\in\mathbb{Z}\}$ 满足: $EX_n=0, R(n,m)=E(X_n\overline{X}_m)$, 已知 $X_n,X_{n-1},\cdots,X_{n-p}$, 求 X_{n+1} 的线性均方最佳预测 $\hat{X}^*_{n+1}$.

设 $\hat{X}^*_{n+1}=\sum\limits_{k=0}^{p}\alpha_kX_{n-k}$, 则由前述分析易得

$$E\Big[\Big(X_{n+1}-\sum_{k=0}^{p}\alpha_kX_{n-k}\Big)X_l\Big]=0,\qquad n-p\leqslant l\leqslant n.$$

展开即

$$\begin{cases}\alpha_0R(n,n)+\alpha_1R(n-1,n)+\cdots+\alpha_pR(n-p,n)=R(n+1,n),\\ \alpha_0R(n,n-1)+\alpha_1R(n-1,n-1)+\cdots+\alpha_pR(n-p,n-1)=R(n+1,n-1),\\ \cdots\\ \alpha_0R(n,n-p)+\alpha_1R(n-1,n-p)+\cdots+\alpha_pR(n-p,n-p)=R(n+1,n-p).\end{cases}$$

解出 $\alpha=(\alpha_0,\alpha_1,\cdots,\alpha_p)$, 即可求得 $\hat{X}^*_{n+1}$.

8.6 各态历经性 (遍历性)

平稳过程的参数 $m(t), R(\tau), \rho(\tau)$ 等通常并不是已知的，那么，如何通过试验得到它们的估计 $\tilde{m}(t), \tilde{R}(\tau), \tilde{\rho}(\tau)$ 呢？最简单自然的方法莫过于通过多次重复试验得到多个样本函数，从而用某一时刻的试验平均值来作为它们的估计. 然而，对于平稳过程，通常是采取另一方法作为估计.

首先，来回忆强大数定律：设 $\{X_n, n \geqslant 1\}$ 独立同分布，且 $EX_n = \mu < \infty$，则

$$P\Big(\lim_{n\to\infty}\frac{1}{n}\sum_{i=1}^{n}X_i = \mu\Big) = 1,$$

即当 n 充分大时

$$\tilde{X}_n = \frac{1}{n}\sum_{k=1}^{n}X_k \approx EX.$$

这说明，独立同分布序列按时间平均以概率 1 收敛到按统计平均，那么，平稳过程 (序列) 是否有类似的结果呢？答案是肯定的.

设 $\{X(t), t\in\mathbb{R}\}$ 是平稳过程，则 $X(t)$ 事实上是 (ω, t) 的二元函数. 因此它可以有按空间 (样本) 的统计性质 (如 $m_X, R(\tau)$ 等)，也有在 $t\in\mathbb{R}$ 上的时间平均. 后者的定义叙述如下：

若以下的均方极限存在，则

$$\overline{X}(t) \triangleq \lim_{T\to\infty}\frac{1}{2T}\int_{-T}^{T}X(t)\,\mathrm{d}t \qquad (\text{m.s.意义下})$$

称为 $X(t)$ 在 $(-\infty, +\infty)$ 上的时间平均. 而

$$\overline{R}(t, t+\tau) \triangleq \lim_{T\to\infty}\frac{1}{2T}\int_{-T}^{T}(X(t)X(t+\tau) - \overline{X}(t)\overline{X}(t+\tau))\,\mathrm{d}t$$

称为 $X(t)$ 在 $(-\infty, +\infty)$ 上的时间协方差函数.

在工程技术上，测量到很多个样本函数通常是很困难的，甚至是不可能的. 而平稳过程的统计性质不随时间推移而改变，因此，我们希望得到：

$$\overline{X}(t) = m_X \qquad (\text{a.s.}), \tag{8.6.1}$$

$$\overline{R}(t, t+\tau) = R(\tau) \qquad (\text{a.s.}). \tag{8.6.2}$$

如果 (8.6.1) 式成立，则称 $X(t)$ 具有数学期望的**各态历经性**,即遍历性 (ergodic).

如果 (8.6.2) 式成立，则称 $X(t)$ 具有协方差函数的各态历经性.

应该指出，并不是所有的平稳过程都具有各态历经性，只有对过程本身加上一定的条件，才能使它具有各态历经性. 这就是后面各态历经性定理要解决的问题. 在介绍它们之前，先举一个具有各态历经性的平稳过程的例子.

例 1 设 $\{X(t)=a\cos(\omega_0 t+\varPhi), t\in\mathbb{R}\}$, 其中，$a,\omega_0$ 是正常数，而 $\varPhi$ 为区间 $[0,2\pi]$ 上的均匀分布. 下面说明它是具有各态历经性的. 易知

$$m_X(t)=E[a\cos(\omega_0 t+\varPhi)]=a\int_0^{2\pi}\cos(\omega_0 t+\varPhi)\frac{1}{2\pi}\mathrm{d}\varPhi=0,$$

$$R(t,t+\tau)=E[X(t)X(t+\tau)]=\frac{1}{2}a^2\cos\omega_0\tau,$$

即 $X(t)$ 是平稳过程，$m_X=0, R(\tau)=\dfrac{1}{2}a^2\cos\omega_0\tau$. 而

$$\begin{aligned}\overline{X}(t)&=\lim_{T\to\infty}\frac{1}{2\pi}\int_{-T}^{T}a\cos(\omega_0 t+\varPhi)\mathrm{d}t\\&=\lim_{T\to\infty}\frac{a}{2\pi}\int_{-T}^{T}[\cos\omega_0 t\cos\varPhi-\sin\omega_0 t\sin\varPhi]\mathrm{d}t=0=m_X,\\\overline{R}(t,t+\tau)&=\lim_{T\to\infty}\frac{a^2}{2T}\int_{-T}^{T}\cos(\omega_0 t+\varPhi)\cos[\omega_0(t+\tau)+\varPhi]\mathrm{d}t\\&=\frac{1}{2}a^2\cos\omega_0\tau=R(\tau),\end{aligned}$$

故 $X(t)$ 具有各态历经性.

下面来讨论为了具有各态历经性，一个平稳过程需要满足什么样的条件.

定理 8.6.1 连续参数平稳过程的数学期望的各态历经性定理

设 $\{X(t),-\infty<t<+\infty\}$ 是宽平稳过程，则 $\overline{X}(t)=m_X$ (a.s.) 的充要条件是

$$\lim_{T\to\infty}\frac{1}{T}\int_0^{2T}\Big(1-\frac{\tau}{2T}\Big)R(\tau)\mathrm{d}\tau=0. \tag{8.6.3}$$

证明 $\overline{X}(t)$ 本身是一个随机变量，因此可以得到

$$E\overline{X}(t)=E\Big[\lim_{T\to\infty}\frac{1}{2T}\int_{-T}^{T}X(t)\mathrm{d}t\Big]=\lim_{T\to\infty}\frac{1}{2T}\int_{-T}^{T}EX(t)\mathrm{d}t=m_X,$$

$$D\overline{X}(t)=E(\overline{X}(t))^2-(E\overline{X}(t))^2=E\Big[\lim_{T\to\infty}\frac{1}{2T}\int_{-T}^{T}X(t)\mathrm{d}t\Big]^2-m_X^2$$
$$=\lim_{T\to\infty}\frac{1}{4T^2}\int_{-T}^{T}\int_{-T}^{T}R(t-s)\mathrm{d}s\mathrm{d}t.$$

由变量置换和 $R(\tau)$ 的偶函数性质，可得

$$\int_{-T}^{T}\int_{-T}^{T}R(t-s)\mathrm{d}s\mathrm{d}t=2\int_{0}^{2T}(2T-\tau)R(\tau)\mathrm{d}\tau,$$

故

$$D\overline{X}(t)=\lim_{T\to\infty}\frac{1}{T}\int_0^{2T}\Big(1-\frac{\tau}{2T}\Big)R(\tau)\mathrm{d}\tau,$$

因此，$\overline{X}(t)=m_X\iff\overline{X}(t)=E\overline{X}(t)\iff D\overline{X}(t)=0\iff$(8.6.3) 式成立. □

若只讨论时间为 $0\leqslant t<\infty$ 的平稳过程，上述充要条件改为

$$\lim_{T\to\infty}\frac{1}{T}\int_0^{T}\Big(1-\frac{\tau}{T}\Big)R(\tau)\mathrm{d}\tau=0 \tag{8.6.4}$$

即可.

推论 若平稳过程 X_T 满足 $\lim\limits_{\tau\to\infty}R(\tau)=0$, 则 X_T 具有数学期望的各态历经性.

证明 根据极限的定义知：$\forall\,\varepsilon>0,\exists T_\varepsilon>0$, 当 $\tau\geqslant T_\varepsilon$ 时 $|R(\tau)|<\varepsilon$, 故

$$\begin{aligned}\Big|\frac{1}{T}\int_0^{2T}\Big(1-\frac{\tau}{2T}\Big)R(\tau)\mathrm{d}\tau\Big|&\leqslant\frac{1}{T}\int_0^{2T}|R(\tau)|\mathrm{d}\tau\\&\leqslant\frac{1}{T}\int_0^{T_\varepsilon}|R(\tau)|\mathrm{d}\tau+\frac{1}{T}\int_{T_\varepsilon}^{2T}|R(\tau)|\mathrm{d}\tau\\&\leqslant\frac{1}{T}\int_0^{T_\varepsilon}|R(\tau)|\mathrm{d}\tau+\frac{1}{T}(2T-T_\varepsilon)\varepsilon\overset{T\to\infty}{\longrightarrow}0.\end{aligned}$$

故由定理 8.6.1 可以得到结论. □

这个推论给出了平稳过程具有数学期望各态历经性的一个充分条件. 它说明，当时间间隔无限大时的两状态不相关时，平稳过程具有数学期望各态历经性.

定理 8.6.2 离散参数平稳过程数学期望的各态历经性定理

设 $\{X_n,n=0,1,2,\cdots\}$ 是平稳序列，则

$$\lim_{n\to\infty}\frac{1}{n}\sum_{k=0}^{n-1}X_k=m_X\quad\text{(a.s.)}$$

成立的充要条件是

$$\lim_{n\to\infty}\frac{1}{n}\sum_{k=0}^{n-1}\left(1-\frac{k}{n}\right)R(k)=0. \tag{8.6.5}$$

证明类似于定理 8.6.1, 从略.

定理 8.6.3 连续参数平稳过程的协方差函数各态历经性定理

设 $\{X(t),t\in\mathbb{R}\}$ 是平稳过程, 且对任意给定的 τ, $\{X(t)X(t+\tau),t\in\mathbb{R}\}$ 是平稳过程, 则 $\overline{R}(t,t+\tau)=R(\tau)$(a.s.) 成立的充要条件是

$$\lim_{T\to\infty}\frac{1}{T}\int_0^{2T}\left(1-\frac{\tau_1}{2T}\right)[\overline{R}_\tau(\tau_1)-(R'(\tau))^2]\mathrm{d}\tau_1=0, \tag{8.6.6}$$

其中, $\overline{R}_\tau(\tau_1)=E[X(t)X(t+\tau)X(t+\tau_1)X(t+\tau+\tau_1)]$, $R'(\tau)=E[X(t)X(t+\tau)]$.

证明 当 τ 固定时,$R'(\tau)=E[X(t)X(t+\tau)]$ 是随机过程 $\{Y_\tau(t)\triangleq X(t)X(t+\tau),t\in\mathbb{R}\}$ 的数学期望, 故 $X(t)$ 的协方差函数各态历经性等价于 $Y_\tau(t)$ 的数学期望的各态历经性 $(\forall\tau\in\mathbb{R})$.

由题设条件, 知 $\forall\tau\in\mathbb{R}$, $\{Y_\tau(t),t\in\mathbb{R}\}$ 是平稳过程. 又

$$\begin{aligned}\operatorname{cov}(Y_\tau(t),Y_\tau(t+\tau_1)) =&\operatorname{cov}(X(t)X(t+\tau),X(t+\tau_1)X(t+\tau+\tau_1))\\ =&E[X(t)X(t+\tau)X(t+\tau_1)X(t+\tau+\tau_1)]-\\ &E[X(t)X(t+\tau)]E[X(t+\tau_1)X(t+\tau+\tau_1)]\\ =&\overline{R}_\tau(\tau_1)-(R'(\tau))^2,\end{aligned}$$

于是, 由定理 8.6.1, 可得结论. □

若只讨论时间为 $0\leqslant t<\infty$ 的平稳过程, 定理 8.6.3 的充要条件改为

$$\lim_{T\to\infty}\frac{1}{T}\int_0^{T}\left(1-\frac{\tau_1}{T}\right)[\overline{R}_\tau(\tau_1)-(R'(\tau))^2]\mathrm{d}\tau_1=0 \tag{8.6.7}$$

即可.

定理 8.6.4 离散参数平稳序列的协方差函数各态历经性定理

设 $\{X_n,n=0,1,2,\cdots\}$ 是平稳序列,且对任意固定的非负整数 m, $\{X_nX_{n+m}, n=0,1,2,\cdots\}$ 是平稳序列, 则

$$\lim_{n\to\infty}\frac{1}{n}\sum_{k=0}^{n-1}X_kX_{k+m}=R(m)\quad\text{(a.s.)}$$

成立的充要条件是

$$\lim_{n\to\infty}\frac{1}{n}\sum_{k=0}^{n-1}\left(1-\frac{k}{n}\right)[\overline{R}_m(k)-(R'(m))^2]=0, \tag{8.6.8}$$

其中, $\overline{R}_m(k)=E(X_nX_{n+m}X_{n+k}X_{n+m+k})$, $R'(m)=EX_nX_{n+m}$.

一般地, 宽平稳过程不能保证 $\{X(t)X(t+\tau),t\in\mathbb{R}\},\forall\tau\in\mathbb{R}($ 或 $\{X_nX_{n+m},n=0,1,2,\cdots\},\forall m\in\mathbb{N}\bigcup\{0\})$ 也是平稳的, 因此, 它们要成为协方差函数各态历经性的前提假设.

8.7 线性系统中的平稳过程

线性系统是工程与物理中最常见的一类系统, 它是满足叠加原理的一类系统. 在这种系统中, 如果输入是一个平稳过程, 其输出也应是一个随机过程. 但输出的随机过程是否也平稳呢? 输入, 输出之间的线性关系 (相关性) 又是怎样的呢? 本节将要讨论这些问题.

(1) 线性系统

一个系统可以用图 8.3 表示. 其中, $x(t),y(t)$ 分别代表输入, 输出量, L 是系统的运算子, 它表示输入, 输出之间的运算关系满足 $y(t)=L[x(t)]$.

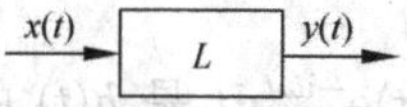

图 8.3

定义 8.7.1 设有系统 L, 且 $y_1(t)=L[x_1(t)]$, $y_2(t)=L[x_2(t)]$, 如果它对于任意常数 c_1,c_2 满足

$$c_1y_1(t)+c_2y_2(t)=L[c_1x_1(t)+c_2x_2(t)], \tag{8.7.1}$$

则称 L 是**线性系统**.

定义 8.7.2 若系统 L 对任意 τ 有

$$L[x(t+\tau)]=y(t+\tau), \tag{8.7.2}$$

则称 L 是定常系统 (或时不变系统).

工程中, 定常线性系统可用微分方程描述, 如

$$b_n\frac{\mathrm{d}^ny}{\mathrm{d}t^n}+b_{n-1}\frac{\mathrm{d}^{n-1}y}{\mathrm{d}t^{n-1}}+\cdots+b_0y=a_m\frac{\mathrm{d}^mx}{\mathrm{d}t^m}+a_{m-1}\frac{\mathrm{d}^{m-1}x}{\mathrm{d}t^{m-1}}+\cdots+a_0x, \tag{8.7.3}$$

其中，$n > m \geqslant 0, t \in \mathbb{R}$.

对 $x(t), y(t)$ 分别进行拉普拉斯变换，即

$$X(s) = \mathcal{L}[x(t)] = \int_{-\infty}^{\infty} x(t)\mathrm{e}^{-st}\mathrm{d}t,$$

$$Y(s) = \mathcal{L}[y(t)] = \int_{-\infty}^{\infty} y(t)\mathrm{e}^{-st}\mathrm{d}t,$$

则 (8.7.3) 式变为

$$Y(s) = H(s)X(s), \tag{8.7.4}$$

其中

$$H(s) = \frac{a_m s^m + a_{m-1}s^{m-1} + \cdots + a_0}{b_n s^n + b_{n-1}s^{n-1} + \cdots + b_0}. \tag{8.7.4a}$$

它完全由系统的状态特性所确定，称为系统的传递函数. 记 $h(t) = \mathcal{L}^{-1}[H(s)]$，则 $h(t)$ 描绘了系统的动态特性，称为线性系统的**脉冲响应函数**.由 (8.7.4) 式作拉普拉斯反变换得到

$$y(t) = \int_{-\infty}^{\infty} x(t-\lambda)h(\lambda)\mathrm{d}\lambda. \tag{8.7.5}$$

取 $s = \mathrm{i}\omega$, 则 $H(\mathrm{i}\omega) = \displaystyle\int_{-\infty}^{\infty} h(t)\mathrm{e}^{-\mathrm{i}\omega t}\mathrm{d}t$ 是 $h(t)$ 的傅里叶变换，称为系统的**频率响应函数**.

关于定常线性系统的内容，很多工程类书籍中都有介绍，这里只列出几个基本概念，读者可以自行查阅工程类参考书.

(2) 线性系统输出过程的概率特性

以下讨论的线性系统的输入都是平稳过程 $\{X(t), t \in \mathbb{R}\}$, 由 (8.7.5) 式设线性系统的输出过程为

$$y(t) = \int_{0}^{\infty} x(t-\lambda)h(\lambda)\,\mathrm{d}\lambda. \tag{8.7.6}$$

定理 8.7.1　设定常线性系统 L 的脉冲响应函数为 $h(t)(t \geqslant 0)$. 若输入 $\{X(t), t \in \mathbb{R}\}$ 是平稳过程，且 $EX(t) = m_X$, 协方差函数为 $R_X(\tau)$, 则系统输出 $Y(t)$ 也是一个平稳过程，且

$$EY(t) = m_X \int_{0}^{\infty} h(\lambda)\mathrm{d}\lambda.$$

当 $m_X=0$ 时，有

$$\operatorname{cov}(Y(t),Y(t+\tau))=R_Y(\tau)=\int_0^{\infty}\int_0^{\infty}R_X(\lambda_2-\lambda_1-\tau)h(\lambda_1)h(\lambda_2)\mathrm{d}\lambda_1\mathrm{d}\lambda_2.$$

证明

$$\begin{aligned}EY(t)&=E\Big[\int_0^{\infty}X(t-\lambda)h(\lambda)\mathrm{d}\lambda\Big]\\&=\int_0^{\infty}E[X(t-\lambda)]h(\lambda)\mathrm{d}\lambda \qquad \text{(Fubini 定理)}\\&=\int_0^{\infty}m_Xh(\lambda)\mathrm{d}\lambda=EY(t)=m_X\int_0^{\infty}h(\lambda)\mathrm{d}\lambda.\end{aligned}$$

当 $m_X=0$ 时, $m_Y=0$, 故

$$\begin{aligned}R_Y(t,t+\tau)&=E[Y(t)Y(t+\tau)]\\&=E\Big[\int_0^{\infty}X(t-\lambda_1)h(\lambda_1)\mathrm{d}\lambda_1\int_0^{\infty}X(t+\tau-\lambda_2)h(\lambda_2)\mathrm{d}\lambda_2\Big]\\&=\int_0^{\infty}\int_0^{\infty}E[X(t-\lambda_1)X(t+\tau-\lambda_2)]h(\lambda_1)h(\lambda_2)\mathrm{d}\lambda_1\mathrm{d}\lambda_2\\&=\int_0^{\infty}\int_0^{\infty}R_X(\lambda_2-\lambda_1-\tau)h(\lambda_1)h(\lambda_2)\mathrm{d}\lambda_1\mathrm{d}\lambda_2.\end{aligned}$$

显然, $Y(t)$ 的均值函数与协方差函数都与时间 t 无关，所以它是宽平稳过程.

□

在 8.4 节中已经介绍了平稳过程的协方差函数的 (功率) 谱分解，并得到协方差函数与谱密度之间的傅里叶变换关系. 在线性系统中，将一个平稳过程的协方差函数的傅里叶变换称为它的谱密度函数，而把两个平稳过程的互协方差函数的傅氏变换称为它的互谱密度函数. 类似于平稳过程的概念，当互协方差函数不随时间改变时，称它们平稳相关.

定理 8.7.2 系统 L 加上定理 8.7.1, 若 $\{X(t),t\in\mathbb{R}\}$ 的谱密度函数为 $f_X(\omega)$, 当 $m_X=m_Y=0$ 时, $Y(t)$ 的谱密度函数为

$$f_Y(\omega)=|H(\mathrm{i}\omega)|^2f_X(\omega),$$

其中, $H(\mathrm{i}\omega)$ 由 (8.7.4) 式定义.

证明 由定理 8.7.1

$$
\begin{aligned}
f_Y(\omega) &= \int_{-\infty}^{\infty} R_Y(\tau)\mathrm{e}^{-\mathrm{i}\omega\tau}\mathrm{d}\tau \\
&= \int_{-\infty}^{\infty}\Big[\int_0^{\infty}\int_0^{\infty} R_X(\lambda_2-\lambda_1-\tau)h(\lambda_1)h(\lambda_2)\mathrm{d}\lambda_1\mathrm{d}\lambda_2\Big]\mathrm{e}^{-\mathrm{i}\omega\tau}\mathrm{d}\tau \\
&= \int_0^{\infty}\int_0^{\infty}\Big[\int_{-\infty}^{\infty} R_X(\lambda_2-\lambda_1-\tau)\mathrm{e}^{-\mathrm{i}\omega\tau}\mathrm{d}\tau\Big]h(\lambda_1)h(\lambda_2)\mathrm{d}\lambda_1\mathrm{d}\lambda_2.
\end{aligned}
$$

由变量置换，可知积分

$$
\begin{aligned}
\int_{-\infty}^{\infty} R_X(\lambda_2-\lambda_1-\tau)\mathrm{e}^{-\mathrm{i}\omega\tau}\mathrm{d}\tau &= \int_{-\infty}^{\infty} R_X(-\tau_1)\mathrm{e}^{-\mathrm{i}\omega(\tau_1+\lambda_2-\lambda_1)}\mathrm{d}\tau_1 \\
&= f_X(\omega)\mathrm{e}^{-\mathrm{i}\omega(\lambda_2-\lambda_1)},
\end{aligned}
$$

故

$$
\begin{aligned}
f_Y(\omega) &= f_X(\omega)\int_0^{\infty} h(\lambda_1)\mathrm{e}^{\mathrm{i}\omega\lambda_1}\mathrm{d}\lambda_1\int_0^{\infty} h(\lambda_2)\mathrm{e}^{-\mathrm{i}\omega\lambda_2}\mathrm{d}\lambda_2 \\
&= f_X(\omega)H(-\mathrm{i}\omega)H(\mathrm{i}\omega) = |H(\mathrm{i}\omega)|^2 f_X(\omega). \qquad \square
\end{aligned}
$$

定理 8.7.2 给出了输入，输出过程的协方差函数的傅里叶变换之间的关系.

前面的讨论已经显示，当定常线性系统的输入是平稳过程时，其输出也是平稳过程. 那么这两个过程的线性相关性随时间推移有什么样的性质呢？

定理 8.7.3 系统 L 如定理 8.7.1 所示，若输入 $\{X(t), t\in\mathbb{R}\}$ 是平稳过程，则它与输出过程是平稳相关的，且当 $m_X = m_Y = 0$ 时，互协方差函数和互谱密度函数分别为

$$
R_{XY}(\tau) = \int_0^{\infty} R_X(\tau-\lambda)h(\lambda)\mathrm{d}\lambda
$$

和

$$
f_{XY}(\omega) = f_X(\omega)H(\mathrm{i}\omega).
$$

证明

$$
\begin{aligned}
R_{XY}(t,t+\tau) &= E[X(t)Y(t+\tau)] = E\Big[X(t)\int_0^{\infty} X(t+\tau-\lambda)h(\lambda)\mathrm{d}\lambda\Big] \\
&= \int_0^{\infty} E[X(t)X(t+\tau-\lambda)]h(\lambda)\mathrm{d}\lambda \\
&= \int_0^{\infty} R_X(\tau-\lambda)h(\lambda)\mathrm{d}\lambda,
\end{aligned}
$$

$$\begin{aligned} f_{XY}(\omega) &= \mathcal{F}[R_{XY}(\tau)] = \mathcal{F}\Big[\int_0^\infty R_X(\tau-\lambda)h(\lambda)\mathrm{d}\lambda\Big] \\ &= \mathcal{F}[R_X(\tau)]\mathcal{F}[h(\lambda)] = f_X(\omega)\mathcal{F}[h(\lambda)] \\ &= f_X(\omega)H(\mathrm{i}\omega). \end{aligned}$$

例 1 上一节中所介绍的 ARMA 模型就是一种定常线性系统.

例 2 设定常系统的输入，输出微分方程为

$$\frac{1}{a}y'(t) + y(t) = x(t),$$

取拉普拉斯变换有 $Y(s) = \dfrac{a}{s+a}X(s)$, 故 $H(s) = \dfrac{a}{s+a}$, 因此，脉冲响应函数为

$$h(t) = \mathcal{L}^{-1}[H(s)] = \begin{cases} a\mathrm{e}^{-at}, & t \geqslant 0, \\ 0, & t < 0. \end{cases}$$

频率响应函数为 $H(i\omega) = \dfrac{a}{\mathrm{i}\omega + a}$.

若输入平稳过程 $X(t)$ 满足：$m_X = 0, R_X(\tau) = \sigma^2\mathrm{e}^{-b|\tau|}, b > 0$ 且 $b \neq a$, 则由定理 8.7.1 易知，输出过程的数学期望 $m_Y = EY(t) = 0$. 而输出过程的协方差函数有两种求法.

(1) 利用定理 8.7.1

$$R_Y(\tau) = \int_0^\infty\int_0^\infty \sigma^2\mathrm{e}^{-b|\lambda_2-\lambda_1-\tau|}a^2\mathrm{e}^{-a(\lambda_1+\lambda_2)}\mathrm{d}\lambda_1\mathrm{d}\lambda_2.$$

解二重积分 (并利用 $R_Y(\tau)$ 的偶函数性质) 可得

$$R_Y(\tau) = \frac{a\sigma^2}{a^2-b^2}[a\mathrm{e}^{-b|\tau|} - b\mathrm{e}^{-a|\tau|}], \qquad -\infty < \tau < +\infty.$$

(2) 利用定理 8.7.2, 由 $f_X(\omega) = \mathcal{F}[R_X(\tau)] = 2b\sigma^2/(b^2+\omega^2)$, $|H(\mathrm{i}\omega)|^2 = a^2/(\omega^2+a^2)$, 故

$$f_Y(\omega) = \frac{a^2}{\omega^2+a^2}\frac{2b\sigma^2}{b^2+\omega^2}.$$

由此可得

$$R_Y(\tau) = \mathcal{F}^{-1}[f_Y(\omega)] = \frac{a\sigma^2}{a^2-b^2}[a\mathrm{e}^{-b|\tau|} - b\mathrm{e}^{-a|\tau|}], \qquad -\infty < \tau < +\infty.$$

可见，两种方法殊途同归. 不过后者由于计算往往更为简便，故在工程中更多地被采用.

练 习 题

8.1 设随机电报信号过程 $\{X(t),t\in\mathbb{R}\}$ 只取 $+1$ 和 -1 两个状态，且 $\forall t\in\mathbb{R},P(X(t)=1)=P(X(t)=-1)=1/2$. 记 $X(t)$ 在 $(s,s+t]$ 上符号改变的次数为 $N(s+t)-N(s)=\Delta N(s,s+t)$, 设它是参数为 μt 的泊松分布. 试证: $\{X(t),t\in\mathbb{R}\}$ 是宽平稳过程，并求出其相关系数 $\rho(\tau)$ 及其功率谱密度.

8.2 设 $\{X(t),t\in\mathbb{R}\}$ 为平稳过程, $EX(t)=0,\rho_X(\tau)$ 为其相关函数，令

$$Y(t)=\begin{cases}1, & X(t)\geqslant 0.\\ -1, & X(t)<0.\end{cases}$$

试证 $\{Y(t),t\in\mathbb{R}\}$ 为宽平稳过程，求其相关函数 $\rho_Y(\tau)$.

8.3 设 $\{\xi(\lambda),\lambda\in\mathbb{R}\}$ 是正交增量过程, $E\xi(\lambda)=0$, $E|\xi(\lambda_2)-\xi(\lambda_1)|^2=\lambda_2-\lambda_1$. 试证 $X(t)=\xi(t)-\xi(t-1)$ 为平稳过程，求其 $\rho_X,R(\tau)$ 与 $f_X(\tau)$.

8.4 设 $\{X(t),t\in\mathbb{R}\}$ 为均方连续平稳过程，其谱密度为 $f(\lambda).\forall h>0$, 记 $X_n^h\triangleq X(nh)$, 试证 $\{X_n^h,n\in\mathbb{Z}\}$ 是平稳序列. 试用 $f(\lambda)$ 表示 $\{X_n^h,n\in\mathbb{Z}\}$ 的谱密度.

8.5 试求平稳序列 $\{X_n,n\in\mathbb{Z}\}$ 的相关系数 $\rho(\tau)$ 及谱密度 $f_X(\lambda)$, 若 X 满足:

(1) AR(1): $X_n+aX_{n-1}=\xi_n,\quad |a|<1$;

(2) AR(2): $X_n+a_1X_{n-1}+a_2X_{n-2}=\xi_n$, 其中, $\alpha(z)=1+a_1z+a_2z^2$ 的根在单位圆外;

(3) ARMA(1,1): $X_n+aX_{n-1}=\xi_n+b_1\xi_{n-1},\quad |a|<1,|b|<1$.

8.6 设平稳过程 $\{X(t),t\in\mathbb{R}\}$ 满足下列方程:

(1) $\mathrm{d}X(t)+aX(t)\mathrm{d}t=\mathrm{d}B(t),\quad a>0$;

(2) $X''(t)+a_1X'(t)+a_2X(t)=\mathrm{d}B(t)/\mathrm{d}t$,

$$\alpha(z)=z^2+a_1z+a_2=(z+\alpha_1)(z+\alpha_2),\quad \alpha_i>0,\alpha_1\neq\alpha_2.$$

试求 $\rho_X(\tau)$ 及 $f_X(\lambda)$.

8.7 试求下列线性模型中 X_n 的显示表达式及格林传递函数:

(1) $X_n-0.6X_{n-1}=\xi_n$;

(2) $X_n+0.1X_{n-1}-0.56X_{n-2}=\xi_n$;

(3) $X_n-1.4X_{n-1}+0.49X_{n-2}=\xi_n$;

(4) $X_n+0.3X_{n-1}=\xi_n-0.4\xi_{n-1}$;

(5) $X_n - 1.6X_{n-1} + 0.63X_{n-2} = \xi_n + 0.5\xi_{n-1}$.

8.8　设 AR(2) 模型为 $X_n - 2aX_{n-1} + a^2X_{n-2} = \xi_n$, 其中 $|a| < 1$.

(1) 试证 X_n 的显示表达式 (传递形式) 为

$$X_n = \sum_{k=0}^{\infty}(k+1)a^k\xi_{n-k}.$$

(2) 试求 $X_n - 1.2X_{n-1} + 0.36X_{n-2} = \xi_n$ 的 $\rho_X(r)$.

(提示：当 $r > 0$ 时，$\rho(r)$ 是差分方程 $\rho(r) - 1.2\rho(r-1) + 0.36\rho(r-2) = 0$ 的解，其一般解为 $\rho(r) = C_1 0.6^r + C_2 r(0.6)^r$, 再利用 $\rho(0) = 1, \rho(1) = \rho(-1)$ 定出系数 C_1, C_2.)

8.9　已知 AR(2) 模型 $X_n - 1.6X_{n-1} + 0.64X_{n-2} = \xi_n$, 其中, $\xi_n \sim N(0, \sigma^2)$ 是正态噪声. 已知观察值 $X_1, \cdots, X_k$, 求 l 步最佳均方预测值 $\hat{X}_{k+l}$ 和预测均方误差.

8.10　设 $\{X_n, n \geqslant 0\}$ 为宽平稳序列, $EX_n = 0$, 其协方差 $R(r)$ 已知.

(1) 若取 $\hat{X}_{n+1}(1) = aX_n$ 作为 X_{n+1} 的估计 (或预测), 试求其最佳线性均方估计，并求相应的均方误差 $\Delta_n = E(X_{n+1} - \hat{X}_{n+1})^2$.

(2) 若取 $\hat{X}_{n+1}(2) = bX_n + cX_{n-1}$ 作为 X_{n+1} 的估计, 试确定 b, c 使 $\hat{X}_{n+1}(2)$ 是 X_{n+1} 的最佳均方估计.

8.11　$\{X_n, n \geqslant 0\}$ 同题 8.10. 若 X_n, X_{n+N} 已知，而 $X_{n+k}(1 \leqslant k < N)$ 丢失，试用 X_n, X_{n+N} 的线性函数 $\hat{X}^*_{n+k} = aX_n + bX_{n+N}$ 作为 X_{n+k} 的最佳均方估计 (内插), 试确定 a, b.

8.12　(线性滤波问题)$\{X_n, n \geqslant 0\}$ 为平稳序列，$EX_n = 0$, 其协方差 $R(r)$ 已知．设 X_n 为系统在 n 时刻的状态 (不能观测), 其观测值包含白噪声，即 $Z_n = X_n + \xi_n$, 其中 $\{\xi_n, n \geqslant 0\}$ 为白噪声序列，且与 $\{X_n, n \geqslant 0\}$ 不相关，$E\xi_n = 0, E\xi_n^2 = \sigma^2$. 试用 $\hat{X}_n = aZ_n + bZ_{n-1}$ 作为 X_n 的估计，求其最佳均方估计 (滤波).

8.13　随机过程

$$X(t) = A\sin t + B\cos t, \quad -\infty < t < +\infty,$$

其中，A, B 是均值为 0 且不相关的随机变量，且 $EA^2 = EB^2$. 试讨论 $X(t)$ 的各态历经性.

8.14　设平稳过程 $\{X(t), -\infty < t < +\infty\}, EX(t) = 0$, $R(\tau) = A\mathrm{e}^{-a|\tau|} \times (1 + a|\tau|)$, 其中，$A, a$ 是正常数．试问 $X(t)$ 对数学期望是否有各态历经性.

8.15 设 $\{X(t),-\infty<t<+\infty\}$ 和 $\{Y(t),-\infty<t<+\infty\}$ 是平稳相关随机过程，若 $X(t),Y(t)$ 满足

$$Y'(t)+aY(t)=X(t),$$

其中 a 是非零常数. 试证 $m_Y=\frac{1}{a}m_X$.

8.16 均值为零的平稳过程 $\{X(t),-\infty<t<+\infty\}$, 输入到脉冲响应函数为

$$h(t)=\begin{cases} a\mathrm{e}^{-at}, & 0\leqslant t\leqslant T \quad (a>0),\\ 0, & \text{其他}\end{cases}$$

的线性滤波器. 试证它的输出功率谱密度为

$$f_Y(\omega)=\frac{a^2}{a^2+\omega^2}(1-2\mathrm{e}^{-aT}\cos\omega T+\mathrm{e}^{-2aT})f_X(\omega),$$

其中 $f_X(\omega)$ 是 $X(t)$ 的谱密度函数.

8.17 设 $\{X_n,n\in\mathbb{Z}\}$ 是满足方程 AR(1): $X_n-aX_{n-1}=\xi_n$ 的平稳解 (其中 $|a|<1$, $\{\xi_n,n\in\mathbb{Z}\}$ 为白噪声序列). 试用 X_n,X_{n-1} 的线性函数作为 X_{n+1} 的估计，试求其最佳线性均方预测.

8.18 设 $\{X_n,n\in\mathbb{Z}\}$ 为平稳序列，相关函数为 $\rho(\tau)$ 及其功率谱函数为 $F(\lambda),\lambda\in[-\pi,\pi]$. 试用 $X_{n-1},\cdots,X_{n-p}$ 的线性函数 $\hat{X}_n=\sum\limits_{k=1}^{p}\alpha_kX_{n-k}$ 作为 X_n 的预测，则它是最佳线性均方预测的充要条件是满足方程组

$$\int_{-\infty}^{\infty}\mathrm{e}^{\mathrm{i}k\lambda}\Big[1-\sum_{l=1}^{p}\alpha_l\mathrm{e}^{-\mathrm{i}l\lambda}\Big]\mathrm{d}F(\lambda)=0,\qquad k=1,2,\cdots,p.$$

8.19 设 $\{\xi_n,n\geqslant 0\}$ 独立同分布，$E\xi_n=0,E\xi_n^2=\sigma^2$, $\{X_n,n\geqslant 0\}$ 满足 $X_n=\sum\limits_{k=0}^{\infty}\alpha_k\xi_{n-k}$, 其中，$\alpha_0=1,\sum\limits_{k=1}^{\infty}\alpha_k^2<+\infty$. 记 $U_n=\sum\limits_{k=0}^{n}X_{k-1}\xi_k$, $V_n=\sum\limits_{k=0}^{n}X_k\xi_k-(n+1)\sigma^2,n\geqslant 0$. 试证 $\{U_n,n\geqslant 0\}$ 及 $\{V_n,n\geqslant 0\}$ 关于 $\{\xi_n,n\geqslant 0\}$ 是鞅.

8.20 设 X_0 的概率密度函数是 $f(x)=2xI_{(x\geqslant 0)}$, 对 $n\geqslant 1$, $X_0,\cdots,X_n$, X_{n+1} 是 $(1-X_n,1]$ 上的均匀分布. 试证 $\{X_n,n\geqslant 0\}$ 是满足期望各态历经性定理的平稳过程.

8.21　设 $X_0 = Z \sim U[0,1)$, $X_{n+1} = 2X_n \cdot I_{(X_n<1/2)} + (2X_n - 1) \cdot I_{(X_n \geqslant 1/2)}$.

(1) 试证：$\{X_n, n \geqslant 0\}$ 是平稳序列；

(2) 若 Z 用二进制小数表示，即 $Z = \sum_{k=0}^{\infty} 2^{-(k+1)} Z_k = 0.Z_0 Z_1 Z_2 \cdots$, 其中 Z_k 取值 0 或 1, 试证 $X_n = 0.Z_n Z_{n+1} \cdots$;

(3) 利用各态历经性定理，证明：

$$\lim_{n\to\infty} \frac{1}{n} \sum_{k=1}^{n-1} \{2^k Z\} = \frac{1}{2} \qquad \text{(a.s.)},$$

其中 $\{x\}$ 表 x 的小数部分，即 $\{x\} = x - [x]$, $[x]$ 表不超过 x 的最大整数.

8.22　设 $\{\eta_n, n \geqslant 0\}$ 是平稳序列，$E\eta_n = 0, R(0) = 1, R(r) = \rho, r \neq 0$, $0 < \rho < 1$. 证明：η_n 必可表为 $\eta_n = X + \xi_n, n \geqslant 1$, 其中 $X, \xi_1, \xi_2, \cdots$ 不相关，$EX = E\xi_n = 0$, 且 $EX^2 = \rho$ 及 $E\xi_k^2 = 1 - \rho, k \geqslant 1$.

$\Big($提示：定义 $X \overset{\text{m.s.}}{=\!=} \lim_{n\to\infty} \Big(\sum_{k=1}^{n} \xi_k / n\Big)$.$\Big)$

8.23　设 $X(t)$ 是雷达发射的信号，遇到目标后的回波信号是 $aX(t-b)$, $a \ll 1$, b 是信号往返时间，而回波必伴有噪声，记为 $\xi(t)$, 于是接收机收到的信号为 $Y(t) = aX(t-b) + \xi(t)$. 已知 $EX(t) = m_X$, $R_X(\tau)$, $E\xi(t) = 0$, $R_\xi(\tau)$, 且 $X(t)$ 和 $\xi(t)$ 平稳相关 $R_{X\xi}(\tau)$. 试求 $X(t), Y(t)$ 的互相关函数 $R_{XY}(\tau)$.

8.24　设 $\xi(t) = X\cos(\eta t + \theta)$, 其中 $\theta \sim U[0, 2\pi]$, X 与 θ 相互独立取值为正，且 $EX^2 < \infty$, $\eta > 0$ 为常数. 试证 $\{\xi(t), -\infty < t < +\infty\}$ 为宽平稳过程.

8.25　设 $Z(t) = \sigma\cos(tX + Y)$, 其中 $\sigma > 0$ 为常数, X 取值在 $[0, 1/2]$ 上具有概率密度函数 $f_X(\cdot)$, $Y \sim U[-1/2, 1/2]$ 且与 X 独立.

(1) 试证 $\{Z(t), t \geqslant 0\}$ 是宽平稳过程；

(2) 求它的功率谱密度函数.

8.26　设 $\{X_i(t), -\infty < t < +\infty\}(1 \leqslant i \leqslant 3)$ 为宽平稳过程，其协方差函数分别为

(1) $R(\tau) = \sigma^2 \mathrm{e}^{-\alpha|\tau|}(1 + |\tau|), \qquad \alpha > 0, \sigma > 0$;

(2) $R(\tau) = \sigma^2 \mathrm{e}^{-\alpha|\tau|}\cos\beta t, \qquad \alpha > 0, \beta > 0$为常数;

(3) $R(\tau) = \mathrm{e}^{-\alpha|\tau|}(1 + \alpha|\tau| + (\alpha\tau)^2/3), \qquad \alpha > 0$.

试分别求其功率谱密度函数.

参 考 文 献

1. S. M. Ross. Stochastic Processes. John Wiley and Sons, 1993
2. S. Karlin, H. M. Taylor.
   A First Course in Stochastic Processes. New York Academic Press 2nd ed. 1975
   A Second Course in Stochastic Processes. Academic Press, 1981
3. J. L. Doob. Stochastic Processes. John Wiley and Sons, 1953
4. 何声武．随机过程导论．北京：高等教育出版社，1999
5. 汪荣鑫．随机过程．西安：西安交通大学出版社，1987
6. 严颖，成世学，程侃．运筹学随机模型．北京：中国人民大学出版社，1995
7. 邓永录，梁之舜．随机点过程及其应用．北京：科学出版社，1992
8. 钱敏平，龚光鲁．应用随机过程．北京：北京大学出版社，1998
9. K. L. Chung. Markov Chains with Stationary Transition Probabilities. 2nd ed. Springer-Verlag, 1967
10. N. Ravichandran. Stochastic Methods in Reliability Theory. John Wiley and Sons, 1990
11. M. H. A. Davis. Markov Models and Optimization. Chapman and Hall, 1993
12. J. Grandell. Aspects of Risk Theory. Springer-Verlag, 1991
13. William J. Anderson. Continuous-Time Markov Chains-An Applications-Oriented Approach. Springer-Verlag, 1991
14. Zdzislaw Brzezniak, Tomasz Zastawniak. Basic Stochastic Processes: a Course Through Exercises. New York: Springer, 1999
15. Peter Todorovic. An Introduction to Stochastic Processes and Their Applications. New York: Springer-Verlag, 1992
16. Edward. P. C. KAO. An Introduction to Stochastic Processes. Duxbury Press, 1997
17. Bernt Oksendal. Stochastic Differential Equations: An Introduction with Applications, 4th ed. Springer-Verlag, 1998
18. 陆大绘．随机过程及其应用．北京：清华大学出版社，1986
19. 费勒．概率论及其应用 (第二卷)．李志阐，郑元禄译．北京：科学出版社，1994

20. 复旦大学. 随机过程. 北京：人民教育出版社，1981
21. 王梓坤. 概率论基础及其应用. 北京：科学出版社，1976
22. 林元烈，梁宗霞. 随机数学引论. 北京：清华大学出版社，2003
23. Olav Kallenberg. Foundations of Modern Probability. Springer, 2001
24. 钱敏平，侯振挺. 可逆马尔可夫过程. 湖南：湖南科学技术出版社，1979
25. J. G. Kemeny, J. L. Snell, A. W. Knapp. Denumerable Markov Chains. Springer-Verlag, 1976
26. Peter E. Kloeden Echhard Platen. Uumerical Solution of Stochastic Differential Equations. Springer-Verlag, 1992

索　引